U0321522

北京劳动保障职业学院国家骨干校建设资助项目

移动通信系统

杨爱敏　主　编

韩彦芳　鲁韶华　副主编

机 械 工 业 出 版 社

近年来，通信技术发展越来越迅速，投资也越来越大，社会需要越来越多的具有通信专业知识的技术人才。为满足需要，本书汇集了移动信道电波传播、噪声和干扰及抗干扰措施、组网技术、信息有效传输技术，且对各GSM、CDMA系统等进行了详细阐述，并介绍了目前如火如荼建设的3G系统。

本书主要用于移动通信专业的教学使用，可以作为通信技术、电子技术等专业教学用书，也可以供从事通信网络建设的工程设计、施工、运营与维护的技术人员阅读。

图书在版编目（CIP）数据

移动通信系统/杨爱敏主编. —北京：机械工业出版社，2014.7

北京劳动保障职业学院国家骨干校建设资助项目

ISBN 978-7-111-47988-8

Ⅰ.①移… Ⅱ.①杨… Ⅲ.①移动通信 – 通信系统 – 高等职业教育 – 教材 Ⅳ.①TN929.5

中国版本图书馆CIP数据核字（2014）第214577号

机械工业出版社（北京市百万庄大街22号 邮政编码100037）

策划编辑：罗 莉 责任编辑：罗 莉
版式设计：赵颖喆 责任校对：陈延翔
封面设计：陈 沛 责任印制：李 洋
中国农业出版社印刷厂印刷
2015年1月第1版第1次印刷
184mm×260mm·19.75印张·479千字
0001—2000册
标准书号：ISBN 978 - 7 - 111 - 47988 - 8
定价：59.90元

前　言

21世纪是信息化的时代，信息业和电信业的发展日新月异，经历了从模拟网到数字网，通信的发展目标即为个人通信，要达到任何时候、任何地点都可以和另外的任何地方的任何一个人进行任何形式的通信，为了达到这样的目标，移动通信是一个有效的方式，其发展具有非常大的潜力，2G、3G甚至4G都发展得如火如荼，社会对通信专业的技术人才的需求也迅速增长。

本书注重介绍新知识、新技术，以当前广泛应用的2G及3G蜂窝移动通信系统及其相关技术为主要讲解对象，不侧重于理论的介绍，而是着重于实际的需要，以理论够用即可作为编写准则，本书分为两篇，即技术篇和系统篇，技术篇主要讲述所使用的技术，而系统篇主要介绍GSM、IS-95、GPRS及3G系统，各个项目的内容编写有轻有重。

每个模块都有模块的介绍及总结，并且有些模块有相应的扩展项目，是新的技术及实际的使用情况，这样在原有的知识基础上又对最新的数据及前沿技术有所了解。

本书在编写中力求概念清晰、结构合理、简繁得当，教材编写时参阅了大量最新资料，吸收了同类教材之精华。

本书由杨爱敏任主编，韩彦芳、鲁韶华任副主编。除此之外，徐鬄、杨爱华、陈曦、何福贵、姚越、王亚楠、张力展、王强、赵俊岭、张宪金、宋合志、孟霞也参与了编写工作。

本书在编写过程中，得到许多朋友及同行的热心帮助，在此表示衷心的感谢！对本书参阅和引用的有关文献资料的作者也一并表示诚挚的感谢！

由于作者学识所限，时间仓促，书中难免有欠妥之处，敬请读者批评指正。

编　者

目　录

前言

技　术　篇

模块一　概述 ……………………… 1
　项目一　移动通信概念及其特点 …… 2
　　任务一　移动通信的概念、特点 … 2
　　任务二　移动通信的分类 ………… 3
　项目二　移动通信的工作方式 ……… 3
　　任务一　移动通信的传输方式 …… 3
　　任务二　模拟网和数字网 ………… 5
　项目三　移动通信的基本技术 ……… 6
　　任务一　调制、解调技术 ………… 6
　　任务二　语音编码技术 …………… 7
　　任务三　移动信道中电磁波传播特性 … 8
　　任务四　多址技术 ………………… 8
　　任务五　抗干扰措施 …………… 10
　　任务六　组网技术 ……………… 10
　项目四　移动通信发展历程及未来发展
　　　　　趋势 …………………… 12
　项目五　常用移动通信系统 ……… 15
　　任务一　蜂窝移动通信系统 …… 15
　　任务二　集群移动通信系统 …… 16
　　任务三　卫星移动通信系统 …… 18
　　任务四　无绳电话通信系统 …… 19
　扩展项目　我国移动通信发展史 … 20

模块二　移动信道电波传播 ……… 24
　知识前顾 ………………………… 24
　　任务一　认识电磁波 …………… 24
　　任务二　无线电波的波段划分 … 26
　　任务三　极化波 ………………… 26
　　任务四　通信中常用度量方式 … 27
　　任务五　电磁辐射对人体的伤害 … 27
　项目一　电波传播方式及特点 …… 28
　　任务一　电磁波传播方式 ……… 28
　　任务二　直射波 ………………… 28
　　任务三　电磁波在大气中的传播 … 30
　　任务四　菲涅耳余隙与绕射损耗 … 31

　　任务五　反射波 ………………… 32
　项目二　移动信道的特征 ………… 33
　　任务一　多径传播与信号衰落 … 33
　　任务二　多普勒效应 …………… 35
　项目三　移动信道损耗估算 ……… 36
　　任务一　地形、地物分类 ……… 36
　　任务二　传播模式的分类 ……… 37
　　任务三　Okumura - Hata 模型曲线法 … 38
　　任务四　COST - 231 - Walfish - Ikegami
　　　　　　模型 ………………… 47
　　任务五　IMT - 2000 模型 …… 48
　扩展项目　认识天线 ……………… 49

模块三　噪声、干扰及抗干扰措施 … 54
　项目一　噪声 ……………………… 54
　　任务一　噪声的分类与特性 …… 54
　　任务二　环境噪声和多径传播对语音质量
　　　　　　的综合影响 …………… 56
　项目二　干扰 ……………………… 57
　　任务一　邻道干扰 ……………… 57
　　任务二　互调干扰 ……………… 58
　　任务三　同道干扰 ……………… 62
　　任务四　近端对远端的干扰 …… 64
　项目三　分集接收原理 …………… 64
　　任务一　分集技术的基本概念及方法 … 65
　　任务二　合并技术 ……………… 67
　项目四　其他抗衰落、抗干扰技术 … 69
　　任务一　自适应均衡 …………… 69
　　任务二　扩频技术 ……………… 75
　　任务三　抗干扰技术的应用实例 … 76

模块四　组网技术 ………………… 78
　知识前顾　网络拓扑结构 ………… 78
　项目一　多址方式 ………………… 81
　　任务一　概述 …………………… 81
　　任务二　FDMA ………………… 82

　　任务三　TDMA …………………… 83
　　任务四　CDMA …………………… 85
　项目二　区域覆盖 ………………………… 87
　　任务一　大区制与小区制 ……………… 87
　　任务二　服务区域的划分 ……………… 89
　项目三　信道分配技术 …………………… 93
　　任务一　多信道共用技术 ……………… 93
　　任务二　话务量和呼损率 ……………… 94
　　任务三　信道的自动选择方式 ………… 96
　扩展项目　频率利用 ……………………… 98
模块五　信息有效传输技术 …………… 102
　项目一　信源编码 ……………………… 103
　　任务一　信源编码的目的 …………… 103
　　任务二　数据速率压缩的可行性 …… 104

　　任务三　信源编码分类 …………… 104
　项目二　差错控制编码 ………………… 105
　　任务一　差错控制方式 …………… 105
　　任务二　信道编码目的及分类 …… 106
　　任务三　恒比码 …………………… 108
　　任务四　奇偶校验码 ……………… 109
　　任务五　线性分组码 ……………… 110
　　任务六　循环码 …………………… 117
　　任务七　卷积码 …………………… 118
　项目三　交织 …………………………… 121
　项目四　GSM 系统实际所用编码 …… 122
　　任务一　GSM 系统所用信源编码 … 122
　　任务二　GSM 语音信道的编码 …… 123
　　任务三　GSM 语音信道的交织 …… 124

系　统　篇

模块一　GSM …………………………… 127
　项目一　认识 GSM ……………………… 127
　　任务一　GSM 发展过程 …………… 127
　　任务二　GSM 系统特点 …………… 129
　项目二　GSM 系统组成及网络结构 …… 130
　　任务一　系统组成 ………………… 130
　　任务二　移动信令网结构 ………… 133
　　任务三　网络接口 ………………… 134
　项目三　区域划分和编号 ……………… 138
　　任务一　区域划分 ………………… 138
　　任务二　编号 ……………………… 139
　项目四　GSM 信道配置 ……………… 141
　　任务一　帧和信道 ………………… 141
　　任务二　信道类型和组合 ………… 143
　项目五　漫游与位置更新 ……………… 147
　　任务一　移动台的状态 …………… 147
　　任务二　周期性登记 ……………… 148
　　任务三　位置更新 ………………… 148
　　任务四　越区切换 ………………… 150
　项目六　有关技术 ……………………… 152
　　任务一　语音编码 ………………… 152
　　任务二　信道编码 ………………… 153
　　任务三　交织 ……………………… 154
　　任务四　调制技术 ………………… 156
　　任务五　跳频 ……………………… 156
　　任务六　语音间断传输技术 ……… 157
　　任务七　时序调整 ………………… 158

　项目七　频率分配 ……………………… 159
　　任务一　GSM 网络 900MHz/1800MHz
　　　　　　频段 …………………… 159
　　任务二　频率复用方式 …………… 162
　　任务三　载波干扰保护比 ………… 162
　项目八　GSM 系统的安全 …………… 163
　　任务一　用户识别模块（SIM 卡） … 163
　　任务二　GSM 系统的安全 ………… 165
　项目九　呼叫流程 ……………………… 167
　　任务一　出局呼叫 ………………… 167
　　任务二　入局呼叫 ………………… 168
　扩展项目　天线选择原则及天线安装 … 169
　　任务一　天线选择原则 …………… 169
　　任务二　天线安装 ………………… 171
模块二　GPRS …………………………… 173
　知识前顾　交换技术 …………………… 173
　　任务一　电路交换 ………………… 174
　　任务二　分组交换 ………………… 174
　　任务三　ATM 交换 ……………… 175
　项目一　认识 GPRS …………………… 178
　　任务一　GPRS 概念 ……………… 178
　　任务二　GPRS 特点 ……………… 179
　　任务三　GPRS 技术参数 ………… 180
　项目二　GPRS 系统结构 ……………… 181
　　任务一　系统组成 ………………… 181
　　任务二　骨干网络 ………………… 183
　　任务三　GPRS 接口 ……………… 183

项目三　GPRS 服务 ……………… 185
　　任务一　GPRS 服务描述 ………… 185
　　任务二　GPRS 安全保证 ………… 187
　　任务三　GPRS 移动终端 ………… 187
　　任务四　GPRS 业务及应用 ……… 187
　　任务五　计费 …………………… 188
　　任务六　GPRS 的局限性 ………… 189
扩展项目　EDGE ………………… 189
　　任务一　概述 …………………… 190
　　任务二　技术特点 ……………… 191
　　任务三　承载业务 ……………… 194

模块三　CDMA 系统 ……………… 196
项目一　CDMA 基本原理 ………… 196
　　任务一　CDMA 及扩频技术 …… 196
　　任务二　扩频通信 ……………… 199
　　任务三　扩频码和地址码 ……… 205
项目二　CDMA 数字蜂窝通信系统 … 209
　　任务一　总体要求和标准 ……… 209
　　任务二　IS-95 标准 …………… 210
　　任务三　CDMA 基本原理 ……… 210
　　任务四　无线信道 ……………… 214
　　任务五　CDMA 网络结构 ……… 219
项目三　CDMA 关键技术 ………… 220
　　任务一　功率控制技术 ………… 220
　　任务二　软切换技术 …………… 222
　　任务三　CDMA 系统的分集、合并
　　　　　　技术 …………………… 224
　　任务四　语音编码技术 ………… 225

模块四　3G 系统 ………………… 228
项目一　3G 概述 ………………… 228

　　任务一　认识 3G ………………… 228
　　任务二　3G 发展及标准化情况 ……… 230
　　任务三　3G 频谱分配情况 ……… 234
项目二　WCDMA 移动通信系统 ……… 236
　　任务一　3GPP R99 标准 ……… 237
　　任务二　3GPP R4 ……………… 239
　　任务三　3GPP R5 ……………… 241
　　任务四　3GPP R6 ……………… 243
　　任务五　3GPP R7 ……………… 245
项目三　cdma2000 移动通信技术 … 245
　　任务一　标准发展历程 ………… 245
　　任务二　信道结构 ……………… 247
　　任务三　cdma2000 1x 基本工作过程 … 251
项目四　TD-SCDMA 移动通信技术 ……… 252
　　任务一　SDMA …………………… 252
　　任务二　时隙帧结构 …………… 253
　　任务三　物理层程序 …………… 255
项目五　WiMax ……………………… 258
　　任务一　WiMax 介绍 …………… 258
　　任务二　WiMax 的技术 ………… 260
项目六　3G 业务 …………………… 263
　　任务一　3G 业务介绍 ………… 263
　　任务二　3G 业务特点 ………… 268
　　任务三　3G 业务发展模式探讨 ……… 270
扩展项目　移动互联网技术 ……… 272

附录 ……………………………… 294
附录 A　英文缩写表 ……………… 294
附录 B　爱尔兰呼损表 …………… 305

参考文献 ………………………… 307

技 术 篇

概　　述

【移动通信现状解读】

2003 年 8 月，中国移动用户数首次超过了固定电话用户数，从模拟到数字，从 2G 到 3G、4G，移动通信技术发展极为迅速，目前全球手机用户已超 60 亿，移动互联网流量已达互联网总流量的 10%，移动通信和移动互联网的快速发展，正在给我们的生产和生活方式带来深刻变化。据统计，我国 3G 用户的普及程度在 2013 年得到了进一步的提升。最新数据显示，2013 年全国移动电话用户净增 11695.8 万户，达到 12.29 亿户，同比增长 10.5%；全国 3G 移动电话用户净增 16880.8 万户，总数达到 4.02 亿户，3G 移动电话用户在移动用户中的渗透率达到 32.7%，比上一年提高了 11.8 个百分点。手机网民规模达到 5 亿人，比上一年增加了 8009 万人。随着移动互联网的发展，宽带移动通信技术已经渗透到百姓生活的方方面面，为我们展示了移动信息社会的美好未来。

【知识回顾】

通信按照传统的理解就是信息的传输与交换。在当今信息社会，通信则与传感、计算技术紧密结合，成为社会的高级"神经中枢"。

【模块说明】

本模块主要介绍移动通信的一些基本概念，以及目前常见的无线通信系统。

【教学要求】

掌握

✓ 移动通信系统的特点和分类、基本概念、基本技术

理解

✓ 移动通信的工作方式、多址方式及其应用系统

了解

✓ 移动通信系统的发展历程及目前正在受到广泛关注、深入研究和大规模商用的第三代移动通信系统（3G）

项目一　移动通信概念及其特点

随着社会的发展，人们对于通信的需求越来越高。由于先进技术的发展，人类的政治和经济活动范围日趋扩大，同时效率也在不断提高，要求实现通信的终极目标，即个人通信——任何人（Whoever）在任何时候（Whenever）都可以与世界上任何地方（Wherever）的任何人（Whomever）进行任何形式（Whatever）的通信。即 5 个 W。不难想象，没有移动通信是无法实现此目标的。

任务一　移动通信的概念、特点

所谓移动通信，顾名思义，是指通信的一方或双方在移动中实现的通信，是通信的一种特殊形式。也就是说通信的双方至少有一方在运动中或暂时停留在某一非预定的位置上，其中可以包括固定台与移动台之间的通信、移动台与移动台之间通信。移动通信不受时间和空间的限制，其信息交流机动、灵活、迅速、可靠，是达到人类通信的最高目标——个人通信的必经阶段。

移动通信技术是一门融合了当代微电子技术、计算机技术、无线通信技术、有线通信技术及交换和网络技术的综合性技术。由于大规模集成电路和微处理器、声表面波器件以及数字信号处理技术、程控交换技术的进步，移动通信已经趋于完善，也大大促进了移动通信设备的小型化、自动化，并使系统向大容量和多功能方向发展，因此移动通信业务必将有更大发展，在整个通信业务中将占据重要地位。

移动通信是通信条件比较差的一种通信方式，在陆地上受地形、地物和环境干扰等因素的影响较严重，其主要特点如下：

1. 电波传播环境恶劣

在移动通信特别是陆上移动通信中，由于移动台的不断运动导致接收信号强度和相位随时间、地点变化而不断变化，电波传播条件十分恶劣。移动台处于快速运动中，多径传播造成瑞利衰落，使接收场强的振幅和相位快速变化。移动台还经常处于建筑物与障碍物之间，局部场强值随地形环境而变动，气象条件的变化同样会使场强值随时间变动。另外，多径传播产生的多径时延扩展，等效为移动信道传输特性的畸变，对数字移动通信影响较大。移动通信电波传播的理论基本模型是超短波在平面大地上直射波与反射波的矢量合成。

2. 具有多普勒效应

移动使电波传播产生多普勒效应，由于移动台处于运动状态中，接收信号有附加频率变化，即多普勒频移，当运动速度较高时，必须考虑多普勒频移的影响，而且工作频率越高，频移越大。移动速度越快，入射角越小，则多普勒效应就越严重。

3. 复杂的干扰环境

移动通信网是多频道、多电台同时工作的通信系统。通信除受到城市噪声（主要是车辆噪声干扰）外，当移动工作时，往往受到来自其他电台的干扰（同频干扰、互调干扰），同时，还可能受到天电干扰、工业干扰和各种噪声的影响。鉴于上述各种干扰，在设计移动通信系统时，应根据不同形式的干扰，采取相应的抗干扰措施。

4. 频谱资源紧缺

移动通信特别是陆地上移动通信的用户数量大，为缓和用户数量大与可利用的频道数有限的矛盾，除开发新频段之外，还应采取各种有效利用频谱的措施，如压缩频带、缩小频道间隔、多频道共用等，即采用频谱和无线频道有效利用技术。

5. 需要采用复杂的网络管理技术

由于在广大区域内的移动台是不规则运动的，而且某些系统中不通话的移动台发射机是关闭的，它与交换中心没有固定的联系。因此，要实现通信并保证质量，移动通信必须发展自己的交换技术，必须具有很强的控制功能，如通信的建立和拆除、频道的控制和分配、用户的登记和定位，以及过境切换和漫游控制等。

6. 对设备要求苛刻

移动台或用户常在户外，环境条件较差，因此对其设备尤其是基站等要求相对苛刻。

任务二 移动通信的分类

移动通信有多种方式，可以双向工作，如集群移动通信、无绳电话通信和蜂窝移动电话通信。但也有部分移动系统的工作是单向的，如无线寻呼系统。

移动通信系统的类型很多，可按不同方法进行分类。

按使用对象分：军用、民用移动通信系统。

按用途和区域分：陆上、海上、空中移动通信系统。

按经营方式分：专用移动通信系统、公用移动通信系统。

按信号性质分：模拟制、数字制移动通信系统。

按无线频段工作方式分：单工制、半双工制、双工制移动通信系统。

按网络形式分：单区制、多区制、蜂窝制移动通信系统。

按多址方式分：FDMA（Frequency Division Multiple Access，频分多址接入）、TDMA（Time Division Multiple Access，时分多址接入）、CDMA（Code Division Multiple Access，码分多址接入）移动通信系统。

项目二 移动通信的工作方式

任务一 移动通信的传输方式

按照通话的状态和占用的频道分类，无线通信的传输方式可分为单向传输（例如广播式）和双向传输。其中，单向传输只用于无线电寻呼系统。双向传输则包括单工通信、半双工通信和双工通信。

1. 单工通信

单工通信是指双方设备交替地进行收信和发信，同一时刻，信号只能沿着一个方向传输，即发送方发送时不能接收，接收方接收时不能发送。根据收、发频率的异同，又可分为同频单工和异频单工。单工通信如图 1-1-1 所示。

（1）同频单工

同频单工是指通信的双方（如图 1-1-1 中的 A 方和 B 方）收发使用同一工作频率 f_1，

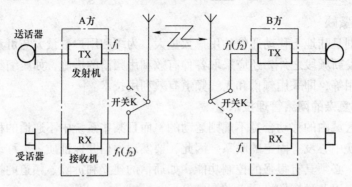

图 1-1-1　单工通信

TX—Transmit（发射机）　　RX—Receiver（接收机）

通信双方的操作采用"按－讲"方式。平时，双方的送/受话器均处于守候状态，如果 A 方需要讲话，可按下"按－讲"开关，关掉 A 方接收机，使发射机工作，这时由于 B 方接收机处于守听状态，即可实现由 A 至 B 的通话；同理，也可实现由 B 至 A 的通话。在该方式中，一方（如 A 方）的送/受话器是交替工作的。

（2）异频（双频）单工

异频单工是指通信的双方收发使用两个频率 f_1 和 f_2，操作仍采用"按－讲"方式。一方（如 A 方）的送/受话器也是交替工作的，只是收发频率不同。

单工方式设备简单、功耗小，但操作不便。通信双方如果配合不好，通话就会出现断断续续的现象。在同一地区的电台，必须使用不同频率，否则将产生严重的干扰。

2. 双工通信

双工通信，有时也称全双工通信，一般使用一对信道，如图 1-1-2 所示，通信的双方送/受话器同时工作，这种方式，符合人们的习惯，使用方法与普通有线电话类似，在移动通信系统中获得了广泛的应用。

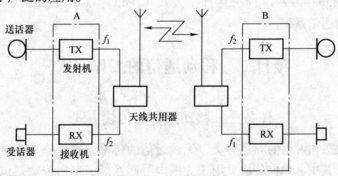

图 1-1-2　双工通信

在移动通信系统中，广泛采用准双工方式，准双工通信是双工通信的改进。移动电话的发射机仅在发话时才工作，而移动电话的接收机总是时刻在工作，通常称这种系统为准双工系统。

3. 半双工通信

如图 1-1-3 所示，半双工通信是指通信的双方，有一方（如 A 方）使用双工方式，即送/受话器同时工作，且使用两个不同的频率 f_1 和 f_2；而另一方（如 B 方）则采用异频单工方式，即送/受话器交替工作，信号可以沿两个方向传输，但两个方向不能同时传输。平时，B 方处于监听状态，仅在发话时才按压"按-讲"开关，使发射机工作。

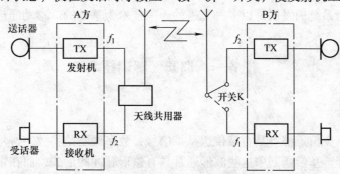

图 1-1-3　半双工通信

任务二　模拟网和数字网

模拟移动电话网（简称模拟网）系统主要采用模拟调制和频分多址（FDMA）技术，属于第一代移动通信技术。2001 年 6 月 30 日，我国完全停止公用模拟网。与模拟网相比，数字网语音清晰，技术扩展性强，具有如下优点：

1. 容量大，频谱利用率高

模拟网采用频分多址（FDMA）的多址方式，即一个载波话路传一路语音。模拟调频技术很难进一步压缩已调信号频谱，从而限制了频谱利用率的提高。而数字网的多址方式可采用时分多址（TDMA）和码分多址（CDMA），还可采用其他技术，如低速语音编码技术、高效数字调制解调技术等，压缩信号带宽，提高频谱利用率。

对于移动通信来说，系统容量一直是网络的首要问题，所以不断提高系统容量以满足日益增长的移动用户需求是移动系统从模拟网向数字网发展的主要原因之一。

2. 数字信号抗衰落的能力高，通信质量好

在模拟无线传输中主要的抗衰落技术是分集接收，在数字系统中，抗衰落技术除采用分集接收外，还可采用扩频、跳频、交织、编码及各种数字信号处理技术，具有更强的抗衰落能力，通信质量较高。

3. 易于保密

无线电波的传播是开放的，很容易被窃听。在模拟移动通信系统中，保密问题难以解决。对数字系统来说，利用数字加密理论和实用技术，更易实现通信的安全保密。

4. 业务种类丰富

数字移动通信系统可提供多种业务服务，除了语音信号外，还可以传输数据、图像信息等，极大地提高了移动通信网的服务功能。

5. 网络管理和控制更加有效和灵活

在数字移动通信网中，便于实现多种可靠的控制功能。全数字系统能够实现更加有效、灵活和高质量的网络管理与控制。

6. 用户设备小巧轻便，成本低

数字移动电话小巧玲珑，重量轻。

项目三　移动通信的基本技术

现代移动通信系统的发展是以多种先进的通信技术为基础的。移动通信的主要基本技术如下：

任务一　调制、解调技术

【背景知识】

实际信道中不少信道都不是直接传送基带信号，数字调制是将数字符号转换成适合信道特性的波形的过程。基带调制中这些波形通常具有整形脉冲的形式，而在带通调制中则是利用整形脉冲去调制正弦信号，此正弦信号称为载波波形，或简称载波。将载波转换成电磁场传播的制定的地点就可以实现无线传输。之所以要进行调制的原因，可以理解为电磁场必须利用天线才能在空间传输，天线的尺寸主要取决于波长 λ 及应用的场合。对蜂窝电话来说，天线长度一般为 $\lambda/4$，式中波长 λ 等于 c/f，c 是光速。假设发送一基带信号（$f = 3000Hz$），如果不通过载波而直接耦合到天线发送，则天线的长度要大约为 15mile（1mile = 1.609km），过大。但如果把基带信号先调制到较高的载波上，假设 $f = 900MHz$，则等效的天线尺寸为8cm，因此对于无线传输系统来说，利用载波进行带通调制是非常必要的。另外，调制还有以下特点：

（1）如果一条信路要传输多路信号，则需要调制来区分不同的信号，此种技术成为多路复用。

（2）利用调制还可以将干扰的影响减至最小，此种技术为扩展频谱调制（Spread Spectrum, SS），具体内容介绍见系统篇。

（3）可以利用调制将信号置于设计滤波器或放大器时需要的频段上，在接收机中，射频信号到中频信号的转换，就是一个例子。

在数字蜂窝移动系统中，采用抗干扰性能强、误码性能好、频谱利用率高的线性调制和频谱泄漏小的恒定包络（连续相位）调制技术，尽可能地提高单位频带内传输数据的比特速率。

1. 线性调制技术

传输信号的幅度随着调制数字信号的变化而线性变化，一般来说都不是恒包络的。线性调制主要包括相移键控（Phase Shift Keying, PSK）、四相相移键控（Quaternary Phase Shift Keying, QPSK）、交错四相相移键控（Off - set Quaternary Phase Shift Keying, OQPSK）、差分四相相移键控（DQPSK）、π/4QPSK 和正交振幅调制（Quadrature Amplitude Modulation, QAM）等。线性调制技术频谱效率高，所以非常适合高速的移动通信系统。如美国的 IS - 54 和日本的 PDC（Personal Digital Communication，个人数字蜂窝系统）蜂窝网络采用 π/4QPSK 调制解调技术，美国的 IS - 95 蜂窝网络采用 QPSK 和二进制相移键控（Binary Phase Shift Keying, BPSK）调制解调技术。

2. 恒定包络调制技术

传输信号的幅度不随着调制数字信号的变化而变化，一般来说是恒定包络的。这类调制的优点是已调信号具有相对窄的功率谱，对放大电路线性没有要求，可使用高功率 C 类放大器，但其频谱利用率通常低于线性调制技术。

此类调制方式包括最小频移键控（Minimum Shift Keying，MSK）、高斯（滤波）最小频移键控（Gauss – Minimum Shift Keying，GMSK）、高斯（滤波）频移键控（Gauss Frequency Shift Keying，GFSK）等。

GSM（全球移动通信系统）蜂窝网络采用 GMSK，第二代无绳电话系统（Cordless Telephone – second Generation，CT2）和增强型数字无绳通信（Digital Enhanced Cordless Telecommunications，DECT）采用 GFSK。

任务二 语音编码技术

在移动通信系统中，语音编码技术对减少信道误码率、提高语音质量、提高频道利用率和系统容量具有重大的影响。

语音编码的目的是将模拟的语音信号变为数字的语音信号，并在保持一定的算法复杂程度和通信时延的前提下，占用尽可能少的信道容量，传送尽可能高质量的语音。语音的编码技术通常分为 3 类：波形编码、参量编码和混合编码。其中，波形编码和参量编码是两种基本类型。

1. 波形编码

波形编码的基本原理是在时间轴上对模拟语音按一定的速率采样，然后将幅度样本分层量化，并用代码表示。解码是其反过程，将收到的数字序列经过解码和滤波恢复成模拟信号。波形编码具有适应能力强、语音质量好等优点，应用于对信号带宽要求不太严格的通信系统，但由于所用的编码速率高，因此不适用于频率资源相对紧张的移动通信系统。

脉冲编码调制（Pulse Code Modulation，PCM）和增量调制（ΔM），以及它们的各种改进型自适应增量调制（Adaptive Delta Modulation，ADM）、自适应差分脉码调制（Adaptive Differential Pulse Code Modulation，ADPCM）等，都属于波形编码技术。它们分别在 64kbit/s 和 16kbit/s 的速率上，编码质量都比较好。

2. 参量编码

参量编码又称为声源编码，是在频率域或其他正交变换域提取信源信号的特征参量，并将其转换成数字代码进行传输。解码为其反过程，将收到的数字序列经转换恢复特征参量，再根据特征参量重建语音信号，但重建信号的波形同原语音信号的波形可能会有相当大的差别。这种编码技术可实现低速率语音编码，比特率可压缩到 2 ~ 4.8kbit/s，甚至更低，但低速率下语音质量并不高，只能达到中等水平。另外，线性预测编码（Linear Prediction Coding，LPC）及其他各种改进型都属于参量编码。

3. 混合编码

混合编码是将波形编码和参量编码组合起来，既能克服波形编码和参量编码的弱点，又可结合各自的长处。混合编码保持了波形编码的高质量和参量编码的低速率，在 4 ~ 16kbit/s 速率上能够得到高质量的语音。多脉冲线性预测编码（Multiple Pulse Linear Prediction Coding，MPLPC），规则脉冲激励 – 长期线性预测编码（Regular Pulse Excited – Long Term Prediction，RPE – LTP）、码激励线性预测编码（Code Excited Linear Prediction，CELP）等都是属于混合编码技术。GSM 采用规则脉冲激励 – 长期线性预测编码（RPE – LTP）方案，其编解码器相对复杂，每语音信道的净编码速率为 13kbit/s。

IS - 95（CDMA）系统采用美国高通公司的 9.6kbit/s 码激励线性预测编码（CELP）方案，每语音信道的净编解码速率可为 2.4kbit/s、4.8kbit/s 和 9.6kbit/s。

任务三　移动信道中电磁波传播特性

为了给通信系统的规划和设计提供依据，人们通常通过理论分析或根据实测数据进行统计分析，以及进行移动信道的计算机模拟（或相互结合），总结和建立有普遍性的数学模型，利用这些模型，估算一些传播环境中的传播损耗和其他有关的传播参数。

1. 理论分析方法

用电磁场理论或统计理论分析电磁波在移动环境中的传播特性，并用各种数学模型来描述移动信道。在实际分析过程中，往往会提出一些假设条件简化信道数学模型，所以数学模型对信道的描述都是近似的。即使这样，信道的理论模型对人们认识和研究移动信道仍具有指导作用。

2. 现场电磁波传播实测方法

在不同的传播环境中，做现场电磁波传播实测试验。测试参数包括接收信号幅度、延时及其他反映信道特征的参数。对实测数据进行统计分析，可以得出一些有用的结果。由于移动环境的多样性，现场实测一直被作为研究移动信道的重要方法。

3. 移动信道的计算机模拟方法

如前所述，任何理论分析，都要假设一些简化条件，而实际移动传播环境是千变万化的，这就限制了理论结果的应用范围。现场实测，费时、费力，并且也是针对某个特定环境进行的。计算机具有很强的计算能力，能灵活、快速地模拟各种移动环境。因而，计算机模拟成为研究移动信道的重要手段。

在实际研究工作中，这些方法用于研究过程的不同阶段。移动环境中电磁波传播特性研究的结果，往往用下述两种方式给出：

（1）对移动环境中电磁波传播特性给出某种统计描述。例如，理论分析和实测试验结果表明，在移动环境中接收信号的幅度在大多数情况下符合瑞利（Rayleigh）分布。在有些情况，则更符合莱斯（Rice）分布。电磁波衰落特性的统计规律，为研究移动信道抗衰落技术提供了基本依据。

（2）建立电磁波传播模型。模型可包括图表、近似计算公式等。近年来，在计算机上建模也越来越流行。应用电磁波传播模型可对无线电波在传播过程中的各种干扰和损耗进行预测，直接为系统工程设计服务。由于移动环境的复杂性，不可能建立单一的模型。不同的模型是从不同传播环境的实测数据中归纳而得出的，且都有一定的适用范围。进行系统工程设计时，模型的选择非常重要，不同的模型会得出不同的结果。

任务四　多址技术

在移动通信系统中，经常以信道来区分通信对象，一个信道只容纳一个用户进行通话，许多同时通话的用户，以信道来区分，这就是多址。多址方式的基本类型有频分多址（FD-MA）、时分多址（TDMA）和码分多址（CDMA）。图 1-1-4 给出三种多址方式的图。

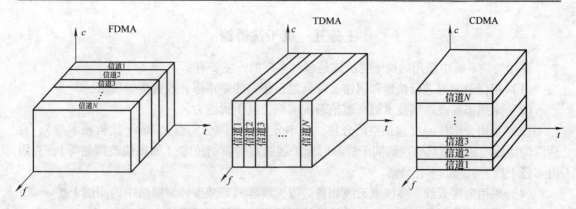

图 1-1-4　三种多址方式对比图

1. 频分多址（FDMA）

基站接收、处理和转发移动台来的信号时，不同用户采用不同的载波频率传输信号建立多址，这种方式称为频分多址（FDMA）方式。FDMA 系统是基于频率划分信道的，每个用户在一对频道中通信，若有其他信号的成分落入一个用户接收机的频道带内时，将造成对有用信号的干扰。

模拟移动通信网采用频分多址方式，如：全接入通信系统（Total Access Communication System，TACS）、高级移动电话系统（Advanced Mobile Phone System，AMPS）等。在数字移动通信网中，则很少单独采用频分多址的方式，比如现在用的 GSM，虽然也在频率上做了划分，但是更主要的是采用了时隙的概念，所以人们更愿意将其划入时分多址（TDMA）。

2. 时分多址（TDMA）

以传输信号存在的时间不同来区分用户，建立多址接入的方式称为时分多址（TDMA）方式。时分多址是把一个宽带的无线载波，在时间上分成周期性的帧，每一帧再分割成若干时隙，每个时隙就是一个通信信道，分配给某个用户使用。系统根据一定的时隙分配原则，使各个移动台在每帧的指定时隙向基站发射信号，基站可以在各相应时隙中接收各移动台的信号，互不干扰。同样，基站发向各个移动台的信号都按顺序安排在预定的时隙中，各移动台在指定的时隙内接收，把发给它的信号区分出来。TDMA 系统发射数据采用缓存－突发法，对任何一个用户而言发射都是不连续的。

时分多址技术要求严格的同步和定时，否则无法正常接收信息。采用时分多址方式的系统有 GSM、DAMPS（Digital AMPS，数字先进移动电话）等。

3. 码分多址（CDMA）

以传输不同的正交码字来区分用户建立多址接入时，称为码分多址（CDMA）方式。码分多址系统为每个用户分配了特定的地址码，这个地址码用于区别用户。所有用户可以使用相同的频率，且允许时间和空间上的重叠。

系统的接收端必须使用与发送端完全一致的地址码，用来对接收的信号进行相关检测。码分多址通信系统中无论传送何种信息的信道都是靠采用不同的地址码来区分的。采用码分多址方式的系统有 IS－95、cdma2000、WCDMA（Wideband CDMA，宽带 CDMA）等。

实际中常用到三种基本多址方式的混合多址方式，比如，频分多址/时分多址（FDMA/TDMA）、频分多址/码分多址（FDMA/CDMA）、时分多址/码分多址（TDMA/CDMA）等。

任务五　抗干扰措施

移动通信系统中采用的抗干扰措施是多种多样的，主要有：

（1）用信道编码进行检错和纠错，降低通信传输的差错率，改善传输质量。

（2）采用扩频或跳频技术提高通信系统的综合抗干扰能力。

（3）采用分集技术（包括空间分集、频率分集、时间分集以及 Rake 接收技术等）、自适应均衡技术、选用具有抗码间干扰和时延扩展能力的调制技术（如多载波调制等），克服由多径干扰所引起的多径衰落。

（4）采用扇区天线、多波束天线和自适应天线阵列等减少蜂窝网络中的同道干扰。

（5）提高接收机的中频选择性，优选接收机指标降低邻道干扰。

（6）采用语音激活与功率控制减少同道干扰。

（7）使用干扰抵消和多用户信号检测器技术减少 CDMA 通信系统的多址干扰。

（8）功率控制能保证每个用户的信号功率都处于最小必要功率，克服远近效应。

任务六　组 网 技 术

移动通信的组网技术可以分为网络结构、网络接口和控制与管理等几个方面。

1. 网络结构

如图 1-1-5 所示，蜂窝移动通信系统主要由交换网络子系统［简称网络子系统（Network Subsystem，NSS）］、无线基站子系统［简称基站子系统（Base Station Subsystem，BSS）］和移动台（Mobile Station，MS）三大部分组成。在模拟移动通信系统中，全接入通信系统（Total Access Communication System，TACS）规范只对 Um 接口进行了规定，而未对 A 接口做任何的限制，其 NSS 和 BSS 只能采用同一个厂家的设备，而 MS 可用不同厂家的设备。在数字移动通信系统中，系统的各个接口都有明确的规定。也就是说，各接口都是开放式接口，NSS 和 BSS 可以采用不同厂家的设备。

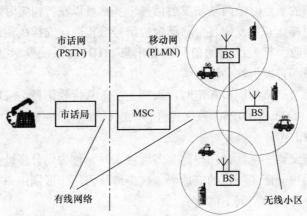

图 1-1-5　蜂窝移动通信系统组成

2. 网络结构

数字蜂窝移动系统所用的各种实体结构与接口如图 1-1-6 所示。

（1）人机接口——Sm 接口：指用户与网络间的接口。主要包括用户对移动终端（Mo-

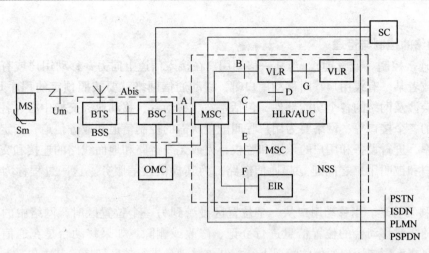

图 1-1-6　移动通信系统接口

MS—移动台　BTS—基站收发信机　BSC—基站控制器　MSC—移动业务交换中心　EIR—设备识别寄存器

VLR—访问用户位置寄存器　HLR—归属位置寄存器　AUC—鉴权中心　OMC—操作维护中心　ISDN—综合业务数字网

PLMN—公用陆地移动网　PSTN—公用电话网　PSPDN—公用分组交换数据网

注：一般情况下，VLR 与 MSC 常集成在一起，表示为 MSC/VLR；HLR 与 AUC 集成在一起表示为 HLR/AUC。

详细功能实体介绍见系统篇 GSM 模块

bile Terminal，MT）进行的操作程序，移动终端向用户提供的显示、信号音等。此接口还包括用户识别模块（Subscriber Identity Module，SIM）卡与移动终端间接口的内容。

（2）Um 接口：移动台与基站间接口，此接口为无线接口。

（3）A 接口：将基站收发信台（Base Transceiver Station，BTS）与基站控制器（Base Station Control，BSC）看成一个整体 BSS，A 接口是 BSS 与移动业务交换中心（Mobile Switching Center，MSC）间的接口，主要传递呼叫处理、移动性管理、无线资源管理等信息。

（4）Abis 接口：基站控制器与基站之间的接口，此接口为非标准的接口。

（5）C 接口：MSC 与归属位置寄存器（Home Location Register，HLR）之间的接口，此接口用于传递有关移动台位置和用户管理信息，以使移动台在整个服务区中能建立和接收呼叫；传递管理和路由选择信息，以使关口 MSC 能询问被叫移动台的漫游号码。

（6）D 接口：访问位置寄存器（Visitor Location Register，VLR）与 HLR 之间的接口称为 D 接口。

（7）E 接口：MSC 与其他 MSC 间的接口，此接口用于在进行 MSC 间切换时交换有关的信息，以及在两个 MSC 间建立用户呼叫接续时传递有关的信息。

（8）F 接口：MSC 与设备识别寄存器（Equipment Identity Register，EIR）之间的接口。

（9）G 接口：VLR 与其他 VLR 之间的接口。

（10）MSC 至 PSTN/ISDN 的接口：数字蜂窝移动通信网通过 MSC 与其他通信网互通。与公共电话交换网（Public Switched Telephone Network，PSTN）互通，向用户提供语音、数据、交替的语音/数据业务以及某些补充业务。与综合业务数字网（Integrated Service Digital Network，ISDN）互通，向用户提供电信、承载、补充三类业务。

另外，还有 NSS 与短消息业务中心（Short Message Center，SC）的接口、BSS 至短消息业务中心的接口、MSC 及 BSS 至操作维护中心（Operation and Maintenance Center，OMC）

接口。

3. 网络的控制与管理

（1）连接控制（或管理）。当某一移动用户在接入信道上向另一移动用户或有线用户发起呼叫，或者某一有线用户呼叫移动用户时，移动通信网络就要按照预定的程序开始运转，这一过程会涉及网络的各个功能部件，包括基站、移动台、移动业务交换中心、各种数据库以及网络的各个接口等；网络要为用户呼叫配置所需的控制信道和业务信道，指定和控制发射机的功率，进行设备和用户的识别和鉴权，完成无线链路和地面线路的连接和交换，最终在主叫用户和被叫用户之间建立起通信链路，为其提供通信服务。这一过程称为呼叫接续过程。

（2）移动管理。当移动用户从一个位置区漫游到另一个位置区时，网络中的有关位置寄存器要随之对移动台的位置信息进行登记、修改或删除。如果移动台是在通信过程中越区，网络要在不影响用户通信的情况下，控制该移动台进行越区切换，其中包括判定新的服务基站、指配新的频率或信道以及更换原有地面线路等。

（3）无线资源管理。无线资源管理的目标是在保证通信质量的条件下，尽可能地提高通信系统的频谱利用率和通信容量。根据当前用户周围的业务分布和干扰状态，选择最佳的（无冲突或干扰最小）信道，分配给通信用户使用。这一过程既要能在用户的常规呼叫时完成，也要能在用户过区切换的通信过程中迅速完成。

项目四　移动通信发展历程及未来发展趋势

【移动通信发展史】

1895 年无线电发明之后，莫尔斯电报就用于船舶通信。

1921 年美国底特律和密歇根州警察厅开始使用车载无线电台，其工作频段为 2MHz。

1940 年，又增加了 30 ~ 40MHz 之间频段，由调幅方式改成调频方式，增加了通信信道。

由于专用移动用户的增加，美国联邦通信委员会又分配了 300 ~ 500MHz 之间的 40MHz 带宽，供陆上无线通信使用。

移动通信的发展，在 20 世纪 80 年代以前是指公用汽车电话系统。自美国贝尔实验室于 1946 年在圣路易斯建立了世界上第一个公用汽车电话系统以来，移动通信经历了从单工方式的人工选择空闲信道，到大区制、双工方式循环定位法自动选择空闲信道，再到蜂窝状大容量小区制的移动电话系统等几个阶段。移动通信系统从模拟制式进入了第二代数字制式，而 2005 年开始，陆续有国家实施 3G 网络商用。目前，蜂窝移动电话系统主要使用 900MHz 和 1800MHz 频段。

第一代蜂窝移动通信网为模拟系统，以美国的 AMPS（Advanced Mobile Phone System，先进移动电话系统）和英国的 TACS 为代表，到 20 世纪 80 年代，移动通信已达到成熟阶段。第一代移动通信系统解决了系统要求容量大与频率资源有限的矛盾，成为公用移动通信网的主体，但该系统设备制式不统一、设备复杂、成本高且各厂家生产的设备不能兼容；体制过于混杂，不易于国际漫游；频率利用率低；业务种类单一，只提供语音业务；保密性差，通话易被窃听；安全性差，易被盗号；容量小，不能满足日益增长的需要。20 世纪 80

年代末，人们便着手研究数字蜂窝移动通信系统。

第二代数字蜂窝移动通信网采用与模拟系统不同的多址方式、调制技术、语音编码、信道编码、分集接收及数字无线传输技术。系统频谱利用率高、容量大，还能提供语音、数据等多种业务，并能与 ISDN 等其他网络进行互连。第二代数字移动通信系统的主要制式有泛欧标准的 GSM，美国的 DAMPS 和 IS – 95CDMA，日本的 PDC（Personal Digital Cellular，个人数字蜂窝系统）等。

第三代移动通信系统（3G）为宽带移动通信系统，主要针对第二代不能提供中高速数据业务提出的。最受关注的 3G 标准有：基于 GSM 的 WCDMA；基于 IS – 95CDMA 的 cdma2000；中国自主知识产权的 TD – SCDMA；2007 年加入 WiMax，目前 3G 正在投入商用，制订的标准与预期目标也有些距离，不能在 3G 中实现标准的全球统一，我国 4G TD – LTE 已试商用，5G 标准的研究已提上日程。未来移动通信网络在业务上将走向数据化和分组化，网络将是全 IP 网络。

另外，为能使第二代移动通信向第三代平滑过渡，在第二代的基础上采用了一些新的技术，称之为二代半（2.5G）技术，如中国移动在 GSM 基础上开通的通用分组无线业务（General Packet Roidio Service，GPRS）。

我国蜂窝移动电话网始建于 1986 年。1989 年原邮电部由美国 Motorola 公司、瑞典 Erisson 公司引进 900MHz 的 TACS 体制的设备，1995 年我国公用 900MHz 模拟蜂窝移动电话全国联网投入运行。1994 年 9 月，广州在全国率先建成特区及珠江三角洲数字移动电话网，于同年 10 月试运行，随后各地相继引进设备建立 GSM 数字蜂窝移动电话网。1998 年，模拟用户数量开始下降，2001 年底模拟网关闭。同期，原中国联通启用 C 网，中国移动开通 GPRS。

到 2001 年 3 月，我国移动电话网用户跨越 1 亿大关，同年 7 月，达到 1.206 亿，超过美国，成为世界上移动用户最多的国家。我国移动电话网发展 1000 万用户用了 10 年，而从 1000 万到 1 亿仅用了 4 年时间。到 2004 年 6 月，移动电话网用户已增至 3 亿，普及率达到 23.7%，国产手机市场份额已达 17.7%，2013 年全国移动电话用户达到 12.29 亿户，3G 移动用户总数达到 4.02 亿户。

三代移动通信系统比较见表 1-1-1。

表 1-1-1　三代移动通信系统比较

第一代	第二代	第三代
模拟（蜂窝）	数字（双模式，双频）	多模式，多频
仅限语音通信	语音和数据通信	高速的新业务
仅为宏小区	宏/微小区	卫星/宏/微/微微小区
主要用于户外覆盖	户内/户外覆盖	无缝全球漫游，供室内外使用
主要接入技术：FDMA	主要接入技术：TDMA、CDMA	主要接入技术：CDMA
主要标准：北欧移动电话（Nordic Mobile Telephone NMT）、高级移动电话系统（AMPS）、全接入通信系统（TACS）	主要标准：GSM、IS – 136（或 DAMPS）、PDC	主要标准：宽带 CDMA（WCDMA）、cdma2000、TD – SCDMA、WiMax（World Wide Interoperability for Microwave Access，全球微波互联接入）

【移动通信标准化组织】

随着移动通信新技术的不断涌现和新系统的开发，通信技术日新月异。为了使通信系统的技术水平能综合体现整个通信技术领域已经发展的高度，移动通信的标准化就显得十分重要。通信的本质就是人类社会按照公认的协定传递信息。如果不按照公认的协定而随意传递发信者的信息，收信者就可能收不到这个信息；或者虽然收到，但不能理解，也就达不到传递信息的目的了；没有技术体制的标准化就不能把多种设备组成互连的移动通信网络，没有设备规范和测试方法的标准化，也无法进行大规模生产。移动通信系统公认的协定，就是通信标准化的内容之一。随着通信技术的高度发展，人类社会的活动范围也日益扩大，国际上对移动通信标准化工作历来都非常重视，标准的制定也超越了国界，具有了广泛的国际性和全球性。

【国际无线电标准化组织】

国际无线电标准化工作主要由国际电信联盟（International Telecommunication Union，ITU）负责，它是设在日内瓦的联合国组织，下设4个永久性机构：综合秘书处、国际频率登记委员会（International Frequency Registion Board，IFRB）、国际无线电咨询委员会（International Rodio Consultative Committee，CCIR）以及国际电话电报咨询委员会（International Consultative Committee on Telecomm unication and Telegraph，CCITT）。

IFRB 的职责是管理国际性的频率分配和组织世界管理无线电会议。无线电会议是为了修正无线电规程和审查频率注册工作而举行的，曾做出涉及无线通信发展的有关决定。

CCITT 提供设备开发事宜（如在有线电信网络中工作的数据调制解调器），还通过其不同的研究小组开发了许多与移动通信有关的建议，如编号规划、位置登记程序和信令协议等。

CCIR 为 ITU 提供无线电标准的建议，研究的内容着重于无线电频谱利用技术和网间兼容的性能标准和系统特性。

1993 年 3 月 1 日，ITU 进行了一次组织调整。调整后的 ITU 分为三个组：无线通信组（原 CCIR 和 IFRB）、电信标准化组（原 CCITT）和电信开发组。经过调整后，ITU 的标准化工作实际上都落到 ITU 电信标准化组的管理下，这个组称为 ITU – T，而把无线通信组称为 ITU – R。

【北美地区的通信标准化组织】

美国负责移动通信标准化的组织是电子工业协会（Electronic Industries Association，EIA）和它的一个分支电信工业协会（Telecommunications Industries Association，TIA）。此外，还有一个蜂窝电信工业协会（Cellular Telecommunication Industries Association，CTIA）。1988 年末，电信工业协会应蜂窝电信工业协会的请求组建了数字蜂窝标准的委员会（TR45），来自美国、加拿大、欧洲和日本的制造商参加了这个组织。TR45 下属的各个分会主要是对用户需求、通信技术等方面的建议进行评估。1992 年 1 月 EIA 和 TIA 发布了数字蜂窝通信系统的标准 IS – 54（TDMA）暂时标准，它定义了用于蜂窝移动终端和基站之间的空中接口标准（EIA92）。

基于码分多址（CDMA）的数字蜂窝移动通信系统已被美国高通公司开发出来，并于1993 年 7 月被 TIA 修订为 IS-95（CDMA）标准。

【太平洋地区的通信标准化】

太平洋数字蜂窝移动通信系统（PDC）标准发布于 1993 年，也称为日本数字蜂窝移动通信系统（JDC）。PDC 有些类似于 IS-54 标准。

【欧共体的通信标准化组织】

早期协调欧洲的电信管理和支持 CCITT 和 CCIR 的标准化活动的主要标准化组织是欧洲邮电管理协会（Confederation of European Posts and Telecommunications，CEPT）。之后，CEPT 在这方面的工作已越来越多地被欧洲共同体（European Communities，EC）管理下的其他标准化组织所取代。隶属于欧洲共同体的标准化组织主要是欧洲电信标准组织（European Telecommunications Standards Institute，ETSI），成立于 1988 年，已经取得许多以往由 CEPT 领导的标准化职责，下设服务与设备、无线电接口、网络形式和数据等分会。GSM、无绳电话（Cordless Phone，CP）和欧洲无线局域网（HIPERLAN）等许多标准都是由 ETSI 制定的。

国际上有关移动通信系统的标准和建议，通常是全球或地区范围内许多研究部门、生产部门、运营部门和使用部门中许多专家集体创作制定的，它标志着移动通信的发展方向，也体现着移动通信市场需求和综合技术水平，具有巨大的技术和商业价值，为世界各国制定移动通信发展规划和标准提供了重要的依据。

项目五　常用移动通信系统

常用移动通信系统，包括在 20 世纪 70 年代风靡一时的 BP 机、小灵通等，但它们已经退出了历史舞台，故而在此不做详细介绍，本任务主要介绍三种移动通信系统：蜂窝移动通信系统、集群移动通信系统和移动卫星通信系统。

任务一　蜂窝移动通信系统

20 世纪 60 年代，美国贝尔实验室提出了蜂窝系统的概念和理论，但是直到 20 世纪 70 年代随着半导体技术的成熟、大规模集成电路和微处理器技术的发展以及表面贴装工艺的广泛应用，才为蜂窝移动通信的实现提供了技术基础。

1979 年芝加哥开通了模拟蜂窝系统（即 AMPS），北欧于 1981 年 9 月在瑞典开通了北欧移动电话（NMT）系统，1985 年英国开通了 TACS、德国开通了 C-450 系统等，这些系统都是频分多址（FDMA）模拟系统。

20 世纪 90 年代发展起来的泛欧 GSM、DETC（欧洲数字通信技术）、加拿大的 CT-3、日本的 PDC、美国的 DAMPS 均为 TDMA 数字网，其中 GSM 在网络性能和容量上比模拟网有了重大改善，因此备受推崇。

1991 年在欧洲开通了第一个 GSM，MoU 组织为该系统设计和注册了市场商标，将数字蜂窝移动通信系统（GSM）更名为"全球移动通信系统"（Global System for Mobile Communication）。从此移动通信跨入了第二代数字蜂窝移动通信系统。

同年，移动特别小组还完成了制定1800MHz频段的公共欧洲电信业务的规范，命名为DCS1800。该系统与GSM900具有同样的基本功能特性，因而该规范只占GSM建议的很小一部分，仅将GSM900和DCS1800之间的差别加以描述，两者绝大部分是通用的，这两个系统均可通称为GSM。

1992年美国出现了一种新的数字蜂窝移动通信系统（即CDMA系统）。该系统采用码分多址直接序列扩频（DS/SSCDMA）技术，系统容量最终取决于载波干扰比（Carrier Inter-fence Ratio，C/I），不直接受带宽的限制，借助于功率控制等技术，CDMA系统的容量一般是模拟系统的10～20倍，是GSM的3倍左右。

在第二代数字蜂窝移动通信系统的发展过程中，各国根据自身的技术情况和发展策略制定了不同的标准，只实现了区域内的制式统一，因此，世界移动通信系统很难形成统一的移动通信网络。这时，用户迫切希望通信界提供一种能够覆盖全球，提供更宽带宽、更灵活的业务，并且使终端能够在不同网络间实现无缝漫游的移动通信系统，用于取代第一代模拟蜂窝移动系统和第二代数字蜂窝移动通信系统。为此，国际电信联盟（ITU）于1985年底开会提出未来公共陆地移动通信系统（Future Public Land Mobile Telecommunication System，FPLMTS）的概念，1994年国际电信联盟将FPLMTS正式更名为国际移动通信系统2000（IMT-2000）。它的目标是形成全球统一频段、统一标准，这就是发展中的3G（第三代移动通信系统）。3G主要设想是要为各种业务的融合和分配提供一个平台，该系统是一个全球无缝覆盖、全球漫游，包括卫星移动通信、陆地移动通信和无绳电话等蜂窝移动通信的大系统。

任务二　集群移动通信系统

集群移动通信系统又叫专用业务调度系统，是专用无线电调度系统的一种高级发展阶段。多个用户（部门、群体）公用一组无线电通道，并动态地使用这些专用通道，主要用于指挥调度通信的移动通信系统。集群移动通信系统主要由调度台、交换控制中心、基地台、移动台组成，如图1-1-7所示。在应用方面，集群移动通信系统分为特殊移动通信系统和专用移动通信系统，主要是为户外作业的专业公司及业务部门的移动用户提供生产调度和指挥控制等通信业务。许多国家的政府还为集群移动通信系统运营者开放执照申请，将其作为公共接入移动无线电系统，除运营者本身使用外还提供公众服务。

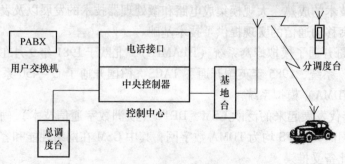

图1-1-7　集群移动通信系统

集群移动通信系统分类方法主要有按集群方式、控制方式、信令方式、信令占用信道方式、呼叫处理方式分类等。

（1）按集群方式分类

分为信息集群、传输集群和准传输集群三种。在信息集群系统中，用户通话占用一个语音信道完成整个通话过程。其优点是通话完整性好，缺点是通话停顿时仍占用信道，降低了信道利用率。而在传输集群系统中，用户通话时有一方按 PTT（Push‑to‑talk，即按即说）键讲话时才占用信道，讲完松开 PTT 键后释放信道，另一方讲话时重新占用信道。其优点是信道利用率高，有一定的通话保密性；缺点是通话完整性稍差，有可能通话中断。准传输集群系统吸取了信息集群和传输集群两种系统的优点，在通话时，一方讲完松开 PTT 键后，信道仍保留一段时间，在此时间内另一方如按下 PTT 键讲话可继续占用此信道，否则系统释放该信道。

（2）按控制方式分类

分为集中控制和分散控制两种。

集中控制方式，控制信号由一个专用的频道传输，速度较快，具有集中控制的系统控制器，功能齐全，适用于大、中容量多基地台网络。

分散控制方式，在每个频道中既传输控制信号又传输语音信号，只有在频道空闲时才传输控制信号，节省了一个专用信道，但接续速度慢，设备简单且成本低，适用于中、小容量的组网。

（3）按信令方式分类

分为共路信令和随路信令两种。共路信令是设一个专用信道传信令。其优点是信令速度快，系统功能多。随路信令是在每个信道中同时传语音和信令，信令不单独占用信道。其优点是节约信道，缺点是接续速度稍慢，系统功能较少。

（4）按信令占用信道方式分类

分为固定式和搜索式两种。固定式系统中，信令占用固定信道。而在搜索式系统中，信令占用信道不断变化，有循环定位和循环不定位两种搜索方式。固定式较为简单，搜索式较为复杂。

（5）按呼叫处理方式分类

分为损失制和等待制两种。损失制系统是当语音信道占满时，系统示忙，呼叫失败，要通话需重新呼叫。这种系统信道利用率较低。而等待制系统则是当语音信道占满时，对呼叫请求采取排队方式处理。一旦有空闲语音信道，系统可马上接通呼叫。这种系统信道利用率较高。

集群通信系统朝着公众使用的方向发展，将多个集群系统结合在一起统一管理，共用频道和信道、共享覆盖区域、通信业务、共担费用。现代的集群通信系统除了具有通话功能之外，还有命令传输、遥测、遥控等功能。

集群通信系统非常重要的一个发展方向是在传统移动通信的调度功能之外，还提供了类似公用移动电话系统的双工通话和短信服务（Short Message Service，SMS），可在多基地台覆盖范围漫游，甚至具有越区切换等功能；高速数据通信能力的强化、与 IP 网络的整合等。

集群通信系统具有弹性的扩充能力，能够随着业务需求的增加，扩充系统容量及调整系统组态，能够持续以软件方式升级。

任务三　卫星移动通信系统

卫星移动通信系统，按所用轨道分，可分为静止轨道（Geostationary Earth Orbit，GEO）和中轨道（Medium Earth Orbit，MEO）、低轨道（Low Earth Orbit，LEO）卫星移动通信系统。其最大特点是利用卫星通信的多址传输方式，为全球用户提供大跨度、大范围、远距离的漫游和机动、灵活的移动通信服务，是陆地蜂窝移动通信系统的扩展和延伸，在偏远的地区、山区、海岛、受灾区、远洋船只及远航飞机等通信方面更具独特的优越性。卫星移动通信系统覆盖全球，能解决人口稀少、通信不发达地区的移动通信服务，是全球个人通信的重要组成部分。但是它的服务费用较高，目前还无法代替地面蜂窝移动通信系统。目前主要有以下卫星移动通信系统。

1. INMARSAT 全球卫星移动通信系统

国际海事卫星组织（INMARSAT）的前身是美国的 Marisat 组织，美国于 1976 年首次用通信卫星提供海上搜索救援和日常通信业务，包括无线电话和电报服务。此后，卫星移动通信业务扩大到陆地移动用户。1979 年 7 月 16 日国际海事卫星组织 INMARSAT 诞生了，成为世界上第一个卫星移动通信业务的经营者，并于 1982 年 2 月 1 日正式挂牌运营。

现在的 INMARSAT 是一个多国组织，成员国均在该组织内有一个具体公司或组织作为代表。INMARSAT 已先后开发了三代产品。INMARSAT-1，由 9 颗卫星组成，其中租用美国通用通信卫星公司的 3 颗海事卫星（Marisat）、租用欧洲空间组织的 2 颗 Marescs 卫星，还有 4 颗 MINTELSAT-V 号 F5~F9 卫星上的海事通信包。这些卫星分别布置在大西洋、太平洋和印度洋上空的静止同步轨道上，形成相应的 3 颗卫星覆盖区，为海上船只提供全球卫星通信服务。随着通信业务量的增加，从 1988 年开始着手发展 INMARSAT-2，于 1992 年投入运行，共有 4 颗同步轨道卫星，业务范围扩大到航空移动通信。1991 年与美国 GE 航空公司签订合同制造 5 颗卫星，即三代星 INMARSAT-3。1996 年 4 月~1998 年 2 月已完成换代卫星的发射与部署。三代星与二代星相比，容量大了 8 倍，每颗星上有一个全球波束和 5 个点波束，还增加了定位导航功能。三代星部署完毕并投入使用之后，二代星则作为备份星，且一代星也还能工作，为系统的可靠性提供了保证。而卫星功率的加大和点波束的应用，又为减小机载卫通设备质量与体积、降低造价提供了有利条件。

2. 高轨道卫星移动通信系统

20 世纪 90 年代，卫星移动通信进入了一个大发展时期，继 INMARSAT 使用同步卫星（即高轨道卫星）之后，加拿大与美国的两家公司联合推出了北美移动业务卫星系统（MSAT），建立区域性卫星移动通信系统。此外，澳大利亚、日本、墨西哥、俄罗斯等国，都在竭尽全力发展自己的卫星移动通信系统，亚洲与欧洲的其他一些国家也在积极筹划发展区域性的卫星移动通信系统。

3. 中低轨道卫星移动通信系统

利用中低轨道卫星进行移动通信，实现全球个人通信，是卫星通信领域里的一个热门话题。用手持机进行全球通信具有划时代的意义，它对卫星移动通信提出了更高的要求，因为用户机的质量不过几百克，只能使用轻型的低增益无方向性天线。利用中低轨道卫星进行移动通信的有摩托罗拉公司的"铱"系统、美国星系统全球定位公司的星系统、俄罗斯信息宇宙股份公司的马拉松卫星、欧洲空间研究和技术中心的 Magss 卫星以及国际移动卫星组织倡导的 ICO（中高度圆形轨道）卫星移动通信系统等。

4. 卫星导航通信系统

全球有四大卫星导航系统，分别为美国的 GPS 系统、俄罗斯的 GLONASS 系统、欧洲的 GALILEO 系统、我国的北斗（BDS）系统。

目前世界上使用得最多的全球卫星导航定位系统是美国的 GPS。它是世界上第一个成熟、可供全民使用的全球卫星定位导航系统。该系统由 28 颗中高轨道卫星组成，其中 4 颗为备用星，均匀分布在距离地面约 20000km 的 6 个倾斜轨道上。

GLONASS 是苏联国防部于 20 世纪 80 年代初开始建设的全球卫星导航系统，从某种意义上来说是冷战的产物。该系统耗资 30 多亿美元，于 1995 年投入使用，现在由俄罗斯联邦航天局管理。GLONASS 是继 GPS 之后第二个军民两用的全球卫星导航系统。

GALILEO 系统是欧洲太空局与欧盟在 1999 年合作启动的，该系统民用信号精度最高可达 1m。GALILEO 系统卫星星座是由分布在三个轨道上的 30 颗中等高度轨道卫星（MEO）构成的。每个轨道上有 10 颗卫星，其中 9 颗正常工作，1 颗运行备用。GALILEO 系统计划提供公开服务、生命安全服务、商业服务、公共特许服务和搜索救援服务等服务类型。

BDS 系统的空间段由 5 颗静止轨道卫星和 30 颗非静止轨道卫星组成，提供开放服务和授权服务两种模式。2012 年 12 月 27 日，北斗系统空间信号接口控制文件正式版 1.0 正式公布，北斗导航业务正式对亚太地区提供无源定位、导航、授时服务；2013 年 12 月 27 日，北斗卫星导航系统正式提供区域服务一周年新闻发布会在国务院新闻办公室发布厅召开，正式发布了《北斗系统公开服务性能规范（1.0 版）》和《北斗系统空间信号接口控制文件（2.0 版）》两个系统文件。2020 年左右，建成覆盖全球的北斗卫星导航系统，北斗导航系统定位精度为 10m，授时精度为 50ns，测速精度为 0.2m/s。

任务四 无绳电话通信系统

无绳电话系统是市话网的延伸，因其手机可在小范围内活动，曾经得到广大用户的喜爱，CT-1，CT-2 及小灵通都属于无绳电话系统。本子任务简单介绍其系统工作原理和 CT-1、CT-2 系统。

1. 系统原理

无绳电话系统也是市话网的一种延伸系统，但与寻呼系统不同，它是一个双工系统。它由基站和手机组成。早期的无绳电话系统，都只是在室内使用，即用无线电替代室内用户线，使话机可在室内随意移动。

基站和手机均有一套完整的收发信机，当手机放在基站的机座上时，收发信机均不工作，基站对手机电池进行充电，相当于一台普通的电话机。当手机从机座上取下时，基站与手机的收发信机就进入工作状态。这时用户可用手机拨打电话，手机拨出的号码由基站接收并送入市话网；当有电话呼入时，基站会向手机发出呼入信号，而使手机和基站一起振铃，用户可任选一个进行通话。

2. CT-1 系统

CT-1 系统是第一代模拟无绳电话系统，通常是一个基站对一个或多个手机。基站又称母机，手机又称为子机。CT-1 一般仅在小范围内使用。

CT-1 音质较差，频率利用率低，邻近用户间会有严重的串扰，保密性差，容量小，易被盗打。

3. CT－2 系统

CT－2 为数字无绳电话系统，俗称"二哥大"，采用时分双工、频分多址和语音自适应差分脉码调制技术，频率利用率高，语音质量、抗干扰及保密性远优于 CT－1 系统。

CT－2 系统主要由手机、基站、网络管理中心和计费中心组成，可在室内使用，也可在室外使用。CT－2 是一个慢速移动通信系统，基站发射功率小，覆盖半径小。而且，由于 CT－2 没有位置登记和越区切换功能，只能呼出，不能呼入，需与寻呼系统等配合使用，但一旦通信建立，用户可实现双工通信。

扩展项目　我国移动通信发展史

我国于 1987 年正式引入蜂窝移动通信系统，经过 20 多年的风风雨雨，造就了世界上最大的移动通信网，如今我们的移动用户数已经超过了 12 亿，约占全球移动用户的 1/6。中国的移动通信网随同世界潮流，从第一代（1G）模拟系统起步，跨入了大发展时期的第二代（2G）数字系统，现在已处在进入第三代（3G）的时代，并且开始向第四代（4G）迈步。

1. 开始于广东

20 世纪 80 年代中期，世界上存在着多种标准的移动通信系统，如北美的 AMPS、欧洲的 TACS 与 NMT450/NMT900 等，没有统一的国际标准。1984 年，原邮电部开始组织队伍对蜂窝移动通信技术进行研究，在众多的技术标准中，最终选择了欧洲的 TACS 标准。1987 年，我国从瑞典引入 TACS 标准的第一代模拟蜂窝移动通信系统，率先在广东省建成并投入商用，以首批 700 个用户实现了"零"的突破。不久，我们从摩托罗拉公司和爱立信公司分别引进 TACS 在不同频段上建成了全国模拟 A 网和 B 网。1988 年，我国移动电话用户增至 3000 户，1990 年达到 1.8 万户，1994 年激增到了 157 万户。由于 TACS 没有统一联网的标准，随着用户规模的发展，网络逐渐暴露出覆盖差、稳定性差、不能实现网间漫游与互联互通、没有实时计费系统等问题。后来经过努力实现了网络漫游和互联互通，并建立了模拟移动网的运营支撑系统，为我国模拟移动网的建设、维护和运营创造了条件。

2. 数字系统覆盖中国大地

模拟系统为移动通信的发展奠定了扎实的基础。但是模拟系统固有的缺点带来了发展的局限性。系统制式多，各系统间没有公共接口，难以实现漫游；频谱利用率低、容量小，无法适应未来需求；不适合开展数据业务；安全保密性差，容易被窃听；设备复杂昂贵。这些都不利于移动通信的进一步发展。因此，欧洲在 1982 年设立了移动通信特别小组着手研究泛欧数字蜂窝移动通信系统，即 GSM 系统，中国于 1992 年正式投入商用。1992 年，原邮电部批准建设了浙江嘉兴地区 GSM 试验网。1993 年 9 月，嘉兴 GSM 网正式向公众开放使用，成为我国第一个数字移动通信网，迈出了数字时代的第一步。1994 年，在我国电信改革中诞生的原中国联通公司考虑到产品的成熟性（当时全球已有 50 个 GSM 网在运营，而技术优势更强的 CDMA 没有商用）和市场的迫切性，正式选用 GSM 建网，并在广东省开通了我国第一个省级 GSM 移动通信网。一年后，联通的 GSM 网在北京、天津、上海、广州建成开通。中国移动也毅然决策采用 GSM 在全国 15 个省市相继建网。2001 年 5 月，中国移动在全国启动了模拟网转网工作，并于 12 月 31 日正式关闭了模拟移动电话网。现在该系统已发展成为占全球市场份额最大的系统。

鉴于各种原因，原中国联通又决定引进 1995 年开始商用的 CDMA 技术，并于 2002 年 1 月 8 日开通了一期 CDMA 网络，成为全球唯一的同时拥有 GSM 和 CDMA 网的运营商。21 世纪，中国的移动通信进入了全数字的大发展时期。

3. 2.5G 迎头赶上

在 20 世纪后 10 年，特别是 1995 年之后移动通信和互联网成为当今世界发展最快、市场潜力最大、前景最诱人的两大领域。它们的增长速度都是任何预测家未曾预料到的。迄今，据工信部统计，截至 2013 年 1 月份，我国电话用户总数超 14 亿户，其中固定电话用户达 2.78 亿户，移动电话用户达 11.22 亿户。

中国互联网络信息中心报告显示，到 2012 年底，中国手机网民的数量已攀升到 4.2 亿，在整体网民中占比为 74.5%，第一上网终端的地位更加稳固。在移动网民规模快速增长的同时，网民对手机的依赖度也在不断加大。手机网民平均每天累计使用手机上网时长为 124min。据易观智库预测，2013 年中国移动互联网市场规模将达 2024 亿元，用户规模将达 6.48 亿。移动互联网要解决的第一个问题是提高接入速率。GSM 和 CDMA 都满足不了高速接入互联网的需要。于是在 3G 之前，介于 2G 与 3G 之间的 2.5G 技术应运而生。对应于 GSM 的是 GPRS/EDGE，对应于 CDMA 的是 cdma2000 1x（Rev. 0）。GPRS 是一种基于 GSM 的新型移动分组数据业务，可以把接入速率提高到 115 ～ 171kbit/s，在 GPRS 之后的 EDGE 技术可把速率进一步提到 384kbit/s。cdma2000 1x（Rev. 0）同样采用分组交换方式，接入速率可达 153.6kbit/s。当然，除了提高接入速率之外，移动互联网还要解决手机上网浏览的问题。作为一种解决方案，无线应用协议（Wireless Application Protocol，WAP）浮出水面。它是基于互联网标准的全球无线协议规范。它针对无线网络带宽受限、时延长等弱点，以及无线终端设备屏幕小、处理器性能弱、内存不足等诸多限制，在现代互联网标准的基础上，经过改造、优化，使它们适应无线环境的限制和使用要求。WAP 可以应用在多种无线网络上，包括 GSM、CDMA 或 GPRS 和 3G 网络。

2001 年 5 月 17 日（世界电信日），广东移动实施"先行者计划"，GPRS 业务开始面向社会试商用。

2002 年 5 月 17 日，中国移动 GPRS 业务在全国正式投入商用，迈入 2.5G 时代。提供的业务包括互联网接入、短消息、电子邮件、手机银行、手机支付等。

2005 年，中国移动开始在原有 GSM 网络上建设后向兼容 GPRS 技术的 EDGE 网络。在广州、深圳、东莞、北京、上海、南京、南宁、昆明、济南、苏州等城市都建成 EDGE 网络，其中广东移动的 EDGE 服务已经规模商用。

原中国联通则在 2003 年 3 月 28 日正式宣布，cdma2000 1x 网络在全国建成开通，并发布"联通无限"的业务品牌。此外，还在全国 70 个城市开通了三项 GPRS 业务。中国联通成为我国移动数据通信的另一生力军。

4. 我国的 3G 时代

由于第一代和第二代移动通信网没有形成统一的国际标准，而且无论是 GSM 还是 CDMA 在服务质量、网络成本、频谱效率与系统容量方面都不能满足未来的需要，因此国际电联（ITU）早在 1985 年就启动了 3G 的研究工作，当时把 3G 命名为未来公众陆地移动通信系统（FPLMTS）。1996 年更名为 IMT – 2000。

我国移动通信经过 1G 到 2G 的网络演进虽然取得了举世瞩目的成就，但是发展过程中的教训使我们清醒地认识到，中国企业必须从引进、消化、吸收走向自主创新，在 3G 上必须有所作为。在政府的引导之下，2000 年 5 月我国提出的 TD – SCDMA，与欧洲提出的 WC-DMA 和北美提出的 cdma2000 一起被 ITU 正式批准为 3G 的国际标准（后又加入 WiMax 标准）。TD – SCDMA 是我国第一个拥有自主知识产权的移动通信系统国际标准，开创了我国在国际标准化工作中的先河，是中国人的骄傲。

2008 年，国内运营商进行重组，重组方案为"五合三"：拆分中国联通，将联通原有的 CDMA 网（简称 C 网）和 GSM 网（简称 G 网）分离。其中，将 C 网并入中国电信，再将 G 网资源与中国网通合并，组建新联通；中国铁通直接并入中国移动。由此新产生的三大运营商均成为拥有固话和移动网络的全业务运营商，今后将可在这些领域开展业务，形成新的竞争格局。

工业和信息化部 2009 年 1 月 7 日宣布，批准中国移动通信集团公司增加基于 TD – SCD-MA 技术制式的第三代移动通信（3G）业务经营许可，中国电信集团公司增加基于 cd-ma2000 技术制式的 3G 业务经营许可，中国联合网络通信集团公司增加基于 WCDMA 技术制式的 3G 业务经营许可。

2013 年 4 月，据中国信息产业网报道，中国移动、中国电信、中国联通的用户数和 3G 用户数见表 1-1-2。

表 1-1-2　三大运营商的用户数和 3G 用户数

	中国移动	中国电信	中国联通
3G 用户总数	1.2 亿	8114 万	9189 万
累计用户	7.3 亿	1.7 亿	2.5 亿

5. 4G 的前瞻

2012 年 1 月 18 日，国际电信联盟在 2012 年无线电通信全会全体会议上，正式审议通过将 LTE – Advanced 和 WirelessMAN – Advanced（802.16m）（WiMax 的升级版）技术规范确立为 IMT – Advanced（俗称"4G"）国际标准，我国主导制定的 TD – LTE – Advanced 同时成为 IMT – Advanced 国际标准。

2012 年 4 月，杭州 B1 快速公交线免费开放了 4G 网络，使杭州成为我国第一个开放 4G 体验网络的城市。中国移动 2012 下半年选择在 3 个沿海城市进行 TD – LTE（Time Division Long Term Evolution，时分长期演进）网络试验。

6. 中国运营商的分合史

为了摆脱邮电部政企不分所带来的市场混乱局面，1988 年，国家很快就提出了"三步走"的电信改革设想，即第一步将施工、器材与工业等支撑系统分离出去；第二步将电信业务管理与政府职能分离，实现政企职责分离；第三步实现完全的政企分开，进行邮电分营和电信业重组。

1989 年，两位资深通信专家——中国科学院院士叶培大和张煦教授，又恰逢其时地联名向中央提交了一份题为《按照商品经济的规律改革我国通信管理体制的建议》的报告。他们建议：邮电部尽快实行政企分开；中央通信企业与地方通信企业应分别成为独立核算的经济实体；有控制地放开国家对通信的专营权，专用网可经营公用业务，可按国家标准合理接口，统一组网，互相实行财务结算；政府可规定通信全行业利润率的上下限，作为宏观调控电信资费的政策依据；在具有偿还能力的前提下，大规模发行通信建设债券；在自力更生的基础上，充分吸引并利用外资；打破部门所有制，逐步向股份公司发展。

这份《建议》得到了中国最高决策者的高度重视，也加快了中国通信产业现代化的进程。

随后国家出台了一系列措施，而其中大部分措施都是围绕将移动资产逐步从固网中分拆出来以及与资本市场形成对接这两个方面。

其中，比较重要的有：1994年7月19日，中国联通有限责任公司成立，成为由中央直接管理的国有重点骨干企业之一；

1995年，中国电信进行企业法人登记，从此逐步实行政企分开；

1997年，中国移动以广东和浙江两省的移动通信企业为基础组建了中国电信（香港）有限公司（后更名为中国移动（香港）有限公司），并分别在中国香港和纽约成功上市；

1998年3月，在原电子工业部和邮电部的基础上，组建信息产业部；

1999年2月，国务院批准中国电信改革方案，将原中国电信拆分成新中国电信、中国移动和中国卫星通信3个公司，寻呼业务并入联通，同时，网通公司、吉通公司和铁通公司获得了电信运营许可证，形成"数网竞争"的经营格局；

2000年6月，中国联通同时在中国香港特区与纽约上市。

为了进一步弱化中国电信一支独大的局面，国家又决定对中国电信做第二次分拆。2002年5月，国务院对电信进行了南北拆分重组，北方九省一市划归中国网通，成立新的中国电信集团公司。

中国移动的快速增长，造成了中国电信行业新的不平衡。从2007年年报看，2007年中国移动净利润为870.62亿元，几乎是中国电信、中国网通和中国联通三家净利润之和450.97亿元的两倍。更让人担忧心的是，2007年中国移动新增用户数达到6810.6万，总用户数达到了惊人的3.69亿，反观其他三家运营商，同为移动运营商的中国联通用户数年增长1825万，中国网通用户数比上年同期减少315.2万，中国电信公司也首现全年用户负增长。

为了彻底打破这种局面，2008年年初，国家终于下定决心，进行了大部门制改革。改制后，国家取消了旧的信息产业部，成立了新的工业和信息化部。新成立的工业和信息化部、国家发展和改革委员会和财政部联合重组公告：鼓励中国电信收购中国联通CDMA网（包括资产和用户），中国联通与中国网通合并，中国卫通的基础电信业务并入中国电信，中国铁通并入中国移动。重组完成后发放3G牌照。

【模块总结】

本模块主要介绍移动通信的一些基本概念，包括移动通信系统的特点和分类、基本概念、基本技术；详细叙述了移动通信系统的发展历程及目前正在受到广泛关注、深入研究和大规模商用的第三代移动通信系统（3G）以及目前正在业界萌动的第四代移动通信系统（4G）的研究现状及概念，同时探讨了移动通信的发展现状，分析了移动通信的发展趋势，还介绍了移动通信的工作方式、多址方式及其应用系统。

模块二

移动信道电波传播

【模块说明】

本模块主要对移动通信电波的传输进行阐述，主要包括以下几部分：

✓ 移动通信电波传播方式
✓ 电波传播特点
✓ 陆地移动通信的场强计算

【难点说明】

✓ 电波传播特性计算

【教学要求】

掌握
✓ 电波传播的方式
✓ 陆地移动通信场强计算公式
理解
✓ 电波传播特点
了解
✓ 电磁波的频率分类

知 识 前 顾

任务一　认识电磁波

电磁波（Electromagnetic Wave）：又称为电磁辐射、电子烟雾，是能量的一种。从科学的角度来说，电磁波是能量的一种，凡是高于绝对零度的物体，都会发射电磁波。正像人们一直生活在空气中而眼睛却看不见空气一样，除光波外，人们也看不见无处不在的电磁波。电磁波就是这样一位人类素未谋面的"朋友"。

电磁波是电磁场的一种运动形态。电与磁可说是一体两面，电流会产生磁场，变化的磁场则会产生电流。变化的电场和变化的磁场构成了一个不可分离的统一的场，这就是电磁场，而变化的电磁场在空间的传播形成了电磁波，电磁的变动就如同微风轻拂水面产生水波一般，因此被称为电磁波，也常称为电波（见图1-2-1）。

1. 电磁波的发现

1864年，英国科学家麦克斯韦在总结前人研究电磁现象的基础上，建立了完整的电磁

波理论。他断定电磁波的存在，推导
出电磁波与光具有同样的传播速度。

1887 年德国物理学家赫兹用实验
证实了电磁波的存在。之后，人们又
进行了许多实验，不仅证明了光是一
种电磁波，而且发现了更多形式的电
磁波，它们的本质完全相同，只是波
长和频率有很大的差别。

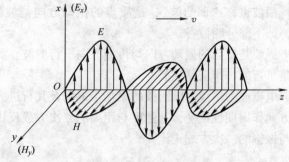

图 1-2-1　电磁波传播图

2. 电磁波的性质

机械波与电磁波都能发生折射、反射、衍射、干涉，因为所有的波都具有波粒二象性。
折射、反射属于粒子性，衍射、干涉为波动性。通过不同介质时，会发生折射、反射、绕
射、散射及吸收等。

电磁波的传播有沿地面传播的地面波，还有从空中传播的空中波以及天波。波长越长其
衰减也越少，电磁波的波长越长也越容易绕过障碍物继续传播。

在空间传播的电磁波，距离最近的电场（磁场）强度方向相同，其量值最大两点之间
的距离，就是电磁波的波长 λ，电磁每秒钟变动的次数便是频率 f。三者之间的关系可通过
公式 $c = \lambda f$ 来表示。

电磁波的计算如下：

$$c = \lambda f$$

式中，c 是波速（这是一个常量，约等于光速 $3 \times 10^8 \text{m/s}$），单位是 m/s；f 是频率，单位是
Hz；λ 是波长，单位是 m。

电磁波的能量大小由坡印亭矢量决定，即

$$S = E \times H$$

式中，S 为坡印亭矢量；E 为电场强度；H 为磁场强度。

E、H、S 彼此垂直构成右手螺旋关系；即由 S 代表单位时间流过与之垂直的单位面积
的电磁能，单位是 W/m^2。

电磁波频率低时，主要借由有形的导电体才能传递。原因是在低频的电振荡中，磁电之
间的相互变化比较缓慢，其能量几乎全部返回原电路而没有能量辐射出去；电磁波频率高时
即可以在自由空间内传递，也可以束缚在有形的导电体内传递。在自由空间内传递的原因是
在高频率的电振荡中，电磁互变甚快，能量不可能全部返回原振荡电路，于是电能、磁能随
着电场与磁场的周期变化以电磁波的形式向空间传播出去，不需要介质也能向外传递能量，
这就是一种辐射。举例来说，太阳与地球之间的距离非常遥远，但在户外时，我们仍然能感
受到和煦阳光的光与热，这就好比是"电磁辐射借由辐射现象传递能量"的原理一样。

3. 横波、纵波

当振动在介质中传播时，有两种形式，一种叫做 P 波，又叫做纵波。这种波的特点就
是在介质中传播时，波的传播方向与质点振动方向一致。另一种叫做 S 波，又叫做横波。这
种波的特点就是在介质中传播时，波的传播方向与质点振动方向垂直。

横波的特点是质点的振动方向与波的传播方向相互垂直。在横波中波长通常是指相邻两
个波峰或波谷之间的距离。

　　横波也称"凹凸波"，是质点的振动方向与波的传播方向垂直的波。突起的部分为波峰，凹下部分叫波谷。

　　纵波是质点的振动方向与传播方向平行的波。如敲锣时，锣的振动方向与波的传播方向就是平行的，声波是纵波。

　　电磁波为横波。电磁波的磁场、电场及其行进方向三者互相垂直。振幅沿传播方向的垂直方向作周期性交变，其强度与距离的二次方成反比，波本身带动能量，任何位置的能量功率与振幅的二次方成正比。

任务二　无线电波的波段划分

　　整个电磁频谱，是包含从电波到宇宙射线的各种波、光和射线的集合。不同频率段分别命名为无线电波（3kHz～3000GHz）、微波、红外线、可见光、紫外线、X 射线、γ 射线和宇宙射线。

　　无线电波的波段划分见表1-2-1。

表 1-2-1　无线电波波段的划分

名称		英文	波长范围	频率范围
极低频（极长波）		ELF	100 000～10 000km	3～30Hz
超低频（超长波）		SLF	10 000～1000km	30～300Hz
特低频（特长波）		ULF	1000～100km	300～3 000Hz
甚低频（甚长波）		VLF	100～10km	3kHz～30kHz
低频（长波）		LF	10～1km	30kHz～300kHz
中频（长波）		MF	1000～100m	300kHz～3 000kHz
高频（短波）		HF	100～10m	3～30MHz
甚高频（甚短波）		VHF	10～1m	30～300MHz
微波	特高频（分米波）	UHF	10～1dm	300～3000MHz
	超高频（厘米波）	SHF	10～1cm	3～30GHz
	极高频（毫米波）	EHF	10～1mm	30～300GHz
	至高频（亚毫米波）	THF	1～0.1mm	300～3000GHz

　　注：E—Extremely；S—Super；U—Ultra；V—Very；L—Low；M—Medium；H—High；T—Tremendously；F—Frequency。

任务三　极　化　波

　　极化的概念：电磁波在空间传播时，其电场矢量的瞬时取向称为极化。通常用电场强度矢量端点随着时间在空间描绘出的轨迹来表示电磁波的极化。极化分为线极化、圆极化。

　　线极化又分为垂直极化和水平极化。

　　当电场强度方向垂直于地面时，此电波就称为垂直极化波；当电场强度方向平行于地面时，此电波就称为水平极化波（见图1-2-2）。

　　若电场矢量在空间描出的轨迹为一个圆，即电场矢量是围绕传播方向的轴线不断地旋转，则称为圆极化波（见图1-2-3）。

圆极化波可由两正交且具有 90°相位差
的分量合成产生，根据矢量端点旋转方向
的不同，圆极化可以是右旋的，也可以是
左旋的。具体判断可按如下方式进行：将
右手大拇指指向电磁波的传播方向，其余

垂直极化　　　　　　　　水平极化

图 1-2-2　线极化波

四指指向电场强度 E 的矢端并旋转，若与 E 的旋转一致，则为右旋圆极化波；若与 E 的旋转相反，则为左旋圆极化波。不同极化（偏振）可看作若干个具有同传播方向同频率的平面电磁波合成的结果。

若场矢量具有任意的取向、任意的振幅和杂乱的相位，则合成波将是杂乱的。

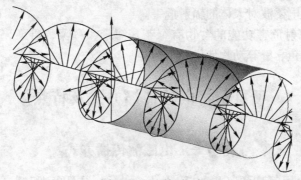

图 1-2-3　圆极化波

任务四　通信中常用度量方式

无线信号的相对强度用分贝（dB）来衡量，分贝是一个用以 10 为底的对数表示的比值的单位，设 P 为系统中某一点的功率，P_0 为参考点的功率，则用 dB 表示的功率比值由 $10\lg(P/P_0)$ 来计算。

由于 1dB 是一个比值或相对单位，dB 值本身并不确定测量参数的绝对值，而 dB 的导出单位则可表示绝对值。有分贝瓦（dBW，相对于 1W 的分贝数）和分贝毫瓦（dBm，相对于 1mW 的分贝数）两个常用单位。

任务五　电磁辐射对人体的伤害

电磁辐射危害人体的机理主要是热效应、非热效应和累积效应等。

热效应：人体内 70% 以上是水，水分子受到电磁波辐射后相互摩擦，引起机体升温，从而影响到身体其他器官的正常工作。

非热效应：人体的器官和组织都存在微弱的电磁场，它们是稳定和有序的，一旦受到外界电磁波的干扰，处于平衡状态的微弱电磁场即遭到破坏，人体正常循环机能会遭受破坏。

累积效应：热效应和非热效应作用于人体后，对人体的伤害尚未来得及自我修复之前再次受到电磁波辐射的话，其伤害程度就会发生累积，久之会成为永久性病态或危及生命。对于长期接触电磁波辐射的群体，即使功率很小，频率很低，也会诱发想不到的病变，应引起警惕！

各国科学家经过长期研究证明：长期接受电磁辐射会造成人体免疫力下降、新陈代谢紊乱、记忆力减退、提前衰老、心率失常、视力下降、听力下降、血压异常、皮肤产生斑痘、粗糙，甚至导致各类癌症等；男女生殖能力下降、妇女易患月经紊乱、流产、畸胎等症。

　　随着人们生活水平的日益提高，电视、电脑、微波炉、电热毯、电冰箱等家用电器越来越普及，电磁辐射对人体的伤害越来越严重。但由于电磁波是看不见、摸不着、感觉不到的，且其伤害是缓慢、隐性的，所以尚未引起人们的广泛注意。家用电器尽量勿摆放于卧室，也不宜集中摆放或同时使用。

　　看电视勿持续超过3h，并与屏幕保持3m以上的距离；关机后立即远离电视机，并开窗通风换气，以洗面奶或香皂等洗脸。

　　用手机通话时间不宜超过3min，通话次数不宜多。尽量在接通1~2s之后再移至面部通话，这样可减少手机电磁波对人体的辐射危害。

　　具有防电磁波辐射危害功能的食物有绿茶、海带、海藻、裙菜、Va、Vc、Vb1、卵磷脂、猪血、牛奶、甲鱼、蟹等动物性优质蛋白等。

项目一　电波传播方式及特点

任务一　电磁波传播方式

　　移动通信广泛使用甚高频（Very High Frequency，VHF）和特高频（Ultra High Frequency，UHF）频段，因此必须熟悉它们的传播方式和特点。建立电磁波的传播模型，计算信道损耗。

　　当电磁波的频率 $f > 30\text{MHz}$ 时，典型传播通路如图1-2-4所示，发射机天线发出的无线电磁波，经过三条不同的路径到达接收机。沿路径①传播的电磁波，从发射天线直接到达接收机天线，称为直射波，它是VHF和UHF频段电磁波的主要传播方式；沿路

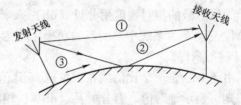

图1-2-4　典型的传播通路

径②传播的电磁波，经过地面反射到达接收机天线，称为地面反射波；沿路径③的电波沿地球表面传播，称为地表面波。地表面波的损耗随频率升高而急剧增大，传播距离迅速减小，因此地表面波在研究VHF和UHF频段时可以忽略不计。

　　除此之外，在移动信道中，电磁波遇到各种障碍物时会发生反射和散射现象，它对直射波会产生干涉，即产生多径衰落现象。下面先讨论直射波和反射波的传播特性。

任务二　直　射　波

　　直射波传播可按自由空间传播来考虑。所谓自由空间传播，是指天线周围为无限大真空时的电磁波传播，它是理想传播条件。电磁波在自由空间传播时，其能量既不会被障碍物所吸收，也不会产生反射或散射。实际情况下，只要地面上空的大气层是各向同性的均匀介质，其相对介电常数 ε_r 和相对磁导率 μ_r 都等于1，传播路径上没有障碍物阻挡，到达接收天线的地面反射信号场强也可以忽略不计，在这种情况下，电磁波可视作在自由空间传播。

　　虽然电磁波在自由空间里传播不受阻挡，不产生反射、折射、绕射、散射和吸收，但是，当电磁波经过一段路径传播之后，能量仍会受到衰减，这是由辐射能量的扩散而引起的。由电磁场理论可知，若各向同性天线（亦称全向天线或无方向性天线）的辐射功率为 $P_T(W)$，则距辐射源 $d(m)$ 处的电场强度有效值 $E_0(V/m)$ 为

$$E_0 = \frac{\sqrt{30P_T}}{d} \tag{1-2-1}$$

磁场强度有效值 $H_0(A/m)$ 为

$$H_0 = \frac{\sqrt{30P_T}}{120\pi d} \tag{1-2-2}$$

单位面积上的电磁波功率密度 $S(W/m^2)$ 为

$$S = \frac{P_T}{4\pi d^2} \tag{1-2-3}$$

若用发射天线增益为 G_T 的方向性天线取代各向同性天线，则上述公式应改写为

$$E_0 = \frac{\sqrt{30P_T G_T}}{d} \tag{1-2-4}$$

$$H_0 = \frac{\sqrt{30P_T G_T}}{120\pi d} \tag{1-2-5}$$

$$S = \frac{P_T G_T}{4\pi d} \tag{1-2-6}$$

接收天线获取的电磁波功率等于该点的电磁波功率密度乘以接收天线的有效面积，即

$$P_R = SA_R \tag{1-2-7}$$

式中，A_R 为接收天线的有效面积，它与接收天线增益 G_R 满足下列关系：

$$A_R = \frac{\lambda^2}{4\pi} G_R \tag{1-2-8}$$

式中，$\lambda^2/4\pi$ 为各向同性天线的有效面积。

由式(1-2-6)~式(1-2-8)可得

$$P_R = P_T G_T G_R \left(\frac{\lambda}{4\pi d}\right)^2 \tag{1-2-9}$$

当收、发天线增益为0dB，即当 $G_R = G_T = 1$ 时，接收天线上获得的功率为

$$P_R = P_T \left(\frac{\lambda}{4\pi d}\right)^2 \tag{1-2-10}$$

由式 (1-2-10) 可见，自由空间传播损耗 $L_{fs}(dB)$ 可定义为

$$L_{fs} = \frac{P_T}{P_R} = \left(\frac{4\pi d}{\lambda}\right)^2 \tag{1-2-11}$$

以 dB 计，得

$$[L_{fs}] = 10\lg\left(\frac{4\pi d}{\lambda}\right)^2 = 20\lg\frac{4\pi d}{\lambda} \tag{1-2-12}$$

即

$$[L_{fs}] = 32.44 + 20\lg d + 20\lg f \tag{1-2-13}$$

式中，d 的单位为 km；f 的单位为 MHz。

由式（1-2-13）可见，自由空间中电磁波传播损耗与工作频率 f 和传播距离 d 有关。f 或 d 增大一倍时，L_{fs} 将增加 6dB。

任务三　电磁波在大气中的传播

在实际移动信道中，电磁波在低层大气中传播，会产生折射及吸收现象。原因是低层大气不是均匀介质，它的温度、湿度以及气压均随时间和空间变化而变化。在 VHF、UHF 波段，折射现象尤为突出，它不但影响视线传播的极限距离，产生的折射波还与直射波同时存在，产生多径衰落。

1. 大气折射

在不考虑传导电流和介质磁化的情况下，介质折射率 n 与相对介电系数 ε_r 的关系为

$$n = \sqrt{\varepsilon_r} \tag{1-2-14}$$

众所周知，大气的相对介电系数与温度、湿度和气压有关。大气高度不同，ε_r 也不同，即 $\mathrm{d}n/\mathrm{d}h$ 是不同的。根据折射定律，电磁波传播速度 v 与大气折射率 n 成反比，即

$$v = \frac{c}{n} \tag{1-2-15}$$

式中，c 为真空中光速。

大气折射对电磁波传播的影响，在工程上通常用"地球等效半径"来表征，即认为电磁波依然按直线方向行进，只是地球的实际半径 $R_0(6.37 \times 10^6 \mathrm{m})$ 变成了等效半径 R_e，R_e 与 R_0 之间的关系为

$$k = \frac{R_e}{R_0} = \frac{1}{1 + R_0 \dfrac{\mathrm{d}n}{\mathrm{d}h}} \tag{1-2-16}$$

式中，k 称作地球等效半径系数。$\mathrm{d}n/\mathrm{d}h < 0$，表示大气折射率 n 随着高度升高而减少。因而 $k > 1$，$R_e > R_0$。在标准大气折射情况下，$\mathrm{d}n/\mathrm{d}h \approx -4 \times 10^{-8}$（$\mathrm{m}^{-1}$），$k = 4/3$，$R_e = 8500\mathrm{km}$。说明由于大气折射的影响，电磁波的实际传播距离可以比视线距离远。

2. 视线传播的极限距离

视线传播的极限距离可由图 1-2-5 计算，天线的高度分别为 h_t 和 h_r，两个天线顶点的连线 AB 与地面相切于 C 点。由于地球等效半径 R_e 远远大于天线高度，不难证明，自发射天线顶点 A 到切点 C 的距离 d_1 为

$$d_1 \approx \sqrt{2R_e h_t} \tag{1-2-17}$$

同理，由切点 C 到接收天线顶点 B 的距离 d_2 为

$$d_2 \approx \sqrt{R_e h_r} \tag{1-2-18}$$

可见，视线传播的极限距离 d 为

$$d = d_1 + d_2 = \sqrt{2R_e}(\sqrt{h_t} + \sqrt{h_r}) \tag{1-2-19}$$

在标准大气折射情况下，$R_e = 8500\mathrm{km}$，故

$$d = 4.12(\sqrt{h_t} + \sqrt{h_r}) \tag{1-2-20}$$

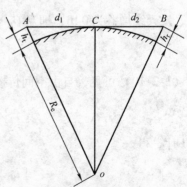

图 1-2-5　视线传播的极限距离

式中，h_t、h_r 的单位是 m；d 的单位是 km。

任务四　菲涅耳余隙与绕射损耗

　　电磁波的直射路径上可能存在障碍物，由障碍物引起的附加传播损耗称为绕射损耗。图 1-2-6 表明了障碍物与发射点和接收点的相对位置。图 1-2-6 中，x 表示障碍物顶点 P 至直线 TR 的距离，称为菲涅耳余隙。规定有阻挡时余隙为负，如图 1-2-6a 所示；无阻挡时余隙为正，如图 1-2-6b 所示；由障碍物引起的绕射损耗与菲涅耳余隙的关系如图 1-2-7 所示。图 1-2-7 中，纵坐标为绕射引起的附加损耗，即相对于自由空间传播的分贝数。横坐标为 x/x_1，其中 x_1 是第一菲涅耳区在 P 点横截面的半径。

$$x_1 = \sqrt{\frac{\lambda d_1 d_2}{d_1 + d_2}} \qquad (1\text{-}2\text{-}21)$$

由图 1-2-7 可见，当 $x/x_1 > 0.5$ 时，附加损耗约为 0dB。因此，在选择天线高度时，尽可能使服务区内各处的菲涅耳余隙 $x_1 > 0.5x$；当 $x/x_1 < 0$，直射波低于障碍物顶点时，损耗急剧增加；当 $x/x_1 = 0$ 时，即 TR 直线从障碍物顶点擦过时，附加损耗约为 6dB。

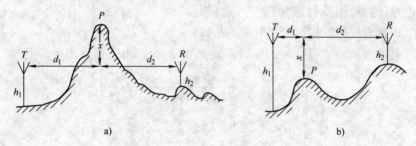

图 1-2-6　障碍物与菲涅耳余隙

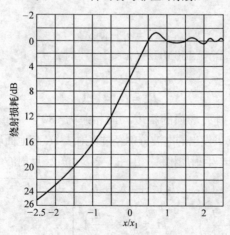

图 1-2-7　绕射损耗与菲涅耳余隙的关系

【例 1-2-1】　设图 1-2-6a 所示的传播路径中，菲涅耳余隙 $x = -82$m，$d_1 = 5$km，$d_2 = 10$km，工作频率为 150MHz。试求出电磁波传播损耗。

解　先由式（1-2-13）求出自由空间传播的损耗 L_{fs}(dB) 为

$$[L_{fs}] = 32.44 + 20\lg(5 + 10) + 20\lg 150 = 99.5$$

由式（1-2-21）求出第一菲涅耳区半径 $x_1(\mathrm{m})$ 为

$$x_1 = \sqrt{\frac{\lambda d_1 d_2}{d_1 + d_2}} = \sqrt{\frac{2 \times 5 \times 10^3 \times 10 \times 10^3}{15 \times 10^3}} = 81.7$$

由图 1-2-7 查得附加损耗（$x/x_1 \approx -1$）为 16.5dB，因此电磁波传播的损耗 $L(\mathrm{dB})$ 为

$$[L] = [L_{\mathrm{fs}}] + 16.5 = 116.0$$

任务五　反　射　波

当电磁波传播中遇到两种不同介质的光滑界面时，如果界面尺寸比电磁波波长大得多时，就会产生镜面反射（见图 1-2-8）。

通常，在考虑地面对电波的反射时，按平面波处理，即电波在反射点的反射角等于入射角。不同界面的反射特性用反射系数 R 表征，它定义为反射波场强与入射波场强的比值，R 可表示为

$$R = |R|\mathrm{e}^{-\mathrm{j}\psi} \tag{1-2-22}$$

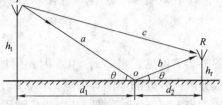

图 1-2-8　反射波与直射波

式中，$|R|$ 为反射点上反射波场强与入射波场强的振幅比；ψ 代表反射波相对于入射波的相移。

对于水平极化波和垂直极化波的反射系数 R_{h} 和 R_{v} 分别由下列公式计算：

$$R_{\mathrm{h}} = |R_{\mathrm{h}}|\mathrm{e}^{-\mathrm{j}\psi} = \frac{\sin\theta - (\varepsilon_{\mathrm{c}} - \cos^2\theta)^{1/2}}{\sin\theta + (\varepsilon_{\mathrm{c}} - \cos^2\theta)^{1/2}} \tag{1-2-23}$$

$$R_{\mathrm{v}} = \frac{\varepsilon_{\mathrm{c}}\sin\theta - (\varepsilon_{\mathrm{c}} - \cos^2\theta)^{1/2}}{\varepsilon_{\mathrm{c}}\sin\theta + (\varepsilon_{\mathrm{c}} - \cos^2\theta)^{1/2}} \tag{1-2-24}$$

式中，ε_{c} 是反射介质的等效复介电常数，它与反射介质的相对介电常数 ε_{r}、电导率 δ 和工作波长 λ 有关，即

$$\varepsilon_{\mathrm{c}} = \varepsilon_{\mathrm{r}} - \mathrm{j}60\lambda\delta \tag{1-2-25}$$

对于地面反射，当工作频率高于 150MHz（$\lambda < 2\mathrm{m}$）时，$\theta < 1°$，由式（1-2-23）和式（1-2-24）可得

$$R_{\mathrm{v}} = R_{\mathrm{h}} = -1 \tag{1-2-26}$$

即反射波场强的幅度等于入射波场强的幅度，而相差为 180°

在图 1-2-8 中，由发射点 T 发出的电波分别经过直射线 TR 与地面反射路径 ToR 到达接收点 R，由于两者的路径不同，从而会产生附加相移。由图 1-2-8 可知，反射波与直射波的路径差为

$$\Delta d = a + b - c = \sqrt{(d_1 + d_2)^2 + (h_{\mathrm{t}} + h_{\mathrm{r}})^2} - \sqrt{(d_1 + d_2)^2 + (h_{\mathrm{t}} - h_{\mathrm{r}})^2}$$

$$= d\left[\sqrt{1 + \left(\frac{h_{\mathrm{t}} + h_{\mathrm{r}}}{d}\right)^2} - \sqrt{1 + \left(\frac{h_{\mathrm{t}} - h_{\mathrm{r}}}{d}\right)^2}\right] \tag{1-2-27}$$

式中，$d = d_1 + d_2$。

通常 $(h_{\mathrm{t}} + h_{\mathrm{r}}) << d$，故上式中每个根号均可用二项式定理展开，并且只取展开式中的前两项。例如

$$\sqrt{1 + \left(\frac{h_{\mathrm{t}} + h_{\mathrm{r}}}{d}\right)^2} \approx 1 + \frac{1}{2}\left(\frac{h_{\mathrm{t}} + h_{\mathrm{r}}}{d}\right)^2$$

由此可得到

$$\Delta d = \frac{2h_t h_r}{d} \tag{1-2-28}$$

由路径差 Δd 引起的附加相移 $\Delta\varphi$ 为

$$\Delta\varphi = \frac{2\pi}{\lambda}\Delta d \tag{1-2-29}$$

式中，$2\pi/\lambda$ 称为传播相移常数。

这时接收场强 E 可表示为

$$E = E_0(1 + Re^{-j\Delta\varphi}) = E_0(1 + |R|e^{-j(\varphi+\Delta\varphi)}) \tag{1-2-30}$$

由式（1-2-30）可见，合成场强将随反射系数以及路径差的变化而变化，有时会同相相加，有时会反相抵消，这就造成了合成波的衰落现象。R 越接近于 1，衰落就越严重。为此，在固定地点通信中，选择站址时应力求减弱地面反射，或调整天线的位置或高度，使地面反射区离开光滑界面。

项目二 移动信道的特征

在陆地移动通信中，移动台常常处在城市建筑群和其他地形、地物较为复杂的环境中，移动台用户可能是步行，也可能是在车载移动环境中，因此，移动信道是典型的随参信道，其传输信道的特性随时间、地点而变化。本项目着重讨论移动信道中几个比较突出的问题。

任务一 多径传播与信号衰落

在 VHF、UHF 移动信道中，电波传播方式除了上述的直射波和地面反射波之外，还需要考虑传播路径中各种障碍物所引起的散射波。图 1-2-9 是移动信道传播路径示意图。

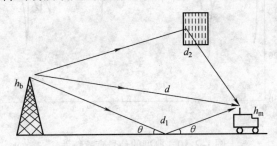

图 1-2-9 是移动信道传播路径示意图

由于移动信道中电波传播的条件十分恶劣和复杂，因而其传播特性已不能简单地应用固定点无线通信的电波传播模式，要准确地计算信号场强或传播损耗是很困难的，通常采用分析和统计相结合的办法。因此必须根据移动通信的特点，按照不同的传播环境和地形特征，运用统计分析结合实际测量的方法，找到移动条件下的传播规律，以获得准确预测接收信号场强的方法。通过分析，了解各因素的影响；通过大量实验，找出各种地形、地物情况下的传播损耗与距离、频率、天线高度之间的关系。移动通信与固定通信的不同即在于通信时移动台所处的环境是移动的，这时移动台天线所收到的电磁波场强有着严重的衰落和相当大的多径时延以及多普勒频移。它们对移动通信影响很大，分别叙述如下：

　　在移动信道中，电波的多种传播方式同时存在。图 1-2-9 中，简单画出了移动信道电磁波的三条传播路径。图 1-2-9 中，h_b 为基站天线高度（一般高于 30m），h_m 为移动台天线高度（为 2~3m）；d 为直射波的传播距离；d_1 为地面反射波的传播距离；d_2 为散射波的传播距离。移动台接收信号的场强为上述三种电磁波的矢量合成。为分析简便，假设反射系数 $R = -1$（镜面反射），则合成场强 E 为

$$E = E_0 \left(1 - a_1 e^{-j2\pi\Delta d_1} - a_2 e^{-j2\pi\Delta d_2} \right) \tag{1-2-31}$$

式中，E_0 为直射波场强；a_1 和 a_2 分别地面反射波和散射波相对于直射波的衰减系数。

$$\Delta d_1 = d_1 - d$$
$$\Delta d_2 = d_2 - d \tag{1-2-32}$$

　　而在实际移动信道中，散射体很多，所以接收信号是由多个电磁波合成的。直射波、反射波或散射波在接收地点形成干涉场，使接收信号的幅度急剧变化，即产生了衰落现象。这种由多径传播引起的衰落，称为多径衰落。

　　图 1-2-10 所示为一个典型的多径信号。图 1-2-10 中，横坐标是时间或距离（$d = vt$，v 为车速），纵坐标是相对信号电平（dB）。接收信号场强的变化速率与车速以及电磁波波长有关，信号电平的变化范围可达 30dB。振幅每起伏一次，称为一次衰落，衰落的平均速率为 $2v/\lambda$，衰落一次的平均距离为 $\dfrac{\lambda}{2}$。

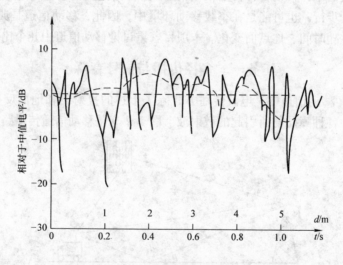

图 1-2-10　典型的信号衰落特性

1. 衰落主要由多径传播产生

　　根据产生衰落的主要因素，可以细分为三类：空间选择性衰落、频率选择性衰落、时间选择性衰落。所谓选择性是指在不同的空间、不同的频率和不同的时间其衰落特性是不一样的。

　　（1）空间选择性衰落。多径信号到达天线阵列的到达角度的展宽称为角度扩展。角度展宽会增加信号的主要能量的角度范围，引起空间选择性衰落，衰落周期为 T，波长 λ，$\Delta\phi$ 为扩展宽度。

　　（2）频率选择性衰落。在不同频率上，电磁波的衰落特性不同。它是由于时延扩展引起的衰落，衰落周期与相对时延扩展成正比。

（3）时间选择性衰落。在不同的时间，电磁波的衰落特性不同。由于移动台的移动速度变化，使得接收的信号发生频率扩散，在接收点产生时间选择性衰落。有衰落周期与相对频移成反比。

在车辆行进时，还会发现信号的振幅除了快衰落以外，还有一种较缓慢地起伏，即快衰落叠加于这一缓慢起伏之上。这种慢起伏称为慢衰落。图1-2-10 虚线表示的是信号的局部中值，其含义是在局部时间中，信号电平大于或小于它的时间各为50%。由于移动台的不断运动，电磁波传播路径上的地形、地物是不断变化的，因而局部中值也是变化的。这种变化所造成的衰落称为慢衰落，它比多径效应所引起的衰落要慢得多。

在移动信道中，电磁波传播路径上存在起伏地形、建筑物、树林等障碍物，这些障碍物的后面，形成电磁波的阴影区。当移动台在运动过程中穿过阴影区时，信号场强中值电平产生缓慢衰落。通常把这种现象称为阴影效应，由阴影效应产生的衰落又称为阴影衰落。

由于气象条件的变化，大气折射率发生平缓变化，使得同一地点处所收到的信号中值电平，随时间作慢变化。这种因气象条件造成的慢衰落，其变化速度更缓慢（衰落周期常以小时甚至天为量级），因此常可忽略不计。

由阴影效应和气象条件的变化，造成接收信号场强的缓慢变化，称为慢衰落。慢衰落近似服从对数正态分布，即以分贝数表示的信号电平为正态分布。

研究慢衰落规律的方法，通常是把同一类地形、地物中的某一段距离（1～2km）作为样本区间，每隔20m（小区间）左右观察信号电平的中值变动，以统计分析信号在各小区间的累积分布和标准偏差。

2. 电磁波信号的多径时延

移动台所收到的是多径信号，它是同一信号经过不同路径而到达接收天线的，因而它到达的时间先后和强度会有所不同（电磁波走的路程长短不同，所以到达时间有先后，遭到的衰减也不同）。当发射台发送一个脉冲信号时，收到的可以是多个脉冲的综合结果，不同路径传来的脉冲到达接收天线时，相对于路径最短的那个脉冲（往往也是最强的）有着不同的时间差，这个差值称为多径时延，或叫差分时延。多个不同的时延构成了多径时延的扩展 Δ。

时延扩展 Δ 的数值在陆地环境下约为数微秒，随环境地形、地物的状况而不同，一般它与频率无关，它对数字移动通信有着极其重要的影响。

任务二　多普勒效应

当移动台对于基站有相对运动时，收到的电磁波将发生频率的变化，此变化称为多普勒频移。频移的值 $f_d = \dfrac{v}{\lambda}\cos\theta$，它与车速 v 成正比，与波长 λ 成反比，θ 为车运动的方向与指向基站的直线所成的夹角。当运动方向朝向基站时，f_d 为正；反之为负。f_d 的最大值为 v/λ，记为 f_m，称为最大多普勒频偏。如果车速不高，则此值不大，一般小于设备的频率稳定度，影响可以忽略。但对于一些高速的移动物体，例如在航空移动通信中由于飞机速度很高，所以必须考虑。

需指出的是：以上叙述虽然是基站发射、移动台接收的情况，但根据互易原理，当移动台发射、基站接收时，所讨论的结果是一样的。

还需指出的是：当固定通信时（或移动台静止时通信），虽然多径传播仍然存在，但由于静止，所收到的信号没有快衰落的现象，只有由于大气参数（如温度、湿度、压力等）的缓慢变化而引起折射的变化，也可能构成电磁波幅度对时间作缓慢地慢衰落（注意，它不同于前述移动地点而变的阴影衰落）。唯一的例外是当有强烈反射的移动物体经过附近（例如，会反射电磁波的车辆或飞机等），且干扰到接收机的电磁波时，会有短暂的快衰落。多径时延扩展在固定通信时当然存在，但它这时是固定数值而不再随机变化了，多普勒频移则不再存在。因此固定通信的情况比移动通信的情况简单得多。

项目三　移动信道损耗估算

所谓损耗估算是指在建设实际的移动通信系统之前，根据系统所处的传播环境和地形特征，运用统计分析的方法找出相应条件下的传播规律，以获得准确预测路径传输损耗（或接收信号强度）的方法。

对移动通信系统场强进行充分的预测是完全必要的。只有这样，才能做好无线网络的规划，才能使所建的移动通信网有的放矢。而在系统建成之后，还要根据实际情况进行场强实测，对系统进行调整，使其在最佳状态下运行。

场强预测的做法是将某一特定地形、地物传播路径的损耗中值作为一个基础，对于其他各种地物及不规则地形的传播路径，使用在基准中值基础上进行修正的方法。根据长期实践的结果，人们总结出了许多实用的电磁波传播场强预测模型。选择适当的场强预测模型是做好无线网络规划最重要的工作之一，利用传播模型还可以预测基站覆盖区域的大小和频率干扰的影响。

下面介绍在移动通信公用网设计中常用的 Okumura – Hata、COST231 及通用校正预测模型，并以 Okumura – Hata 为例，介绍利用模型进行预测的计算方法。在介绍之前先将复杂的传播环境进行地形、地物分类。

任务一　地形、地物分类

1. 地形的分类与定义

为了计算移动信道中信号电场强度中值（或传播损耗中值），可将地形分为两大类，即中等起伏地形和不规则地形，并以中等起伏地形作传播基准。所谓中等起伏地形是指在传播路径的地形剖面图上，地面起伏高度不超过 20m，且起伏缓慢，峰点与谷点之间的水平距离大于起伏高度。其他地形如丘陵、孤立山岳、斜坡和水陆混合地形等统称为不规则地形。

由于天线架设在高度不同的地形上，天线的有效高度是不一样的，例如，把 20m 的天线架设在地面上和架设在几十层的高楼顶上，通信效果自然不同。因此必须合理规定天线的有效高度，其计算方法如图 1-2-11 所示。

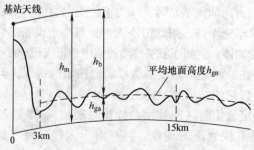

图 1-2-11　基站天线有效高度

若基站天线顶点的海拔为 h_{ts}，从天线设置地点开始，沿着电磁波传播方向的 3 ~ 15km 之内的地面平均海拔为 h_{ga}，则定义基站天线的有效高度为

$$h_b = h_{ts} - h_{ga} \qquad\qquad (1\text{-}2\text{-}33)$$

若传播距离不到 15km，h_{ga} 是 3km 到实际距离之间的平均海拔。

移动台天线的有效高度 h_m 总是指天线在当地地面上的高度。

2. 地物（或地区）分类

不同地物环境其传播条件不同，按照地物的密集程度不同可分为三类地区：

（1）开阔地。在电磁波传播的路径上无高大树木、建筑物等障碍物，呈开阔状地面，如农田、荒野、广场、沙漠和戈壁滩等。

（2）郊区。在靠近移动台近处有些障碍物但不稠密，例如有少量的低层房屋或小树林等。

（3）市区。有较密集的建筑物和高层楼房。

当然，上述三种地区之间都是有过渡区的，但在了解以上三类地区的传播情况之后，过渡区的传播情况就可以大致地估计出来。

任务二　传播模式的分类

根据传播模式的性质，它可以分为以下三种：

（1）经验模式。

（2）确定性模式。

（3）半经验或半确定性模式。

经验模式是根据大量的测量结果统计分析后导出的公式。用经验模式预测路径损耗的方法很简单，不需要相关环境的详细信息，应用简单快速，但是无法提供非常精确的路径损耗估算值。

确定性模式应用电磁理论对具体的现场环境直接计算。从地形、地物数据库中得到环境的描述，环境描述分成不同的精度等级。在确定性模式中，通常使用的几种技术，基于射线跟踪的电磁方法：几何绕射理论、物理光学以及一些精确方法，如积分方程法或有限差分时域法。在市区、山区和室内环境情况中，确定性的无线传播预测，是一种极其复杂的电磁问题。电磁覆盖的数学复杂度，决定了它不可能预测高度精确的无线传播。

半经验或半确定性模式，把确定性方法用于一般的市区或室内环境中导出等式，为了改善它们和实验结果的一致性，根据实验结果对等式进行修正，得到的等式是天线周围地区某个规定特性的函数。半经验或半确定性模式的应用同样很容易、速度很快。因为移动通信所处的环境具有多样性，所以每个传播模式都是针对某一特定类型环境而设计的。因此，可以根据传播模式的应用环境对它进行分类。通常考虑的三类环境（小区）是：宏小区、微小区（或微蜂窝）、微微小区（或微微蜂窝）。

宏小区是面积很大的区域，覆盖半径为 1 ~ 30km，基站发射天线通常架设在周围建筑物上方，收发之间没有直达射线。

微小区的覆盖半径在 0.1 ~ 1km 之间，覆盖面积并不一定是圆的。发射天线的高度可以和周围建筑物高度相同或略高或者略低。通常，根据收发天线和环境障碍物的相对位置分成两类情况：视距（Line of Sight，LoS）和非视距（None Line of Sight，NLoS）。

微微小区的典型尺寸是在 $0.01 \sim 0.1$ km 之间。微微小区可分为两类：室内和室外，发射天线在屋顶上面或在建筑物内。无论在室内还是在室外情况中，LoS 和 NLoS 通常要分别考虑。

一般地，三种类型的模式和三种小区类型之间有相互对应的关系。例如，经验模式和半经验模式适用于具有均匀特性的宏小区。半经验模式还适用于均匀的微小区，在这里，半经验模式所考虑的参数能够很好地表征整个环境。确定性模式适用于微小区和微微小区，无论它们是什么形状的小区。

任务三 Okumura – Hata 模型曲线法

下面介绍在移动通信公网设计中常用的 Okumura – Hata、COST231 及通用校正预测模型，并以 Okumura – Hata 模型为例，介绍利用模型进行预测的计算方法。

Okumura – Hata 模型是 Okumura 在 20 世纪 70 年代依据日本东京地区城市实测资料进行统计分析得出的经验模型，并由 Hata 进一步整理为计算公式。至今，在已总结出的适用移动通信的电磁波传播模型中，它提供的数据比较齐全，得到了较广泛的认可和应用。

Okumura – Hata 模型的特点是以准平滑大城市市区的中值传输损耗为基础，对其他传播环境及地形条件等因素分别用修正因子进行修正。另外，它分别以曲线和公式两种形式给出，使用起来非常方便。

Okumura – Hata 模型适用于宏蜂窝的预测，具体的适用范围是：

1）频率 f：$150 \sim 1500$ MHz。

2）通信距离 d：$1 \sim 20$ km。

3）基站天线有效高度 h_b：$0 \sim 200$ m。

4）移动台天线有效高度 h_m：$1 \sim 10$ m。

Okumura 模型得到了广泛认可，并列入了 CCIR5672 号报告。下面介绍它的使用方法。

1. 曲线法

可以通过查曲线的方法得到系统电波的中值传输损耗，步骤如下。

（1）计算准平滑大城市市区的中值传输损耗

准平滑大城市市区的中值传输损耗与频率、通信距离以及收发信机天线有效高度有关，可用式（1-2-34）表示：

$$L_T = L_{fs} + A_m(f,d) - H_b(h_b,d) - H_m(h_m,d) \qquad (1\text{-}2\text{-}34)$$

式中，L_T 为给定传输条件下准平滑大城市市区的中值传输损耗；L_{fs} 为自由空间的传输损耗；$A_m(f,d)$ 为在大城市市区；$h_b = 200$ m、$h_m = 3$ m 时相对 L_{fs} 的中值传输损耗；$H_b(h_b,d)$ 为基站天线高度相对 $h_b = 200$ m 时的增益因子，是距离 d 的函数；$H_m(h_m,d)$ 为移动台天线高度相对 $h_m = 3$ m 时的增益因子，是频率 f 的函数。

当基站天线有效高度 $h_b = 200$ m，移动台天线有效高度 $h_m = 3$ m 时，准平滑大城市市区中值传输损耗与距离 d 和频率 f 的关系 $A_m(f,d)$ 如图 1-2-12 所示。如果 $f = 450$ MHz、$d = 10$ km，由图 1-2-12 可以查得 $A_m(450,10) = 27.5$ dB（见图 1-2-12）。

注意：

1）查图时，注意每条曲线的含义；

2）在查询时对应的 $A_m(f,d)$ 值对应为最左边的纵坐标值。

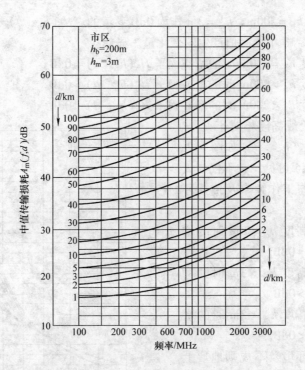

图 1-2-12　相对 L_{fs} 的中值传输损耗 $A_m(f, d)$

　　若基站天线有效高度不是 200m，则损耗中值的差异用基站天线高度增益因子 $H_b(h_b, d)$ 表示。可利用图 1-2-13 查出修正因子 $H_b(h_b, d)$，对基本损耗中值加以修正，它称为基站天线高度的增益因子。

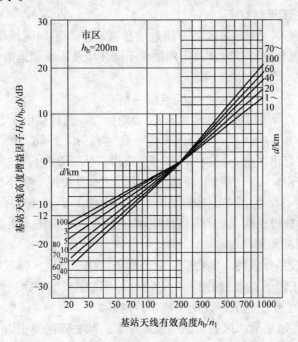

图 1-2-13　基站天线高度增益因子 $H_b(h_b, d)$

图 1-2-12 是以 $h_b = 200\text{m}$、$h_m = 3\text{m}$ 作为 0dB 参考的。$H_b(h_b,\ d)$ 反映了由于基站的天线高度变化是图 1-2-13 中预测值产生的变化量。显然：

当基站天线高度 $h_b = 200\text{m}$ 时的增益因子 $H_b(h_b,\ d) = 0\text{dB}$。

当基站天线高度 $h_b > 200\text{m}$ 时的增益因子 $H_b(h_b,\ d) > 0\text{dB}$。

当基站天线高度 $h_b < 200\text{m}$ 时的增益因子 $H_b(h_b,\ d) < 0\text{dB}$。

同样，移动台天线高度相对于 $h_m = 3\text{m}$ 时的增益因子 $H_m(h_m,\ d)$ 如图 1-2-14 所示。由图 1-2-14 可见，它不仅与天线高度有关，而且与工作频率及传播环境有关。

当移动台天线高度 $h_m = 3\text{m}$ 时的增益因子 $H_m(h_m,\ d) = 0\text{dB}$。

当移动台天线高度 $h_m > 3\text{m}$ 时的增益因子 $H_m(h_m,\ d) > 0\text{dB}$。

当移动台天线高度 $h_m < 3\text{m}$ 时的增益因子 $H_m(h_m,\ d) < 0\text{dB}$。

（2）计算不同环境及不规则地形上的中值传播损耗

对于不是准平滑大城市市区的传播环境以及特殊的传播路径，中值传输损耗应在准平滑大城市市区中值传输损耗的基础上，加上适当的修正因子进行校正。

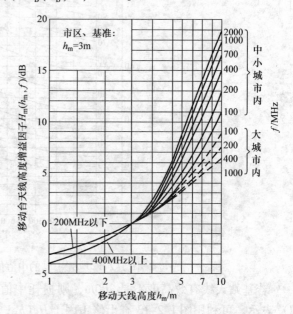

图 1-2-14　移动台天线高度增益因子 $H_m(h_m,\ d)$

如前所述，除市区外，还有郊区和开阔地的传播环境。不规则地形则主要包括丘陵地形、斜坡地形、水陆混合地形及孤立山岳四种。不同环境及不规则地形上的中值传输损耗可用式（1-2-35）表示：

$$L_M = L_T - K_T \tag{1-2-35}$$

式中，L_T 为中等起伏的市区传播损耗中值；K_T 为地形、地物修正因子，一般可写成

$$K_T = K_{mr} + Q_o - Q_r + K_h + K_{hf} + K_{js} + K_{sp} + K_s \tag{1-2-36}$$

式中，K_{mr} 为郊区地形修正因子，可由图 1-2-15 查得；Q_o、Q_r 为开阔地、准开阔地修正因子，可由图 1-2-16 查得；K_h，K_{hf} 为丘陵地形修正因子及丘陵地形微小修正因子，可由图 1-2-17 和图 1-2-18 查得；K_{js} 为孤立山岳修正因子，可由图 1-2-19 查得；K_{sp} 为斜坡地形修正因子，可由图 1-2-20 查得；K_s 为水陆混合地形修正因子，可由图 1-2-21 查得。

1）郊区衰减中值的预测

郊区的建筑物一般是分散的、低矮的，故传播条件优于市区，郊区场强中值和基准场强中值之差称为郊区修正因子 K_{mr}，如图 1-2-15 所示。K_{mr} 随频率和距离而变化，但与基站天线有效高度的关系不大，K_{mr} 越大，说明传播条件越好。

郊区衰减中值可在准平滑市区的衰减中值基础上，减去郊区修正因子 K_{mr} 即可。

2）开阔地、准开阔地的修正因子

图 1-2-16 所示为开阔地、准开阔地的修正因子曲线。Q_o 为开阔地修正因子曲线，Q_r 为

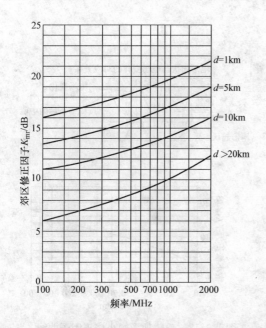

图 1-2-15　郊区修正因子

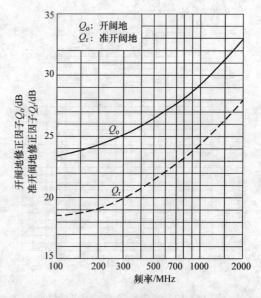

图 1-2-16　开阔地、准开阔地的修正因子曲线

准开阔地的修正因子曲线，仅与频率和距离有关。开阔地由于其接收条件好，信号中值比市区高出约 20dB。

开阔地衰减中值可在准平滑市区的衰减中值基础上，减去相应的修正因子 Q_o/Q_r 即可。

注意：某一地形不可能既是市区地形，又是郊区地形，因此，市区、郊区、开阔地/准开阔地的修正因子是相互排斥的，在计算中只能根据需要使用其中一个。另外，因为郊区、开阔地/准开阔地的修正因子均为增益因子，计算衰耗时应减去。

3）不规则地形修正因子

① 丘陵地形的修正因子

丘陵地形参数为"地形起伏高度 Δh"，指自接收移动台向发射的基站方向延伸 10km 的范围内，地形起伏的 90% 与 10% 处的高度差，如图 1-2-17 所示。图 1-2-17 中示出了以 Δh 为参数而变化的修正因子 K_h。丘陵地形，修正因子分为两项，还有一项称为丘陵地形微小修正因子 K_{hf}，主要是考虑在丘陵中，谷底与山峰处的屏蔽作用不同而设立的，其随 Δh 变化的曲线如图 1-2-18 所示，靠近山峰处，K_{hf} 取负值；靠近山谷处，K_{hf} 取正值。当计算丘陵地形不同地点的场强中值时，先按图 1-2-17 修正，再按图 1-2-18 修正。

② 孤立山岳的修正因子

当电波传播路径上有近似刀形的单独山岳时，其背后的场强计算应考虑其绕射衰减。绕射衰减的修正因子 K_{js} 在山岳高度 H 为 200m 时，以山岳到发射点的距离 d_1、到接收点的距离 d_2 为参数，变化曲线如图 1-2-19 所示。

图 1-2-19 中给出了 d_1 的三种值的曲线，其他值可用内插法估计。若山岳高度 $H \neq$ 200m，则需乘上高度影响系数 $\alpha = 0.07\sqrt{H}$，即修正因子变为"αK_{js}"。在图 1-2-19 中表示在使用 450～900MHz 频段、山岳高度 $H = 110～350$m 范围时，由实测所得的孤立山岳的修正因子 K_{js} 的曲线。

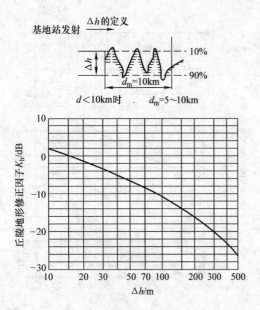

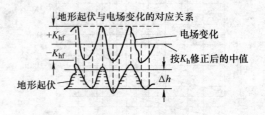

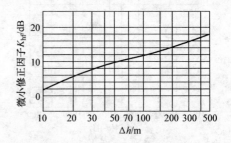

图 1-2-17　丘陵地的修正因子曲线　　　　　图 1-2-18　丘陵地形微小修正因子曲线

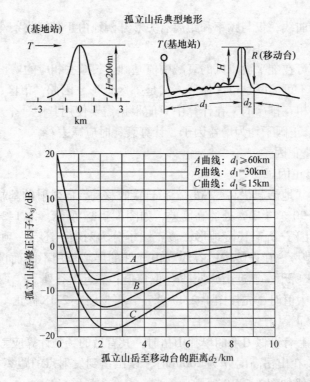

图 1-2-19　孤立山岳修正因子曲线

③ 斜坡地形的修正因子

斜坡地形是指在 5～10km 内地形倾斜，在电波传播方向上，若地形逐渐增高，称为正斜坡，倾角为 $+\theta_m$；否则称为负斜坡，倾角为 $-\theta_m$。θ_m 单位为毫弧度（mrad）。斜坡地形修正因子 K_{sp} 如图 1-2-20 所示。K_{sp} 还与收发天线之间的距离 d 有关，图 1-2-20 中给出了三

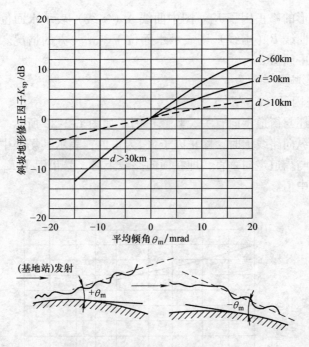

图 1-2-20　斜坡地形修正因子曲线

种距离的曲线，其他距离同样可用内插法估计。

④ 水陆混合地形的修正因子

在电波传播路径上如遇有湖泊或其他水域，其接收信号的强度比全是陆地时高，即接收信号的路径损耗中值比单纯陆地传播时要低。

如图 1-2-21 所示，该种地形以水面距离 d_{sr} 与全距离 d 的比值（d_{sr}/d）作为地形参数，

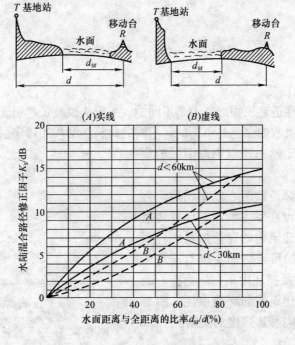

图 1-2-21　水陆混合地形修正因子曲线

纵坐标为水陆混合地形的修正因子 K_s。图中曲线 A（实线）表示水面位于移动台一方时混合路径的修正因子；曲线 B（虚线）则表示水面位于基站一方的情况。当水面在传播路径中间时，则取曲线的中间值。

4）其他因素的影响

① 街道走向修正因子（K_{af}/K_{ac}）

市区的场强中值还与街道走向有关，其修正因子如图 1-2-22 所示。当电波传播方向与街道走向平行，即在纵向路线上时，修正因子 K_{af} 为正值，表示其场强中值高于基准场强中值；当电波传播方向与街道走向垂直，即在横向路线上时，修正因子 K_{ac} 为负值，表示其场强中值低于基准场强中值。

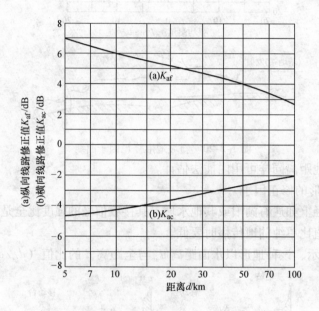

图 1-2-22　市区街道走向修正值

② 建筑物的穿透损耗

各个频段的电波穿透建筑物的能力是不同的，一般来说波长越短，穿透能力越强，同时各个建筑物对电波的吸收能力也是不同的。不同的材料、结构和楼房层数，其吸收损耗的数据都不一样。表 1-2-2 给出建筑物地面层的穿透损耗。

一般的传播模型都是以街心或空阔地面为假设条件，如果移动台在室内使用，计算传播损耗和场强时，需把建筑物的穿透损耗也计算进去，才能保持良好的可通信率。即 $L_b = L_o + L_p$，式中 L_b 为实际路径损耗中值；L_o 为街心的路径损耗中值；L_p 为建筑物的穿透损耗。图 1-2-23 所示为信号损耗与楼层高度的关系。

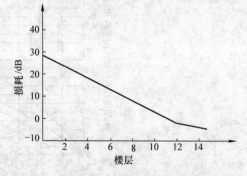

图 1-2-23　信号损耗与楼层高度的关系

表 1-2-2　建筑物地面层的穿透损耗

频率/MHz	150	250	450	800
平均穿透损耗/dB	22	19.7	18	17

③ 植被损耗

树木、植被对电波有吸收作用。在传播路径上，由树木、植被引起的附加损耗不仅取决于树木的高度、种类、形状、分布密度、空气湿度及季节变化，还取决于工作频率、天线极化、通过树林的路径长度等多方面的因素。大片森林对电波传播产生的附加损耗如图 1-2-24 所示。

图 1-2-24 中两条曲线分别对应于不同极化波，一般垂直极化波比水平极化波的损耗要稍大些。在城市中，由于树林、绿地与建筑物往往是交替存在着的，所以，它对电波传播引起的损耗与大片森林对电波传播引起的损耗是不同的。

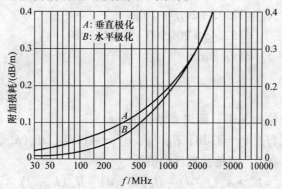

图 1-2-24　森林对电波传播产生的附加损耗

④ 隧道中的传播损耗

移动通信的空间电波传播在遇到隧道等地理障碍时，将受到严重的衰落而导致不能通信，空间电波在隧道中传播时，由于隧道壁的吸收及电波的干涉作用而受到较大的损耗，如图 1-2-25 所示，曲线 A 是 160MHz 时，隧道内两半波偶极子天线间的电波传输损耗；曲线 B 为 200Ω 平衡波导线的损耗。

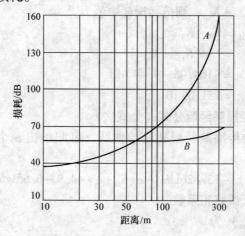

图 1-2-25　隧道中的传播损耗

由图 1-2-25 可知，在隧道中，中等功率通信设备间的通信距离，在通常情况下为 200m 左右，在理想条件下不超过 300m。当通信系统中的一方天线在隧道外时，则由于地形、地物的阻挡，通信距离还要大大缩短。电波在隧道中的损耗还与工作频率有关，频率越高，损耗越小。这是由于隧道对较高频率电波形成了有效的波导，因而使传播得到改善。当隧道出现分支或转弯时，损耗会急剧增加，弯曲度越大，损耗越严重。

【提高】

【例 1-2-2】 设基站天线有效高度为 60m，移动台天线高度为 1.5m，工作频率为 900MHz，在准平滑市区，通信距离为 20km 时，其传播路径上的传播损耗中值为多少？

解：

【分析】：给出条件符合 Okumura – Hata 模型的使用条件，且其工作地形、地物为准平滑市区。

$$自由空间传播损耗 L_{fs} = 32.45 + 20 \lg f + 20 \lg d$$
$$= (32.45 + 20 \lg 900 + 20 \lg 20) \mathrm{dB}$$
$$= 117.56 \mathrm{dB}$$

【注意问题】

此公式中频率 f 单位为 MHz；距离 d 单位为 km。

查图 1-2-12 得 $A_m(f, d) = 33 \mathrm{dB}$，$H_b(h_b, d) = -11 \mathrm{dB}$，$H_m(h_m, f) = -2.5 \mathrm{dB}$。

根据已知条件，$K_T = 0$，则传播损耗中值为

$$L_T = L_{fs} + A_m(f, d) - H_b(h_b, d) - H_m(h_m, f)$$
$$= [117.56 + 33 - (-11) - (-2.5)] \mathrm{dB}$$
$$= 164.06 \mathrm{dB}$$

【例 1-2-3】 若将例 1-2-2 中的地形改为郊区、正斜坡地形，且 $\theta_m = 15 \mathrm{mrad}$，其他条件不变，则传播损耗中值为多少？

解：

查图 1-2-15 和图 1-2-20 得 $K_{mr} = 9 \mathrm{dB}$，$K_{sp} = 4 \mathrm{dB}$。

根据地形可得 $K_T = K_{mr} + K_{sp}$，则传播损耗中值为

$$L_M = L_T - K_T$$
$$= L_T - K_{mr} - K_{sp}$$
$$= (164.06 - 9 - 4) \mathrm{dB}$$
$$= 151.06 \mathrm{dB}$$

2. Okumura 传播路径损耗经验公式（公式法）

根据 Okumura 的各种传播路径损耗经验曲线，可归纳出一个传播路径损耗经验公式如下

$$L_M = 69.55 + 26.16 \lg f_c - 13.826 \lg h_b - a(h_m) + (44.9 - 6.55 \lg h_b) \lg d (\mathrm{dB}) \qquad (1\text{-}2\text{-}37)$$

式中，$a(h_m)$ 为移动台天线修正系数。

中小城市的修正因子 $a(h_m)$ 为

$$a(h_m) = (1.11 \lg f_c - 0.7) h_m - (1.56 \lg f_c - 0.8) \qquad (1\text{-}2\text{-}38)$$

大城市的修正因子 $a\ (h_{\rm m})$ 为

$$a(h_{\rm m}) = 3.2\lg^2 11.57 h_{\rm m} - 4.97 \qquad f_{\rm c} \geqslant 400\text{MHz}$$

$$a(h_{\rm m}) = 8.29\lg^2 1.54 h_{\rm m} - 1.1 \qquad f_{\rm c} \leqslant 200\text{MHz} \qquad (1\text{-}2\text{-}39)$$

在式（1-2-37）中 $h_{\rm m}$ 以 1.5m 为基准，大城市是指建筑物高度大于 15m 的城市。载波频率 $f_{\rm c}$ 单位为 MHz，基站天线高度 $h_{\rm b}$ 和移动台天线高度 $h_{\rm m}$ 的单位为 m。式（1-2-37）的适用范围是：$f_{\rm c}$ 为 150～1000MHz；$h_{\rm b}$ 为 30～200m；$h_{\rm m}$ 为 1～10m；d 为 1～20km。

式（1-2-37）是根据 Okumura 准平滑大城市市区传输曲线模型归纳出来的。因此，对于其他传输环境，仍然要按前述修正因子进行修正。对于郊区及开阔地等修正因子 Hata 也在修正的基础上给出了部分公式，但 Hata 模式没有考虑 Okumura 报告中的所有地形修正。Hata 模式适用于大区制移动系统，不适合覆盖距离不到 1km 的个人通信系统。

任务四　COST - 231 - Walfish - Ikegami 模型

随着移动通信用户数量的高速发展，网络容量呈现越来越大的压力，为了增加密度容量，提高频率利用率，蜂窝逐步向小区化发展，使得蜂窝小区半径越来越小，如今蜂窝小区半径已不足 300m，因此传播模型也必须适应这种发展需求。

COST - 231 - Walfish - Ikegami 模型和 Okumura 模型一样，都是由在日本测得的平均数据构成的。前面已经介绍，Okumura 模型适用于 150～1000MHz 宏蜂窝的预测（蜂窝小区半径为 1km），而 COST - 231 - Walfish - Ikegami 模型适用于 900～1800MHz 微蜂窝的预测（蜂窝小区半径为 0.02km）。

COST - 231 - Walfish - Ikegami 模型，如图 1-2-26 所示，城市市区路径损耗中值的表达式包括三部分：

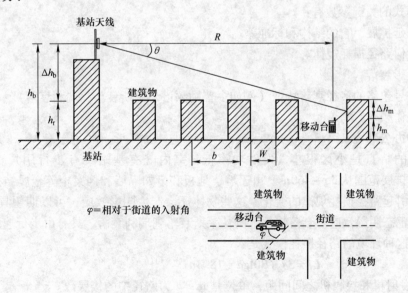

图 1-2-26　COST - 231 - Walfish - Ikegami 模型

$$L_{\rm M} = L_{\rm o} + L_{\rm rts} + L_{\rm ms} \qquad (1\text{-}2\text{-}40)$$

式中，$L_{\rm o}$ 为自由空间损耗；$L_{\rm rts}$ 为屋脊到街道的衍射和散射损耗；$L_{\rm ms}$ 为多次屏蔽损耗。

COST – 231 – Walfish – Ikegami 模式的应用要分成两种情况分别处理：一种是低基站天线情况，模式是根据实验测试得到的，适用于 LOS 情况；另一种是高基站天线情况，适用于 NLOS 情况。

1）低基站天线情况

在街道形成的峡谷中的传播特性和自由空间的传播特性是有差别的。如果在街道峡谷内存在一自由的视距路径 LOS 的话，则为

$$L = 42.6 + 26\lg d + 20\lg f \qquad d \geqslant 0.02\text{km} \tag{1-2-41}$$

2）高基站天线情况

在这种情况中，COST – 231 – Walfish – Ikegami 模式由三项组成，它对于 NLOS 情况是成立的。

$$L_\text{M} = L_\text{o} + L_\text{rts} + L_\text{ms} \tag{1-2-42}$$

式中，L_o 为自由空间损耗，计算基站到最后屋顶之间的自由空间损耗；L_rts 为最后的屋顶到街道的绕射和散射损耗，计算街道内的绕射和反射；L_ms 为多重屏前向绕射损耗，计算屋顶上方的多次绕射，具体算法在此不做详细介绍。

任务五　IMT – 2000 模型

第三代移动通信网络 IMT – 2000，工作环境可分为室内办公环境、室外到室内步行的环境、车载环境。对于窄带技术，只用方均根值来表征时延扩展。对于宽带技术，各信号分量的数目、强度和相对时延变得更加重要。另外，为了保证一些技术（例如，利用功率控制的那些技术）的有效应用，路径损耗模式还需包括所有同频传播链路之间的耦合，以提供精确的传播损耗预测。在有些情况下，还必须对环境的阴影衰落的瞬时变化建模。IMT – 2000 传播模式的关键参数有：

（1）时延扩展，它的结构和标准差。

（2）几何路径损耗规律。

（3）阴影衰落。

（4）信号包络的多径衰落特征（例如多普勒频谱、莱斯衰落、瑞利衰落）。

（5）工作频率。

1. 室内办公环境

该环境的特点是小区很小，发射功率低，室内既有基站又有步行用户。方均根值（rms）时延扩展范围从 35 ~ 460ns。由于墙、地板和诸如隔墙和档案柜等金属结构家具的散射和衰减，引起路径损耗规律的变化。这些物体还会产生阴影效应，可以期望具有 12dB 标准差的对数正态阴影效应。衰落特性范围从莱斯衰落到瑞利衰落，具有由步行速度引起的多普勒频移。这种环境的路径损耗模式是：

$$L_\text{T} = 37 + 30\lg d + 18.3n^{[(n+1)(n+2)-0.46]} \tag{1-2-43}$$

式中，d 为发射机和接收机之间间距，单位是 m；n 为路径中的楼层数。

2. 室外到室内的步行环境

这种环境的小区很小，发射功率很低。低高度天线的基站位于室外，步行用户位于街道上和建筑物或住宅内。方均根值（rms）时延扩展为 100 ~ 1800ns。路径损耗可采用 d^{-4} 规律。如果在像峡谷那样的街道上有视距（LOS）路径，并且街道上有菲涅耳余隙，路径损耗

服从 d^{-2} 规律。对于有更大菲涅耳余隙的区域，则适合 d^{-4} 的路径损耗规律，但是由于沿路径的树和其他障碍物的影响，可能会到 d^{-6} 的范围。标准差为 10dB 的对数正态阴影衰落对室外是适当的，对室内则为 12dB。平均建筑物穿透损耗为 18dB，标准差为 10dB。瑞利衰落或莱斯衰落速率由步行速度所决定，但是由于行驶车辆反射，可能发生多次较快衰落，因此建议该环境的路径损耗模式为

$$L_{\mathrm{T}} = 40\lg d + 30\lg f + 49 \tag{1-2-44}$$

这种模式只对非视距（NLOS）情况有效，它描述了最恶劣情况下的传播衰落。假设传播衰落服从对数正态阴影衰落，标准差等于 10dB；平均建筑物穿透损耗是 18dB，其标准差为 10dB。

3. 车载环境

这种环境有较大的小区和较高的发射功率。在丘陵或山区地形中的道路上，方均根值时延扩展为 $4 \sim 12\mu s$；市区和郊区服从对数正态阴影衰落，采用 d^{-4} 的路径损耗规律和 10dB 标准差。建筑物穿透损耗平均 18dB，标准差为 10dB。在具有平坦地形的农村地区，路径损耗低于市区和郊区。在山区地形，可以通过选择基站位置来避免路径上的障碍，此时路径损耗规律接近 d^{-2}。瑞利衰落速率由车辆速度决定，固定用户适合较低衰落速率。这种环境可用下面的路径损耗模式：

$$L_{\mathrm{T}} = 40(1 - 4\times 10^{-2}\Delta h_{\mathrm{b}})\lg d - 18\lg\Delta h_{\mathrm{b}} + 21\lg f + 80 \tag{1-2-45}$$

式中，Δh_{b} 为建筑物平均高度与基站天线高度之差，单位为（m）。

4. IMT – 2000 模式中的时延扩展值

大多数时间，方均根值（rms）时延扩展相对比较小，但是偶尔会遇到最恶劣多径条件，必将导致很大的方均根值时延扩展。室外环境的测量结果表明，方均根值时延扩展在同样环境下，可能有量级上的变化。时延扩展可以对系统性能产生较大影响，为了准确地估计无线传输技术的相对性能，需要对时延扩展的变化进行建模，建模位置选择在时延扩展相对很大的最恶劣情况。

IMT – 2000 为各种环境定义了三种多径信道。多径信道 A 代表经常发生的低时延扩展情况，多径信道 B 对应于中时延扩展情况，这种情况的发生概率极大；多径信道 C 对应高时延扩展情况，这种情况发生的概率则很小。表 1-2-3 提供了各种情况和各种信道的时延扩展方均根值。

表 1-2-3　IMT – 2000 中方均根值（rms）时延扩展

信道类别 环境	信道 A		信道 B		信道 C	
	$\iota_{\mathrm{ms}}/\mathrm{ns}$	发生率（%）	$\iota_{\mathrm{ms}}/\mathrm{ns}$	发生率（%）	$\iota_{\mathrm{ms}}/\mathrm{ns}$	发生率（%）
室内办公环境	35	50	100	45	460	5
室外到室内和步行的环境	100	40	750	55	1800	5
车载（高天线）	400	40	4000	55	12000	5

扩展项目　认识天线

在无线通信系统中，与外界传播媒介接口是天线系统。天线辐射和接收无线电波：发射时，把高频电流转换为电磁波；接收时把电磁波转换为高频电流。天线性能的主要参数有方

向图、增益、输入阻抗、驻波比和极化方式等。

1. 天线的输入阻抗

天线的输入阻抗是天线馈电端输入电压与输入电流的比值。天线与馈线的连接，最佳情形是天线输入阻抗是纯电阻且等于馈线的特性阻抗，这时馈线终端没有功率反射，馈线上没有驻波，天线的输入阻抗随频率的变化比较平缓。天线的匹配工作就是消除天线输入阻抗中的电抗分量，使电阻分量尽可能地接近馈线的特性阻抗。匹配的优劣一般用四个参数来衡量，即反射系数、行波系数、驻波比和回波损耗，四个参数之间有固定的数值关系，使用哪一个纯出于习惯。在我们日常维护中，用得较多的是驻波比和回波损耗。一般移动通信天线的输入阻抗为 50Ω。

驻波比：它是行波系数的倒数，其值在 1 到无穷大之间。驻波比为 1，表示完全匹配；驻波比为无穷大表示全反射，完全失配。在移动通信系统中，一般要求驻波比小于 1.5，但实际应用中驻波比应小于 1.2。过大的驻波比会减小基站的覆盖并造成系统内干扰加大，影响基站的服务性能。

回波损耗：它是反射系数绝对值的倒数，以分贝值表示。回波损耗的值在 0dB 到无穷大之间，回波损耗越大表示匹配越差，回波损耗越大表示匹配越好。0 表示全反射，无穷大表示完全匹配。在移动通信系统中，一般要求回波损耗大于 14dB。

2. 方向图

天线的方向性是指天线向一定方向辐射电磁波的能力。对于接收天线而言，方向性表示天线对不同方向传来的电磁波所具有的接收能力。

天线的辐射电磁场在固定距离上随角坐标分布的图形，称为方向图。用辐射场强表示的称为场强方向图，用功率密度表示的称为功率方向图，用相位表示的称为相位方向图。天线方向图是空间立体图形，但是通常应用的是两个互相垂直的主平面内的方向图，称为平面方向图。在线性天线中，由于地面影响较大，都采用垂直面和水平面作为主平面。在面型天线中，则采用 E 平面和 H 平面作为两个主平面。归一化方向图取最大值为 1。

在方向图中，包含所需最大辐射方向的辐射波瓣叫天线主波瓣，也称天线波束。主瓣之外的波瓣叫副瓣或旁瓣或边瓣，与主瓣相反方向上的旁瓣叫后瓣，见图 1-2-27 所示为全向天线水平波瓣和垂直波瓣图，其天线外形为圆柱形。如图 1-2-28 所示为定向天线水平波瓣和垂直波瓣图，其天线外形为板状。

3. 天线的极化方式

所谓天线的极化，就是指天线辐射时形成的电场强度方向。当电场强度方向垂直于地面时，此电波就称为垂直极化波；当电场强度方向平行于地面时，此电波就称为水平极化波。由于电波的特性决定了水平极化传播的信号在贴近地面时会在大地表面产生极化电流，极化电流因受大地阻抗影响产生热能而使电场信号迅速衰减，而垂直极化方式则不易产生极化电流，从而避免了能量的大幅衰减，保证了信号的有效传播。

因此，在移动通信系统中，一般均采用垂直极化的传播方式。另外，随着新技术的发展，最近又出现了一种双极化天线。就其设计思路而言，一般分为垂直与水平极化和 ±45° 极化两种方式，性能上一般后者优于前者，因此目前大部分采用的是 ±45° 极化方式。双极化天线组合了 +45° 和 -45° 两副极化方向相互正交的天线，并同时工作在收发双工模式下，大大节省了每个小区的天线数量；同时由于 ±45° 为正交极化，有效保证了分集接收的良好效果（其极化分集增益约为5dB，比单极化天线提高约2dB）。

图 1-2-27　立体图

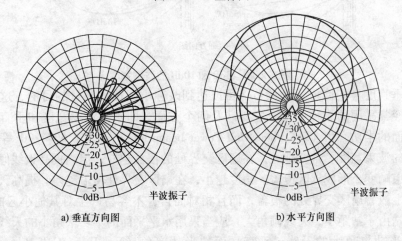

a) 垂直方向图　　　　　　　　　　b) 水平方向图

图 1-2-28　垂直方向图和水平方向图

4. 天线的增益

天线增益是用来衡量天线朝一个特定方向收发信号的能力，它是选择基站天线最重要的参数之一。一般来说，增益的提高主要依靠减小垂直面向辐射的波瓣宽度，而在水平面上保持全向的辐射性能。天线增益对移动通信系统的运行质量极为重要，因为它决定了蜂窝边缘的信号电平。增加增益就可以在一确定方向上增大网络的覆盖范围，或者在确定范围内增大增益余量。任何蜂窝系统都是一个双向过程，增加天线的增益能同时减少双向系统增益预算余量。另外，表征天线增益的参数有 dBd 和 dBi。dBi 是相对于对称阵子天线的增益 dBi = dBd + 2.15。相同的条件下，增益越高，电波传播的距离越远。一般地，GSM 定向基站的天线增益为 18dBi，全向的为 11dBi。

5. 天线的波瓣宽度

在方向图中通常都有两个瓣或多个瓣，其中最大的瓣称为主瓣，其余的瓣称为副瓣。主瓣的两个半功率点间的夹角称为天线方向图的波瓣宽度，也称为半功率（角）波束宽。主瓣波束宽度越窄，则方向性越好，抗干扰能力越强。在讨论天线性能时经常考虑其 3dB、10dB 的波瓣宽度。图 1-2-29 所示为 3dB 和 10dB 的波瓣宽度。

波瓣宽度是定向天线常用的一个很重要的参数，它一般是指天线的辐射图中低于峰值 3dB 处所成夹角的宽度（天线的辐射图是度量天线各个方向收发信号能力的一个指标，通常以图形方式表示功率强度与夹角的关系）。

天线垂直的波瓣宽度一般与该天线所对应方向上的覆盖半径有关。因此，在一定范围内

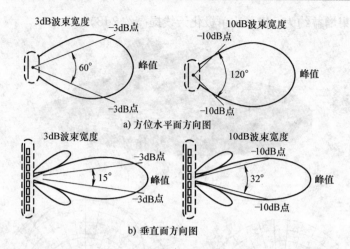

图 1-2-29　3dB 和 10dB 的波瓣宽度

通过对天线垂直度（俯仰角）的调节，可以达到改善小区覆盖质量的目的，这也是我们在网络优化中经常采用的一种手段。主要涉及两个方面，即水平波瓣宽度和垂直平面波瓣宽度。水平平面的半功率角（H – Plane Half Power beamwidth）（45°、60°、90°等）定义了天线水平平面的波束宽度。角度越大，在扇区交界处的覆盖越好，但当提高天线倾角时，也越容易发生波束畸变，形成越区覆盖。角度越小，在扇区交界处覆盖越差。提高天线倾角可以在一定程度上改善扇区交界处的覆盖，而且相对而言，不容易产生对其他小区的越区覆盖。在市中心基站由于站距小，天线倾角大，应当采用水平平面的半功率角小的天线，郊区选用水平平面的半功率角大的天线；垂直平面的半功率角（V – Plane Half Power beamwidth）（48°、33°、15°、8°）定义了天线垂直平面的波束宽度。垂直平面的半功率角越小，偏离主波束方向时信号衰减越快，在越容易通过调整天线倾角准确控制覆盖范围。

6. 前后比

天线方向图中，前后瓣最大电平之比称为前后比（Front – Back Ratio），其值越大，天线定向接收性能就越好。表明了天线对后瓣抑制的好坏。选用前后比低的天线，天线的后瓣有可能产生越区覆盖，导致切换关系混乱，产生掉话。一般在 25 ~ 30dB 之间，应优先选用前后比为 30dB 的天线（见图 1-2-30）。

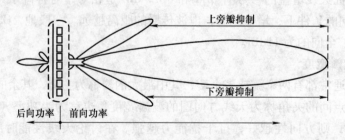

图 1-2-30　前后比图

7. 带宽

天线具有频率选择性的性能，它只能有效地工作在预先设定的工作频率范围内，在这个范围内天线的方向图、增益、输入阻抗和极化等虽然仍会有微小变化，但都在允许范围内。而在工作频率范围外，天线的这些性能都将变坏。

带宽是用来描述天线处于良好的工作状态下的频率范围，随着天线类型、用途的不同，对性能的要求也不同。工作带宽通常可根据天线的方向图特性、输入阻抗或电压驻波比的要求来确定，通常带宽定义为天线增益下降 3dB 时的频带宽度，或在规定的驻波比下天线的工作频带宽度。在移动通信系统中是按后一种定义的，具体地说，就是当天线的输入驻波比≤1.5 时天线的工作带宽。当天线的工作波长不是最佳时，天线性能要下降，在天线工作频带内，天线性能下降不多，仍然是可以接受的。不同频段工作的天线最佳长度如图 1-2-31 所示。在 820MHz 频段的最佳长度为 1/2 波长，约为 180mm；在 890MHz 频段的最佳长度约为 170mm；在 850MHz 频段的最佳长度约为175mm。该天线的频带宽度 = 890MHz – 820MHz = 70MHz。

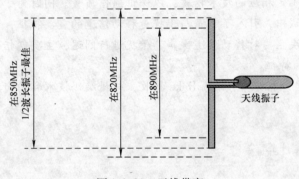

图 1-2-31 天线带宽

【模块总结】

本模块主要讲述了移动信道中电磁波的传播特性和一些常用的路径损耗模型。必须理解信道的特点才能对移动通信系统进行网络设计和规划。

（1）在 VHF 和 UHF 频段，无线电波经过不同的路径到达接收机。直射、反射、绕射和散射，是主要的电波传播方式。

（2）自由空间中电波传播损耗 L_{fs}（dB） $= 32.44 + 20\lg d + 20\lg f$ 与工作频率 f 和传播距离 d 有关。

（3）多径传播使接收信号产生快衰落，一般服从瑞利分布；阴影效应产生慢衰落，一般服从对数正态分布；多径时延扩展与相关带宽，在时域和频域描述了多径效应。多普勒频移对接收信号的影响，可看做是发射信号频率的多普勒扩展。

（4）可将地形分为两大类，即中等起伏地形和不规则地形；地物可分为三类地区：①开阔地；②郊区；③市区。

（5）根据传播模式的性质，它可以分为①经验模式；②半经验或半确定性模式；③确定性模式。每个传播模式都是针对某特定类型环境设计的。重点学习 Okumura – Hata 模型。

在陆地环境中，无线电信号的传播非常复杂。电磁波传播的路径损耗，由于地形、地物的不同，严格的理论计算非常困难，所以经验模型和半经验模型，在工程实践中获得广泛的应用。

噪声、干扰及抗干扰措施

【模块说明】

无线信道中噪声和干扰是影响系统性能的非常重要的因素，在移动信道中，需要研究噪声与干扰的特征，并确定相应的技术措施，以保证通信质量。同时为了对抗传播环境的复杂性，在移动通信的领域中，引入了噪声与干扰是移动信道的重要特征，它们反映了信道对信号传输的影响。本模块主要对移动信道噪声和干扰进行阐述，主要包括以下几部分：

✓ 噪声与干扰的特征。

✓ 抗衰落技术，包括分集接收、Rake 接收、纠错编码技术和均衡技术。

【难点说明】

✓ 电波传播特性计算。

【教学要求】

掌握

✓ 噪声对通信质量的影响。

✓ 同频干扰、邻频干扰、互调干扰在移动通信网中的特点。

理解

✓ 分集接收、Rake 接收和均衡技术的原理。

了解

✓ 移动信道中噪声的特性。

项目一 噪 声

在移动通信系统中所有的无用信号都是噪声和干扰。由于噪声与干扰的复杂性，使得解决噪声与干扰对系统的影响成为了系统设计中的难题之一。

任务一 噪声的分类与特性

移动信道中的噪声可以被分为内部噪声和外部噪声。外部噪声又可以被分为自然噪声和人为噪声。

1. 内部噪声

内部噪声是系统设备本身产生的各种噪声。例如，在电阻一类的导体中由电子的热运动所引起的热噪声、真空管中由电子的起伏性发射或半导体中由载流子的起伏变化所引起的散弹噪声及电流哼声等。电流哼声及接触不良或自激振荡等引起的噪声是可以消除的，但热噪声和散弹噪声一般是无法避免的，而且它们的准确波形不能被预测。这种不能预测的噪声统称为随机噪声。

2. 外部噪声

自然噪声及人为噪声为外部噪声，它们也属于随机噪声。依据噪声特征又可分为脉冲噪声和起伏噪声。脉冲噪声是在时间上无规则的突发噪声，例如，汽车发动机所产生的点火噪声，这种噪声的主要特点是其突发的脉冲幅度较大，而持续时间较短；从频谱上看，脉冲噪声通常有较宽频带；热噪声、散弹噪声及宇宙噪声是典型的起伏噪声。

在移动信道中，外部噪声（亦称环境噪声）的影响较大，美国 ITT（国际电话电报公司）公布的数据如图 1-3-1 所示。图 1-3-1 中将噪声分为六种：①大气噪声；②太阳噪声；③银河噪声；④郊区人为噪声；⑤市区人为噪声；⑥典型接收机热噪声。其中，前五种均为外部噪声。有时将太阳噪声和银河噪声统称为宇宙噪声。大气噪声和宇宙噪声属自然噪声。由图 1-3-1 可知，当系统工作在 150MHz 以上时，自然噪声比接收机噪声要小，并随频率的升高而减小，因此，150MHz 以上的自然噪声基本可以不与考虑。在移动通信系统中使用的往往是 VHF/UHF 频段，所以经常忽略自然噪声。图 1-3-1 中，纵坐标用等效噪声系数 F_a 或噪声温度 T_a 表示。F_a（dB）是以超过基准噪声功率 N_0（$= kT_0B_N$）的分贝数来表示，即

$$F_a = 10\lg \frac{kT_aB_N}{kT_0B_N} = 10\lg \frac{T_a}{T_0} \tag{1-3-1}$$

式中，k 为波兹曼常数（1.38×10^{-23} J/K）；T_0 为参考绝对温度（290K）；B_N 为接收机有效噪声带宽（它近似等于接收机的中频带宽）。

由式（1-3-1）可知，等效噪声系数 F_a 与噪声温度 T_a 相对应，例如 $T_a = T_0 = 290$K，$F_a = 0$dB；若 $F_a = 10$dB，则 $T_a = 10T_0 = 2900$K 等。

在 30～1000MHz 频率范围内，大气噪声和太阳噪声（非活动期）很小，可忽略不计；在 100MHz 以上时，银河噪声低于典型接收机的内部噪声（主要是热噪声），也可忽略不计。因而，除海上、航空及农村移动通信外，在城市移动通信中不必考虑宇宙噪声。这样，我们最关心的主要是人为噪声的影响。

所谓人为噪声，是指各种电气装置中电流或电压发生急剧变化而形成的电磁辐射，诸如电动机、电焊机、高频电气装置、电气开关等所产生的火花放电形成的电磁辐射。这种噪声电磁波除直接辐射外，还可以通过电力线传播，并由电力线和接收机天线间的电容性耦合而进入接收机。就人为噪声本身的性质来说，多属于脉冲干扰，但在城市中，由于大量汽车和工业电气干扰的叠加，其合成噪声不再是脉冲性的，其功率谱密度同热噪声类似，带有起伏干扰性质。在移动信道中，人为噪声主要是车辆的点火噪声。因为在道路上行驶的车辆，往往是一辆接着一辆，车载台不仅受本车点火噪声的影响，而且还受到前后左右周围车辆点火噪声的影响。这种环境噪声的大小主要取决于汽车流量。

人为噪声是由电气装置中电流或电压发生急剧变化而形成的电磁辐射而造成的，这种辐射噪声除了可以直接进入移动信道外，还可以通过电力线传播，并通过电力线和接收机天线的耦合进入接收机。在城市中，由于大量车辆和工业电气设备的存在，辐射噪声对移动通信系统的危害较大。由图 1-3-1 可知，在 1000MHz 以下时，人为噪声，特别是城市人为噪声的影响较大。

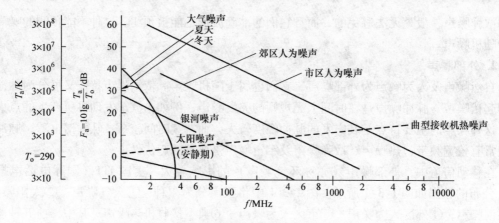

图 1-3-1　各种噪声功率与频率的关系

【提高】

【例 1-3-1】　已知市区移动台的工作频率为 800MHz，接收机的噪声带宽为 32kHz，试求人为噪声功率为多少 dBW。

【解题思路】

等效噪声系数与噪声温度相对应，而根据式（1-3-1）可知，当计算出基准噪声功率再加上市区人为噪声等效噪声系数 F_a，即为本题要求的噪声功率。

解：基准噪声功率

$$
\begin{aligned}
N_0 &= 10\lg(kT_0B_N) \\
&= 10\lg(1.38 \times 10^{-23} \times 290 \times 32 \times 10^3) \\
&= -159\text{dBW}
\end{aligned}
$$

由图 1-3-1 查得市区人为噪声功率比 N_0 高 20dB，所以实际人为噪声功率 N 为

$$
N = (-159 + 20)\text{dBW} = -139\text{dBW}
$$

任务二　环境噪声和多径传播对语音质量的综合影响

ITU 公布的资料表明，环境噪声和多径传播，在静态和衰落信道中，对语音质量主观评价的影响是不同的，如图 1-3-2 所示。

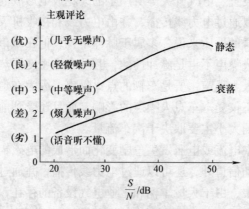

图 1-3-2　语音质量主观评价

图 1-3-2 表明，在衰落信道中，人耳的听觉效果更差，因此，衰落环境下，仅依据接收机的灵敏度和环境噪声的影响确定最小保护电平是不能保证通话质量的（接收机灵敏度是指接收机可以接收到的、并能正常工作的最低信号强度。通常用 dBm 表示）因此，通常引入所谓"恶化量"以确定环境噪声和多径传播对接收机性能的影响。恶化量定义为在移动中，为达到静态同等的语音质量所需要增加的电平量。

语音质量的评定采用 5 级主观评定，图 1-3-3 是移动台接收机性能在 3 级、4 级语音质量下性能的恶化量。由图 1-3-3 可知，随频率的升高，恶化量减小，在频率大于 400MHz 时，恶化量基本与频率无关。基站接收机同样存在恶化量，但通常小于移动台的恶化量。因此，在确定接收机门限电平时，不应仅仅考虑静态条件，还应考虑附加衰落引入的恶化。

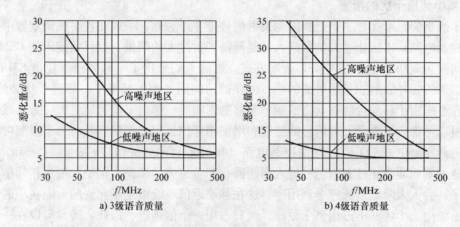

a) 3级语音质量　　　　　　　　b) 4级语音质量

图 1-3-3　移动台接收机性能的恶化量

项目二　干　扰

在系统组网的过程中，设备之间会产生相互干扰，这些干扰包括邻道干扰、同道干扰、互调干扰、远近效应。

任务一　邻 道 干 扰

1. 邻道干扰出现的原因

在多用户的移动通信网中，往往出现邻道干扰。邻道干扰是指在同一小区或相邻小区中，相邻或相近频率的信道之间的干扰。调频信号的频谱是很宽的，而且从理论上说，包含有无穷多对边频分量，当某些边频分量落入相邻频率的信道中时，就会造成邻道干扰。

目前，移动通信系统广泛使用 VHF、UHF 频段，频道间隔是 25kHz。众所周知，调频信号的频谱是很宽的，理论上来说，调频信号含有无穷多个边频分量，其中某些边频分量落入邻道接收机的通带内，就会造成邻道干扰。

图 1-3-4 所示为第一频道（No. 1）发射信号的 n 次边频落入邻近频道（No. 2）的示意图。

其中频道间隔为 B_r（如 25kHz），F_m 为调制信号最高频率，B_i 为接收机带宽（如 16kHz）。考虑到发射机、接收机频率不稳定、不准确造成的频率偏差 Δf_{TR}，那么，落入邻

近频道的最低边频次数 n_L 可由式（1-3-2）决定，即

$$n_L = \frac{B_r - 0.5B_i - \Delta f_{TR}}{F_m} \qquad (1-3-2)$$

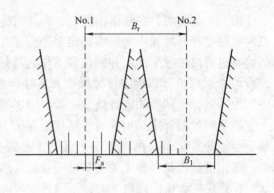

若已知调制指数为 β（$\beta = \Delta f / F_m$，Δf 为频偏），则查贝塞尔函数表可求出 n_L 次边频幅度相对值，即 Jn_L 值。同理可求出 $Jn_{L+1}(\beta)$、$Jn_{L+2}(\beta)$……。但由于它们的值均小于 Jn_L，所以一般只计 Jn_L 分量。

图 1-3-4　邻道干扰图

2. 减小邻道干扰的措施

为了减小邻道干扰，主要是要限制发射信号带宽。为此，一般在发射机调制器中采用瞬时频偏控制电路，以防止过大信号进入调制器而产生过大的频偏。以目前使用的 GSM 为例，载频的间隔为 200kHz，采用 GMSK 调制方式。虽然人们采用了一系列措施使得 GMSK 信号在相邻信道的带外辐射能量尽可能的小，但在信道间隔一定的情况下，邻道干扰必然存在，而且，在考虑由于移动台的移动造成频率漂移的影响后，邻道干扰可能更大。为了减小邻道干扰，可以考虑应当限制发射信号的带宽和增加相邻信道间的保护间隔。为了限制带宽，在发射机的调制器中采用了瞬时频偏控制电路（Instant（frequency）Departure Circuit，IDC），主要是通过限幅器防止过大的信号进入调制器，产生过大的频偏。但是，增加相邻信道间的保护间隔，会大大降低系统频率利用率，这在移动通信系统中是不允许的。但在小区制的移动通信系统中，小区并不占用整个频段，而只占用一个信道组，因此，通常可以在一个信道组内将频距选得足够大，可有效减小邻道干扰。在系统规划时，为了减小邻频干扰，可以采用等频距分配法，使得同小区内信道组的各频道之间的间隔增加为 $(N-1)B_r$。这样可以有效降低邻频干扰。

任务二　互调干扰

此子任务主要说明互调干扰的产生原因、无三阶互调干扰信道组的选择、发射机互调干扰的产生及减小干扰的措施、接收机互调干扰的产生及减小干扰的措施以及放大器三阶互调的计算方法。

1. 互调干扰的起因

互调干扰是由于多个信号加至非线性器件上，产生与有用信号频率相近的组合频率，进入接收机工作频带从而造成对系统的干扰。非线性器件的特性表明，输入信号多于两个时，会由于调制而在输出信号中出现原来信号中所没有的新的不需要的组合频率，即互调产物。如果产生的互调产物落入某接收机带内，并且具有一定的强度，就会造成对该接收机的干扰。在移动通信中，由于发射机末级和接收机前端电路的非线性，因而造成发射机互调和接收机互调。此外，在发射机强射频场的作用下，由于发信机高频滤波器及天线馈线等插接件的接触不良，或拉杆天线及天线螺栓等金属部件生锈，产生非线性因素也会出现互调现象，这种互调为外部互调，又叫生锈螺栓效应。

总的来说，产生互调干扰的条件如下：

1）多个信号同时加到非线性器件上产生大量的互调产物。

2）无线系统间，系统内频率和功率关系不协调。

3）对接收机互调而言，所有干扰发射机和被干扰接收机同时工作。

几个条件必须同时满足，才会产生互调干扰，逐一改善可解决互调干扰问题。

互调产物用幂级数表示为高次项，系数一般随阶次增高而减小，故幅度最大、影响最严重的是落在有用信号附近的三阶互调。

2. 发射机互调干扰

发射机的互调干扰一般出现在基站，是由于基站使用不同频率的发射机产生的干扰，如图1-3-5所示。由于发射机的末级功率放大器通常工作在非线性状态，所以，互调干扰主要存在于末级功率放大器中。

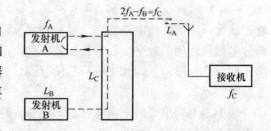

图 1-3-5　基站发射机互调干扰示意图

假设发射机的功率都为 P，发射机 A 输出的三阶互调干扰功率可以表示为

$$P_{TIM} = P_{(dBW)} - L_C - L_I \tag{1-3-3}$$

式中，P_{TIM} 为发射机 A 输出的三阶互调干扰功率。

$P_{(dBW)}$ 为发射机的功率，dBW 形式。

L_C 为耦合损耗，是发射机 B 的功率与进入发射机 A 末级功率放大器的功率之比。因此，减小互调干扰可以从增加耦合损耗入手。对于共用天线，应在发射机与天线间插入单向隔离器或高 Q 谐振腔。对于分用天线，可以采取的方法包括：加大发射机天线之间的距离；减小馈线之间的耦合；在发射机的输出端加入高 Q 带通滤波器 BPF（Band Pass Filter），以增加频率的隔离度。

L_I 为互调转换损耗，是进入发射机 A 的干扰信号功率与输出的互调干扰功率之比。L_I 与发射机 A 末级功放的非线性有关，因此，增加互调转换损耗，应当适当增加发射机末级功放的线性动态范围。除此之外，L_I 还与发射机的频差有关，加大频差，也有利于减小互调干扰。

3. 接收机的互调干扰

当多个信号进入接收机前端，在器件的非线性作用下，会产生接收机的互调干扰。接收机的抗互调能力用互调抗拒比 SI 表示，SI 是输入的干扰信号与有用信号电平的比值。在我国公用移动通信系统中要求接收机的三阶互调抗拒比指标为70dB。

对于一般的移动通信系统，接收机互调干扰主要考虑三阶互调干扰，特别是两信号的三阶互调干扰。为了减小互调干扰，首先应当在接收机前端加入滤波器，以增强选择性，减少进入高放的强干扰。其次应当提高接收机前端电路的线性，减小互调干扰发生的可能性。

设输入回路的选择性较差，同时有三个载频分别为 ω_A、ω_B、ω_C 的干扰信号进入接收机高放或混频级而未被滤除，有用信号为 ω_0。故进入接收机高放的信号频率为 ω_A、ω_B、ω_C 与 ω_0。晶体管的转移特性的非线性可用幂级数表示为 $i = a_0 + a_1 u + a_2 u^2 + a_3 u^3 + \cdots$ 式中，a_0、a_1、a_2、$a_3 \cdots$ 是由晶体管特性决定的系数。

设作用于晶体管的信号为 $u = A\cos\omega_A t + B\cos\omega_B t + C\cos\omega_C t$，则输出回路电流 i = 直流项 + 基频项 + 2 次项 + 3 次项 + …其中 3 次项有：

$(3/4) a_3 A^2 B [\cos(2\omega_A + \omega_B)t + \cos(2\omega_A - \omega_B)t] + (3/4) a_3 AB^2 [\cos(2\omega_B + \omega_A)t +$

$\cos(2\omega_B - \omega_A)t] + (3/4)a_3A^2C[\cos(2\omega_A + \omega_C)t + \cos(2\omega_A - \omega_C)t] + (3/4)a_3AC^2[\cos(2\omega_C$
$+ \omega_A)t + \cos(2\omega_C - \omega_A)t] + (3/4)a_3B^2C[\cos(2\omega_B + \omega_C)t + \cos(2\omega_B - \omega_C)t] + (3/4)a_3BC^2$
$[\cos(2\omega_C + \omega_B)t + \cos(2\omega_C - \omega_B)t] + (3/2)a_3ABC[\cos(\omega_A + \omega_B - \omega_C)t + \cos(\omega_A + \omega_C - \omega_B)t$
$+ \cos(\omega_B + \omega_C - \omega_A)t + \cos(\omega_A + \omega_B + \omega_C)t + \cdots]$

由 3 次项不难看出，频率为 $2\omega_A - \omega_B$、$2\omega_B - \omega_A$、$2\omega_A - \omega_C$、$2\omega_C - \omega_A$、$2\omega_B - \omega_C$、$2\omega_C - \omega_B$、$\omega_A + \omega_B - \omega_C$、$\omega_A + \omega_C - \omega_B$、$\omega_B + \omega_C - \omega_A$ 的三阶互调产物将在 ω_A、ω_B、ω_C 附近，故难以用选择性电路滤除，容易构成互调干扰。而 $\omega_A + \omega_C$ 和 $2\omega_A + \omega_B$、$\cdots$ 等类型的互调分量远离使用的频率，故容易滤除，因而危害性不大。由此看出，三阶互调干扰有两种类型，即二信号三阶互调和三信号三阶互调，分别用 2A – B（三阶Ⅰ型）和 A + B – C（三阶Ⅱ型）表示。

表 1-3-1 列出了两个信号 （$u_i = A\cos\omega_A t + B\cos\omega_B t$） 作用于非线性器件时的互调产物的频率和三个信号 （$u_i = A\cos\omega_A t + B\cos\omega_B t + C\cos\omega_C t$） 作用于非线性器件时的互调产物的频率。

表 1-3-1　两个信号和三个信号的互调产物频率

		二次项 $a_1u_i^2$		三次项 $a_2u_i^3$
两个信号	二次谐波	$2\omega_A$, $2\omega_B$	三次谐波	$3\omega_A$, $3\omega_B$
	二次互调	$\omega_A \pm \omega_B$	三次互调	$2\omega_A \pm \omega_B$, $2\omega_B \pm \omega_A$
三个信号	二次谐波	$2\omega_A$, $2\omega_B$, $2\omega_C$	三次谐波	$3\omega_A$, $3\omega_B$, $3\omega_C$
	二次互调	$\omega_A \pm \omega_B$, $\omega_A \pm \omega_C$, $\omega_A \pm \omega_C$	三次互调	$\omega_A \pm \omega_B$, $2\omega_A \pm \omega_C$, $2\omega_B \pm \omega_A$, $2\omega_B \pm \omega_C$, $2\omega_C \pm \omega_A$, $2\omega_C \pm \omega_B$, $\omega_A + \omega_B - \omega_C$, $\omega_A + \omega_C - \omega_B$, $\omega_B + \omega_C - \omega_A$

由电流的三次项表示式可知，三阶互调产物的幅度和晶体管特性的三次项系数 a_3 成比例，说明它是由晶体管特性的三次幂项产生的。另外，三阶互调产物和干扰信号的幅度有关，当各个干扰信号的幅度相等时，三阶互调幅度与干扰信号幅度的三次方成比例，且三信号三阶互调电平比二信号三阶互调电平高一倍（6dB）。

按照同样的数学分析方法，如将 a_5u^5 的五次幂展开并整理，可得以下六种类型的五阶互调产物：3A – 2B、3A – B – C、2A + B – 2C、2A + B – C – D、A + B + C – 2D、A + B + C – D – E。

由于 $a_3 \gg a_5$，故一般只考虑三阶互调干扰，但电台密度大，多信道共用时必须考虑五阶互调。由分析表明，各个干扰信号必须满足一定的频率和幅度条件才能造成互调干扰。也就是说，电路的非线性仅是产生互调干扰的内因，尽管在同一地区有很多电台同时工作，但是只要电台的工作频率分配得当，各台的布局合理，就不会产生严重的互调干扰。所以，从频率分配上和干扰信号强度上设法构成破坏互调干扰的条件，是系统设计时应当考虑的问题。

4. 无三阶互调干扰频道组

在三阶互调干扰频道组的定义中，只有由非线性产生的新频率落在接收频道中时才能成为干扰。在移动系统中，为了避免三阶互调干扰，可以通过合理选择频道组中的频道，使得无三阶互调频道组在一个移动通信系统中，在频率分配时，为了避开三阶互调，应适当选择不等距的频道，使它们产生的互调产物不致落入同组中任一工作频道内。

根据前面分析，产生三阶互调干扰的条件是有用信号与无用干扰有着特殊的频率关系，即满足：

$$f_x = f_i + f_j - f_k \ \text{或} \ f_x = 2f_i - f_j \qquad (1\text{-}3\text{-}4)$$

式中，f_i、f_j、f_k 是频道频率；f_1、$f_2 \cdots f_n$ 频率集合中任意三个频率 f_x 也是频率集合中一个频率。式（1-3-4）中，前者为三阶互调 I 型，后者为三阶互调 E 型。

在工程上，为了避免直接用频率进行计算的麻烦，往往将频道标称频率用对应的序号表示，图中共有 16 个频道，其频率范围是 158.000 ~ 158.375MHz，每隔 25kHz 一个频道，对应序号是（1）~（16）。

一般情况下，假定起始频率 f_0，频道间隔为 B，则任一频率可以写成

$$f_x = f_0 + BC_x \qquad (1\text{-}3\text{-}5)$$

式中，C_x 为频道的序号。这样就有

$$\left. \begin{array}{l} f_i = f_0 + BC_i \\ f_j = f_0 + BC_j \\ f_k = f_0 + BC_k \end{array} \right\} \qquad (1\text{-}3\text{-}6)$$

则可得到以频道序号表示的三阶互调公式：

$$C_x = C_i + C_j - C_k \ \text{或} \ C_x = 2C_i - C_k \qquad (1\text{-}3\text{-}7)$$

由式（1-3-6）和式（1-3-7）对比可知，式（1-3-6）更具有普遍性，即当式中 $i = j \neq k$ 时，式（1-3-6）就变成式（1-3-7）的形式。

对五阶互调也可作出类似分析，即得到以频道序号表示的五阶互调关系式为

$$C_x = C_i + C_j - C_k - C_l - C_m \qquad (1\text{-}3\text{-}8)$$

在工程上，一般只考虑选用无三阶互调频道。为了判断一组频道是否存在三阶互调问题，直接使用式（1-3-6）尚不够简便，为此，将式（1-3-6）改用频道序列差值来表示，即

$$C_x - C_i = C_j - C_k \qquad (1\text{-}3\text{-}9)$$

式中，$C_x - C_i = d_{i,x}$，为任意两个频道间差值，例如 $i = 1$、$x = 4$，则

$$d_{i,x} = d_{1,4} = C_4 - C_1 = 3$$

表明第 4 号频道与第 1 号频道差值为 3，频率间隔为 3B。

同理，$d_{k,j} = C_j - C_k$ 为第 j 个频道与第 k 个频道之间的差值。因此改用频道差值表示三阶互调的关系式变为

$$d_{i,x} = d_{k,j} \qquad (1\text{-}3\text{-}10)$$

为了全面考察一组频道（n 个）是否为相容频道组，必须考察全部序号差值，即 n 中取 2 的组合数，如 $n = 5$，则全部序号差值是 10 个。倘若 10 个差值中有一个以上相同，则为不相容频道组；只有 10 个差值均不同，才是相容频道组。

应用时，可用图表法：

1）依次排列信道序号。

2）按规律依次计算相邻信道序号差值 $d_{j,k}$，写在两信道序号间。

3）计算每隔一个信道的序号差值。

4）计算每隔二个信道的序号差值。

5）查看三角阵中是否存在相同数值，若有相同数值，表示满足条件 $d_{x,i} = d_{j,k}$，存在三阶互调；若没有相同数值，则不存在三阶互调。

为便于全面彻底考察全部差值，采用下面介绍的频道序号差值序列比较清楚，下面举例说明。

【例1-3-2】 若选用1、3、5、7、9号频道序号为基站使用的频道，试判别无线区内是否存在三阶互调干扰。

解： 根据给定的五个频道序号，可列出差值阵列，如下所示，不难发现：

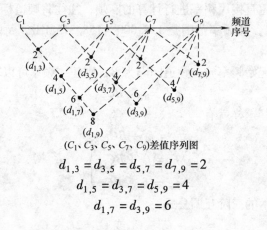

$(C_1、C_3、C_5、C_7、C_9)$差值序列图

$$d_{1,3} = d_{3,5} = d_{5,7} = d_{7,9} = 2$$
$$d_{1,5} = d_{3,7} = d_{5,9} = 4$$
$$d_{1,7} = d_{3,9} = 6$$

为不相容频道组。

结论：这几个频道序号间存在三阶互调干扰。

利用计算机可搜索出占用最少频道数的无三阶互调的频道组，表1-3-2列出了部分结果。

表1-3-2　无三阶互调的频道序号

需用频道数	最少占用频道数	无三阶互调的频道数	频段利用率
3	4	1、2、4	75%
4	7	1、2、5、7	57%
5	12	1、2、5、10、12	42%
6	18	1、2、9、13、15、18； 1、2、5、11、13、18； 1、2、5、11、16、18； 1、2、9、12、14、18	33%

任务三　同道干扰

同道干扰又称同频道干扰或同频干扰，同道干扰一般是指相同频率电台之间的干扰，它表现为差拍干扰和由于调制而产生的调频干扰。在电台密集的地方，若频率管理或系统设计不当，如同频道电台之间的距离不够大，从而空间隔离不满足要求，就会造成同频道干扰。本任务主要介绍同频复用距离的计算、减少同频干扰的措施。在小区制通信系统中，为了提高系统的频率利用率，在一定的间隔距离以外，需要重复使用相同的频率，这种技术称为同频道再用。同频道再用技术可以大大提高频率利用率，但有时会带来同频道干扰。

1. 同频复用距离的计算

移动通信中，为了提高频率利用率，在相隔一定距离以外，可以使用同频道电台，这称为同频道复用或频道的地区复用。在小区制结构中，相同的频率（频率组）可分配给彼此相隔一定距离的两个或多个无线区使用。显然，同频道的无线区相距越远，它们之间的空间隔离度越大，同频道干扰越小。但是，在一定区域内，频率复用次数也随之降低，即频率利用率降低，因此，两者要兼顾考虑。在进行无线区的频率分配时，应在满足一定通信质量要求的前提下，确定相同频率重复使用的最小距离，该距离称为同频复用最小安全距离，或简称同频复用距离。由此可见，从工程实际需要出发，研究同道干扰必须和同频复用距离紧密联系起来，以便给小区制的频率分配提供依据（见图1-3-6）。

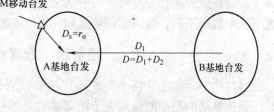

图 1-3-6　同频复用距离

2. 影响同频复用距离的因素

射频防卫比是指达到主观上限定的接收质量时，所需的射频信号对干扰信号的比值。根据调频的捕获效应，为避免同频道干扰，必须保证接收机输入的信号与同频道干扰之比大于等于射频防卫比。从这一关系出发，可以研究同频道复用距离。有用信号和干扰信号的强度不仅取决于通信距离，而且和设备参数、地形地物状况等因素有关。为简单起见，假定地形地物状况相同，各基站设备参数相同（如天线高度、发射功率相同、接收机灵敏度相同等），各移动台的设备参数也相同，这样，同频复用距离只与以下因素有关。

（1）调制方式

为保证规定的接收质量，使用调制方式不同，所需的射频防卫比也不同，对于窄带调频或调相（最大频偏±5kHz）方式来说，三级语音质量射频保护比取 8dB + 3dB 作为标准。即接收机加入同频干扰信号后，接收机输出信噪比（Signal Noise Ratio，S/N）从无同频干扰的 20dB 下降到 14dB 时，输入端所要求的信干比。对四级语音质量射频保护比取 12dB + 3dB，即输出信噪比（S/N）下降 3dB。对三级语音质量的信号（位置概率 50%、时间概率 50%），干扰（位置概率 50%、时间概率 10%），在这种条件下信干比≥12dB。上面 3dB 的数值是考虑到不同的设备和不同的测试条件所引入的误差。对调幅方式的信号，同频防护比要求为 17dB。

（2）电波传播特性

假定是光滑地球平面，则路径传播衰减 $L = \dfrac{d^4}{h_T{}^2 h_R{}^2}$。式中 d 是收、发天线间的距离，单位为 km；h_T，h_R 分别是发射天线和接收天线的高度，单位为 m，则有以下传播衰减公式：

$$L = 120\text{dB} + 40\lg d - 20\lg h_T h_R \tag{1-3-11}$$

实际上，电波传播衰减还与使用频率、地形、地物因素有关。

（3）要求的可靠通信概率

可靠通信概率又称通信可靠性，当通信可靠性要求高时，在其他技术相同时，其同频复用距离变大。

（4）无线区半径

农村和城市的环境不同时，无线小区半径不同，当区群内小区个数相同时，其半径越大，同频复用距离变大。

（5）选用的工作方式

当通信方式中采用异频双工、同频单工时，其频率复用距离也是不同的。

（6）天线类型

天线按照方向性分类时，可分为定向天线和全向天线，当采用不同的天线时，其周围干扰小区个数也不同，故而其同频复用距离也不同。

任务四　近端对远端的干扰

当基站同时接收从两个距离不同的移动台发来的信号时，距基站近的移动台 B（距离 d_2）到达基站的功率明显要大于距离基站远的移动台 A（距离 d_1，$d_2 << d_1$）的到达功率，若两者频率相近，则距基站近的移动台 B 就会造成对接收距离距基站远的移动台 A 的有用信号的干扰或抑制，甚至将移动台 A 的有用信号淹没。这种现象称为近端对远端干扰，又称远近效应。

对于多波段工作系统的远近效应，即使移动台的发射机没有带外辐射也可能会产生严重的邻频道干扰。假设移动台发射机的参数相同，发射功率相同，则信号经过不同距离传输衰减后到达基站的信号接收功率差别较大。

克服近端对远端干扰的措施主要有两个：一是使两个移动台所用频道拉开必要间隔；二是移动台端加自动（发射）功率控制（APC），使所有工作的移动台到达基站功率基本一致。由于频率资源紧张，几乎所有的移动通信系统对基站和移动终端都采用 APC 工作方式。IS-95 系统即采用功率控制（Power Control, PC）方式减弱远近效应。

项目三　分集接收原理

【为什么使用分集接收技术】

分集接收，是接收机利用相互独立（或至少高度不相关）的多径信号，来提高无线链路性能的一项技术。与其他抗衰落技术比较，分集接收具有适用范围广、附加费用低等特点，是非常实用的抗衰落技术。

蜂窝移动通信系统的大部分服务区在城区，发射机与接收机之间无视距传输，到达接收机的信号都经过了高层建筑物的绕射、不同物体的散射和多径反射，以及不同长度路径的电磁波相互作用引起的多径损耗等，而且随着移动台的移动，各条传播路径上的信号幅度、时延和相位随时随地在发生着变化。这些信号相互叠加就会形成衰落。衰落是影响无线通信质量的重要因素，快衰落深度有时可达 30～40dB，如果想通过加大发射功率来克服这种深度衰落是不现实的，因为这时功率需要提高 1000～10000 倍，而且会造成对其他电台的干扰。为了提高通信系统的抗衰落性能，需要采取一些有效的措施。常采用的技术措施有抗衰落性能好的调制解调技术、扩频技术、与交织结合的差错控制编码技术、分集接收技术等。其中分集接收技术是一种用相对较低廉的投资，就可以大幅度地改进系统接收性能的有效技术，它已被广泛应用于移动通信、短波通信等随参信道通信系统中。

任务一　分集技术的基本概念及方法

在无线传播环境中，由于传播路径的不同，经常会出现某一条路径中的信号经历了深度衰落，而另外一条相对独立的路径中的信号衰落却很小；如果接收机有能力将多径信号分离并加以利用，必然可以提高接收端的信噪比。因此，分集接收是应用很广的抗衰落技术。

分集技术（Diversity Techniques）就是研究如何利用多径信号来改善系统的性能。分集技术利用多条传输相同信息且具有近似相等的平均信号强度和相互独立衰落特性的信号路径，并在接收端对这些信号进行适当地合并（Combining），以便大大降低多径衰落的影响，从而改善传输的可靠性。

随参信道中的衰落有慢衰落和快衰落，其产生的原因是不同的。根据分集技术是为了减小慢衰落还是快衰落的影响，可分为"宏分集"和"微分集"两种。

图 1-3-7 所示是一个无线通信系统的快衰落和慢衰落变化情况，横坐标是接收机与发射机之间的距离变化，纵坐标是接收电平。图 1-3-7 中随着接收机在一个很小的范围内移动，信号衰落很快，但是随着距离的变化信号衰落很慢。因此，对于快衰落而言，如果用两个在距离上稍微分开一些的接收天线，在一个天线收到的信号很弱时，另一个天线可能收到较强的信号，那么，选择最佳接收信号，就可以减小快衰落的影响。

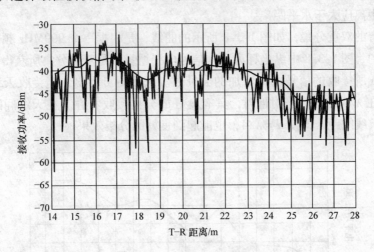

图 1-3-7　快衰落和慢衰落图

宏分集主要用于移动通信系统中，也称为"多基站分集"。它是一种减小慢衰落影响的分集技术。慢衰落是由周围环境地形和地物的差别而导致的阴影区引起的，其衰落特性呈对数正态分布。因此，只要把多个基站设置在不同的地理位置（如蜂窝小区的对角上），同时向移动台发送信号，那么，移动台就可以选择一个信号最好的基站进行通信。只要各基站所发信号不是同时受到阴影区的影响，这种方式就能够很好地克服慢衰落对接收性能的影响。在这种分集接收方式中，由于为移动台提供信号的基站相距较远，因而称为宏分集。

微分集是一种减小快衰落影响的分集技术，在各种无线通信系统中都经常使用。在移动通信系统中，快衰落是由移动台附近地物的复杂反射引起的，快衰落通常导致小距离范围内信号的深度衰落，其衰落特性呈瑞利分布。为了防止深度衰落对接收性能的影响，可以采用微分集方式来处理快速变化的信号。

理论和实践表明，不同传输路径、频率、极化及不同传输时间、角度的信号都呈现相互独立的衰落特性，因此，根据获得独立衰落信号的方式不同分集技术可分为空间分集、频率分集、极化分集、时间分集和角度分集等多种方式。其中，实现空间、极化和角度分集需要多副天线，而实现频率和时间分集只要一副天线即可。这几种分集方式都可用于微分集，而宏分集实际上就是一种空间分集。下面介绍这几种分集方式的实现方法。

1. 空间分集（Space diversity）

空间分集是利用了衰落的不相关性。当两个接收位点距离大于半个波长时，接收到的两路信号的衰落具有不相关性。空间分集可以通过多个接收天线实现。

空间分集发射端采用一副发射天线，接收端采用多副天线。接收端天线之间的距离 d 应足够大，以保证各接收天线输出信号的衰落特性是相互独立的。在理想情况下，接收天线之间相隔距离 d 为 $\lambda/2$ 就足以保证各支路接收的信号是不相关的。但在实际系统中，接收天线之间的间隔要视地形地物等具体情况而定。在移动通信中，空间的间距越大，多径传播的差异就越大，所收场强的相关性就越小。天线间隔，可以是垂直间隔也可以是水平间隔。但垂直间隔的分集性能太差，一般不主张采用这种方式。为获得相同的相关系数，基站两分集天线之间垂直距离应大于水平距离。

对于移动台的双重分集，如图 1-3-8 所示的曲线，是根据一个 900MHz 频段多径衰落实验数据而绘出的，图 1-3-8 中纵坐标为平均信号电平增量，是双重分集所获得的平均信号电平比用一副天线所接收的信号电平增加的分贝数。从此图可看出，当接收天线之间的距离 $d \geqslant 0.75\lambda$，且在 $\lambda/4$ 的奇数倍附近时，具有良好的分集接收特性。在天线间距受条件限制的场合，减小天线间距，即使 $d = \lambda/4$，也能起到良好的分集效果。

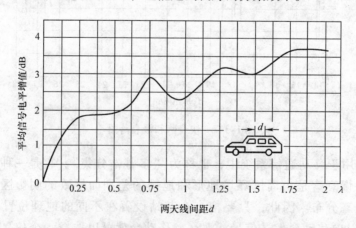

图 1-3-8　不同天线间距时的平均信号电平增值

对于空间分集而言，分集的支路数 M 越大，分集的效果越好。但当 M 较大时（如 $M > 3$），分集的复杂性增加，分集增益的增加随着 M 的增大而变得缓慢。

2. 极化分集（Polarization diversity）

在移动环境下，两个在同一地点极化方向相互正交的天线发出的信号呈现出不相关衰落特性。利用这一点，在发送端同一地点分别装上垂直极化天线和水平极化天线，就可得到两路衰落特性不相关的信号。极化分集实际上是空间分集的特殊情况，其分集支路只有两路。

极化分集是利用不同极化方向的电磁波信号，通过不同极化方向的天线得到互不相关的分支信号。

这种方法的优点是结构比较紧凑，节省空间；缺点是由于发射功率要分配到两副天线上，信号功率将有 3dB 的损失。目前可以把这种分集天线集成于一副天线内实现，这样对于一个扇区只需一副 Tx（发射）天线和一副 Rx（接收）天线即可；若采用双工器，则只需一副收发合一的天线，但对天线要求较高。

3. 角度分集（Angle diversity）

由于地形地貌和建筑物等环境的不同，到达接收端的不同路径的信号可能来自于不同的方向，在接收端，采用方向性天线，分别指向不同的信号到达方向，则每个方向性天线接收到的多径信号是不相关的。

4. 频率分集（Frequency diversity）

［补充知识：相干带宽　相干带宽是描述时延扩展的，其是表征多径信道特性的一个重要参数。它是指某一特定的频率范围，在该频率范围内的任意两个频率分量都具有很强的幅度相关性，即在相干带宽范围内，多径信道具有恒定的增益和线性相位。通常，相干带宽近似等于最大多径时延的倒数。从频域看，如果相干带宽小于发送信道的带宽，则该信道特性会导致接收信号波形产生频率选择性衰落，即某些频率成分信号的幅值可以增强，而另外一些频率成分信号的幅值会被削弱］。

将要传输的信息分别以不同的载频发射出去，只要载频之间的间隔足够大（大于相干带宽），那么在接收端就可以得到衰落特性不相关的信号。当频率间隔大于相关带宽时，两个信号间的衰落可以被认为是不相关的。通常，相关带宽在几万赫兹以上，因此在窄带系统中利用时，在频谱利用率上是非常不经济的，但在跳频扩频 CDMA 系统中，可以将跳频看作频率分集。可以利用 Rake 接收机实现 CDMA 多径分集。

频率分集的优点是，与空间分集相比，减少了天线的数目。但缺点是，要占用更多的频谱资源，在发射端需要多部发射机。

5. 时间分集（Time diversity）

［补充知识：相干时间　相干时间就是信道保持恒定的最大时间差范围，发射端的同一信号在相干时间之内到达接收端，信号的衰落特性完全相似，接收端认为是一个信号。如果该信号的自相关性不好，还可能会引入干扰，类似照相照出重影让人眼花缭乱。从发射分集的角度来理解：时间分集要求两次发射的时间要大于信道的相干时间，即如果发射时间小于信道的相干时间，则两次发射的信号会经历相同的衰落，分集抗衰落的作用就不存在了］。

时间分集是利用具有一定时间间隔的多个信号来实现分集的。当时间间隔大于信道的相干时间，信号就可以作为分支信号。交织技术可以看作时间分集技术的一种。需要注意的是信道的相干时间与多普勒频移有关，多普勒频移越小，信道的相干时间越大，所需的时间间隔越大。所以，对于静止状态的移动台，可能会为了实现时间分集而产生不能接受的时间间隔。

任务二　合 并 技 术

接收端收到 M（M≥2）个分集信号后，如何利用这些信号以减小衰落的影响，这就是合并问题。一般使用线性合并器，把输入的 M 个独立的衰落信号相加后合并输出。

在接收端获得若干个衰落特性相互独立的分集信号后，如何利用这些分集信号得到所期望的减小了衰落影响的信号，就是合并所要解决的问题。通常是采用加权相加的方式来实现。合并可以在射频进行，也可以在中频或基带进行。若采用 n（$n \geq 2$）重分集，假设合并前的 n 个独立信号为 $r_1(t)$、$r_2(t) \cdots r_n(t)$，则合并后的信号可表示为

$$r(t) = a_1 r_1(t) + a_2 r_2(t) + \cdots + a_n r_n(t)$$

$$= \sum_{i=1}^{n} a_i r_i(t) \tag{1-3-12}$$

1. 选择合并

选择合并是所有合并方式中最简单的一种，它是在各分集支路接收的信号中，选择信噪比最高的支路信号作为合并的输出。就式（1-3-12）而言，选择分集只有一个加权系数为 1，其余均为 0。对于双重分集（两个分集支路），其合并原理如图 1-3-9a 所示。图 1-3-9 中两个分集支路的信号经过解调，然后比较信噪比，选择信噪比高的支路输出。这种合并方式有几个分集支路，就需要几台射频接收机。

另外，选择开关的滞后效应、未被选择的信号被完全弃之不用，使得这种合并方式的抗衰落效果并不理想。

2. 开关合并

开关合并与选择合并相似，但开关转换的条件不同。双重开关分集的原理图如图 1-3-9b 所示，图中开关的转换条件是此时所选择的支路信号电平是否低于预定的开关门限电平 A。例如，若已选择了 $r_1(t)$，只要 $r_1(t) > A$，即使此时 $r_2(t) > r_1(t)$，开关也不做转换，直到 $r_1(t)$ 降低到 A，开关才转换到两个信号中较强的信号。这种合并方式较简单，便于实现，但其抗衰落的性能不及选择合并的性能。

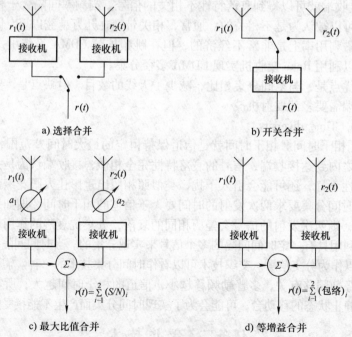

图 1-3-9　4 种分集合并方式

3. 最大比值合并

最大比值合并原理如图 1-3-9c 所示。这种合并方式首先将各分集支路的接收信号加权，但控制加权系数使其与该支路信号的强度成正比，然后进行相加。由于信号电平越大，即信噪比越高的信号对合并后的信号贡献越大，因此，最大比值合并是一个比较理想的合并方式。但是它在接收端的电路要比前两种合并方式复杂得多。另外需要说明的是，加权后的各支路信号在相加时要保证同相，相关的处理也增加了合并电路的复杂程度。

4. 等增益合并

在最大比值合并中，若各分集支路信号的加权系数为 1，则就成为了等增益合并，其合并原理如图 1-3-9d 所示。等增益合并的实现比较简单，当 n 较大时其性能却与最大比值合并相差不多，所以，等增益合并方式应用较多。

在上面介绍的 4 种分集合并方式中，最大比值合并的性能最好，开关合并的性能最差。当分集支路 n 较大时，等增益合并性能接近于最大比值合并的性能。

项目四 其他抗衰落、抗干扰技术

【引入】

除分集技术外，我们还采用哪些抗衰落、抗干扰技术呢？在此项目中，需要部分信号与系统的知识。

任务一 自适应均衡

在信道特性已知的情况下，人们可以通过精心设计接收与发射滤波器以达到消除码间串扰和尽量减小噪声的影响。但在移动信道中，由于存在多径、衰落、多普勒频移、热噪声以及各种干扰的影响，需要在接收端设计一种滤波器，用于纠正或补偿系统特性，以尽可能地减小码间串扰的影响，这种起到补偿作用的滤波器通常称为均衡器。

1. 均衡的原理

根据均衡的特性对象不同，均衡可分为频域均衡和时域均衡两种。频域均衡是使包括均衡器在内的整个系统的总传输函数满足无失真传输的条件，频域均衡分别对幅频特性和群时延特性进行校正；而时域均衡是从时间响应的角度来进行均衡设置的，使包括均衡器在内的整个系统的冲激响应满足无码间串扰的条件。频域均衡多用于模拟通信，时域均衡多用于数字通信。在数字移动通信系统中设置的均衡器主要是为了消除由于多径造成的码间干扰，因此，一般采用时域均衡，即利用均衡器产生的时间波形直接校正畸变的波形。

根据均衡器的线性特性不同，均衡可分为线性均衡和非线性均衡两种。线性均衡器一般适用于信道畸变不太大的场合，也就是说，它对深度衰落的均衡能力不强，故在移动通信系统中都采用即使是在严重畸变信道上也有较好的抗噪声性能的非线性均衡器。一个包括均衡在内的无线通信系统由如图 1-3-10 所示的框图表示。点画线框中是没有均衡时的系统。

设其传输函数为 $H(\omega)$，冲激响应为 $h(t)$，则无均衡时系统的输出信号 $x(t)$ 可表

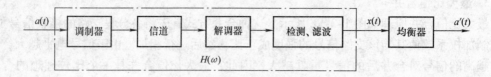

图 1-3-10　包括均衡的通信系统模型

示为

$$x(t) = a(t) * h(t) \qquad (1\text{-}3\text{-}13)$$

式中，符号 $*$ 代表卷积。由于时延扩展的影响，$x(t)$ 中存在有码间干扰。若令均衡器的冲激响应为 $h_T(t)$，则均衡器输出信号 $a'(t)$ 可表示为

$$a'(t) = x(t) * h_T(t) = a(t) * h(t) * h_T(t) \qquad (1\text{-}3\text{-}14)$$

由式（1-3-14）可看出，若要使均衡器的输出 $a'(t) = a(t)$，则应有

$$h(t) * h_T(t) = \delta(t) \qquad (1\text{-}3\text{-}15)$$

对式（1-3-15）求傅里叶变换，可得 $H(\omega)H_T(\omega) = 1$，即

$$H_T(\omega) = \frac{1}{H(\omega)} \qquad (1\text{-}3\text{-}16)$$

式中，$H_T(\omega)$ 是 $h_T(t)$ 的傅里叶变换，即均衡器的系统函数。

　　式（1-3-16）表明，均衡器实际上是原传输系统的反向滤波器。如果原传输系统具有频率选择性，那么，均衡器的作用是增强频率衰落大的频率分量，而削弱频率衰落小的频率分量，以使所收到信号频谱的各部分衰落趋于平坦，相位趋于线性。对于时变信道，自适应均衡器能够跟踪传输信道的变化情况，及时修正参数改变滤波特性，以使式（1-3-16）基本满足。自适应均衡器的原理框图如图 1-3-11 所示。

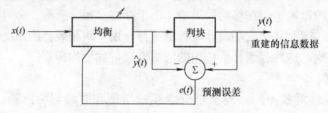

图 1-3-11　自适应均衡器的原理框图

2. 均衡器的基本结构——横向滤波器

　　均衡器可以用一个如图 1-3-12 所示的网络来实现，它是由无限多个带抽头的横向排列的延时器组成的，因而称为横向滤波器。

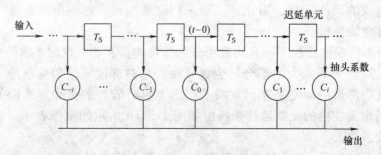

图 1-3-12　横向滤波器

在如图 1-3-12 所示的横向滤波器中，每个延时器的延时时间为一个码元周期 T_S，每个抽头的信号经加权后送到一个相加电路汇总后输出。对于均衡器来说，横向滤波器的相加输出要经过抽样再送往判决电路，以生成误差信号，由误差信号去控制调整每个抽头的加权系数，使每个系数设置为可以消除码间干扰的数值。根据图 1-3-12，可以写出此滤波器的冲激响应 $h_T(t)$ 为

$$h_T(t) = \sum_{i=-N}^{N} C_i \delta(t - iT_S) \qquad (1\text{-}3\text{-}17)$$

对式（1-3-17）求傅里叶变换，可得滤波器的系统函数为

$$H_T(\omega) = \sum_{i=-N}^{N} C_i e^{-jwiT_S} \qquad (1\text{-}3\text{-}18)$$

由式（1-3-18）可看出，横向滤波器的系统函数完全由它的抽头系数 C_i 确定，不同的 C_i 将构成不同特性的滤波器。均衡器就是通过调整抽头系数 C_i，使得式（1-3-18）基本满足，以达到不失真传输的目的。

下面来讨论图 1-3-12 所示滤波器的输出信号波形。设滤波器的输入信号为 $x(t)$，则其输出信号 $y(t)$ 可表示为

$$y(t) = x(t) * h_T(t)$$

$$= x(t) * \sum_{i=-N}^{N} C_i \delta(t - iT_S)$$

$$= \sum_{i=-N}^{N} C_i x(t - iT_S) \qquad (1\text{-}3\text{-}19)$$

若在 $t = kT_S$ 时刻进行抽样，则有

$$y(kT_S) = \sum_{i=-N}^{N} C_i x(kT_S - iT_S) \qquad (1\text{-}3\text{-}20)$$

或简写为

$$y_k = \sum_{i=-N}^{N} C_i x_{k-i} \qquad (1\text{-}3\text{-}21)$$

即

$$y_k = C_{-N} x_{k+N} + \cdots + C_{-1} x_{k+1} + C_0 x_k + C_1 x_{k-1} + \cdots + C_N x_{k-N} \qquad (1\text{-}3\text{-}22)$$

因此，式（1-3-21）表明，均衡器在第 k 个抽样时刻上得到的样值 y_k 是由 $2N+1$ 个抽头系数 C_i 与 x_{k-i} 乘积之和确定的。显然，除了 y_0 以外，其他所有的 y_k 都属于因波形失真而引起的码间干扰。因此，下面所要解决的问题就是如何选择 C_i 的值，才能使式（1-3-21）给出的 y_k 除 y_0 以外均为零。实验表明，在输入信号 $x(t)$ 的波形给定时，即所需要的各个 x_{k-i} 确定，通过调整 C_i，使一些指定的 y_k 等于零是容易办到的，但同时使所有的除 y_0 以外的 y_k 为零却是相当困难的。这说明，利用有限长横向滤波器可以减小码间干扰，但要完全消除却是不可能的。

从上面的分析可以看到，横向滤波器是利用时域的响应波形来减小码间干扰的，因而属于时域均衡器。

3. 均衡效果的衡量与自适应均衡算法

当采用有限抽头的横向滤波器来对传输波形进行均衡时，并不能够完全消除码间干扰。

那么，如何来度量均衡的效果？实际上，决定滤波器特性的抽头系数是依据均衡效果来确定的。

（1）均衡效果的衡量

通常采用的衡量标准是最小峰值畸变准则和最小均方畸变准则。峰值畸变的定义为

$$D = \frac{1}{y_0}\sum_{\substack{k=-\infty\\k\neq0}}^{\infty}|y_k| \tag{1-3-23}$$

式中，y_k 为均衡后冲激响应的抽样值。峰值畸变 D 表示所有抽样时刻上得到的码间干扰最大可能值与有用信号 y_0 的比值。当完全消除了码间干扰时，$D=0$。以最小峰值畸变为准则时，选择抽头系数的原则是使均衡后响应信号的 D 值最小。

均方畸变的定义为

$$e^2 = \frac{1}{y_0^2}\sum_{\substack{k=-\infty\\k\neq0}}^{\infty}|y_k^2| \tag{1-3-24}$$

其物理意义与峰值畸变相似。

当均衡器抽头系数的调整以这两个畸变准则（D 或 e^2 达到最小值）为原则时，可以获得最佳的均衡效果。

（2）自适应均衡算法

由于自适应均衡器是对一个未知的时变信道进行补偿，因而它需要一些特殊的算法来调整均衡器的系数，以跟踪信道的变化。关于自适应算法的研究是一项很复杂的工作，目前已应用的算法有很多，其中比较经典的算法有迫零算法（Zero Forcing，ZF）、最小均方误差算法（Least mean Square，LMS）、递推最小二乘算法（Recursive least–square，RLS）、卡尔曼算法等，下面仅简单介绍两种最基本的算法，迫零算法和最小均方误差算法。

1）迫零算法

迫零算法是以最小峰值畸变准则为依据的，它调整均衡器的系数 C_i，使信道和均衡器组合系统的冲激响应的抽样值 y_k，除 y_0 外其余尽量为零，以获得峰值畸变 D 最小的最佳均衡。迫零算法的缺点是在传输信道出现深度衰落的频率处，会出现极大的噪声增益。它不太适合在无线传输系统中使用。

2）最小均方误差算法

最小均方误差算法是以最小均方畸变准则为依据的。它比迫零算法的收敛性好，调整时间短。设发送序列为 $\{a_k\}$、均衡器输入信号为 $x(t)$、均衡器输出端得到的样值序列为 $\{y_k\}$。此时，y_k 与发送信号 a_k 的误差信号为

$$e_k = y_k - a_k \tag{1-3-25}$$

很自然，我们期望对于任意的 k，有下面定义的均方误差为最小，即

$$\overline{e^2} = E(y_k - a_k)^2 \tag{1-3-26}$$

式中，E 表示求时间平均值。

当 $\{a_k\}$ 是随机序列时，式（1-3-26）最小化与均方畸变最小化是一致的。根据式（1-3-21）可知

$$y_k = \sum_{i=-N}^{N} C_i x_{k-i}$$

所以，式（1-3-26）可改写为

$$\overline{e^2} = E\left(\sum_{i=-N}^{N} C_i x_{k-i} - a_k\right)^2 \tag{1-3-27}$$

以最小均方畸变为准则时，均衡器应调整各抽头的系数，使它们满足

$$\frac{\partial e^2}{\partial C_i} = 2E(e_k x_{k-i}) = 0 \quad i = \pm 1、\pm 2、\cdots \pm N \tag{1-3-28}$$

式（1-3-28）表明，当误差信号与输入抽样值的互相关为零时，抽头系数为最佳系数。式（1-3-28）还表明了可以借助对误差信号 e_k 和样值 x_{k-i} 乘积的统计平均值来调整均衡器抽头的系数。

在实际应用中，均方差的最小值是按照一种称为随机梯度算法通过递推求出的，每次迭代需 $2N+1$ 次计算。因此，最小均方误差算法也称为随机梯度算法。

理论分析和实践表明，最小均方误差算法比迫零算法的收敛性好，调整时间短。实际均衡器的实现在决定算法时，要考虑许多因素，如收敛速度、跟踪信道的能力以及计算的复杂程度等。

4. 均衡器的实现与调整

根据均衡器抽头系数是在接收实际信息之前调整，还是在接收实际信息中调整，可将均衡器分为预置式均衡器和自适应均衡器。预置式均衡器是在传输实际信息数据之前，先发送一个预先规定的测试脉冲序列，如频率较低的周期脉冲序列。均衡器依据迫零算法，根据由测试脉冲得到的样值序列 $\{y_k\}$ 去调整均衡器各抽头的系数，直至误差小于某一个允许的范围。调整好以后再传输实际信息数据。在信息数据传输的过程中均衡器不再进行调整。而自适应均衡器则是在传输信息数据的过程中，借助信号本身根据某种算法不断调整抽头系数，因而自适应均衡能够适应随参信道的随机变化。但通常自适应均衡器都包含两种调整方式，即先进行预置式调整，再进行自适应调整。

（1）预置式均衡器

图 1-3-13 所示是一个预置式均衡器的原理框图。在传输信息数据之前，发送端先发送一个测试脉冲信号。当该脉冲信号每隔 T_S 秒依次输入时，在输出端就可获得各样值为 y_k（$k=0、\pm 1、\pm 2、\cdots \pm N$）的信号，依据迫零算法，根据 y_k（y_0 除外）极性的正负，调整相应的抽头系数 C_k 一次，若 y_k 为正极性，则相应的 C_k 减小一个固定的增量 Δ，若 y_k 为负极性，

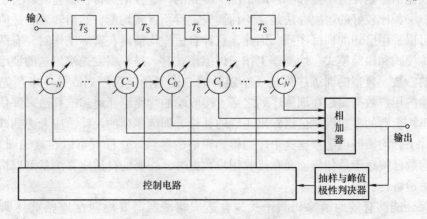

图 1-3-13　预置式均衡器的原理框图

则相应的 C_k 增加一个固定的增量 Δ。控制电路的作用是根据 y_k 的极性对抽头系数的增、减进行控制。为了实现快速调整，通常是对 $2N+1$ 个抽头系数同时进行调整。这样，经过多次调整，均衡器的系数就能接近于最佳值。可以看出，这种利用迭代法不断调整系数的均衡器，所能达到的均衡精度与每次调整的增量 Δ 的大小有关，Δ 越小精度越高，但所需要的调整时间也就越长，即均衡器收敛得越慢。

（2）自适应均衡器

虽然预置式均衡器的电路以及调整的算法简单，但它不适合在随参信道的通信系统中使用。自适应均衡器是在传输信息数据期间，利用包含在信号中的码间干扰信息，自动地调整抽头系数，自适应均衡器的均衡特性能够跟随信道的变化特性。在进行自适应均衡时，不能直接将各抽样值的极性作为控制信息，而必须从各抽样值中提取误差信息，用统计的方法确定误差的极性，然后以误差信号极性的正负去控制抽头系数的调整方向。图 1-3-14 所示是一个按最小均方误差算法调整的 3 抽头自适应均衡器的原理框图。

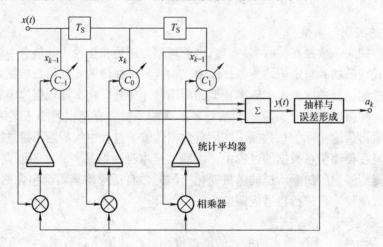

图 1-3-14　自适应均衡器原理框图

在实际系统中，自适应均衡器常常与预置式均衡器混合使用，这是因为在上述自适应均衡器中，误差信号是在有串扰和噪声的情况下得到的，这在信道特性很差时，会使均衡器的收敛变坏。一种比较好的解决办法是，均衡器先进行预置式均衡，然后转入自适应均衡。预置式均衡可以采用已知的训练序列。因此，这种自适应均衡器在实际工作时，有两种工作模式，即训练模式和跟踪模式。均衡器工作于训练模式时，是根据发送端发送的训练序列来设置均衡器的参数。典型的训练序列是一个定长的二进制伪随机序列或是一串预先指定的数据，被传输的用户数据紧跟在训练序列之后。接收端的均衡器通过递推算法来评估信道的特性，并修正均衡器的参数以对信道作出正确的补偿。训练序列的设计，应考虑到即使在最差的信道条件下，均衡器也能根据这个序列得到正确的参数，这样就可以在收到训练序列后，均衡器的参数已接近于最佳值。而在接收用户数据时，均衡的自适应算法就可以快速跟踪不断变化的信道特性。

为了保证能够有效地消除码间干扰，自适应均衡器需要周期性地做重复训练。自适应均衡器被大量应用于数字通信系统中，尤其是 TDMA 无线通信系统特别适合使用均衡器。在 TDMA 系统中，用户数据是被分为若干段，并被安排在长度固定的时间段内传输，训练序列通常在时间段的头部发送。每当收到新的时间段，均衡器都将根据训练序列进行修正。

任务二　扩频技术

扩频通信技术是一种信息传输方式，其系统占用的频带宽度远大于要传输的原始信号的带宽（或信息比特率），且与原始信号带宽无关。在发送端，频带的展宽是通过编码及调制（即扩频）来实现的；在接收端用与发送端完全相同的扩频码进行相关解调（即解扩）来恢复信息。系统占用带宽 W 与所传送信息的带宽 B 的比值称为系统处理增益（G_p），当处理增益在 50 以上为宽带通信，处理增益在 $1 \sim 2$ 时为窄带通信。

扩频通信系统用 100 倍以上的信息带宽来传输信息，最主要的目的是为了提高通信的抗干扰能力，即使系统在强干扰条件下也能安全可靠地通信。

1. 扩频通信基本原理

扩频通信系统的扩频部分就是用一个带宽比信息带宽宽得多的伪随机码（PN 码）对信息数据进行调制，解扩则是将接收到的扩展频谱信号与一个和发送端 PN 码完全相同的本地码相关检测来实现，当收到的信号与本地 PN 相匹配时，所要的信号就会恢复到其扩展前的原始带宽，而不匹配的输入信号则被扩展到本地码的带宽或更宽的频带上。解扩后的信号经过一个窄带滤波器后，有用信号被保留，干扰信号被抑制，从而改善了信噪比，提高了抗干扰能力。

2. 扩频通信系统的特点

（1）抗干扰能力强

扩频通信系统扩展频谱越宽，处理增益越高，抗干扰能力越强，这是扩频通信的最突出的优点。

（2）保密性好

由于扩频后的有用信号被扩展在很宽的频带上，单位频带内的功率很小，即信号的功率谱密度很低，信号被淹没在噪声里，非法用户很难检测出信号。

（3）可以实现码分多址

扩频通信提高了抗干扰能力，但付出了占用频带宽度的代价，多用户共用这一宽频带，可提高频率利用率。在扩频通信中可利用扩频码优良的自相关和互相关特性实现码分多址，提高频率利用。

（4）抗多径干扰

利用扩频码序列的相关性，在接收端用相关技术从多径信号中提取和分离出最强的有用信号。或把多径信号合成，变害为利，提高接收信噪比（Signal Noise Ratio，SNR）。

（5）能精确定时和测距

利用电磁波的传播特性和伪随机码的相关性，可以比较正确地测出两个物体间的距离，GPS 就是应用之一。另外，还可以应用到导航、雷达、定时等系统中。

3. 扩频通信的种类

（1）直接序列（Direct Sequence，DS）系统

用一高速伪随机序列与信息数据相乘，由于伪随机序列的带宽远大于信息带宽，从而扩展了发射信号的频谱。

（2）跳频（Frequency Hopping，FH）系统

在一伪随机序列的控制下，发射频率在一组预先指定的频率上按所规定的顺序离散地跳变，扩展发射信号的频谱。

跳频技术，英文全称"Frequency – Hopping Spread Spectrum"，缩写为 FHSS，是无线通信最常用的扩频方式之一。跳频技术是通过收发双方设备无线传输信号的载波频率按照预定算法或者规律进行离散变化的通信方式，也就是说，无线通信中使用的载波频率受伪随机变化码的控制而随机跳变。从通信技术的实现方式来说，"跳频技术"是一种用码序列进行多频频移键控的通信方式，也是一种码控载频跳变的通信系统。从时域上来看，跳频信号是一个多频率的频移键控信号；从频域上来看，跳频信号的频谱是一个在很宽频带上以不等间隔随机跳变的。其中跳频控制器为核心部件，包括跳频图案产生、同步、自适应控制等功能；频合器在跳频控制器的控制下合成所需频率；数据终端包含对数据进行差错控制。

采用跳频技术是为了确保通信的秘密性和抗干扰性，跳频功能主要是改善衰落；改善处于多径环境中的慢速移动的移动台的通信质量。跳频相当于频率分集。

与定频通信相比，跳频通信比较隐蔽也难以被截获。只要对方不清楚载频跳变的规律，就很难截获我方的通信内容。同时，跳频通信也具有良好的抗干扰能力，即使有部分频点被干扰，仍能在其他未被干扰的频点上进行正常的通信。由于跳频通信系统是瞬时窄带系统，它易于与其他的窄带通信系统兼容，也就是说，跳频电台可以与常规的窄带电台互通，有利于设备的更新。因为这些优点，跳频技术被广泛应用于对通信安全或者通信干扰具有较高要求的无线领域。

跳频技术也是一种常见的抗干扰措施。

（3）脉冲线性调频（Chirp）系统

系统的载频在一给定的脉冲间隔内线性扫过一个宽频带，扩展发射信号频谱。

（4）跳时（Time Hopping，TH）系统

与跳频系统类似，区别在于该系统是用一伪随机序列控制发射时间和发射时间的长短。

（5）混合系统

上面四种系统的组合。实际扩频通信系统以前面三种为主流，民用系统一般只用前两种。其详细理论基础见系统模块三、CDMA 移动通信系统中的项目一、CDMA 基本原理中的任务二、扩频通信。

任务三　抗干扰技术的应用实例

为了消除系统中各种干扰的影响，除了上面所介绍的减小同频干扰、互调干扰的方法，以及采用分集接收、均衡等抗干扰技术外，在蜂窝移动通信系统中，还采用信道编码、交织、功率控制、不连续发送、跳频等技术来消除或减小系统中的干扰。

例如，在 GSM 与 CDMA 系统中都采用功率控制来消除近端对远端的干扰，采用间断传输（Discontinuous Tansmission，DTX）来减小系统中的总干扰；采用跳频来减小多径干扰的影响。下面简要介绍 GSM 系统中的 DTX 和跳频方式。

1. GSM 中的间断传输（DTX）

DTX 方式是利用了人们讲话的特性，即当两人在交谈时，总是一方在讲，另一方在听，且一个人长时间持续不断讲话的概率比较小。因此，在发送端可在语音帧有信息时开启发

送，在语音间歇期间关闭发送，即语音信息的传输是不连续的。但 GSM 系统中的 DTX 并不是在语音间歇期间简单地关闭发信机，而是在关闭发信机之前要传输一定的背景参数。这样做的目的：①因为在语音突然起始和终止时，随着发信机的开启或关闭会产生噪声调制；②因为若在语音间歇期间太安静，会给听者造成一个通信中断的错觉。因此，DTX 方式，不仅在关闭发信机之前要传输发信端的背景参数，而且在语音间歇期间，也要每隔一定的时间开启发信机，发送新的背景参数。收端利用这些参数，人为地再生与发端类似的噪声。这个噪声称为舒适噪声。

在 GSM 系统中，是利用语音激活检测（Voice Activity Detection，VAD）技术来确定一个语音帧中是否包含有语音信息。然后对通话期（语音激活期）的语音信息进行 13kbit/s 速率的编码，在间歇期（非语音激活期）对舒适噪声参数进行 500bit/s 的低速率编码。

由于用户的交谈是随机的，因而采用 DTX 方式，能减少在同一时间空中总的传输信号电平，因此，DTX 能有效地减小用户之间的干扰。

2. GSM 系统中的跳频

GSM 网络运营者可在全国或服务区的一部分选择使用跳频功能。GSM 系统采用的是慢跳频，217 跳/s，每跳约 1200bit。跳频算法是在呼叫建立和切换时发给 MS 的，每一个 MS 以算法为依据推导出一系列频率，并在这些频率的时隙中进行发送。一个 MS 在一个时隙（577μs）内用固定频率发送或接收信号，在必要时，在一个时隙后跳到另一个频道的下一个 TDMA 帧中。即 GSM 的跳频是在两个时隙之间实现的。为了保证系统的正常工作，要求跳频在 1ms 之内完成。同一小区内，BS（基站）和 MS 将同时发生跳频。GSM 的公共控制信道（Common Control Channel，CCCH）是不用跳频的。

GSM 系统中的跳频分为基带跳频和射频跳频两种。基带跳频的原理是将语音信号随着时间的变换使用不同频率发射机发射；射频跳频是将语音信号用固定的发射机，由跳频序列控制，采用不同频率发射。需要说明的是，射频跳频必须有两个发射机，一个固定发射载频，因它带有广播控制信道（Broadcast Control Channel，BCCH）的信息；另一发射机载波频率可随着跳频序列的序列值的改变而改变。

【模块总结】

本模块主要表述以下内容：
（1）噪声及噪声的计算。
（2）干扰的定义。
（3）互调干扰、同频干扰、邻频干扰的定义及产生原因。
（4）分集接收技术及自适应均衡技术。
（5）GSM 系统使用的抗干扰措施。

组网技术

【模块说明】

要实现移动用户在大范围内有序的通信，就必须解决组网过程中的一系列技术问题。移动通信系统中的组网方式、区域结构和交换控制技术直接影响系统的容量、性能。本模块主要介绍移动通信的组网制式、小区结构网络的区域组成方式、多信道共用技术、信道选择方法和频率利用。为后续介绍 GSM 和 CDMA 数字移动通信网以及其他移动通信系统打下基础。

【教学要求】

掌握
✓ 移动通信网的基本组成和网络拓扑结构。
✓ 移动通信网中话务量含义、信道分配方式。
✓ 多址技术。
熟悉
✓ 熟悉移动通信网信道容量计算。
了解
✓ 移动通信频谱利用。

知识前顾　网络拓扑结构

通信最基本的形式是在点与点之间建立通信系统，但这不能称为通信网，只有将许多的通信系统（传输系统）通过交换系统按一定拓扑结构组合在一起才能称为通信。通信网是一种使用交换设备、传输设备，将地理上分散的用户终端设备互连起来实现通信和信息交换的系统。通信网由用户终端设备、交换设备和传输设备组成。交换设备间的传输设备称为中继线路（简称中继线），用户终端设备至交换设备的传输设备称为用户路线（简称用户线）。

所谓拓扑即网络的形状，网络节点和传输线路的几何排列，反映电信设备物理上的连接性。拓扑结构直接决定网络的性能、可靠性和经济性。电信网拓扑结构是描述交换设备间、交换设备和终端设备间邻接关系的连通图。网络的拓扑结构主要有网状网、星形网、环形网、复合网、总线网、蜂窝网等形式。

1. 网状网

网状网又称为点点相连制，网中任何两个节点之间都有直达链路相连接，在通信建立的过程中，不需要任何形式的转接。网状网结构如图 1-4-1 所示。

采用这种形式建网时，如果通信网中的节点数为 N，则连接网络的链路数 H 可由下面公式计算：

$$H = \frac{N(N-1)}{2} \tag{1-4-1}$$

这种拓扑结构的优点如下：

① 点点相连，节点间路径多，每个节点间都有直达电路，信息传递快，碰撞和阻塞可大大减少。

② 灵活性强，可靠性高；网络扩充和主机入网比较灵活、简单，局部的故障不会影响整个网络的正常工作。

③ 通信节点不需要汇接交换功能，交换费用低。

这种拓扑结构的缺点如下：

① 这种网络关系复杂，建网不易。

② 网络控制机制复杂。

综合以上优缺点可以看出，网状网一般适用于通信节点较少而相互间通信量较大的网络，广域网中一般采用网状结构。

2. 星形网

星形网络拓扑结构的网络，是以中央节点为中心与各个节点连接组成的。如果一个工作站需要传输数据，它首先必须通过中央节点，中央节点接收个分散节点的信息再转发给相应节点，因此中央节点相当复杂，负担比其他节点重得多。

星形网结构如图 1-4-2 所示。

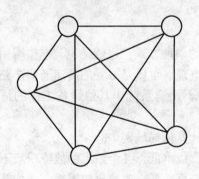

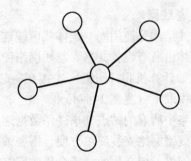

图 1-4-1 网状网结构　　　　　　　　　图 1-4-2 星形网结构

采用这种形式建网时，如果通信网中的节点为 N，则连接网络的链路数 H 可由下面公式计算：

$$H = N - 1 \tag{1-4-2}$$

星形网络拓扑结构的优点如下：

① 由于所有工作站都与中心节点相连，所以在星形网络中移动或删除某个节点十分简单。

② 单个连接点的故障只影响一个设备，不会影响整个网络。

③ 局域网任何一个连接只涉及工作站和中央节点，因此控制介质访问的方法很简单，从而访问协议也十分简单。

④ 中央节点出现故障时，可以方便快速地更换。

星形网络拓扑结构的主要缺点如下：

① 由于每个站点直接与中央节点连接，所以需要大量的电缆。这样就会造成中央节点负担重，容易在中央节点上形成系统的"瓶颈口"。

② 如果中央节点产生故障，则整个网络不能工作，所以对中央节点的可靠性和冗余度要求很高。

③ 相邻两点的通信也需经中心点转接，电路距离增加。

综合以上优缺点可以看出，星形网适用于通信点比较分散、距离远，相互之间通信量不大，且大部分通信是中心通信和其他通信点之间往来的网络。

3. 复合网

复合网又称为辐射汇接网，是以星形网为基础，在通信量较大的地区间构成网状网。

复合网吸取了网状网和星形网二者的优点，经济比较合理，且有一定的可靠性，是目前通信网的基本结构形式（见图1-4-3）。

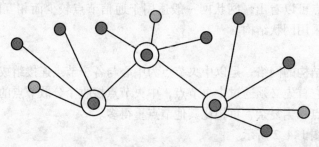

图 1-4-3　复合网结构

4. 总线网

总线结构是使用同一媒体或电缆连接所有端用户的一种方式，也就是说，连接端用户的物理媒体由所有设备共享。总线网络使用一定长度的电缆，也就是必要的高速通信链路将设备（比如计算机和打印机）连接在一起。设备可以在不影响系统中其他设备工作的情况下从总线中取下（见图1-4-4）。

网络中所有的站点共享一条数据通道，通常用于计算机局域网中。

总线型网络安装简单方便，需要铺设的电缆最短，成本低，某个站点的故障一般不会影响整个网络。但介质的故障会导致网络瘫痪，总线网安全性低，监控比较困难，增加新站点也不如星形网络方便。

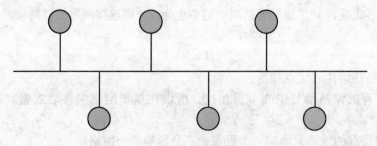

图 1-4-4　总线网结构

5. 环形网

这种结构中的传输媒体从一个端用户到另一个端用户，直到将所有的端用户连成环形。数据在环路中沿着一个方向在各个节点间传输，信息从一个节点传到另一个节点。这种结构显而易见消除了端用户通信时对中心系统的依赖性（见图1-4-5）。

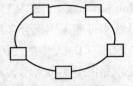

图1-4-5　环形网结构

与总线形网络相同，环形网络在任一时刻最多只能有一台计算机发送数据，并且也采用分布式媒体访问控制方法。环形网络中的"令牌机制"使每个节点获得数据发送权的机会均等。令牌处于空闲状态时沿着环形网络不停地循环传递。当一台计算机需要发送数据时，其本身的系统就会允许它在访问网络之前等待令牌的到来，一旦它截取令牌，该台计算机就控制了整个网络。此时该计算机就会把令牌转换成一个数据帧，该帧被网上的计算机依次验证，直至达到目标计算机。

6. 蜂窝网

把移动电话的服务区分为一个个正六边形的子区，每个小区设一个基站。形成了形状酷似"蜂窝"的结构，因而把这种移动通信方式称为蜂窝移动通信方式（见图1-4-6）。

图1-4-6　蜂窝网结构

项目一　多址方式

班级内A和B同学都是在用中国移动的GSM网络，请问基站怎么知道哪一个是A的信号，哪一个是B的呢？

任务一　概　述

无线电频谱是一种有限的自然资源，它广泛地使用于通信及其他一些领域中。移动通信主要是无线通信，所以对频谱使用的依赖性很大。频谱资源有限，如何实现频率资源的共享？采用什么样的多址技术，使得有限的资源能传输更大容量的信息？

蜂窝系统是以信道来区分通信对象的，一个信道只容纳一个用户进行通话，许多同时通话的用户，互相以信道来区分，这就是多址。移动通信系统是一个多信道同时工作的系统，具有广播信道和大面积覆盖的特点。在无线通信环境的电波覆盖区内，如何建立用户之间的无线信道的连接，这是多址接入方式的问题。解决多址接入问题的方法叫作多址接入技术。

多址接入方式的数学基础是信号的正交分割原理。无线电信号可以表达为时间、频率和码型的函数，即可写成：

$$S(c, f, t) = c(t)s(f, t) \tag{1-4-3}$$

式中，$c(t)$ 是码型函数；$s(f, t)$ 是时间 t 和频率 f 的函数。

传输信号可以根据载波频率的不同、时间不同和码型不同，建立多址接入，对应频分多址方式（FDMA）、时分多址方式（TDMA）和码分多址方式（CDMA）。

当以传输信号的载波频率不同来区分信道建立多址接入时，称为频分多址方式（FDMA, Frequency Division Multiple Access）；当以传输信号的存在的时间不同来区分信道建立多址接入时，称为时分多址方式（TDMA, Time Division Multiple Access）；当以传输信号的码型不同来区分信道建立多址接入时，称为码分多址方式（Code Division Multiple Access, CDMA）。随着智能天线技术的发展，产生了第四种多址方式——空分多址（Space Division Multiple Access, SDMA），即依靠阵列天线来实现空间分隔，构成信道。在实际的移动通信系统中可能采用混合多址方式，如 GSM 采用了 FDMA/TDMA 方式，SDMA 也可以与 FDMA、TDMA、CDMA 中的任何一个组合实现系统。N 个信道的 FDMA、TDMA 和 CDMA 的示意图分别如图 1-4-7 所示，其中 c 代表码维，t 代表时间维，f 代表频率维。

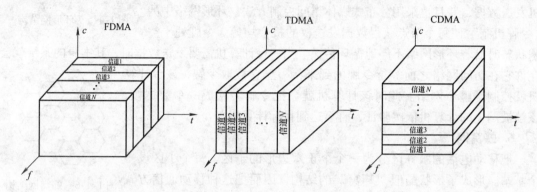

图 1-4-7　FDMA、TDMA 和 CDMA

任务二　FDMA

FDMA 为每一个用户指定了特定频率的信道，这些信道按要求分配给请求服务的用户，在呼叫的整个过程中，其他反向信道占有较低的频带，中间为保护频带，前向信道和反向信道的频带分割是实现频分双工通信的要求。在用户频道间，设有频道间隔 F_g，以免因系统的频率漂移造成频道间的重叠。用户不能共享这一频段，如图 1-4-8 所示。

从图 1-4-9 可以看到，在频分双工（FDD）系统中，分配给用户一个信道，即一对频率。一个频率作前向信道，即 BS 向 MS 方向的信道；另一个则用作反向信道，即 MS 向 BS 方向的信道。这种通信系统的基站必须同时发射和接收多个不同频率的信号，任意两个移动用户之间进行通信都必须经过基站的转接，因而必须同时占用 1 个信道（1 对频率）才能实现双工通信，它们的频谱分割如图 1-4-9 所示。在频率轴上，前向信道占有较高的频带。

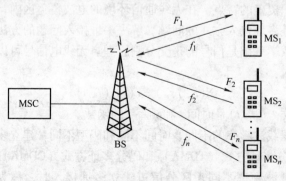

图 1-4-8　FDMA 系统的工作示意图

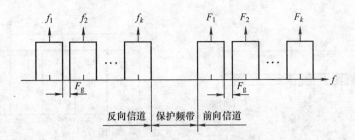

图 1-4-9　FDMA 频谱分割图

FDMA 系统有以下特点。

1）每个频道一对频率，只可送一路语音，频率利用率低，系统容量有限。

2）信息连续传输。当系统分配给 MS 和 BS 一个 FDMA 信道，则 MS 和 BS 间连续传输信号，直到通话结束，信道收回。

3）FDMA 不需要复杂的成帧、同步和突发脉冲序列的传输，MS 设备相对简单，技术成熟，易实现，但系统中有多个频率信号，易相互干扰，且保密性差。

4）BS 的共用设备成本高且数量大，每个信道就需要一套收发信机。

5）越区切换时，只能在语音信道中传输数字指令，要抹掉一部分语音而传输突发脉冲序列。

在模拟蜂窝系统中，采用 FDMA 方式是唯一的选择，而在数字蜂窝中，则很少采用纯 FDMA 的方式。

任务三　TDMA

时分多址（TDMA）：把时间分成周期性的帧，每一帧再分割成若干时隙，每一个时隙就是一个通信信道，分配给一个用户。根据一定的时隙分配原则，使各个移动台在每帧内只能按指定的时隙向基站发射信号，在满足定时和同步的条件下，基站可以在各时隙中接收到各移动台的信号而互不干扰。基站发向各个移动台的信号都按顺序安排在预定的时隙中传输，各移动台只要在指定的时隙内接收，就能在各路信号中把发给它的信号区分出来。TDMA 是在一个宽带的无线载波上，把时间分成周期性的帧，每一帧再分割成若干时隙，（无论帧或时隙都是互不重叠的），每个时隙就是一个信道，分配给一个用户使用。如图 1-4-10 所示。

系统根据一定的时隙分配原则，使各个移动台在每帧内只能按指定的时隙向基站发射信号（突发信号），在满足定时和同步的条件下，基站可以在各时隙中接收到各移动台的信号而互不干扰。同时，基站发向各移动台的信号都按顺序在预定的时隙中传输，各移动台只要在指定的时隙内接收，就能在空中合路的时分复用（Time Division Multiple，TDM）信号中，把发送给它的信号分离出来，所以 TDMA 系统发射数据是用缓存——突发法，因此，对任何一个用户而言发射是不连续的。

与 FDMA 系统比较，TDMA 系统具有如下特点：

1）TDMA 系统的基站只需要一部发射机，可以避免像 FDMA 系统那样因多部不同频率的发射同时工作而产生的互调干扰。

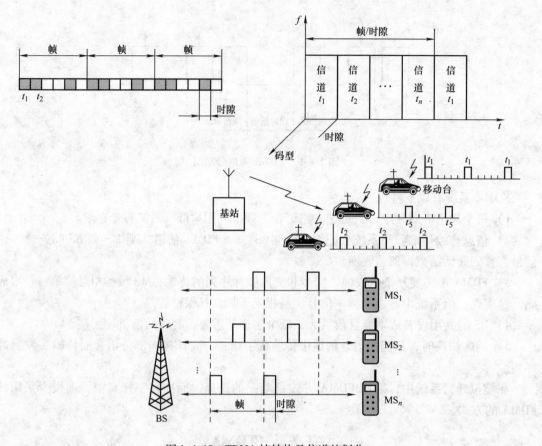

图 1-4-10　TDMA 帧结构及信道的划分

2）因为移动台只在指定的时隙中接收基站发给它的信号，因而在一帧的其他时隙中，可以测量其他基站发射的信号强度，或检测网络系统发射的广播信息和控制信息，这对于加强通信网络的控制功能和保证移动台的越区切换都是有利的。

3）TDMA 系统设备必须有精确的定时和同步，以保证各移动台发送的信号不会在基站发生重叠或混淆，并且能准确地在指定的时隙中接收基站发给它的信号。同步技术是 TDMA 系统正常工作的重要保证，往往也是比较复杂的技术难题。不同的 TDMA 系统的帧长度和帧结构是不一样的，典型的帧长度在几毫秒到几十毫秒之间。如目前中国移动与中国联通 2G 的 GSM 的帧长为 4.6ms（每帧 8 个时隙），DECT（一种无绳电话系统）的帧长为 10ms（每帧 24 个时隙）。TDMA 系统既可采用频分双工方式，也可采用时分双工方式，在频分双工方式中上下行链路的帧结构既可以相同，也可以不同；时分双工方式中，收发工作在同一频率上，一般将一帧中一半的时隙用于移动台发射，另一半的时隙用于移动台接收。

　　与 FDMA 系统比较，TDMA 系统具有通信质量高，频谱利用率高，系统容量较大等诸多优点，它必须有精确的定时和同步以保证移动终端和基站间正常通信，技术实现比较复杂。目前实用的 TDMA 系统综合采用 FDMA + TDMA，例如 GSM 采用 200kHz 的 FDMA 信道，分割成 8 个时隙，在 1 个载频上可以有 8 部手机同时通信（1 部手机占用 1 个时隙）。

任务四　CDMA

码分多址系统中，不同用户用各自不同的正交编码序列来区分，每个用户分配一个伪随机码，该码具有优良的自相关和互相关性能。这些码序列把用户信号变换成宽带扩频信号。如果从频域或时域来观察，多个 CDMA 信号是互相重叠的。在接收端，信号经接收机用相同的码序列将宽带信号再变回原来的带宽，接收机的相关器可以在多个 CDMA 信号中选出使用预定码型的信号，其他信号因使用了不同码型而不能被解调。在 CDMA 蜂窝通信系统中，正向传输和反向传输各使用一个频率，即频分双工。CDMA 按照其采用的扩频调制方式的不同，可以分为跳频码分多址（FH – CDMA）、直扩码分多址（DS – CDMA）、混合码分多址及同步码分多址（Sync CDMA，SCDMA）和大区域同步码分多址（LAS – CDMA）。CDMA 工作原理见图 1-4-11。

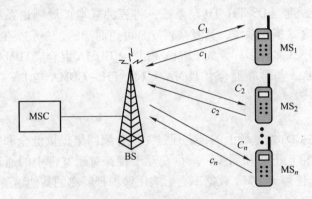

图 1-4-11　CDMA 工作原理图

1. FH – CDMA

FH – CDMA（Frequency Hopping – Code Division Multiple Access）系统中，每个用户根据各自的伪随机（PN，Paseudorandom Noise）序列，动态改变其已调信号的中心频率，各用户的中心频率可在给定的系统带宽内随机改变。发送器根据指定的法则在可用的频率之间跳跃，接收器与发送器同步操作，始终保持与发送器同样的中心频率。

FH – CDMA 系统中各用户使用的频率序列要求相互正交（或准正交），即在一个 PN 序列周期对应的时间区间内，各用户使用的频率，在任一时刻都不相同（或相同的概率非常小）。

2. DS – CDMA

DS – CDMA 系统中既可以利用完全正交的码序列来区分不同的用户（或信道），也可以利用准正交的 PN 序列来区别不同的用户（或信道）。DS – CDMA 系统在上行链路中采用功率控制技术调整各个用户发射机的功率，解决远近效应。对下行链路的功率控制主要目的是减少对邻小区的干扰。

DS – CDMA 系统是自干扰系统。所有用户都工作在相同的频率上，进入接收机的信号除了所希望的有用信号外，还有其他用户的信号，这些其他用户的信号会造成多址干扰，干扰大小取决于在该频率上工作的用户数及各用户的功率大小。

20 世纪 80 年代，高通公司把 DS – CDMA 技术用于蜂窝系统，成为今天的窄带 CDMA

IS－95 标准。20 世纪 90 年代 DS－CDMA 技术被用于第三代移动通信系统中，遵循 ITU 规定的 IMT－2000 规范，并以 WCDMA 方式为基础。在第三代移动通信系统中 DS－CDMA 技术除了能提供窄带业务（如语音业务）之外，还能提供多种用户通信速率、VOD（Video On Demand，交互式电视点播）带宽的能力，以及根据不同业务提供不同服务等级的能力，并有更大的覆盖范围，采用自适应天线及多用户检测等新技术，并可支持频率间切换。

3. 混合码分多址

下面介绍几种主要的混合码分多址系统。

（1）直扩/跳频（DS/FH）系统：在直接序列扩展频谱系统的基础上增加载波频率跳变的功能。

（2）直扩/跳时（DS/TH）系统：在直接序列扩展频谱系统的基础上增加了对射频信号突发时间跳变控制的功能。

（3）直扩/跳频/跳时（DS/FH/TH）系统：将三种基本扩展频谱系统组合起来构成一个直扩/跳频/跳时混合式扩频系统，其复杂程度是可想而知的，一般很少使用。

混合码分多址的形式多种多样，如 FDMA 和 DS－CDMA 混合、TDMA 与 DS－CDMA 混合（TD/CDMA）、TDMA 与跳频混合（TDMA/FH）、FH－CDMA 与 DS－CDMA（DS/FH－CDMA）混合等。

4. SCDMA

SCDMA 是建立在 CDMA 基础上的，它通过无线分配网络提供健全和完善的传输，使无线信道传送上行信息相互正交和同步，减少交互干扰；对于宽带中的通道干扰问题，可用 SCDMA 通道来解决，使得 SCDMA 数据不会影响用保护带隔离的其他通道。

5. LAS－CDMA

LAS－CDMA 使用了一种被称为 LAS 编码的扩频地址编码设计，通过建立"零干扰窗口"，产生强大的零干扰多址码，很好地改善了现有 CDMA 系统中系统容量干扰受限的问题。

【注意】

请注意双工方式与多址方式的差别。

TD－SCDMA、WCDMA、cdma2000 三种方式的共性是多址方式都用到 CDMA，三者最主要的区别是双工方式不同，TD－SCDMA 采用时分双工（TDD），WCDMA 和 cdma2000 采用频分双工（FDD）。

所以首先要搞懂什么是多址方式，什么是双工方式。多址方式中的"址"就像给每个手机用户给一个"住址"，但这个住址不是按照门牌号区分的，而是按照时间 T、频率 F 和扩频码字 C 共同区分的。多址方式中的"多"表示多个用户可以同时通话，比如办公室小格子里的小红和隔壁小格子里的小黑可以同时打电话，之所以不是轮流打，是因为通信网络给同时打电话的小红和小黑都分配了不同的"住址"，这样接收手机信号的基站就能通过"住址"这个标识把小红和小黑区分出来了，没有多址方式，小红和小黑的信号就会混在一起分不开了。多址方式分为时分多址（TDMA）、频分多址（FDMA）和码分多址（CDMA），D 表示"分"，M 表示"多"，A 表示"址"。从效果上看三种方式等价，这个效果就是办公室格子间的同事们都同时打电话。时分多址（TDMA）就是大家的手机轮流给基站发送信号，但是轮流的速度非常快，每个手机发送的时间只占1s的几十万分之一，再加上手机的一些信号处理，人耳感觉不到轮流中等待的那段时间，感觉就像连续通话一样。时分多址（TDMA）的"址"就是轮流分得的发送时间。频分多址（FDMA）就是大家的手机在不同的频率上给基站同时发送信号，各个频率就像不同的车道，互不干扰。频分多址（FDMA）的"址"就是分配给用户的不同车道。码分多址（CDMA）就像大家发送信号前，给自己的信号上贴个大头贴，基站接收到大家一起发来的信号后，通过大头贴就能分辨出谁是小红、谁是小黑。这个大头贴就是扩频码字，扩频的意思是大大增加了传送的数据量，需要扩展车道，这是因为大家发送数据时给每个数据都额外传送这个大头贴，所以要用更宽的车道来传。码分多址（CDMA）的"址"就是标识用户的大头贴。在实际中，并不一定仅由时间 T、频率 F 或扩频码字 C 决定一个用户的"住址"，经常是几个因素一起决定，就像小红在指定车道上开着贴有自己大头贴的车，这就叫 FDMA–CDMA，这样混合的优点是能让系统容纳更多的用户。当然单一因素也是可以的，只是系统用户容量会小一些。

双工方式中的"双"表示通话中的两个手机，"工"表示工作方式。双工方式分为全双工和半双工，全双工又分为时分双工和频分双工。电流在导体里某一时刻是单向传输的，手机发送的电磁波也一样，它在空气里的某一时刻也是单向传输的。半双工就像对讲机，小红说"完毕"，小黑说，小黑说"完毕"，小红说……就是说通话双方轮流说话，这就叫"半"。小红与小黑之间只有一个车道，"小红的话"出发，经过车道到达小黑后，"小黑的话"才能出发，不然就要像过独木桥一样撞车了。全双工就像打电话，小红和小黑同时一起说，这就叫"全"。频分双工就是小红和小黑之间不是单车道了，而成了双车道，所以小红和小黑就可以同时通话了。时分双工就是小红和小黑之间还是单车道，但"小红的话"和"小黑的话"不是车了，变成火箭了，它们轮流说话，但间隔非常小，耳朵感觉不到这个间断，所以仍然感觉是在同时通话。

不要混淆多址方式和双工方式，多址方式的目的是让一个办公室里的大家同时一起通话，而不是每时每刻只能一个用户，双工方式的目的是让一通电话两端的小红和小黑同时发言，而不是让小黑和小红轮流发言。

项目二 区域覆盖

任务一 大区制与小区制

移动通信网的结构可根据服务覆盖区的划分分成大区制和小区制两种。

1. 大区制

大区制是指在一个服务区内只有一个基站负责移动通信的联络和控制，如图 1-4-12 所示。其覆盖范围半径为 30～50km，为增大天线覆盖范围，增高天线高度，提高发射功率，天线高度约为几十米至百余米，发射机输出功率也较高。在覆盖区内有许多车载台和手持台，它们可以与基站通信，也可直接通信或通过基站转接通信。但这只能保证 MS 可以接收到基站的发射信号，但 MS 发射的功率较小，离基站较远时，无法保证基站的正常接收。为解决上行信号弱的问题，可以在区内设若干个分集接收台（R）与基站（BS）相连。

凡一个地区中用一个基站来覆盖全区的，无论是单工或双工工作、单信道或多信道，都

称这种组网方式为大区制，以区别后面所
称的小区制。

　　在移动通信的发展初期采用大区制是
有利的，因为大区制的主要优点是组网简
单、投资少、见效快。适合于用户密度不
大或业务较小的系统。但为了避免相互间
的干扰，服务区内的所有频率均不能复
用，因而使这种体制的频率利用率及用户
数都很低，随着公众移动通信的发展及用
户数量的不断增长，在频率有限的情况
下，必须提高频率复用率。这就要采用小
区制的组网方式，以达到扩大容量的
目的。

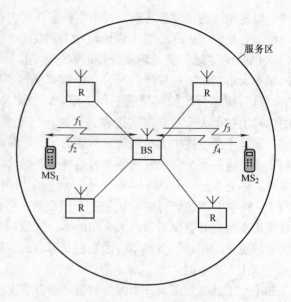

图 1-4-12　大区制

2. 小区制

　　小区制是将整个服务区划分为若干个
小无线区，每个小无线区分别设置一个基
站负责本区的移动通信的联络和控制，同时又可在 MSC 的统一控制下，实现小区间移动通
信的转接及与市话网的联系。小区制如图 1-4-13 所示。

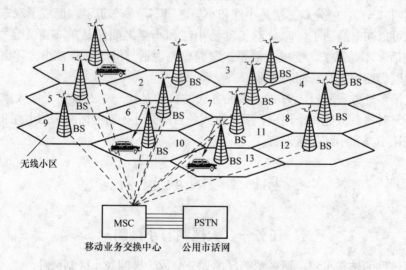

图 1-4-13　小区制及与公共网的连接

　　小区制中，每个小区使用一组频道，邻近小区使用不同的频道。由于小区内基站服务区
域缩小，同频复用距离减小，所以在整个服务区中，同一组频道可以多次重复使用，因而大
大提高了频率利用率。另外，在区域内可根据用户的多少确定小区的大小。随着用户数目的
增加，小区还可以继续划小，即实现"小区分裂"，以适应用户数的增加。因此，小区制解
决了大区制中存在的频道数有限而用户数不断增加的矛盾，可使用户容量大大增加。由于基
站服务区域缩小，移动台和基站的发射功率减小，同时也减小了电台之间的相互干扰，普遍
应用于用户量较大的公共移动通信网。但是，在这种结构中，移动用户在通信过程中，从一

个小区转入另一个小区的概率增加，移动台需要经常更换工作频道。而且，由于增加了基站的数目，所以带来了控制交换变复杂等问题，建网的成本也增高了。

任务二　服务区域的划分

根据移动通信网区域覆盖方式的不同，可将小区制移动通信网划分带状服务区和面状服务区。

1. 带状服务区及其频率配置方式

当移动用户分布呈狭长带状时，常采用带状服务区来覆盖。如高速公路，铁路，沿海水域，沿河航道等地区。这样的带状区需用若干个小区组成带状的网络才能实现最佳覆盖。

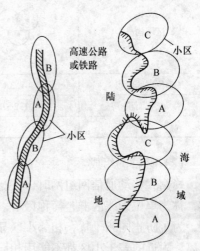

由于覆盖区狭长，带状服务区宜采用定向天线，使每个小区呈椭圆形。为了避免同频干扰，相邻接的小区不可使用同一组信道进行工作。如图 1-4-14 所示，相邻小区分别使用 A 频道组和 B 频道组进行通信，称为二群频率配置方式，简称双频制。

若采用 A、B、C 三群频道组成一群进行频率配置，则称为三群频率配置方式，简称三频制。

图 1-4-14　带状服务区

在规划带状服务区时，从减少建网成本和提高频率复用率的角度考虑，可以采用双群频率配置方式，但如果同频干扰过于严重，应采用三群或多群频率配置方式。日本的新干线列车无线通信系统采用的是三频组，而我国及德国列车无线通信系统则采用的是四频组。

2. 面状服务区

在平面区域内划分小区，通常组成蜂窝式的网络。在带状网中，小区呈线性排列，区群的组成和同频小区的距离的计算都比较方便，而在平面分布的蜂窝网中，这是一个比较复杂的问题。

（1）小区的形状

对于大容量移动通信网来说，需要覆盖的是一个宽广的平面服务区。由于电波的传播和地形地物有关，所以小区的划分应根据环境和地形条件而定。

为了研究方便，假定整个服务区的地形地物相同，并且基站采用全向天线，覆盖面积大体上是一个圆，即无线小区是圆形的。为了不留空隙的覆盖整个平面的服务区，一个个圆形辐射区之间一定含有很多的交叠。在考虑了交叠之后，实际上每个辐射区域的有效覆盖区是一个多边形。根据交叠情况的不同，若每个小区相间 120° 设置三个邻区，则有效覆盖区为正三角形；若每个小区相间 90° 设置四个邻区，则有效覆盖区为正方形；若每个小区相间 60° 设置六个邻区，则有效覆盖区为正六边形。可以证明，要用正多边形无空隙、无重叠地覆盖一个平面区域，可取的形状只有这三种。

那么这三种形状那一种最好呢？在辐射半径 R 相同的情况下，计算出三种形状小区的邻区距离、小区面积、交叠区宽度和交叠区面积见表 1-4-1。

由表 1-4-1 可知，在小区面积相同（R 相同）的情况下，正六边形小区有效覆盖面积最大；相邻小区交叠面积最小，各基站间同频干扰最小；相邻小区中心间距最大，各基站间相互干扰最小。在服务面积一定的情况下，采用正六边形小区来覆盖，所需基地站的数目最少，最经济，效果也最好。因此，面状服务区的最佳组成形式是正六边形，由于正六边形构成的网络形同蜂窝，常称之为蜂窝网。

表 1-4-1　无线小区的形状及其有关参数

小区形状	正三角形	正方形	正六边形
区域构成			
单位小区面积	$1.3R^2$	$2R^2$	$2.6R^2$
交叠面积	$1.2\pi R^2$	$0.73\pi R^2$	$0.35\pi R^2$
中心间距	R	$\sqrt{2}R$	$\sqrt{3}R$

（2）区群的组成

蜂窝式移动通信网组网时，广泛采用若干个正六边形无线小区构成某种形式固定的小区群，称为单位无线区群，简称区群。再由区群彼此邻接覆盖整个服务区。在这种结构的网络中，为了防止同频干扰，相邻小区显然不能用相同的信道。为了保证信道小区之间有足够的距离，附近的若干小区都不能用相同的信道。这些不同的信道的小区组成一个区群，只有不同区群的小区才能进行信道再用。

区群的组成应满足两个条件：一是区群之间可以邻接，且无空隙无重叠地进行覆盖；二是邻接之后的区群应保证各个相邻同信道小区之间的距离相等。

满足上述条件的区群形状和区群内的小区数不是任意的。可以证明，区群内的小区数应满足下式：

$$N = a^2 + ab + b^2 \tag{1-4-4}$$

式中，a、b 为非负整数（不能同时为 0）。由此可算出 N 的可能取值见表 1-4-2。

表 1-4-2　区群小区数

b ＼ a	0	1	2	3
1	1	3	7	13
2	4	7	12	19
3	9	13	19	27

（3）同频（信道）小区的距离与寻找方法

设小区的辐射半径（即正六边形外接圆的半径）为 r，则可以算出同信道小区中心之间的距离 d 为

$$
\begin{aligned}
d &= \sqrt{3}r\sqrt{(b + a/2)^2 + (\sqrt{3}a/2)^2} \\
&= \sqrt{3(a^2 + ab + b^2)}\,r \\
&= \sqrt{3N}\,r
\end{aligned}
\tag{1-4-5}
$$

图 1-4-15 所示为当 a、b 不同时，区群中所含小区个数及同频小区的距离与半径比。

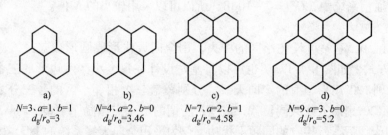

a)
$N=3$、$a=1$、$b=1$
$d_g/r_o=3$

b)
$N=4$、$a=2$、$b=0$
$d_g/r_o=3.46$

c)
$N=7$、$a=2$、$b=1$
$d_g/r_o=4.58$

d)
$N=9$、$a=3$、$b=0$
$d_g/r_o=5.2$

图 1-4-15 区群组成及同频小区距离与半径比

由图 1-4-15 可知，群内小区数 N 越大，同信道小区的距离就越远，抗同频干扰的性能也就越好。

区群内小区数不同的情况下，可用下面的方法来确定同频（信道）小区的位置。

自某一小区 A 出发，先沿边的垂线方向跨 b 个小区，再逆时针旋转 60°，再跨 a 个小区，这样就到达同信道小区 A。在正六边形的六个方向上，可以找到六个相邻同信道小区，所有 A 小区之间的距离都相等。

图 1-4-16 所示的黑色的小区周围的 6 个小区都是距离其最近的同频小区。

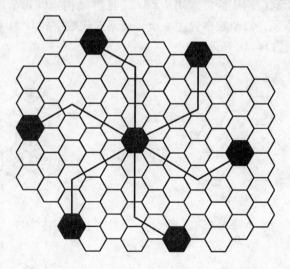

图 1-4-16 $a=3$、$b=2$、$N=19$ 时同频小区

（4）载波干扰比

假定小区的大小相同，移动台的接收功率门限按小区的大小调节。若设 L 为同频干扰小区数，则移动台的接收载波干扰比可表示为

$$\frac{C}{I} = \frac{C}{\sum_{l=1}^{L} I_l}$$

式中，C 为最小载波强度；I_l 为第 l 个同频干扰小区所在基站引起的干扰功率。

一般模拟移动通信系统要求 $C/I > 18$dB，假设 n 取值为 4，根据上式可得出，区群 N 最小为 6.49，故而一般区群 N 的最小值为 7。

数字移动通信系统中，$C/I = 7 \sim 10\text{dB}$，所以可以采用较小的 N 值。

（5）激励方式

在每个小区中，基站可设在小区的中央，用全向天线形成圆形覆盖区，这就是所谓的"中心激励"方式，如图 1-4-17a。也可以将基站设计在每个小区六边形的三个顶点上，每个基站采用三副 120°扇形辐射的定向天线，分别覆盖三个相邻小区的各三分之一区域，每个小区由三副 120°扇形天线共同覆盖，这就是所谓的"顶点激励"，如图 1-4-17b 所示。采用 120°的定向天线后，所接收的同频干扰功率仅为采用全向天线系统的 1/3，因而可以减少系统的通道干扰。另外，在不同的地点采用多副定向天线可以消除小区内障碍物的阴影区。

由于"顶点激励"方式采用定向天线，对来自 120°主瓣之外的同频干扰信号来说，天线方向性能提供了一定的隔离度，降低了干扰，因而允许以较小的同频复用比 D/r 工作，构成单位无线区群的无线区数 N 可以降低。以上的分析是假定整个服务区的容量密度（用户密度）是均匀的，所以无线区的大小相同，每个无线区分配的信道数也相同。但是，就一个实际的通信网来说，各地区的容量密度通常是不同的，一般市区密度高，市郊密度低。为适应这种情况，对于容量密度高的地区，应将无线区适当划小一些，或分配给每个无线区的信道数应多一些。

在第一代模拟移动通信网中经常采用 7×3/21 区群结构，即每个区群中包含 7 个基站，而每个基站覆盖 3 个小区，每个频率只用一次。在第二代数字式 GSM 系统中，经常采用 4×3/12 模式；其结构如图 1-4-18 所示。

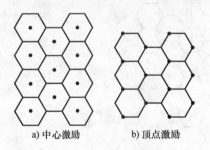

a) 中心激励　　b) 顶点激励

图 1-4-17　激励方式

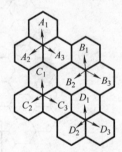

图 1-4-18　GSM 的常用激励方式

（6）小区分裂

在整个服务区中每个小区的大小可以是相同的，这只能适应用户密度均匀的情况。事实上服务区内的用户密度是不均匀的，例如城市中心商业区的用户密度高，居民区和市郊区的用户密度低。另考虑到用户数随时间的增长而不断增长，当原有无线小区的容量高到一定程度时，可将原有无线小区再细分为更小的无线小区，以增大系统的容量和容量密度，即实现"小区分裂"，如图 1-4-19 所示。

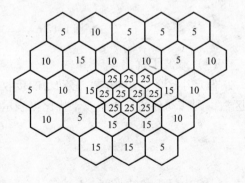

图 1-4-19　小区分裂

（7）小区扇区化

小区的扇区化可以看作是小区分裂的一种特殊情况，通过将一个小区分裂成几个扇区，每个扇区拥有不同的频道，利用方向性天线进行扇区覆盖。最常使用的扇区结构是三扇区或六扇区。小区的扇区化可以减小同频干扰，提高载干比，因而系统可以使用更小的频率复用因子，使簇中小区数减小，提高频率的复用率，增大系统容量。利用小区扇区化可以提高系统容量，但会导致基站天线数目的增加，且由于某个频道的覆盖范围变小，会增加切换的次数。但现在使用的基站都支持扇区化，允许移动台在同一个小区内进行不同扇区的切换，不需要 MSC 的介入。

项目三　信道分配技术

在前面分析移动网的信道结构时已经知道，分配给每个无线小区的信道数目是十分有限的，当用户数目超过该小区的信道数时，就会出现信道数目不敷要求的矛盾。实际的公众蜂窝移动通信网中，其用户数目是远远超出分配给它的信道数目的，解决这一矛盾除了采用前面介绍过的频率再用技术外，另一种有效的手段便是多信道共用技术。

移动通信系统中，一对移动用户在通话时需要占用一对资源，即一个信道。作为移动通信网，为了传送语音和其他控制信号，需要使用很多信道，包括无线信道和移动通信网与市话网间的有线信道。无线信道是移动台与基站之间的一条双向传输通道，使用两个分开的无线载波频率，一个由移动台发射，基站接收，称为上行信道；一个由基站发射，移动台接收，称为下行信道。收、发两个频率之间的间隔称为双工间隔。注意：CDMA、TDMA、FDMA系统的信道是不同的。信道是网络中传递信息的通道。在模拟移动通信系统中，一个无线信道对应于一个频道（上、下行一对载频）；在 GSM 系统中，一个无线信道对应于一对载频上的一个时隙；在 CDMA 系统中，一个无线信道对应于一个正交的地址编码。

任务一　多信道共用技术

所谓多信道共用就是多个无线信道为许多移动台所共用，或者说，是指在网内的大量移动用户共同使用若干无线信道，它是相对于独立信道方式而言的。

为了把这个概念讲清楚，我们先看下面三种不同的方案组成的三个系统：

方案 1：一个移动台配置一个无线信道。在这种情况下，这个移动台在任何时候均可利用这个无线信道进行通信联络。但是，浪费太大，大到无法实现。因为像 800MHz 的集群通信系统，一共只有 600 个信道，满打满算只能容纳 600 个移动台。

方案 2：88 个移动台，配 8 个信道，但将 88 个移动台分成 8 个组，每组配置一个无线信道，各组间的信道不能相互借用、调节余缺。因此，相当于 11 个移动台配置一个无线信道。在这种情况下，只要有一个移动台占用了这个信道，同组的其余 10 个用户均不能再占用了，不管此时其他组是否还有闲着未用的信道。

方案 3：88 个移动台，配 8 个信道，但移动台不分组，即这 8 个信道同属于这 88 个移动台，或者说，这 88 个移动台共享 8 个信道。这种情况下，这 88 个移动台都有权选用这 8 个信道中的任意一个空闲信道来进行通话联络。

如果一个无线小区有 N 个信道，对于每个用户分别指定一个信道，不同信道的用户不能互换信道，这就是独立信道方式，即方案 1。

在独立信道方式中，若一个无线小区用户数超过了可用的信道数时，若干用户就会被指定在同一个信道上工作。当某一个用户占用了该信道时，则在他通话结束前，属于该信道的其他用户都处于阻塞状态而无法通话。但与此同时，一些其他的信道却可能处于空闲状态。此为方案2。

如果采用多信道共用方式，即一个无线小区内的 N 个信道可被该小区内的所有用户共用，当其中 K（$K<N$）个信道被占用时，其他需要通话的用户可选择任一空闲的信道通话。因为任何一个移动用户选取空闲信道和占用信道的时间都是随机的，所以所有信道被同时占用的概率远小于单个信道被占用的概率。因此，多信道共用可明显提高信道的利用率。

在同样多的用户和信道的情况下，多信道共用可使用户的通话阻塞率明显下降。同样，在相同的信道和同样的阻塞率的情况下，多信道共用可支持用户数目显著增加。

显而易见，在同样多的信道和同样阻塞率情况下，多信道共用就可为更多的用户提供服务，当然也不是无止境的增加，否则将使阻塞率增加而影响质量。那么，在保持一定质量的情况下，提高频率的利用率，平均多少用户使用一个信道才最合理呢？这就要看用户使用电话的频繁程度。为了定量分析计算，在此先讨论话务量和呼损率。

任务二　话务量和呼损率

1. 呼叫话务量（A）

话务量是度量通信系统通话业务量或繁忙程度的指标。所谓呼叫话务量，是指单位时间内呼叫次数与呼叫的平均占用信道时间之积。即

$$A = Ct \tag{1-4-6}$$

式中，C 是平均每小时的平均呼叫次数；t 是每次呼叫占用信道的时间（包括接续时间和通话时间）；当 t 以 h 为单位时，则 A 的单位是 Erl（爱尔兰）。

如果在 1h 之内不断占用信道，则其呼叫话务量为 1Erl，这是一个信道具有的最大的话务量。例如，某信道每小时发生 20 次呼叫，平均每次呼叫占时 3min，则该信道的呼叫话务量为 $A = 20 \times 3/60 = 1$Erl；若全网有 100 个信道，每小时共有 2100 次呼叫，每次呼叫平均占时 2min，则全网话务量为 $A = 2100 \times 2/60 = 70$Erl。

话务量可分为完成话务量和损失话务量两种。完成话务量（A_0）是指呼叫成功接通的话务量，用单位时间内呼叫成功的次数（C_0）与平均占用信道时间的乘积来计算，即

$$A_0 = C_0 t \tag{1-4-7}$$

损失话务量（A_L）是指呼叫失败的话务量，其值为

$$A_L = A - A_0 \tag{1-4-8}$$

2. 呼损率（B）

当多信道共用时，通常总是用户数大于信道数，当多个用户同时要求服务而信道数不够时，只能让一部分用户先通话，另一部分用户等信道空闲时再通话。后一部分用户因无空闲信道而不能通话，即为呼叫失败，简称呼损。在一个通信系统中，造成呼叫失败的概率称为呼叫损失概率，简称呼损率（B）。

呼损率（B）的物理意义是损失话务量与呼叫话务量之比的百分数，即 $B = (A_L/A) \times 100\%$，也可用呼叫次数表示。

$$B = (C_L/C) \times 100\% \tag{1-4-9}$$

式中，C_L 为呼叫失败的次数；C 为总呼叫次数。

显然，呼损率（B）越小，成功呼叫的概率越大，用户就越满意。因此，呼损率也称为系统的服务等级。例如，某系统的呼损率为 10%，即该通信系统内的用户每呼叫 100 次，

其中有 10 次因无空闲信道从而打不通电话，其余 90 次则能找到空闲信道从而实现通话。但是，对于一个通信网来说，要使呼损减小，只有让呼叫（流入）的话务量小一些，即容纳的用户数少些，这是每个运营商都不希望的。由此可知，呼损率与话务量是一对矛盾，服务等级与信道利用率也是矛盾的，必须选择一个合适的值。

如果呼叫满足如下条件：

1）每次呼叫相互独立，互不相关，即呼叫具有随机性，也就是说，一个用户要求通话的概率与正在通话的用户数无关。

2）每次呼叫在时间上都有相同的概率。

假定移动通信系统的信道数为 n，则呼损率可按式（1-4-10）计算：

$$B = P_n = \frac{\dfrac{A^v}{n!}}{\sum_{k=0}^{n} \dfrac{A^k}{k!}} \tag{1-4-10}$$

这就是爱尔兰公式。如已知呼损率（B），则可根据式（1-4-10）计算出 A 和 n 对应的数量关系。将用爱尔兰公式计算出的呼损率数据列表，即得到爱尔兰呼损表（见附表2）。一般工程上计算话务量时用查表方法进行查找。

表 1-4-3 中，A 为呼叫话务量，单位为 Erl；n 为小区中的共用信道数；B 为呼损率。

例如，某小区中共有 10 个信道，若要求呼损率为 10%，则查表得呼叫话务量 $A = 7.511$Erl。

表 1-4-3　A、n、B 对应表

B	1%	2%	5%	10%	20%
n	A	A	A	A	A
1	0.0101	0.020	0.053	0.111	0.25
5	1.360	1.657	2.219	2.881	4.010
10	4.460	5.092	6.216	7.511	9.685
20	12.031	13.181	15.249	17.163	21.635

3. 繁忙小时集中率（K）

日常生活中，一天 24h 中总有一些时间打电话的人多，另外一些时间只有少数人使用电话。因此，对于一套通信系统来说，可以区分出"忙时"和"非忙时"。例如，在我国早晨 8~9 点属于电话的忙时，而一些欧美国家在晚上 7 点左右属于电话的忙时。因此，在考虑通信系统的用户数和信道数时，显然，应采用"忙时平均话务量"。因为只要在"忙时"信道够用，"非忙时"肯定不成问题。忙时话务量与全日（24h）话务量的比值称为繁忙小时集中率。

$$K = 忙时话务量/全日话务量 \tag{1-4-11}$$

K 一般为 8%~14%，图 1-4-20a 画出了国内一天内的话务量分布，从中可看出话务量最繁忙小时出现的时间。图 1-4-20b 画出了一小时内统计平均的话务量。

4. 每个用户忙时话务量（$A_{用户}$）

假设每一用户每天平均呼叫的次数为 C，每次呼叫平均占用信道时间为 T（单位为 s），忙时集中率为 K，则每个用户忙时话务量为

$$A_{用户} = CTK/3600 \tag{1-4-12}$$

$A_{用户}$ 是一个统计平均值，单位为 Erl/用户。

【例 1-4-1】 某用户每天平均呼叫 3 次，每次呼叫平均占用 2min（$T = 120$s/次），忙时集

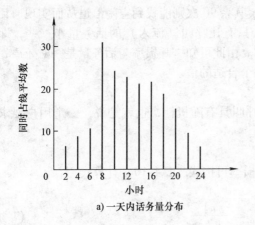 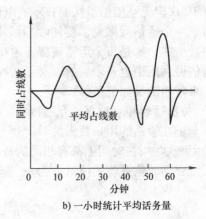

a) 一天内话务量分布　　　　　　　　b) 一小时统计平均话务量

图 1-4-20　忙时集中率

中率为 10% （$K = 0.1$），则用户忙时话务量 $A_{用户}$ 为多少？

解

$$A_{用户} = CTK/3600$$
$$= 3 \times 120 \times 0.1/3600$$
$$= 0.01\,\text{Erl}/用户$$

则用户忙时的话务量按 0.01Erl/用户来计算。

5. 每频道容纳的用户数的估算

每个无线信道所能容纳的用户数与在一定呼损率条件下系统所能负载的话务量成正比，而与每个用户的话务量成反比，即每个信道所能容纳的用户数 m 可表示为

$$m = (A/n)/A_{用户} \tag{1-4-13}$$

式中，A/n 表示在一定呼损率条件下每个信道的平均话务量，A 可由爱尔兰呼损表查得。

【例 1-4-2】 某移动通信系统，每天每个用户平均呼叫 10 次，每次平均占用信道时间为 80s，呼损率要求为 10%，忙时集中率 $K = 0.125$，问给定 8 个信道能容纳多少用户？

解：根据呼损率要求及信道数，查表得总话务量 $A = 5.579\text{Erl}$。

每个用户忙时话务量 $A_{用户} = CTK/3600 = 0.027$ （Erl/用户）

每个信道容纳的用户数 $m = (A/n)/A_{用户} = 25.7$ （用户/信道）

系统所容纳的用户数 $m \times n = 25.7 \times 8 \approx 205$ （用户）

由上可知，当无线区共用信道数一定时，呼损率 B 越大，话务量 A 越大，信道利用率 η 越高，服务质量越低。因此呼损率应选择一个适当值，一般为 10% ~ 20%。多信道共用时，随着信道数增加，信道利用率提高，但信道数增加，接续速率下降，设备复杂，互调产物增多，因此信道数不能太多。另外，用户数不仅与话务量有关，而且与通话占用信道时间有关。在系统设计时，既要保持一定的服务质量，又要尽量提高信道的利用率，而且要求在经济技术上合理。为此，就必须选择合理的呼损率，正确地确定每个用户忙时的话务量，采用多信道共用方式工作，然后，根据用户数计算信道数，或者给定信道数计算能容纳多少用户数。

任务三　信道的自动选择方式

在移动通信系统中，某小区中所有移动台共用若干个信道，每个移动台都应有选择空闲

信道的能力。当移动台需占用信道进行通话时，大多采用自动选择空闲信道方式，常见的信道自动选择方式有以下四种。

（1）专用呼叫信道方式

在给定的多个信道中，选择一个信道专门用作呼叫，其作用有二：一是处理呼叫（包括 MS 主叫或被叫）；二是指定语音信道。平时，移动业务交换中心通过基站在专用呼叫信道上发空闲信号，而移动台根据该信号都集中守候在呼叫信道上，无论是基站呼叫移动台，还是移动台呼叫基站，都在该信道上进行。一旦呼叫通过专用呼叫信道发出，移动业务交换中心就通过专用呼叫信道给主呼或被呼移动台指定可用的空闲信道，移动台根据指令转入指定的业务信道进行通信。而这时呼叫信道又空闲出来，可以处理另一个用户的呼叫了。

专用呼叫信道处理一次呼叫过程所需的时间很短，一般约几百毫秒，所以设立一个专用呼叫信道就可以处理成百上千个用户的呼叫。因此，它适用于共用信道数较多的系统，即大容量系统中。例如，80 个共用信道甚至更多，而用户数可以上万。目前，900MHz 频段的大容量公用蜂窝移动通信系统大多采用这种方式。

由于专用呼叫信道方式专门抽出一个信道做呼叫信道，相对而言，减少了通话信道的数目，因此对于小容量系统来说，是不合算的，小容量系统一般采用下面的三种方式。

（2）循环定位方式

与上面方式相比，它没有专门的呼叫信道，而每一个信道都可能作为临时呼叫信道，至于由哪个信道作临时呼叫信道是受基站控制的。基站给哪个信道送空闲信号，哪个信道就是临时被指定的呼叫信道。无论是移动台被叫，还是移动台主叫，都在这一信道中进行。平时，所有未通话的移动台都自动对全部信道进行扫描，一旦在哪个信道上收到空闲信号，就停在该信道上。因此，所有移动台都集中守候在临时呼叫信道上，当某一用户呼叫成功后，就在此信道上通话。此时，基站要另选一个空闲信道发空闲信号，于是所有未通话的移动台接收机自动转到新的有空闲信号的信道上去，即转到新的临时呼叫信道上守候。可见，这个系统的守候位置是不断变更的，每有一对用户通话，系统就需要重新定位一次，而基站要不断发出空闲信号，移动台要不断扫描。当全部空闲信道都被占用时，基站就不发空闲信号了，没有通话的移动台将不停地在所有信道上扫描而无法停留。此时，即使有一个用户要求通话也无法实现，而只能由 MS 本身在听筒中发出"忙音"，这也意味着一次呼损。

这种方式不设专用呼叫信道，全部信道都可以用作通信，能充分利用信道。同时，各移动台平时都已停在一个空闲信道上，故接续快。但是，由于全部未通话的移动台都停在同一个空闲信道上，同时起呼的概率（同抢概率）较大，容易出现冲突，但用户较少时，同抢概率变小。因此，这种方式适用于信道数较少的小容量系统。

（3）循环不定位方式

这种方式是在循环定位方式的基础上，为解决"同抢"而提出的一种改进方式。基站在所有不通话的空闲信道上发出空闲信号，而网内移动台能自动扫描空闲信道，并随机停靠在就近的空闲信道上，而不是定位在一个临时呼叫信道上守候。当用户主叫时，在各自停靠的空闲信道上分散接入，而基站呼叫移动台时，由于各移动台停靠到哪一信道上是随机的，所以基站无法知道移动台的具体位置，必须选择一个空闲信道发出足够长的指令信号（保持信号）。这时网内用户由各自停靠的信道开始扫描，最后，大家都停留在基站发出指令的空闲信道上，这时基站再发出选呼信号，被呼移动台应答时，便完成一次接续，该信道变成了通话信道，基站再在其余空闲信道上发出空闲信号，移动台再次分散到各个随机选取的空闲信道上，处于待机状态。这样，循环不定位方式可概括为：移动台不定位呼叫基站，基站发长信号定位移动台完成呼叫接续。

从上述过程可看出，循环不定位方式的缺点是：移动台被叫接续时间较长；系统的全部信道都处于工作状态（即通话信道在发话，空闲信道在发空闲信号），这种多信道的常发状态，会引起严重的互调干扰。这种方式不适用于信道数多的系统。优点是各移动台所扫描到的空闲信道是随机的，所以可以视为均匀分配在各个信道上，故移动台的"同抢"概率低，而且，在小区制中，无论移动台在哪个无线小区内都可以实现选择性呼叫。

（4）循环分散定位方式

这种方式是对循环不定位方式的改进，克服了接续时间太长的缺点。循环分散定位方式中，基站在全部不通话的空闲信道都发出空闲信号，网内用户分散停靠在各个空闲信道上。用户呼叫基站是在各自的信道上分散进行；基站呼叫移动台时，其呼叫信号在所有空闲信道上发出，并等待应答信号。这样，就避免了将分散用户集中在一个信道上所花费的时间，也不必发出长指令信号，从而提高了接续的速度。

因此，循环分散定位方式接续快、效率高、"争抢"少。但是，当移动台被叫时，必须在所有空闲信道上同时发出选择性呼叫，才能呼出被呼移动台，而且基站收到被呼移动台的应答信号后，才能确定哪个空闲信道已被占用，故基站的接续控制比较复杂，且在组网时必须认真考虑多信道常发射带来的干扰。

扩展项目　频率利用

无线电技术的发展离不开电波传播，无线电频谱是人类共享的宝贵资源，随着无线业务种类和电台数量的不断增加，使用的频率越来越拥挤，尤其是移动通信中使用的频段，甚至出现了"频率严重短缺"的现象，这种状况已严重妨碍了移动通信业务的发展。因此，研究频谱的有效利用和科学管理，以求更有效地利用频谱资源，是移动通信的当务之急。无线电频谱是一种特殊的资源，不会因为使用而消耗殆尽，也不能存起来以后再用，不使用就是浪费，使用不当也是浪费。无线电频谱资源具有三维性质，即空间、时间、频率三个参数，应从这三方面来考虑频谱的科学管理和有效利用。同一时间，同一地点，频率是有限的，不能无限制地使用，尤其是不能重复使用，但不用却是浪费；不同时间，不同地点，频率可重复利用。

无线电频谱易被污染，各种噪声源产生的噪声，电台之间的干扰等都是造成频谱污染的因素。无线电频谱资源是国家和国际的一种公共资源，还必须考虑国际、国内及各地区之间的频率协调问题。

频谱的有效利用和科学管理涉及很多因素，既有技术问题，也有行政管理问题，应在掌握和分析大量技术资料和管理资料（如设备资料，电波传播资料、环境资料等）的基础上，采用频率复用、频率协调和频率规划等措施，以便解决频率拥挤问题。

1. 频谱管理

国际上，由国际电信联盟（ITU）通过召开无线电行政大会，制定无线电规则。无线电规则包括各种无线电通信系统的定义、国际频率分配表和使用频率的原则、频率的指配和登记、抗干扰措施、移动业务的工作条件及无线电业务的种类等，并由 ITU 下属的频率登记委员会登记、公布、协调各会员国使用的频率；提出合理使用频率的意见，执行行政大会规定的频率分配和频率使用的原则等。

国内按当地当时的业务需要进行频率分配，并制定相应的技术标准和操作准则，技术标准应包括设备和系统的性能标准，抑制有害干扰的标准等。用户必须在满足合理的技术标准、操作标准和适当的频道负荷标准的条件下，才能申请使用频率。

日常的频谱管理工作应包括审核频率使用的合法性；检查有害干扰；检查设备与系统的技术条件；考核操作人员的技术水平，登记业务种类、电台使用日期等。频谱管理的任务还包括频率使用的授权；建立频率使用登记表；无线电监测业务；控制人为噪声等。

2. 频谱分配的基本原则

合理分配频谱可有效地利用频率资源，提高频率利用率，频谱的分配应遵循以下原则。

（1）频道间隔

移动通信系统中有多个频道，每个频道间都必须留有保护间隔，以减小相互间的干扰。

在模拟系统中曾采用 25kHz 的频道间隔；在 GSM 系统中采用 200kHz 的频道间隔；而在 IS－95 CDMA 中则采用 1.25MHz 的频道间隔。尽管在数字系统中采用的频道间隔比模拟系统大，但由于 GSM 中采用了 TDMA 技术，IS－95 CDMA 中采用了 CDMA 技术，平均每用户的占用带宽反而减小，因而 IS－95 CDMA 系统容量最大，GSM 其次，模拟系统最小。

（2）公共边界的频率协调

在两个区域的公共边界线上，如果没有山脉等自然隔离地带，则相邻区域的主管部门应进行必要的协调，包括双方采用类似的技术，并制定一些共同遵守的基本原则。例如，对天线有效高度及最大发射功率的限制、双方使用频道的协调等，避免相互干扰，并达到最有效的频谱利用。

（3）多频道共用

由于通话的间断性，任何一对用户都不可能连续地长时间地占用一个频道；反之，任何一个频道如果在时间上合理地分割，就可以供给若干个用户共同使用。当然，在只有一个频道的系统中，当某一用户占用频道时，其余用户就处于阻塞状态。当系统有多个频道时，让多个用户共享多个频道，将大大提高频率的利用率，共用的频道数越多，频道利用率越高。

（4）频率复用

频率复用是指使用相同载频无线频道用于覆盖不同的区域，这些区域彼此相隔一定的距离，使同频干扰抑制到允许的范围以内。小区制移动通信系统都采用这一技术。

（5）必须共同遵守的主要规则

① 规定 900MHz 频段的双工间隔为 45MHz，下行基站发射频率高，接收频率低（简称发高收低）；上行移动台发射频率低，接收频率高（简称收高发低）。

② 为使各种移动通信制式（单工、双工、半双工等）不互相干扰，主管部门把每个频段划分成许多离散的频率小块，分别供各种制式使用，并保留一些频道，留给暂未考虑到的业务使用。

③ 发射机输出功率必须满足整个覆盖范围内通信质量的要求，但不能过大，过大的功率不仅是浪费，而且会干扰其他系统。考虑到天线增益，还规定最大有效辐射功率。

④ 有效天线高度是指以整个覆盖区内平均地形为基准的高度，包括天线架设地点，如

建筑物及天线铁塔的附加高度，有效天线高度主要影响作用距离。从单个基站覆盖区来看，天线架得越高越好，但是太高了会损害整个地区以及相邻地区的频率计划，同时也较易接收来自其他系统的干扰，对于频率复用的系统将增大复用距离。因此，对天线有效高度也应按照覆盖区的大小适当地予以控制。

（6）频率利用率的评价

影响频率利用率的因素很多，如网络结构、频道带宽、用户密度、每个用户的话务量、呼损率及共用频道数等，都对频率利用率有影响。采用频率复用技术的小区制结构的网络，其频率利用率将高于大区制结构的网络；采用多频道天线共用技术的网络，其频率利用率将高于无共用的网络。当需要对一个移动通信系统的频率利用率进行定量评价时，应确定在同传输质量和相同呼损（阻塞）率前提下的频率利用率，频率利用率＝话务量／（面积＊频带宽度）。话务量单位为 Erl；面积是衡量区域的面积大小，单位为 km^2；频率带宽是可用的频率资源，单位为 MHz，则频率利用率单位是 $Erl/(km^2 \cdot MHz)$。

3. 影响频率选择的因素

在移动通信的组网过程中，用户所使用的频率一般都由主管部门分配，或根据能购到的设备来确定，用户本身无选择余地，这种情况对网络的进一步扩充会带来不利影响，也可能会造成本来可以避免的相互干扰。实际上，影响频率选择的因素很多，主要因素有以下几种。

（1）传播环境的影响

目前，GSM、CDMA、小灵通等移动通信使用的频段都属于特高频（UHF）超短波频段，其高端属于微波。无线电波波长不同，传播特点也不同。因此，在不同的移动通信系统或应用环境中，需采用不同的工作频段。

（2）有关组网因素的影响

系统容量不同，需要的频道数也不同。对于容量较小的汽车调度业务，一个频道可以管理 100～150 辆汽车。对于拥有几万个用户的大容量移动电话系统，即使采用小区方式也至少需要近千个频道。因此，前者可以用见缝插针的方法来选择频道；而后者则必须选择专用频段。主管部门在现有的频段内已经对单频和双频工作方式所使用的频率作了专门的指配，因此，任何单频网络或双频网络都可分别选用无线电主管部门指配的频率。

（3）多频道共用的影响

多频道共用是提高频道利用率的主要手段，当一个基站有多个频道同时工作时，必须使它们的互调产物保持在 −60dB（相对于载波功率）以下。当采用定向耦合器方式时，发射频道间隔的范围虽然可以小至等于相邻频道的间隔，但这种方式由于功率损耗较大，不适宜进行多次合并。而当采用空腔谐振器方式时，由于受空腔 Q 值的限制，发射频道间隔允许值将受器件的限制。通常，在设计系统时，应根据所采用的空腔技术指标来选择频率。从天线共用的性能出发，多频道共用基站所选频道不应靠得太近，以利于天线共用设备的简化。

（4）互调的影响

由于移动通信的特点，场强变化最大可达 80dB 以上。当同一地区有多个系统同时工作或者在一个系统内采用多频道共用技术时，就会因相互调制而产生干扰。为防止互调干扰造成的严重影响，在允许条件下，可选择无三阶互调的频率组。

4. 频道的分配方法

一般，对小型专用网可采用分区、分组的无三阶互调频道组的分配方法，对大型公用网采取等频距的频道分配方法。

【模块总结】

本模块的学习主要为后续的系统组网奠定理论基础。主要包括以下几个方面内容：

1. 网络拓扑结构。
2. 多址技术（TDMA、CDMA、FDMA）及特点。
3. 信道分配方式。
4. 区群、小区、频率复用技术。
5. 信道分配技术。
6. 网络设计。
7. 频谱利用。

信息有效传输技术

【模块说明】

本模块主要讲述信息的有效传输技术，包括信源编码、信道编码及交织技术等。

掌握

✓ 掌握信源编码分类。

✓ 交织的方式。

✓ 信源编码和信道编码的目的。

✓ 交织技术提高系统抗误码能力的原理。

熟悉

✓ 熟悉 RPE – LTP 语音编码过程。

了解

✓ 了解影响信息有效传输的因素。

✓ 了解 GSM 系统中所采取的信息有效传输技术。

数字信息的传输有两个重要的指标，即传信率和误码率，这两个指标综合反映了数字信息的有效传输问题。在实际通信系统中，我们希望信息能尽可能快地传输，但信息的传输速率又受到系统容量和传输带宽的限制。在传输带宽和系统容量一定的情况下，传输速率的提高必然会带来更多的误码。因此，传信率和误码率是制约数字信息有效传输的一对矛盾。在移动通信系统中，可使用的频带是非常有限的，因此，系统经营者首先遇到的问题是，如何在有限的带宽内容纳更多的用户，这除了在网络结构上采用小区制、频率复用的方式提高系统的容量之外，还应采取一些信号处理的技术手段来压缩数据率和提高系统的抗误码能力。本模块主要介绍实现信息有效传输的一些技术手段及其原理。

数字信号在无线信道传输的过程中，不可避免会受到各种干扰和噪声的影响，这种影响将使接收端收到的信号中出现误码。为了满足信噪比的要求，必须保证误码率达到一定的指标，这除了在系统设计时采取措施尽量减少干扰外，另一个有效的措施就是提高所传输数字信号本身的抗干扰能力，即对数字信号进行差错控制编码，也称作信道编码。因此，信道编码的目的是提高数字信号的抗误码（抗干扰）能力，使在信道中传输的数字信号本身具有一定的误码判断能力或纠错能力，提高信号传输的可靠性。

信源编码是通过去除信号中的冗余成分，来实现数据率压缩的，而信道编码则恰恰是通过在原信号中添加一定的冗余度来实现信号的抗误码能力的。对信号进行信道编码，就是按照一定的规则，在信源编码后的数据码流中，人为地加入一些监督码元，这些附加的监督码元与信息码元之间以某种确定的规则相互约束。在接收端根据监督码元与信息码元之间是否仍满足既定的约束关系，从而可判断出所接收的数据流中是否存在误码。根据所采取的编码方式不同、所加入的冗余度不同，经信道编码后的数据流具有不同的检纠错能力。显然，信道编码使信号具有了抗误码能力，是以数据率的提高为代价的。

项目一　信源编码

任务一　信源编码的目的

　　信源编码的目的是提高数字信号的有效性以及使模拟信号数字化而采取的编码。它通过有效的编码方式及对信息数据率的压缩，力求以尽可能低的比特率传输与原信号质量相当的信号，这样就可以在有限的带宽范围内容纳更多的用户，提高系统容量。

　　语音信号本身是模拟信号。模拟信号在采用数字信号的形式进行传输时，要经过抽样、量化、编码的 A－D 转换过程（通常又将量化、编码过程称为 PCM，即脉冲编码调制）。抽样速率由奈奎斯特抽样定理决定了信号的最低抽样速率，当采用二进制编码时，则量化间隔（或量化级数）最终决定了 A－D 转换后信号的数据率。由于量化带来的误差影响（量化噪声）对不同的输入信号电平影响是不同的。在量化误差相同的情况下，输入信号电平越高，则量化噪声越小。因此，对于不同的输入信号电平可以采用不同的量化间隔，即非均匀量化。欧洲各国和我国采用的 8 位 A 律非线性 PCM 语音编码（数据速率为 64kbit/s）与 13 位线性（均匀量化）PCM 语音编码（数据速率为 104kbit/s）具有相当的量化质量。由此可见，采用非均匀量化可有效地降低数据率。虽然 8 位 A 律非线性 PCM 语音编码和 13 位线性 PCM 语音编码也属于信源编码的范畴，但通常语音信源编码是指那些可使数据率低于 64kbit/s 的压缩语音编码。在进行信源编码时，既希望最大限度地降低码率，又希望尽量不造成对原信号质量的损伤，这两者是相矛盾的，在实际应用中应根据信号的特点和不同的要求折中考虑，采取合适的压缩程度。图 1-5-1 是 GSM 系统中数字信号信源编码与解码的原理框图（为了强调信源编码原理，图中省略了实际系统中的信道编码、调制等部分）。在图 1-5-1 中语音信号先经过 A－D 转换（8kHz 取样，13 位线性 PCM 语音编码）得到 104kbit/s 的数据速率（若编码器输入信号来自移动交换中心，则是 8 位 A 律非线性编码的 64kbit/s 数据流，在进入编码器之前需经过非线性编码到线性编码的转换），经过信源编码，去除声

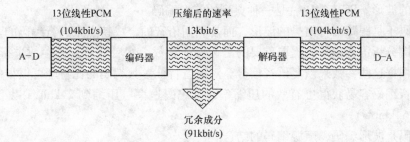

图 1-5-1　GSM 系统中数字信号信源编码与解码的原理框图

音信号中的冗余部分，可将数据速率压缩至 13kbit/s。压缩后的数据速率在信道中传输时，比未经压缩的信号占用更窄的带宽，因而在有限的带宽内，可传输更多用户的信息。在接收端，解码器通过相应的算法和处理手段，将数据速率恢复为原来的 104kbit/s，信号形式仍然为 PCM 数字语音信号，再经 D－A 转换，即可得到与原信号相近的模拟语音信号。

任务二　数据速率压缩的可行性

经 A－D 转换后的信号之所以能够进行数据速率的压缩，是因为原信号中存在多种冗余成分，在编码时通过一定的算法和技术手段可以去除这些冗余，达到压缩数据率的目的。但这些被去除的部分在解码时应能够重建。另外，就语音信号来说，还可以利用人耳对声音感知的生理特性来进一步压缩数据速率。基于人的听觉特性，人耳对声音的幅度、频率和时间的分辨能力是有限的，存在着频率掩蔽特性和时间掩蔽特性，因此，凡是人耳感觉不到的成分、对人耳辨别声音的强度、音调、方位没有贡献的成分，可以不对其进行编码、不进行传输。在实际应用中，实现数据速率压缩的编码方式是多种多样的，例如，语音信号在频域和时域均存在有一定的冗余度，因此，可采用在频域或时域的语音压缩编码方式，如频域的子带编码和自适应变换编码等；时域的各种预测编码等。

下面对信源编码进行一定的讲述。

说明：A－D 转换也算是信源编码的一种形式，由于此内容学生已经学过，另看参考书。

任务三　信源编码分类

1. 子带编码

子带编码是一种频域的压缩编码方式。它是将信号分割为不同子频带，分别进行抽样（抽样速率低于原信号的抽样速率），并利用人耳对不同频率的不同感知标准，分别进行量化、编码。这样，量化噪声仅包含在子带内，并且每一个子带所需要的量化比特可以是固定的或随时间变化的（动态分配在各子带之间）。因而，在保证一定信号质量的前提下可有效地降低编码输出的比特率。

2. 语音编码

语音编码属于在时域对语音信号进行压缩的编码方式。语音编码通常可分为三类：波形编码、声源编码和混合编码。

波形编码是依据语音信号的时域波形来进行编码的，其编码准则是能够以最小均方误差逼近原信号的波形。PCM 编码就是一种典型的波形编码。

声源编码不是跟踪语音信号的波形，而是利用语音的合成特点来进行编码的。声源编码首先在发送端分析语音信号，提取重要的语音特征参数，然后只对这些参数进行编码传输，在接收端再根据这些参数来恢复语音信号。对语音特征参数编码的比特率可以很低，与波形编码相比语音编码容易获得更有效的压缩率，其编码速率可压缩到 24kbit/s 以下（PCM 的编码速率为 64kbit/s）。

混合编码是波形编码、声源编码的结合。

实现声源编码的设备称为声码器。混合编码是将波形编码的高质量和声源编码的高压缩特性融为一体的编码方式，它可以在 8～16kbit/s 速率范围内实现良好的语音质量。在 GSM

系统中，语音编码器采用的是声码器和波形编码器的混合型编码器，全称为规则脉冲激励长期线性预测编码，（Regular Pulse Excitated – Long Term Prediction，RPE – LTP）。

项目二　差错控制编码

任务一　差错控制方式

在差错控制系统中，差错控制方式主要有三种。

1. 前向纠错（Forward Error Correction，FEC）控制方式

前向纠错（又称自动纠错）是指发送端发出的可以纠正错误码元的编码序列，接收端的译码器能自动纠正传输中的错码，系统框图如图1-5-2a所示。这种方式的优点是不需要反馈信道，译码实时性好，具有恒定的信息传输速率。缺点是为了要获得比较低的误码率，必须以最坏的信道条件来设计纠错码，故需要附加较多的监督码元，这样既增加了译码算法选择的难度，也降低了系统的传输效率，所以不适宜应用在传输条件恶化的信道。

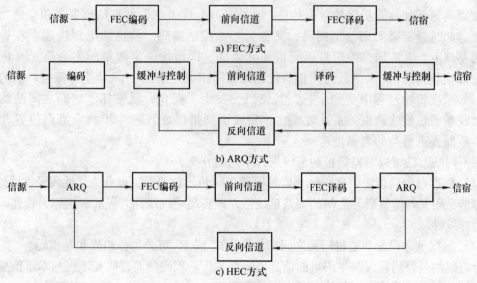

图1-5-2　三种差错控制方式系统框图

2. 自动重传请求（Automatic Repeat – reQuest，ARQ）

反馈重发纠错方式是指发送端发出的是能够检测错误的编码序列，接收端译码器根据编码规则进行判决，并通过反馈信道把判决结果回传，无错确认（Acknowledgement，ACK），有错时否认（Negatine Acknowledge ment，NAK）。发送端根据回传指令，将有错的码组重发，直到接收端认为正确接收为止，系统框图如图1-5-2b所示。反馈重发纠错方式的优点是检错码构造简单，不需要复杂的编、译码设备，在冗余度一定的条件下，检错码的检错能力比纠错码的纠错能力强得多，故整个系统的误码率可以保持在极低的数量级上。缺点是应用反馈重发纠错方式需要反馈信道，并要求发送端有大容量的信源存储器，且为保证收、发两端互相配合，控制电路较为复杂。另外，当信道干扰很频繁时，系统经常处于重发消息的状态，使传送信息的实时性变差。

3. 混合纠错方式（Hybrid Error Correction，HEC）

该方式是上述两种方式的结合，即在 ARQ 系统中包含一个 FEC 子系统，系统框图如图 1-5-3c 所示。发送端发出的是具有一定纠错能力和较强检错能力的码，所以经信道编码而附加的监督码元并不多。接收端检测数据码流，发现错误先由 FEC 子系统自动纠错，仅当错误较多超出纠错能力时，再发反馈信息要求重发，因此大大减少了重发次数。HEC 在一定程度上弥补了自动重传请求方式和前向纠错两种方式的缺点，充分发挥了码的检、纠错能力，在较强干扰的信道中仍可获得较低误码率，是实际通信中应用较多的纠错方式。

任务二　信道编码目的及分类

在数字信号传输中，由于信道不理想以及加性噪声的影响，被传输的信号码元波形会变坏，造成接收端错误判决。为了尽量减小数字通信中信息码元的差错概率，应合理设计基带信号并采用均衡技术以减小信道线性畸变引起的码间干扰；对于由信道噪声引起的加性干扰，应考虑采取加大发送功率、适当选择调制解调方式等措施。但是随着现代数字通信技术的不断发展，以及传输速率的不断提高，对信息码元的差错概率 P_e 的要求也在提高，例如计算机间的数据传输，要求 P_e 低于 10^{-9}，并且信道带宽和发送功率受到限制，此时就需要采用信道编码，又称为差错控制编码。信道编码理论建立在香农信息论的基础上，其实质是给信息码元增加冗余度，即增加一定数量的多余码元（称为监督码元或校验码元），由信息码元和监督码元共同组成一个码字，两者间满足一定的约束关系。如果在传输过程中受到干扰，某位码元发生了变化，就破坏了它们之间的约束关系。接收端通过检验约束关系是否成立，完成识别错误或者进一步判定错误位置并纠正错误，从而提高通信的可靠性。

用不同的方法可以对差错控制编码进行不同的分类。

（1）根据已编码组中信息码元与监督码元之间的函数关系，可分为线性码及非线性码。

若信息码元与监督码元之间的关系呈线性，即满足一组线性方程式，则称为线性码。否则称为非线性码。

（2）根据信息码元和监督码元之间的约束方式不同，可分为分组码和卷积码。

分组码的监督码元仅与本码组的信息码元有关，卷积码的监督码元不仅与本组信息码元有关，而且与前面若干码组的信息码元有约束关系。

（3）根据编码后信息码元是否保持原来的形式，可分为系统码和非系统码。

在系统码中，编码后的信息码元保持原样，而非系统码中的信息码元则改变了原来的信号形式。

（4）根据编码的不同功能，可分为检错码、纠错码和纠删码。

检错码只能够发现错误，但不能纠正错误；纠错码能够纠正错误；纠删码即可以检错又可以纠错，但纠错能力有限，当有不能纠正的错误时将发出错误指示或删除不可纠正的错误段落。

（5）根据纠正、检验错误的类型不同，可分为纠正、检验随机性错误的码和纠正、检验突发性错误的码。

（6）根据码元取值的不同，可分为二进制码和多进制码。这里只介绍二进制纠检错编码。

信号经信道编码后比特率增大了，这是因为对信源编码后的信号进行了差错控制编码的结果。所增加的比特数，可形象地看作是对原数据信号的保护。若设信道编码器输入端的数据率为 n，编码后输出的数据率为 m，则 $R = n/m$ 称为信道编码的编码率。由于 $m > n$，因此，$R < 1$。编码率 R 越小，说明加入的保护比特越多，相应地，保护能力越强，信号传输的可靠性越高，但同时数据率增大的也越多。因此，在系统容量已非常紧张时，应根据所传输比特的重要程度选择不同的保护程度，这样可有效地减少由信道编码所增加的比特数。

下面以一个简单的例子来说明差错控制编码具有差错控制能力的原理。

假设待传输的信息序列为 1011010，如果将此序列直接传输，接收端无法根据收到的数字序列判断是否存在误码。如果在发送端对信息序列进行编码，例如，在每个信息码元之后附加一位监督码，且监督码与信息码元相同（称为重复编码），则得到如下的编码序列 11、00、11、11、00、00、00，此编码序列就是一个每组只有两个码元的分组码，且是线性分组码。如果每组最多只有一个码元在传输时发生误码，例如，第一组 11 出现了一个误码，成为 10。由于在发送端输出的码元中不可能有这样码组，因此，接收端可检测到出现了误码。但是，接收端并不能进行纠错，因为它不能判断是哪一位码元出现了误码。因此，上面的编码只具有检测一位错误的能力，而不具有纠正错误的能力，所以是检错码。

对上面待传输的序列 1011010 进行两位重复编码，则得到如下的编码序列 111、000、111、111、000、111、000，若接收端收到一个 010 码组，则可判断出此码组有误码，如果每组最多只有一位误码，接收端依据最大似然法则，判断出是第二个码元发生了错误，即可予以纠正。若每组最多有两个误码，接收端也可检测到有误码，但不能判断是哪一位发生了错误，因此，不能进行纠错。显然，上面的两位重复编码具有发现两位误码的能力，或纠正一位误码的能力。

线性分组码的检、纠错能力，与许用码组（编码后可能出现的码组）之间的最小汉明距 d_{min}（简称最小码距）有关。汉明距是指两个许用码组对应码位上码元不同的位数。上面两位重复编码的许用码组是 111 和 000，它们的汉明距是 3。

线性分组码的最小码距 d_{min} 越大，则检、纠错能力越强。d_{min} 与差错控制编码的检错和纠错能力的关系如下。

根据以上分析可知，编码的最小码距直接关系到这种码的检错和纠错能力，所以最小码距是差错控制编码的一个重要参数。对于分组码一般有以下结论：

（1）在一个码组内检测 e 个误码，要求最小码距为

$$d_{min} \geq e + 1 \qquad (1-5-1)$$

（2）在一个码组内纠正 t 个误码，要求最小码距为

$$d_{min} \geq 2t + 1 \qquad (1-5-2)$$

（3）在一个码组内纠正 t 个误码，同时检测 e（$e \geq t$）个误码，要求最小码距为

$$d_{min} \geq t + e + 1 \qquad (1-5-3)$$

这些结论可以用图 1-5-3 所示的几何图形简单地给予证明。

图 1-5-3a 中 C 表示某码组，当误码不超过 e 个时，该码组的位置移动将不超出以它为圆心，以 e 为半径的圆。只要其他任何许用码组都不落入此圆内，则 C 发生 e 个误码时就不可能与其他许用码组混淆。这意味着其他许用码组必须位于以 C 为圆心，以 $e + 1$ 为半径的圆上或圆外。因此该码的最小码距 d_{min} 为 $e + 1$。

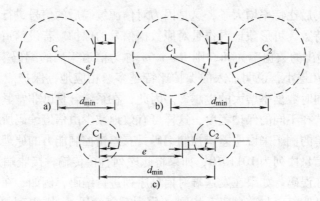

图 1-5-3　码距与检错和纠错能力的关系

图 1-5-3b 中 C_1、C_2 分别表示任意两个许用码组,当各自误码不超过 t 个时,发生误码后两码组的位置移动将各自不超出以 C_1、C_2 为圆心,t 为半径的圆。只要这两个圆不相交,当误码小于 t 个时,根据它们落在哪个圆内可以正确地判断为 C_1 或 C_2,就是说可以纠正错误。以 C_1、C_2 为圆心的两圆不相交的最近圆心距离为 $2t+1$,即为纠正 t 个误码的最小码距。

式 (1-5-3) 所述情形中纠正 t 个误码同时检测 e 个误码,是指当误码不超过 t 个时能自动纠正误码,而当误码超过 t 个时则不可能纠正错误但仍可检测 e 个误码。图 1-5-3c 中 C_1、C_2 分别为两个许用码组,在最坏情况下 C_1 发生 e 个误码,而 C_2 发生 t 个误码,为了保证此时两码组仍不发生混淆,则要求以 C_1 为圆心,e 为半径的圆必须与以 C_2 为圆心,t 为半径的圆不发生交叠,即要求最小码距 $d_{\min} \geqslant t+e+1$。

可见 $d_{\min}$ 体现了码组的纠、检错能力。码组间最小距离越大,说明码字间最小差别越大,抗干扰能力就越强。

由于编码系统具有纠错能力,因此在达到同样误码率要求时,编码系统会使所要求的输入信噪比低于非编码系统,为此引入了编码增益的概念。其定义为在给定误码率下,非编码系统与编码系统之间所需信噪比 E_b/N_0 之差 (用 dB 表示)。采用不同的编码会得到不同的编码增益,但编码增益的提高要以增加系统带宽或复杂度来换取。

任务三　恒　比　码

恒比码又称等比码或等重码。恒比码的每个码组中,"1" 和 "0" 的个数比是恒定的。我国电传通信中采用的五单位数字保护电码是一种 3∶2 等比码,也叫五中取三的恒比码,即在 5 单位电传码的码组中 ($2^5 = 32$),取其 "1" 的数目恒为 3 的码组 ($C_5^3 = 10$),代表 10 个字符 (0~9),见表 1-5-1。因为每个汉字是以四位十进制数表示的,所以提高十进制数字传输的可靠性,相当于提高了汉字传输的可靠性。

国际电传电报上通用的 ARQ 通信系统中,选用三个 "1"、四个 "0" 的 3∶4 码,即七中取三码。它有 $C_7^3 = 35$ 个码组,分别表示 26 个字母及其他符号。

在检测恒比码时,通过计算接收码组中 "1" 的数目,判定传输有无错误。除了 "1" 错成 "0" 和 "0" 错成 "1" 成对出现的错误以外,这种码能发现其他所有形式的错误,因此检错能力很强。实践证明,应用这种码,国际电报通信的误码率可保持在 10^{-6} 以下。

表 1-5-1 恒比码

十进制	1	2	3	4	5	6	7	8	9	0
3:2 恒比码	01011	11001	10110	11010	00111	10101	11100	01110	10011	01101

任务四 奇偶校验码

分组码是信道编码后的序列可分为 n 个码元一组,其中 k 个码元是信息码,$r = n - k$ 个码元是附加的监督码元。在分组编码中,监督码元仅与本组的信息码元有约束关系。

分组码常用 (n, k) 来表示,它是将 k 位信息码元,经编码后形成 n 位一组的输出序列 $(n > k)$,其中附加的 $r = n - k$ 位是监督码元,其编码效率 $R = k/n$。分组码中的监督码元只与本组中的信息码元有监督约束关系。输入的 k 位信息组合共有 2^k 个不同的形式,编码器输出也只需对应这 2^k 个输入形式输出 2^k 个不同的码组即可。但由 n 位二进制数组成的序列组合,共有 2^n 个不同的形式,因此,(n, k) 分组编码就是从这 2^n 个二进制数组合中,挑选出 2^k 个作为编码的输出码组(也称为许用码组或码字),其余的 $(2^n - 2^k)$ 个则是禁用码组。当信道编码输出的码字在信道中传输时,产生的误码就可能使原来的许用码组变为禁用码组,这时接收端就可判断出此码组中有误码,但误码也可能使一个许用码组变为另一个许用码组,这时,接收端就无法判断出有误码。分组码的检、纠错能力与码组中附加的监督码元个数有关,当 r 越大,禁用码组越多,误码使许用码组变为禁用码组的可能性越大,则编码的检、纠错能力越强,但同时,附加的与传输信息无关的码元个数增加了,因此,在实际应用中要折中考虑数据率和差错控制编码的检纠错能力。

从代数学的角度,每个二进制码组可以看成是只有 0 和 1 两个元素的二元域中的 n 重。所有二元 n 重的集合称为二元域上的一个矢量空间。二元域上只有两种运算,即加和乘,所有运算结果也必定在同一个二元集合中。在二元域中加和乘的运算规则见表 1-5-2。

表 1-5-2 二元域运算规则

加	乘
$0 \oplus 0 = 0$	$0 \cdot 0 = 0$
$0 \oplus 1 = 1$	$0 \cdot 1 = 0$
$1 \oplus 0 = 1$	$1 \cdot 0 = 0$
$1 \oplus 1 = 0$	$1 \cdot 1 = 1$

奇偶校验码是分组码。它是在一组信息码元之后附加一位监督码元,组成一组满足奇校验关系或偶校验关系的码组。当附加的监督码元使码组中"1"的个数为偶数时,称为偶校

验码，即偶校验码码组中的码元满足下面的约束关系

$$S = a_{n-1} \oplus a_{n-2} \oplus \cdots \oplus a_0$$

式中，a_0 是监督位；其他 $n-1$ 个码元为信息码元。

$$a_{n-1} \oplus a_{n-2} \oplus \cdots \oplus a_0 = 0 \tag{1-5-4}$$

当附加的监督码元使码组中"1"的个数为奇数时，称为奇校验码，则奇校验码码组中的码元满足关系为

$$a_{n-1} \oplus a_{n-2} \oplus \cdots \oplus a_0 = 1 \tag{1-5-5}$$

式（1-5-4）和式（1-5-5）也称为监督关系式。

奇偶校验码的编码率为 $R = (n-1)/n$。

表 1-5-3 显示了对两位信息码元进行奇偶校验编码的结果。码组中的前两位是信息位，与原信息码完全相同，第三位是监督位。奇校验码和偶校验码均可检测奇数个误码。在接收端，译码器将码组中各码元相加（模 2 和），若结果满足监督关系式，则判断无误码，反之，则认为有误码。例如，若接收端收到一个奇校验码的码组序列为 1100101，由于，1 + 1 + 1 + 0 + 1 + 0 + 1 = 0，不满足奇校验码的约束关系式（1-5-5），由此可判断此码组中有误码，但无法判断出是哪一位发生了错误，因此，奇校验码是检错码，无纠错的能力。偶校验码与奇校验码有同样的检纠错的能力。

表 1-5-3　奇偶校验码

信息码元	偶校验码	奇校验码
00	000	001
01	011	010
10	101	100
11	110	111

任务五　线性分组码

线性分组码是分组码的一个子集。在线性分组码中，长为 n 的分组码，码字由两部分构成，即信息码元（k 位）+ 监督码元（r 位）。监督码元是根据一定规则由信息码元变换得到的，变换规则不同就构成不同的分组码。如果监督位为信息位的线性组合，就称为线性分组码。要从 k 个信息码元中求出 r 个监督码元，必须有 r 个独立的线性方程。根据不同的线性方程，可得到不同的 (n, k) 线性分组码。

一般由 r 个监督方程式计算得 r 个校正子，可以用来指示 $2^r - 1$ 种错误，对于一位误码来说，就可以指示 $2^r - 1$ 个误码位置。对于 (n, k) 码，如果满足 $2^r - 1 \geq n$ 则可能构造出纠正一位或一位以上错误的线性码。

在编码时，认定其是否有错，可以利用监督关系式，S 称为校正子，又称伴随式。$S=0$ 无错，$S=1$ 有错。

例如，根据偶校验码要求，有 $S=0$ 时，无错；$S=1$ 时，则有错。

线性码各许用码组的集合构成了代数学中的群，因此又称群码。它有如下性质：

1）任意两许用码组之和（按位模 2 加）仍为一许用码组，即线性码具有封闭性。

2）集合中的最小距离等于码组中非全"0"码字的最小重量。

在群中只存在一种运算，即模 2 加，通常四则运算中的加、减法在这里都是模 2 加的关系。所以后面将简化运算符号 $\oplus$ 为" + "。

1. (7, 4) 分组码

设分组码 (n, k) 中 $k=4$。为了纠正一位错码。由 $2^r-1 \geqslant n$ 可知，要求监督位数 $r \geqslant 3$，若取 $r=3$，$n=7$。我们用 $a_6 a_5 a_4 a_3 a_2 a_1 a_0$ 表示这 7 个码元，用 S_1、S_2、S_3 表示三个监督关系式中的校正子，则 S_1、S_2、S_3 的值与错码位置的对应关系见表 1-5-4。

说明：当然，我们也可以规定成另一种对应关系，但这不影响讨论一般性。

表 1-5-4 校正子与错码位置图

$S_1 S_2 S_3$	错码位置	$S_1 S_2 S_3$	错码位置
001	a_0	101	a_4
010	a_1	110	a_5
100	a_2	111	a_6
011	a_3	000	无错

由表中规定可见，仅当一错码位置在 a_2、a_4、a_5 或 a_6 时，校正子 S_1 为 1；否则 S_1 为 0。这就意味着 a_2、a_4、a_5 和 a_6 四个码元构成偶数监督关系：

$$S_1 = a_6 \oplus a_5 \oplus a_4 \oplus a_2 \tag{1-5-6}$$

同理 a_1、a_3、a_5 和 a_6 码元构成偶数监督关系：

$$S_2 = a_6 \oplus a_5 \oplus a_3 \oplus a_1 \tag{1-5-7}$$

以及 a_0、a_3、a_4 和 a_6 码元构成偶数监督关系：

$$S_3 = a_6 \oplus a_4 \oplus a_3 \oplus a_0 \tag{1-5-8}$$

在发送端编码时，信息位 a_3、a_4、a_5 和 a_6 的值决定于输入信号，因此它们是随机的。监督为 a_2、a_1、a_0 应根据信息位的取值按监督关系来确定，即监督位应使式（1-5-6）~ 式（1-5-8）中 S_1、S_2、S_3 的值为 0（表示编成的码组中应无错码）。

$$\begin{cases} a_6 \oplus a_5 \oplus a_4 \oplus a_2 = 0 \\ a_6 \oplus a_5 \oplus a_3 \oplus a_1 = 0 \\ a_6 \oplus a_4 \oplus a_3 \oplus a_0 = 0 \end{cases} \tag{1-5-9}$$

由式（1-5-9）经移项运算，解出监督位，得

$$\begin{cases} a_2 = a_6 \oplus a_5 \oplus a_4 \\ a_1 = a_6 \oplus a_5 \oplus a_3 \\ a_0 = a_6 \oplus a_4 \oplus a_3 \end{cases} \tag{1-5-10}$$

则给定信息位后，可直接按式（1-5-10）算出监督位，其结果见表1-5-5。

表1-5-5　（7，4）线性分组码的全部码组

$a_6 a_5 a_4 a_3 a_2 a_1 a_0$	$a_6 a_5 a_4 a_3 a_2 a_1 a_0$
0000000	1000111
0001011	1001100
0010101	1010010
0011110	1011001
0100110	1100001
0101101	1101010
0110011	1110100
0111000	1111111

接收端收到每个码组中，先按式（1-5-6）~式（1-5-8）计算出 S_1、S_2、S_3，然后根据表1-5-3判断错码情况。例如接收码组为1000011，按式（1-5-6）~式（1-5-8）S_1、S_2、S_3的值分别为0、0、1，故根据表可知在 a_0 位有一错码。

按上述方法构造的码称为汉明码。表1-5-4所列的（7，4）汉明码的最小码距 $d_0 = 3$，故而可知，这种码能纠正一个错码或检测两个错码。其编码率为4/7，当 n 很大时，则编码效率接近1，可见汉明码是一种高效码。

2. 监督矩阵

为了说明（n，k）线性分组码的编码原理，下面引入监督矩阵 **H** 和生成矩阵 **G** 的概念。线性码是指信息位和监督位满足一组线性方程的码。式（1-5-9）就是表示这样一组线性方程的例子。现在将它改写成

$$\begin{cases} 1 \cdot a_6 + 1 \cdot a_5 + 1 \cdot a_4 + 0 \cdot a_3 + 1 \cdot a_2 + 0 \cdot a_1 + 0 \cdot a_0 = 0 \\ 1 \cdot a_6 + 1 \cdot a_5 + 0 \cdot a_4 + 1 \cdot a_3 + 0 \cdot a_2 + 1 \cdot a_1 + 0 \cdot a_0 = 0 \\ 1 \cdot a_6 + 0 \cdot a_5 + 1 \cdot a_4 + 1 \cdot a_3 + 0 \cdot a_2 + 0 \cdot a_1 + 1 \cdot a_0 = 0 \end{cases} \tag{1-5-11}$$

注：+是 $\oplus$ 的简写。本模块中除非特殊说明，这类式中用+代写 $\oplus$，表示模2加。把式（1-5-11）写成矩阵的形式。

例如，已知一个（7，4）线性分组码，4个信息码元 a_6、a_5、a_4、a_3 和3个监督码元 a_2、a_1、a_0 之间符合以下规则

$$\begin{bmatrix} 1 & 1 & 1 & 0 & 1 & 0 & 0 \\ 1 & 1 & 0 & 1 & 0 & 1 & 0 \\ 1 & 0 & 1 & 1 & 0 & 0 & 1 \end{bmatrix} \begin{bmatrix} a_6 \\ a_5 \\ a_4 \\ a_3 \\ a_2 \\ a_1 \\ a_0 \end{bmatrix} = \begin{bmatrix} 0 \\ 0 \\ 0 \end{bmatrix} \tag{1-5-12}$$

或

$$\begin{bmatrix} a_6 & a_5 & a_4 & a_3 & a_2 & a_1 & a_0 \end{bmatrix} \begin{bmatrix} 1 & 1 & 1 \\ 1 & 1 & 0 \\ 1 & 0 & 1 \\ 0 & 1 & 1 \\ 1 & 0 & 0 \\ 0 & 1 & 0 \\ 0 & 0 & 1 \end{bmatrix} = \begin{bmatrix} 0 & 0 & 0 \end{bmatrix}$$

上式还可以简写成

$$H \cdot A^{\mathrm{T}} = 0^{\mathrm{T}} \text{ 或 } A \cdot H^{\mathrm{T}} = 0 \tag{1-5-13}$$

$$H = \begin{bmatrix} 1 & 1 & 1 & 0 & 1 & 0 & 0 \\ 1 & 1 & 0 & 1 & 0 & 1 & 0 \\ 1 & 0 & 1 & 1 & 0 & 0 & 1 \end{bmatrix} \tag{1-5-14}$$

$$A = \begin{bmatrix} a_6 & a_5 & a_4 & a_3 & a_2 & a_1 & a_0 \end{bmatrix}$$

$$0 = \begin{bmatrix} 0 & 0 & 0 \end{bmatrix}$$

式中，T 表示的是矩阵转置。所谓矩阵转置表示的是矩阵的行变为列，列变为行。

当监督矩阵 H 给定时，利用式（1-5-13）可以验证接收码是否正确。H 矩阵可以分成两部分：

$$H = \begin{bmatrix} P \mid I_r \end{bmatrix}$$

$$\tag{1-5-15}$$

式中，P 为 $r \times k$ 阶矩阵，I_r 为 $r \times r$ 阶单位方阵，具有 $\begin{bmatrix} P \mid I_r \end{bmatrix}$ 形式的 H 矩阵被称为典型矩阵。线性代数的基本理论指出，典型形式的监督矩阵各行一定是线性无关的，非典型形式的监督矩阵可以经过线性变换化为典型形式，除非非典型形式监督矩阵的各行不是线性无关的。

3. 生成矩阵 G

式（1-5-10）可改编成下面的矩阵表示形式。

$$\begin{bmatrix} a_2 \\ a_1 \\ a_0 \end{bmatrix} = \begin{bmatrix} 1 & 1 & 1 & 0 \\ 1 & 1 & 0 & 1 \\ 1 & 0 & 1 & 1 \end{bmatrix} \begin{bmatrix} a_6 \\ a_5 \\ a_4 \\ a_3 \end{bmatrix} \tag{1-5-16}$$

或

$$[a_2 \ a_1 \ a_0] = [a_6 \ a_5 \ a_4 \ a_3] \begin{bmatrix} 1 & 1 & 1 \\ 1 & 1 & 0 \\ 1 & 0 & 1 \\ 0 & 1 & 1 \end{bmatrix} = [a_6 \ a_5 \ a_4 \ a_3] \boldsymbol{Q} \tag{1-5-17}$$

式中，$\boldsymbol{Q}$ 为一个 $k \times r$ 阶矩阵，它为 $\boldsymbol{P}$ 的转置，即

$$\boldsymbol{Q} = \boldsymbol{P}^{\mathrm{T}} \tag{1-5-18}$$

根据式（1-5-18）可知，信息位给定后，用信息位的行矩阵乘矩阵 $\boldsymbol{Q}$ 就产生出监督位。

我们将 $\boldsymbol{Q}$ 的左边加上一个 $k \times k$ 阶单位方阵，就构成了生成矩阵 $\boldsymbol{G}$。

$$\boldsymbol{G} = [\boldsymbol{I}_k \boldsymbol{Q}] = \begin{bmatrix} 1 & 0 & 0 & 0 & 1 & 1 & 1 \\ 0 & 1 & 0 & 0 & 1 & 1 & 0 \\ 0 & 0 & 1 & 0 & 1 & 0 & 1 \\ 0 & 0 & 0 & 1 & 0 & 1 & 1 \end{bmatrix} \tag{1-5-19}$$

式中，$\boldsymbol{G}$ 为生成矩阵，因为由它可以生成整个码组，即有

$$[a_6 \ a_5 \ a_4 \ a_3 \ a_2 \ a_1 \ a_0] = [a_6 \ a_5 \ a_4 \ a_3] \boldsymbol{G} \tag{1-5-20}$$

符合 $[\boldsymbol{I}_k \boldsymbol{Q}]$ 形式的生成矩阵称为典型形式的生成矩阵，由该矩阵得到的码组是系统码。利用此生成矩阵同样可以得到表 1-5-4 中给出的（7，4）线性分组码的全部码字。

同样，典型形式的生成矩阵的各行也必定是线性无关的，每行都是一个许用码组，k 行许用码组经过行运算可以生成 2^k 个不同的许用码组。非典型形式的生成矩阵经过运算也一定可以化为典型形式。

典型监督矩阵和典型生成矩阵之间存在关系：

$$\boldsymbol{H} = [\boldsymbol{P} | \boldsymbol{I}_r] = [\boldsymbol{Q}^{\mathrm{T}} | \boldsymbol{I}_r]$$
$$\boldsymbol{G} = [\boldsymbol{I}_k | \boldsymbol{Q}] = [\boldsymbol{I}_k \ \boldsymbol{P}^{\mathrm{T}}] \tag{1-5-21}$$

4. 伴随式（校正子）

发送码组 $\boldsymbol{A} = [a_{n-1} \ a_{n-2} \cdots a_0]$ 在传输过程中可能会发生误码。设接收到的码组为 $\boldsymbol{B} = [b_{n-1} \ b_{n-2} \cdots b_0]$，则收、发码组之差为

$$\boldsymbol{B} - \boldsymbol{A} = \boldsymbol{E}$$

或写成

$$\boldsymbol{B} = \boldsymbol{A} + \boldsymbol{E} \tag{1-5-22}$$

式中，$\boldsymbol{E} = [e_{n-1} \ e_{n-2} \cdots e_0]$ 为错误图样。

令 $\boldsymbol{S} = \boldsymbol{B}\boldsymbol{H}^{\mathrm{T}}$ 为分组码的伴随式（亦称为校正子或校验子）。利用式（1-5-22），可以得到

$$\boldsymbol{S} = (\boldsymbol{A} + \boldsymbol{E})\boldsymbol{H}^{\mathrm{T}} = \boldsymbol{A}\boldsymbol{H}^{\mathrm{T}} + \boldsymbol{E}\boldsymbol{H}^{\mathrm{T}} = \boldsymbol{E}\boldsymbol{H}^{\mathrm{T}} \tag{1-5-23}$$

这样就把校正子 $\boldsymbol{S}$ 与接收码组 $\boldsymbol{B}$ 的关系转换成了校正子 $\boldsymbol{S}$ 与错误图样 $\boldsymbol{E}$ 的关系。在接收机中只要用式（1-5-23）计算校正子 $\boldsymbol{S}$，并判断计算结果是否为 0，就可完成检错工作。因为如果是正确接收（$\boldsymbol{E} = \boldsymbol{0}$），则 $\boldsymbol{B} = \boldsymbol{A} + \boldsymbol{E} = \boldsymbol{0}$，依照式（1-5-23）有

$$\boldsymbol{S} = \boldsymbol{B}\boldsymbol{H}^{\mathrm{T}} = \boldsymbol{A}\boldsymbol{H}^{\mathrm{T}} = \boldsymbol{0} \tag{1-5-24}$$

如果接收码组不等于发送码组（$\boldsymbol{B} \neq \boldsymbol{A}$），则 $\boldsymbol{E} \neq \boldsymbol{0}$，故 $\boldsymbol{S} = \boldsymbol{E}\boldsymbol{H}^{\mathrm{T}} \neq \boldsymbol{0}$。

在讨论怎样利用校正子 S 完成纠错工作之前，先看一下 S 与 E 的关系。前面所说的 (7，4) 线性分组码 [见式1-5-14)]

$$H = \begin{bmatrix} 1\,1\,1\,0\,1\,0\,0 \\ 1\,1\,0\,1\,0\,1\,0 \\ 1\,0\,1\,1\,0\,0\,1 \end{bmatrix}$$

设接收码组的最高位有错，错误图样 $E = [1\,0\,0\,0\,0\,0\,0]$，计算

$$S = EH^{\mathrm{T}} = [1\,0\,0\,0\,0\,0\,0] \begin{bmatrix} 1\,1\,1 \\ 1\,1\,0 \\ 1\,0\,1 \\ 0\,1\,1 \\ 1\,0\,0 \\ 0\,1\,0 \\ 0\,0\,1 \end{bmatrix} = [1\,1\,1] \tag{1-5-25}$$

它的转置

$$S^{\mathrm{T}} = \begin{bmatrix} 1 \\ 1 \\ 1 \end{bmatrix}$$

恰好是典型监督矩阵 H 中的第一列。

如果是接收码组 B 中的次高位有错，则 $E = [0\,1\,0\,0\,0\,0\,0]$，那么算出的 $S = [1\,0\,0]$，其转置 S^{T} 恰好是典型监督矩阵 H 中的第二列。

换言之，在接收码组只错一位码元的情况下，计算出的校正子 S 总是和典型监督矩阵 H^{T} 中的某一行相同。

可以证明，只要不超出线性分组码的纠错能力，接收机依据计算出的校正子 S，可以判断出码组的错误位置并予以纠正。这里仅讨论纠正一位错误码元的情况。

[例1-5-1]　已知前述 (7，4) 线性分组码某码组（编码及译码器见图1-5-4），在传输过程中发生一位误码，设接收码组 $B = [0000101]$，试将其恢复为正确码组。

解：

(1) 首先确定码组的纠、检错能力。

查表1-5-3，得到最小码距 $d_{\min} = 3$，故此码组可以纠正一位错误码元或检测两位错误码元。

(2) 计算 S^{T} 已知前述 (7，4) 线性分组码的典型监督矩阵

$$H = \begin{bmatrix} 1\,1\,1\,0\,1\,0\,0 \\ 1\,1\,0\,1\,0\,1\,0 \\ 1\,0\,1\,1\,0\,0\,1 \end{bmatrix}$$

利用矩阵性质计算校正子的转置。

$$S = EH^{\mathrm{T}} = \begin{bmatrix} 0\,0\,0\,0\,1\,0\,1 \end{bmatrix} \begin{bmatrix} 1\,1\,1 \\ 1\,1\,0 \\ 1\,0\,1 \\ 0\,1\,1 \\ 1\,0\,0 \\ 0\,1\,0 \\ 0\,0\,1 \end{bmatrix} = \begin{bmatrix} 1\,0\,1 \end{bmatrix}$$

$$S^{\mathrm{T}} = \begin{bmatrix} 1 \\ 0 \\ 1 \end{bmatrix}$$

（3）恢复正确码组

因为此码组具有纠正一位错误码元的能力，且计算结果 S^{T} 与 H 矩阵中的第三列相同，相当于得到错误图样 $E = \begin{bmatrix} 0010000 \end{bmatrix}$，所以正确码组为

$$A = B + E = \begin{bmatrix} 0000101 \end{bmatrix} + \begin{bmatrix} 0010000 \end{bmatrix} = \begin{bmatrix} 0010101 \end{bmatrix}$$

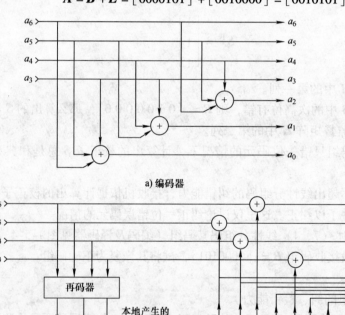

a) 编码器

b) 译码器

图 1-5-4 　（7，4）分组码编码与译码器

除了汉明码外，迄今为止已找到的唯一能纠正多个错误的完备码是（23，12）非本原 BCH 码，常称为戈雷码。

5. CRC 码介绍

CRC 即循环冗余校验码（Cyclic Redundancy Check），是数据通信领域中最常用的一种

差错校验码,具有较强的误码检测能力,其特征是信息字段和校验字段的长度可以任意选定。

循环冗余校验码(CRC)的基本原理是:在 k 位信息码后再拼接 r 位的校验码,整个编码长度为 n 位,因此,这种编码也叫 (n,k) 码。对于一个给定的 (n,k) 码,可以证明存在一个最高次幂为 $n-k=r$ 的多项式 $g(x)$。根据 $g(x)$ 可以生成 k 位信息的校验码,而 $g(x)$ 叫作这个 CRC 码的生成多项式。校验码的具体生成过程为:假设发送信息用信息多项式 $C(x)$ 表示,将 $C(x)$ 左移 r 位,则可表示成 $C(x)\cdot x$ 的 r 次方,这样 $C(x)$ 的右边就会空出 r 位,这就是校验码的位置。通过 $C(x)\cdot x$ 的 r 次方除以生成多项式 $g(x)$ 得到的余数就是校验码。有 4 种已成为国家标准的 CRC 码的生成多项式,见表 1-5-6。

表 1-5-6 四种标准的 CRC 码的生成多项式

CRC 码	生成多项式 $g(x)$
CRC – 12	$x^{12}+x^{11}+x^3+x^2+x+1$
CRC – 16	$x^{16}+x^{15}+x^2+1$
CRC – CCITT	$x^{16}+x^{12}+x^5+1$
CRC – 32	$x^{32}+x^{26}+x^{23}+x^{16}+x^{12}+x^{11}+x^{10}+x^8+x^7+x^5+x^4+x^2+x+1$

任务六 循 环 码

循环码是线性分组码中一个最重要的分支。它的检、纠错能力较强,编码和译码设备并不复杂,所以循环码受到人们的高度重视,在前向纠错系统中得到了广泛应用。

循环码有严密的代数理论基础,是目前研究得最成熟的一类码。这里对循环码不作严格的数学分析,只重点介绍循环码在差错控制中的应用。

循环码有两个数学特征:

1)线性分组码的封闭性。

2)循环性,即任一许用码组经过循环移位后所得到的码组仍为该许用码组集合中的一个码组(见表 1-5-7)。

表 1-5-7 列出了某 (7,3) 循环码的全部码组

码组编号	信息位 $a_6\,a_5\,a_4$	监督位 $a_3\,a_2\,a_1\,a_0$	码组编号	信息位 $a_6\,a_5\,a_4$	监督位 $a_3\,a_2\,a_1\,a_0$
(1)	000	0000	(5)	100	1011
(2)	001	0111	(6)	101	1100
(3)	010	1110	(7)	110	0101
(4)	011	1011	(8)	111	0010

可见除全零码组外,不论循环右移或左移,移多少位,其结果均在该循环码组的集合中(全零码组自己构成独立的循环圈)。为了用代数学理论研究循环码,可将码组用多项式表示,称为码多项式。循环码组中各码元分别为多项式的系数。

关于循环码的生成,在这里不多做介绍,有兴趣的同学可以参考《通信原理》课程

内容。

任务七　卷　积　码

前面讨论的分组码的约束关系完全限定在各码组之内。如果需要提高分组码的纠错能力，只能增加校验码元个数，这不但降低了编码效率，同时还增加了编译码设备的复杂程度。编译码时必须把整个信息码组存储起来，由此产生的延时随着 n 的增加而线性增加。遇到既要求 n、k 较小，又要求纠错能力较强的情况，可选择卷积码。

由于卷积码充分利用了各码组之间的相关性，n 和 k 可以选得很小，因此在与分组码同样的传信率和设备复杂性相同的条件下，卷积码的性能比分组码好。缺点是，对卷积码的分析至今还缺乏像分组码那样有效的数学工具，往往要借助于计算机才能搜索到一些好码的参数。

1. 卷积码的编码

在卷积码中，一个码组（子码）的监督码元不仅与当前子码的信息码元有关，而且与前面 $N-1$ 组子码的信息码元有关，所以各码组的监督码元不仅对本码组而且对前 $N-1$ 组内的信息码元也起监督作用，因此要用 (n, k, N) 三个参数表示卷积码。其中 n 表示子码长度；k 表示子码中信息码元的个数；N 为编码约束长度，用以表示编码过程中相互约束的子码个数；$N \cdot n$ 为编码过程中相互约束的码元个数。卷积码的纠错能力随着 N 的增加而增大，差错率随着 N 的增加而呈指数下降。

(n, k, N) 卷积码的编码效率 $R = k/n$。如果卷积码的各子码是系统码，则称该卷积码为系统卷积码。假如 $N=1$，那么卷积码就是 (n, k) 分组码了。

卷积码编码器由 N 个 k 级的移位寄存器和 n 个模 2 加法器组成。一般形式如图 1-5-5 所示。

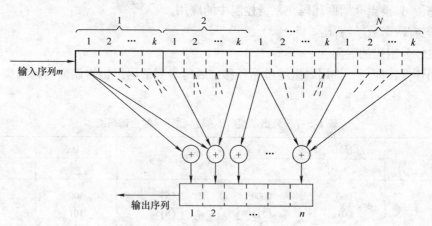

图 1-5-5　卷积码编码器的一般形式

图 1-5-6 所示为一个 $(2, 1, 3)$ 卷积码编码器。此编码器与输入、输出的关系以及各子码之间的约束关系如图 1-5-7 所示。

2. 卷积码的描述

描述卷积码的方法有两类：解析表示和图解表示。

（1）卷积码的解析表示

一般有两种解析表示法描述卷积码，它们是移位算子（延迟算子）多项式表示法和半无限矩阵表示法。在移位算子多项式表示中，编码器中移位寄存器与模2加的连接关系以及输入、输出序列都表示为移位算子 x 的多项式。

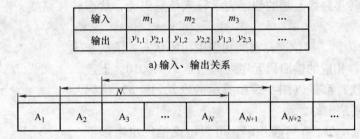

图 1-5-6　（2，1，3）卷积码编码器

（2）卷积码的图解表示

卷积码编码过程有三种图解表示方法，即树状图、网格图和状态图。

1）树状图

如前所述，对不同的输入信息可以利用上述解析方法求出输出码序列。若将这些序列画成树枝形状就得到树状图或叫作码树图，并且码树可一直向右延伸，所以又称半无限码树图。它描述了输入任何信息序列时，所有可能的输出码字。与图 1-5-7（2，1，3）编码电

输入	m_1	m_2	m_3	...
输出	$y_{1,1}\ y_{2,1}$	$y_{1,2}\ y_{2,2}$	$y_{1,3}\ y_{2,3}$	...

a) 输入、输出关系

A_1	A_2	A_3	...	A_N	A_{N+1}	A_{N+2}	...

b) 各子码之间的约束关系

图 1-5-7　输入、输出关系和各子码之间的约束关系

路对应的码树画于图 1-5-8 中。图中每个分支表示一个输入符号。通常输入码元为 0 对应上分支，输入码元为 1 对应下分支。每个分支上面标示着对应的输出，从第三级支路开始码树呈现出重复性（自上而下重复出现 a、b、c、d 四个节点），表示从第 4 位数据开始，输出码字已与第 1 位数据无关，它解释了编码约束度（$m = N+1$）的含义。

2）网格图

如果把码树中具有相同状态的节点合并，就可以得到网格图。与码树中的规定相同，输入码元为 0 对应上分支（用实线表示）；输入码元为 1 对应下分支（用虚线表示）。网格图中支路上标注的是输出码元（见图 1-5-9）。

3）状态图

状态图表示的是编码器中移位寄存器存数状态转移的关系。上述（2，1，3）卷积码 $k = 1$，寄存器级

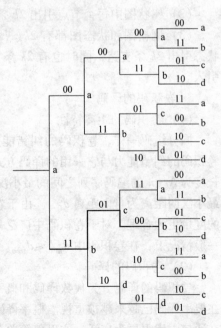

图 1-5-8　（2，1，3）卷积码的树状图

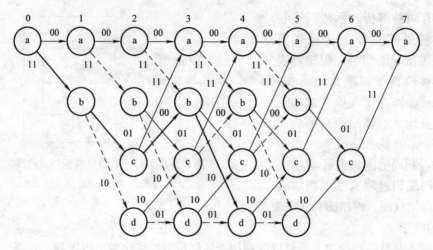

图 1-5-9　（2，1，3）卷积码的网格图

数为 2，所以有 4 级状态 00、01、10、11 分别记为 a、b、c、d，与其对应的状态图如图 1-5-10 所示。状态转移路线上端的数字表示输入信息码元，状态转移路线下端的数字表示与其对应的输出。

以输入 1011 为例，移位寄存器的状态由初始状态 a 依次变化为 b、c、b、d，相应的输出码元序列仍然是 11010010。上述三种图解表示方法，都是以图 1-5-6 所示的（2，1，3）编码电路的卷积码为例给出的。

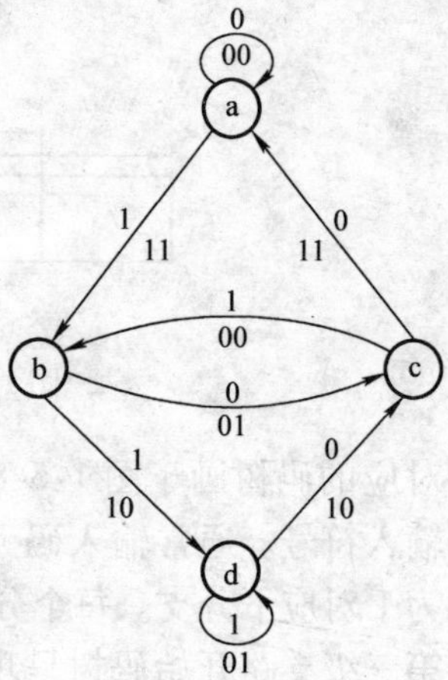

对于一般的（n，k，N）卷积码，可以由此推广出来以下结论：

（1）对应于每组 k 个输入比特，编码后产生 n 个输出比特。

（2）树状图中每个节点引出 $2k$ 条支路。

（3）网格图和状态图都有 $2k(N-1)$ 种可能的状态。每个状态引出 $2k$ 条支路，同时也有 $2k$ 条支路从其他状态或本状态引入。

图 1-5-10　（2，1，3）卷积码的状态图

3. 卷积码的译码

（1）卷积码的距离特性

同分组码一样，卷积码的纠错能力也由距离特性决定，但卷积码的纠错能力与它采用的译码方式有关，因此不同的译码方法就有不同的距离度量。称长度为 $N·n$ 的编码序列之间的最小汉明距离为最小距离 d_{min}；称任意长的编码序列之间的最小汉明距离为自由距离 d_{free}。由于卷积码并不划分为码字，因而以自由距离作为纠错能力的度量更为合理。对于卷积码中广泛采用的维特比译码算法，自由距离 d_{free} 是个重要参量。一般情况下，在卷积码中 $d_{min} \leqslant d_{free}$。

（2）卷积码的译码

卷积码的译码分为代数译码和概率译码两大类。卷积码发展的早期多采用代数译码，现在概率译码已越来越被重视。概率译码算法主要有维特比译码和序列译码。由于维特比译码在通信中用得更为广泛，这里仅简单介绍维特比译码。

维特比译码算法采用的是最大似然算法。它把接收码序列同所有可能的码序列作比较，选择一种码距最小的码序列作为发送数据。

项目三 交 织

前面所介绍的几种信道编码只能检测出或纠正单个误码或不太长的连续误码，在一般信道中误码通常是单个的或随机分布的，利用信道编码可以有效地提高传输质量。但在移动通信系统中，干扰和衰落引起的误码往往具有突发性，是长串连续的块状误码。信道编码对此误码是无能为力的。交织技术正是为解决这一问题而设计的。交织是将原信息中的连续比特分散到不同的时间段中组成新的序列，新组合的序列在信道中传输时，当出现长串连续的误码时，在接收端通过去交织，误码就被分散成单个的或很短的连续误码，分散后的误码一般都能利用信道编码的纠错能力予以纠正。

交织可分为卷积交织和分组交织两类。分组交织是将待处理的 $m \times n$ 个信息数据，以行的方式依次存储到一个 m 行 n 列的交织矩阵中，如图 1-5-11 所示。然后以列的方式读取数据，得到 n 帧码组、每帧有 m 个信息比特的输出序列。这样的输出序列已将原来连续的信息比特分散开了，原来连续的比特在输出序列中均被 $(m-1)$ 个比特所间隔。通常将交织矩阵的行数 m 称为交织深度。m 越大，则交织后信息比特被分散的程度越高。

下面以一个 5×4 交织为例来说明信息序列经交织后抗突发误码的能力。图 1-5-12a 中，当以列的方式读出数据时，输出序列如图 1-5-12b 所示。可以看到，原来连续的码元，被其他的 4 个码元间隔开。假设交织后的序列在信道中传输时，由于干扰而产生了 5 个连续的误码，如图1-5-12c 中阴影码元所示，而图 1-5-12d 所示是去交织后的信息序列，由此可看出，连续的误码经过去交织后被分散为单个的误码。交织深度越深，误码被分散的距离越大。像这样间隔一定距离的单个误码，利用一般的信道编码即可得到检出或纠正。

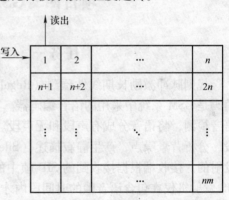

图 1-5-11 $m \times n$ 交织器

但对于图 1-5-12 所示的 5×4 交织，当突发误码长度大于 5 时，去交织后仍会有连续的误码。当误码长度大于 20 时，5×4 交织已完全失去了分散误码的能力。因此，交织矩阵的结构，尤其是交织深度决定了采用交织后所具有的抗突发误码的能力。交织深度越深，误码被分散的距离越大，抗连续误码的能力越强。但由于交织在发送端和接收端都是先存储后读出，对于系统传输会带来延时。比较大的延时在系统中是要加以限制的，因此，对于交织矩阵的设计，应结合信道的特点、信号的特征以及信道编码的纠错能力综合考虑。应充分发挥信道编码的纠错能力，并尽量减少由于交织而带来的延时。

采用交织技术，并不需要像信道编码那样要附加额外的监督码元，却可以降低系统对抗干扰能力的设计要求，因而在一些传输信道复杂的通信系统中有着广泛的应用。

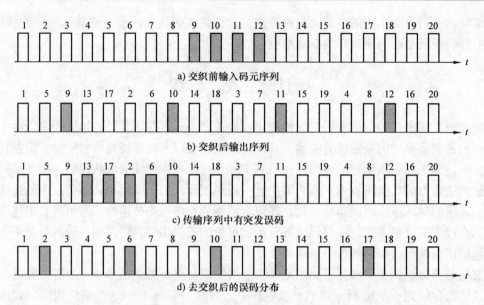

图 1-5-12　交织前、交织后及解交织数据序列示意图

项目四　GSM 系统实际所用编码

任务一　GSM 系统所用信源编码

规则脉冲激励长期线性预测（Regular Pulse Excited – Long Term Prediction，RPE – LTP）编码是 GSM 系统中采用的语音编码器。系统中语音信号处理是比较复杂的，发送端要进行语音检测，将语音分成有声段和无声段。在有声段，进行语音编码产生编码语音帧；在无声段，分析背景噪声，产生静寂描述（Silence Despcription，SID）帧，SID 帧是在语音结束时发射的。接收端根据接收到的 SID 帧中的信息在无声期间内插入"舒适噪声"。也就是说，MS 发射机仅在包含语音帧的时间段内才开发射机。这就是 GSM 系统采用的间断传输（Discontinuous Transmission，DTX）方式。

（1）模 – 数转换部分。语音输入有两种情况：一种是基站交换机和市话网互联的信号为 8bit A 率量化的 PCM 信号（抽样速率为 8kHz），转换为 13bit 的均匀量化信号；一种是移动台由话筒输入的模拟语音，进行 13bit 均匀量化后的信号送至 RPE – LTP 的线性预测编码分析部分。

（2）预处理。语音信号在预处理部分除去输入信号中的直流分量，并进行高频分量的预加重，以便更好地进行线性预测编码（Long Prediction Code，LPC）分析。

（3）线性预测编码（LPC）分析。目的是从语音信号中提取 LPC 参数，供短时分析滤波器使用。

（4）短时分析预测滤波。目的是计算出每一采样周期的残差值，进行后续处理。

（5）长期预测及编码 LTP。经过短时预测的残差信号未必是最佳的，需要再进行一次长期预测，用残差信号的相关性来进行预测，去掉冗余并进行优化。

（6）规则脉冲激励编码

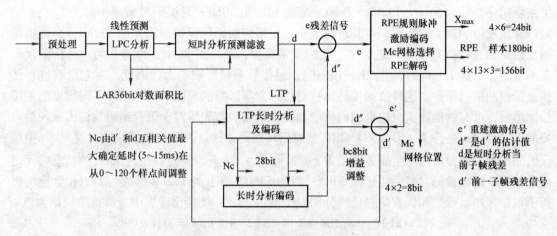

图 1-5-13　GSM 系统所用信源编码

规则脉冲激励编码（RPE，一种波形编码）是用一组在位置上和幅度上都优化的脉冲序列来代替残差信号。具体做法是：把残差信号的样点按照 3:1 的比例来抽取其序列，在 20ms 中再划分为 4 个子帧，每个子帧为 5ms，含 40 个样点，在 40 个样点中，按 3:1 等间隔抽取 13 个样点，其他样点均为零值，在抽取位置上可能有 3 种不同的非 0 序列，称为网格位置，如图 1-5-14 所示。比较几种可能的样点序列，选择一种对语音信号波形影响最大的一种，将它再编码传送出去。

首先找到最大的非 0 样点，将它用 6bit 编码，再将 13 个非 0 点做归一化处理（即以最大

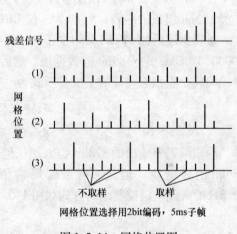

图 1-5-14　网格位置图

值为 1，其他取值小于 1），这样的点各用 3bit 编码。每个子帧中共有 $6 + 3 \times 13 = 45\text{bit}$，20ms 共有 $4 \times 45\text{bit} = 180\text{bit}$。

语音编码包括以下几种参数编码的组合：LPC 参数 LAR（36bit）、网格位置（8bit）、长期预测系数（8bit）、长期预测时延（28bit）、规则脉冲激励编码（180bit）。因此，每 20ms 中 160 个样本编码后共 260bit，语音编码器以 13kbit/s 的速率把信号送给信道编码部分。GSM 语音编码部分原理如图 1-5-13 所示。经过语音编码后的信号送入信道编码部分进行前向纠错处理。

任务二　GSM 语音信道的编码

GSM 语音编码器输出的 260bit（一个 20ms 语音帧），各比特对信号质量的影响程度是不同的，其中一些比特出现差错时，会对信号质量产生严重的影响，而有一些比特出现差错时，对信号质量并不会产生大的影响。因此，移动通信系统中，在信源编码之后，应对一些对信号质量影响重大的比特进行差错控制编码，使由于系统传输所造成的误码能够得到纠正，保证系统的通信质量。GSM 语音编码器输出的 260bit，依据对误码的敏感程度不同进行

了重新排序，分为 50bit、132bit、78bit 三组。第一组 50bit，对误码最敏感，称为 I_a 类，它对声音质量影响最大，因此，对其进行了重点差错控制编码保护；第二组 132bit，对传输误码比较敏感，称为 I_b 类，只进行了一般的差错保护；第三组 78bit，称为 Ⅱ 类，对传输误码最不敏感，当这 78bit 在传输中出现误码时，对信号质量影响不大，因此，对它没有进行任何差错控制编码保护。这样依据传输比特对信号质量影响的程度不同，进行不同程度的差错控制编码，可有效地减少由信道编码所增加的比特数。首先将对于语音编码器输出来说最重要的 I_a 类 50bit 进行了（53，50）CRC 截短循环编码，这是为了加强接收端对这 50bit 中的误码的检测。该循环码的生成多项式为 $g(x) = x^3 + x + 1$。编码后在这 50bit 的信息码元之后附加 3bit 的校验码。然后将 I_a 类 50bit（后为 53bit）和 I_b 类 132bit 组成的 182bit 数据块进行了重新排序，奇数和偶数信息比特分别置于两边，CRC 校验比特居中。即排序规则为

$$u(k) = x(2k), \quad u(184 - k) = x(2k + 1), \quad k = 0、1、\cdots90$$
$$u(91 + k) = P(k) \quad k = 0、1、2$$

式中，$u(k)$ 为重新排序后的序列；$x(k)$ 为 I_a 类 50bit（加上 CRC 后，53bit）和紧随其后的 I_b 类 132bit 组成的序列；$P(k)$ 为三位 CRC 校验码。

重新排序后的 185bit 又附加了 4 个零尾比特（为了使随后的卷积编码器的初始状态为 "0000"）形成一个 189bit 的数据块。然后该数据块再进行编码效率为 1/2，约束长度为 5 的卷积编码。卷积编码器的生成多项式为

$$g_1(x) = 1 + x^3 + x^4$$
$$g_2(x) = 1 + x + x^3 + x^4$$

卷积编码器输出的 378bit 与未加任何差错控制保护的 Ⅱ 类 78bit 形成一个每帧（20ms）456bit 的数据块。至此，信道编码将语音编码器输出的 13kbit/s 的数据率提高到了 22.8kbit/s，此差错控制编码方式如图 1-5-15 所示。

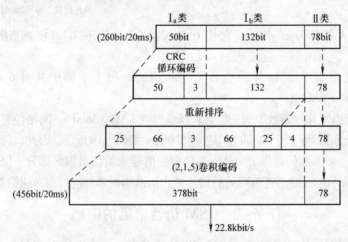

图 1-5-15　GSM 语音信道差错控制编码流程

任务三　GSM 语音信道的交织

在 GSM 系统中，为了减小突变衰落对接收信号质量的影响，在信道编码之后进行两次

交织。第一次是内部交织，即将每20ms语音信号编码后的456bit按57×8进行交织，分成8个57bit的子帧。然后将这8个子帧视为一个块，再与前后相邻的20ms语音块的8个子帧进行第二次交织，交织方式如图1-5-16所示。

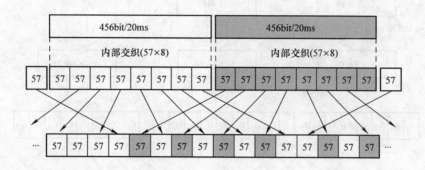

图 1-5-16 GSM 语音信道交织

第二次交织将一个语音块中的8个子帧分散到了8个连续的发送脉冲序列中，每个突发脉冲将包含两个连续语音块 $n-1$ 和 n 中的57bit。这样，即使在传输时由于干扰或衰落使得传输突发序列产生长串连续的误码，也能保证接收端有足够的比特被正确接收用来纠错。为了破坏连续比特间的相邻关系，语音块 $n-1$ 中的57bit按顺序分别使用突发序列中的偶数比特位，而语音块 n 中的57bit则分别使用突发序列中的奇数比特位，如图1-5-16中所示。经过第二次交织后，传输一个语音块，需要相继跨越8个突发脉冲序列，因而交织度为8。图1-5-17显示了GSM语音信道的信号处理流程。通过此图可清楚地了解一个语音帧中的各比特是如何交织组合到了突发脉冲序列中的。

图1-5-17中，2个TB（Transport Block，传输块）分别表示3个头比特和尾比特；GP（Guard Period）是保护时间比特；SF（Sign flag，符号标志）的1比特表示数据的性质是业务数据或控制数据。GSM系统中的其他传输信道也都采用了差错控制编码和交织技术，其基本原理和方法与语音信道的处理方式相似，这里不再赘述。

【模块总结】

本模块主要介绍了实现信息有效传输的一些技术手段及其原理。

信源编码的目的是提高数字信号的有效性，力求以尽可能低的比特率，在信道中传输的数字信号本身具有一定的误码判断能力或纠错能力，提高信号传输的可靠性。

在移动通信系统中，主要采用了语音编码来压缩数据率，采用卷积编码和交织技术等来提高信号的抗干扰能力。卷积编码可纠正单个或不太长的连串误码，交织可提高信号抗长串误码的能力。在GSM系统中采用的声码器是规则脉冲激励长期预测编码器（RPE - LTP），编码器输出信号的速率为13kbit/s；该13kbit/s的信号经CRC及卷积编码数据率提高到22.8kbit/s，以提高抗干扰能力；该22.8kbit/s的信号再进行交织以进一步提高抗连续误码的能力。

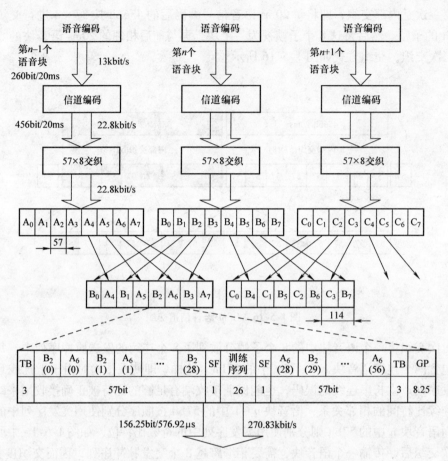

图 1-5-17　GSM 语音信道的信号处理及交织

系 统 篇

GSM

【模块说明】

GSM 系统在第二代移动通信系统中拥有大部分的移动用户，GSM 标准即泛欧数字蜂窝网通信标准，是第二代蜂窝系统的主流标准，也是我国现今蜂窝移动通信的主流标准。它包括 GSM 900 和 DCS 1800 两个工作频段系统。

掌握

✓ GSM 系统网络结构及功能实体作用

✓ GSM 系统参数及频率分配

✓ GSM 有关技术

✓ GSM 系统安全措施

熟悉

✓ 鉴权、加密过程

✓ 越区切换及位置更新流程

了解

✓ GSM 发展历史

项目一 认识 GSM

任务一 GSM 发展过程

GSM 是泛欧的第二代数字移动通信系统，我国具有世界上最大的 GSM 网络，我国两大移动业务的提供商——中国移动和中国联通都拥有 GSM 网络。全球超过 200 个国家和地区使用 GSM 网络，是目前服务人数最多的网络。

在 2012 年 12 月 20 日，中国移动公布最新运营数据显示截至 2012 年 11 月底，中国移动用户总数达到 7.07 亿户，在网 GSM 用户总数达到 6.24 亿户，其余皆为 3G 用户，而中国联通 2012 年财报显示，中国联通 2012 年移动用户达 2.39 亿户，2G 用户方面，全年 GSM 用户总数达 1.63 亿户。

蜂窝移动通信系统之所以能迅速发展，其基本原因有两个：一是采用多信道共用和频率复用技术，频率利用率高；二是系统功能完善，具有越区切换、漫游等功能，与市话网互连，可以直拨市话、长话、国际长途，计费功能齐全，用户使用方便。

第一代蜂窝移动通信网也称模拟蜂窝网，尽管用户迅速增长，但有很多不足之处，例如：

1）模拟蜂窝系统制式混杂，不能实现国际漫游；

2）模拟蜂窝网不能提供综合业务数字网（Integrated Service Digital Network，ISDN）业务；

3）模拟系统设备价格高；

4）手机体积大，电池充电后有效工作时间短；

5）模拟蜂窝网用户容量受到限制，系统扩容困难；

6）模拟系统保密性差、安全性差。

为了解决模拟网中的上述问题，很多国家、部门都开始对数字移动通信系统进行研究。为了解决全欧移动电话自动漫游，采用统一制式得到了欧洲邮电主管部门会议成员国的一致赞成。为了推动这项工作的进行，于1982年成立了移动通信特别小组（Group Special Mobile，GSM）着手进行泛欧蜂窝状移动通信系统的标准制定工作。1985年提出了移动通信的全数字化，并对泛欧数字蜂窝状移动通信提出了具体要求。根据目标提出了两项主要设计原则：

1）语音和信令都采用数字信号传输，数字语音的传输速率降低到16kbit/s或更低；

2）不再采用模拟系统使用的12.5~25kHz标准带宽，采用时分多址接入方式。

在GSM协调下，1986年欧洲国家的有关厂商向GSM提出了8个系统的建议，并在法国巴黎进行移动实验的基础上对系统进行了论证比较。1987年，就泛欧数字蜂窝状移动通信采用时分多址（TDMA）、规则脉冲激励——长期线性预测编码（RPE-LTP）、高斯滤波最小移频键控（GMSK）调制方式等技术，取得一致意见，并提出了如下主要参数。

1）频段：935~960MHz（基站发，移动台收）；890~915MHz（移动台发，基站收）；

2）频带宽度：25MHz；

3）通信方式：全双工，FDD；

4）载频间隔：200kHz；

5）信道分配：每载频8时隙；全速信道8个，半速信道16个（TDMA）；

6）信道总速率：270.8kbit/s；

7）调制方式：GMSK，BT=0.3；

8）语音编码：RPE-LTP，输出速率为13kbit/s；

9）数据速率：9.6kbit/s；

10）跳频速率：217跳/s；

11）每时隙信道速率：22.8kbit/s。

12）分集接收，交织信道编码，自适应均衡……

1988年18个国家签署了一份理解备忘录。在这份文件中，这些国家致力于将规范付诸实现。由于GSM提供了一种公共标准，因此，用户也将能在整个服务区域，在GSM系统覆盖的所有国家之间实现全自动的漫游。除了国际漫游，GSM 标准还提供了一些新的用户业务，如高速数据通信、传真和短消息业务等。

1989 年，GSM 标准生效。

1990 年起该标准在德国、英国和北欧许多国家投入试运行，GSM 系统在更多的国家得到采用，欧洲的专家重新命名 GSM 系统为"全球移动通信系统"（Global System for Mobile Communication，GSM）。

1991 年，GSM 系统正式在欧洲问世，网路开通运行，移动通信跨入第二代。

1992 年，系统命名为：Global System for Mobile（全球通）；组织机构为：Special Mobile Group。

1993 年，Phase II 规范。

1994 年，全世界范围运行。

1995 年，DCS1800 商业运行。

1996 年，引入微蜂窝的技术，GSM 900/1800 双网运行。

1997 年已有 109 个国家 239 个运营商运营着超过 4400 万用户的 GSM 网络。

我国于 1992 年正式投入商用。1992 年，原邮电部批准建设了浙江嘉兴地区 GSM 试验网。1993 年 9 月，嘉兴 GSM 网正式向公众开放使用，成为我国第一个数字移动通信网，迈出了数字时代的第一步。1994 年，在我国电信改革中诞生的原中国联通公司考虑到产品的成熟性（当时全球已有 50 个 GSM 网在运营，而技术优势更强的 CDMA 没有商用）和市场的迫切性，正式选用 GSM 建网，并在广东开通我国第一个省级 GSM 移动通信网。一年后，联通的 GSM 网在北京、天津、上海、广州建成开通。中国移动也毅然决策采用 GSM 在全国 15 个省市相继建网。2001 年 5 月，中国移动在全国启动了模拟网转网工作，并于 12 月 31 日正式关闭了模拟移动电话网。现在中国移动该系统已发展成为占全球市场份额最大的系统。

任务二 GSM 系统特点

GSM 系统作为一种开放式结构和面向未来设计的系统具有下列优点。

（1）频谱利用率更高，进一步提高了系统容量。

在模拟系统中采用了 25kHz 频道间隔，而调频技术很难再进一步压缩已调信号频谱，小区半径必须在 2km 以上。在数字系统中采用低速语音编码技术，在频道间隔不变情况下可增加话路；采用高效数字调制解调技术，压缩已调信号带宽；采用 TDMA 和 FDMA，一个载波可传多路语音；采用移动台辅助越区切换，能明显加快切换速率，小区半径可减小到 500m。

（2）GSM 提供了一种公共标准，便于实现全自动国际漫游，在 GSM 系统覆盖到的地区均可提供服务。

（3）能提供新型非语音业务。新型非语音业务，如低速数据、短消息……容易实现与 ISDN 的接口，大大提高了蜂窝网的服务功能；与 ISDN 标准一致，保证系统间互连兼容。

（4）用户信息传输时保密性好，不易被窃听；用户入网资料安全性好，无非法并机现象，数字加密实用技术已成熟，用户入网信息存在 SIM 卡中，而 SIM 卡很难仿造。

（5）数字无线传输技术抗衰落性能较强，传输质量高、语音质量好。除分集技术外，还采用跳频、交织、信道编码、自适应均衡等数字信号处理技术。

（6）可降低成本费用，减小设备体积，电池有效使用时间较长。

项目二　GSM 系统组成及网络结构

GSM 具有开放式的网络结构，易于互连互通。下面主要介绍 GSM 系统的组成及各组成部分的功能、GSM 系统无线覆盖区域结构、网络结构、与其他网络的互连。

任务一　系统组成

GSM 系统典型结构可分为四个组成部分：网络子系统（Netwok Subsystem，NSS）［或交换子系统（Switching Subsystem，SS］、基站子系统（Base Station Subsystem，BSS）、操作维护子系统（Operation Subsystem，OSS）和移动台（Mobile Station，MS）。其基本结构如图 2-1-1所示。

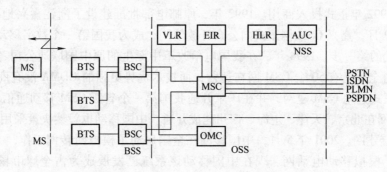

图 2-1-1　GSM 移动通信系统结构

图 2-1-1 中 MS（Mobile Station）为移动台；BTS（Base Transceive Station）为基站收发信台；BSC（Base Station Controller）为基站控制器；MSC（Mobile Switching Center）为移动业务交换中心；EIR（Equipment Identity Register）为设备识别寄存器；VLR（Visitor Location Register）为漫游位置寄存器；HLR（Home Location Register）为归属位置寄存器；AUC（Authentication Center）为鉴权中心；OMC（Operation Maintenance Center）为操作维护中心；ISDN 为综合业务数字网；PLMN（Public Lands Mobile Network）为公共陆地移动网；PSTN（Public Switching Telephone Network）为公用电话交换网；PSPDN（Packet Switched Public Data Network）为分组交换公用数据网。一般情况下，VLR 与 MSC 常集成在一起，表示为 MSC/VLR；HLR 与 AUC 集成在一起表示为 HLR/AUC。

NSS 包含的功能实体：MSC、VLR、HLR、EIR 和 AUC。

BSS 包含的功能实体：BTS 和 BSC。

OSS 包含的功能实体 OMC。

MS 包含的功能实体：SIM（Swbscriber Identity Module，用户识别模块）卡和 MS。

1. 网络子系统（NSS）

NSS 主要包含有 GSM 系统的交换功能和用于用户数据管理、移动性管理、安全性管理所需的数据库功能，对 GSM 移动用户间和 GSM 移动用户与其他通信网用户间通信起着管理作用。在整个 GSM 系统内部，NSS 的各功能实体间和 NSS 与 BSS 间都通过符合 No.7 信令系统的协议，与 GSM 规范的 No.7 信令网络相互通信。NSS 由下面介绍的一系列功能实体构成。

（1）移动业务交换中心（MSC）

MSC 是网络的核心，完成系统的电话交换功能。MSC 负责建立呼叫、路由选择、控制和终止呼叫；负责管理交换区内部的切换和补充业务，并且负责收集计费和账单信息；用于协调与固定公共电话网间的业务，完成公共信道信令及网络的接口，能够提供与其他非话业务间进行正确互连工作所需的功能。具体地说，MSC 提供交换功能及面向系统其他功能实体（如 BSS、HLR、AUC、EIR 及 OMC）和面向固定网（PSTN、ISDN 及 PSPDN）的接口功能，把移动用户与移动用户、移动用户与固定用户互相连接起来。MSC 可从三种数据库，即 HLR、VLR 和 AUC 中获取处理用户位置登记和呼叫请求所需的全部数据。反之，MSC 也根据其最新获取的信息请求更新数据库的部分数据。MSC 可为移动用户提供一系列业务：电信业务（电话、紧急呼叫、传真和短消息服务等）、承载业务和补充业务（呼叫转移、呼叫限制、呼叫等待、来电显示等）。MSC 还支持位置登记、越区切换和自动漫游等移动性能和其他网络功能。

对于容量比较大的移动通信网，一个 NSS 可包括若干个 MSC、VLR 和 HLR。MSC 有三类，分别为普通 MSC、GMSC（Gateway MSC，网关 MSC）及 TMSC（Tandem MSC，汇接 MSC）。前面所介绍的是一个普通的 MSC 所必须具备的功能。要建立固定网用户与 GSM 移动用户间的呼叫，无须知道移动用户所处的位置，此呼叫首先被接入到入口移动业务交换中心（GMSC，或称网关 MSC），入口交换机负责获取位置信息，且把呼叫转移到可向该移动用户提供即时服务的 MSC。因此，GMSC 具有与固定网和其他 NSS 实体互通的接口，即其主要用于和其他电信运营商设备的互连互通。目前，MSC 功能也可在 GMSC 中实现，即 GMSC 可作为网关局，也可完成用户的呼叫接续及 MSC 相关的管理控制工作。TMSC 为汇接 MSC，专门用于移动业务的长途转接。在网络中，TMSC 也可兼有普通 MSC 的交换与控制功能。

（2）归属位置寄存器（HLR）

HLR 是 GSM 系统的中央数据库，存储着该 HLR 管理的所有移动用户的相关数据。一个 HLR 能够管理若干个移动交换区域及整个移动通信网的用户，所有移动用户重要的静态数据都存储在 HLR 中。

HLR 是管理移动用户的主要数据库，根据网络的规模，系统可有一个或多个 HLR。HLR 存储以下方面的数据。

1）用户信息：用户信息中包括用户的入网信息，注册的有关电信业务、传真业务和补充业务等方面的数据。

2）位置信息：利用位置信息能正确地选择路由，接通移动台呼叫，这是通过该移动台当前所在区域提供服务的 MSC 完成的。

网络系统对用户的管理数据都存在 HLR 中，对每一个注册的移动用户分配两个号码并存储在 HLR 中：国际移动用户识别号（International Mobile Subscriber Identity，IMSI）；移动用户 ISDN 号（MSISDN，即被叫时的呼叫号码）。

（3）访问用户位置寄存器（VLR）

VLR 是服务于其控制区域内移动用户的，存储着进入其控制区域内已登记的移动用户的相关信息，为已登记的移动用户提供建立呼叫接续的必要条件。VLR 从该移动用户的归属位置寄存器处获取并存储必要的数据。一旦移动用户离开该 VLR 的控制区域，则重新在另一个 VLR 登记，原来访问的 VLR 将取消临时记录的该移动用户数据。因此，VLR 是一个动态用户数据库。

（4）鉴权中心（AUC）

GSM 系统采取了特别的安全措施。例如，用户鉴权，对无线接口上的语音、数据和信号信息进行保密等，这些工作都在 AUC 中进行。因此，AUC 存储着鉴权信息和加密密钥，用来防止无权用户接入系统，并保证通过无线接口的移动用户信息的安全。AUC 属于 HLR 的一个功能单元部分，专用于 GSM 系统的安全性管理。

（5）设备识别寄存器（EIR）

EIR 存储着移动设备的国际移动设备识别码（International Mobile Equipment Identity, IMEI），通过检查白名单、灰名单和黑名单判别准许使用、出现故障需监视的、失窃不准使用的移动设备的 IMEI，以防止非法使用偷窃的、有故障的或未经许可的移动设备。

目前，我国的 GSM 系统均未安装 EIR 设备，因此，网络中仍有非法手机在使用。

2. 基站子系统（BSS）

BSS 是 GSM 系统中与无线蜂窝方面关系最直接的基本组成部分，它通过无线接口直接与移动台相接，负责无线收发和无线资源管理。另一方面，BSS 与 NSS 中的 MSC 相连，实现移动用户间或移动用户与固定网用户间的通信连接，传送系统信号和用户信息等。当然，要对 BSS 进行操作维护管理，还需建立 BSS 与 OSS 间的通信连接。

通常，NSS 中的一个 MSC 监控一个或多个 BSC，每个 BSC 控制多个 BTS。BSC 是 BSS 的控制部分，起着 BSS 的交换设备的作用，即各种接口的管理、无线资源和无线参数的管理。每次通话过程中，基站接收机能够监测到各基站的信号强度并送给 BSC，使 BSC 决定什么时刻切换，切换到哪一个小区；BSC 也具有对移动台的功率控制功能，调整移动台的发射功率电平，除了移动台本身的传输性能提高外，还可延长移动台电源的工作时间、减少对其他用户的邻道干扰。

BTS 属于 BSS 的无线部分，是由 BSC 控制并服务于某个小区的无线收发信设备，完成 BSC 与无线信道间的转接，实现 BTS 与移动台间的无线传输及相关的控制功能。

3. 操作维护子系统（OSS）

OSS 需完成许多任务，包括移动用户管理、移动设备管理及网络操作和维护等。

这里介绍的 OSS 功能主要是指完成对 GSM 系统的 BSS 和 NSS 进行操作和维护的管理任务。完成网络操作与维护管理的设施称为操作维护中心（OMC），具体功能包括：网络的监视、操作（告警、处理等）；无线规划（增加载频、小区等）；交换系统的管理（软件、数据的修改等）；性能管理（产生统计报告等）。GSM 网络中每个部件都有机内状态监视和报告功能，OMC 对其反馈结果进行分析，诊断并自动解决问题，如将业务切换至备份设备，针对故障情况采取适当维护措施。

移动用户管理包括用户数据管理和呼叫计费。用户数据管理一般由 HLR 来完成，SIM 卡的管理也是用户数据管理的一部分，但相对独立的 SIM 卡管理必须根据运营部门对 SIM

的管理要求和模式，采用专门的 SIM 个人化设备来完成。呼叫计费可由移动用户所访问的各个 MSC 和 GMSC 分别处理，也可采用通过 HLR 或独立的计费设备来集中处理计费数据的方式。移动设备管理是由 EIR 完成的。

4. 移动台（MS）

移动台是公用 GSM 移动通信网中用户使用的设备，也是用户能够直接接触的整个 GSM 系统中唯一的设备。移动台的类型不仅包括手机，还包括车载台和便携台。随着 GSM 标准的手机进一步小型、轻巧、多功能的发展趋势，手机的用户将占整个用户群的极大部分。

除了通过无线接口接入 GSM 系统的通常的无线处理功能外，移动台必须提供与使用者间的接口。比如，完成通话呼叫所需要的传声器、扬声器、显示屏和按键，或者提供与其他一些终端设备之间的接口，如与个人计算机或传真机间的接口，或同时提供这两种接口。因此，根据应用和服务情况，移动台可以是单独的移动终端（Mobile Terminal，MT）、手机、车载台或者是由 MT 直接与终端设备（Terminal Equipment，TE），如传真机等相连接而构成，或者是由 MT 通过相关终端适配器（Terminal Adaptor，TA）与 TE 相连接而构成，这些都归类为移动台的重要组成部分之一——移动设备。

移动台另外一个重要的组成部分是用户识别模块（SIM），它是一张"智能卡"，包含所有与用户有关的信息和某些无线接口的信息，其中也包括鉴权和加密信息。GSM 系统是通过 SIM 卡来识别移动用户的，这为发展个人通信打下了基础。用户正常使用 GSM 移动台时，都需要插入 SIM 卡，只有当处理异常的紧急呼叫时（如 119、110、120 及 122 等），可以在不插入 SIM 卡的情况下进行。SIM 卡的应用使移动台并非固定地缚于一个用户，用户可根据自己的需要更换手机，而不用重新入网注册。

任务二 移动信令网结构

No.7 信令网的组建和国家地域大小有关，地域大的国家可以组建三级信令网高级信令转接点（High Signalling Transfer Point，HSTP）、低级信令转接点（Low Signalling Transfer Point，LSTP）和信令点（Signall Point，SP），地域偏小的国家可以组建二级网（STP 和 SP）或无级网，下面以中国 GSM 信令网为例来进行介绍。

在我国，信令网有两种结构，一是全国 No.7 网；二是组建移动专用的 No.7 信令网，是全国信令网的一部分，它最简单、最经济、最合理，因为 No.7 信令网就是为多种业务共同服务的，但随着移动和电信的分营，移动建有自己独立的 No.7 信令网。

我国移动信令网采用三级结构（有些地方采用二级结构），在各省或大区设有两个 HSTP，同时省内至少还应设有两个以上的 LSTP（少数 HSTP 和 LSTP 合二为一），移动网中其他功能实体作为信令点（SP）。

HSTP 之间以网状网方式相连，分为 A、B 两个平面；在省内的 LSTP 之间也以网状网方式相连，同时它们还应和相应的两个 HSTP 连接；MSC、VLR、HLR、AUC、EIR 等信令点至少要接到两个 LSTP 上，若业务量大时，信令点还可直接与相应的 HSTP 连接（见图 2-1-2）。

我国移动网中信令点编码采用 24 位，只有在 A 接口连接时采用 14 位的国内备用网信令点编码，见表 2-1-1。

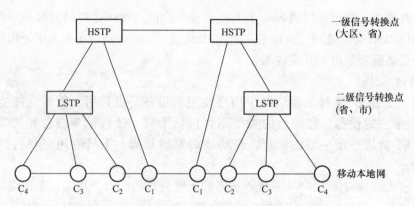

图 2-1-2　大区，省市信令网的转接点结构

表 2-1-1　国际信号点编码格式

NML	KJIHGFED	CBA
大区识别	区域网识别	信令点识别
信号区域网编码（SANC）Signalling Area Network Code		
国际信号点编码（ISPC）/International Signalling Point Code		

注：1. NML：识别世界编号大区。

　　2. K～D：识别世界编号大区内的地理区域或区域网。

　　3. CBA：识别地理区域或区域网内的信号点。

　　NML 和 K～D 两部分合起来的名称为信号区域网编号，每个国家都分配了一个或几个备用 SANC。如果一个不够用（SANC 中的 8 个编码不够用）可申请备用。我国被分配在第 4 个信号大区，其 NML 编码为 4，区域编码为 120，所以 SANC 的编码是 4～120。我国国内网信号点编码见表 2-1-2。

表 2-1-2　我国国内信号网信号点编码

8	8	8
主信号区	分信号区	信号点
省自治区、直辖市	地区、地级市，直辖市内的汇接区、郊区	电信网中的交换局

　　在国际电话连接中，国际接口局负责两个信号点编码的变换。

任务三　网络接口

　　为了保证网络运营部门能在充满竞争的市场条件下，灵活选择不同供应商提供的数字蜂窝移动通信设备，GSM 系统在制定技术规范时就对其子系统间及各功能实体间的接口和协议作了比较具体的定义，使不同供应商提供的 GSM 系统设备能够符合统一的 GSM 规范，从而达到互通、组网的目的。本任务主要介绍 GSM 移动通信网中的接口类型及位置。为使 GSM 系统实现国际漫游功能和在业务上迈入面向 ISDN 的数据通信业务，必须建立规范和统一的信令网络以传递与移动业务有关的数据和各种信令信息。因此，GSM 系统引入 No.7 信令系统和信令网络，即 GSM 系统的信令系统是以 No.7 信令网络为基础的。GSM 系统各功能实体间的接口定义明确，同样 GSM 规范对各接口所使用的分层协议也作了详细的定义。

协议是各功能实体间共同的"语言"，通过各个接口互相传递有关的消息，为完成GSM系统的全部通信和管理功能建立起有效的信息传递通道。不同的接口可能采用不同形式的物理链路，完成各自特定的功能，传递各自特定的消息，这些都有相应的信令协议来实现。GSM系统各接口采用的分层协议结构是符合开放系统互连（Open System Interconnected，OSI）参考模型的，分层的目的是允许隔离各组信令协议功能，按连续的独立层描述协议，每层协议在明确的服务接入点对上层协议提供它自己特定的通信服务。

GSM系统的主要接口是指A接口、Abis接口、Um接口和网络子系统内部接口，如图2-1-3所示。这四种接口的定义和标准化化能保证不同供应商生产的移动台、基站子系统和网络子系统设备能融入同一个GSM数字移动通信网中运行和使用。

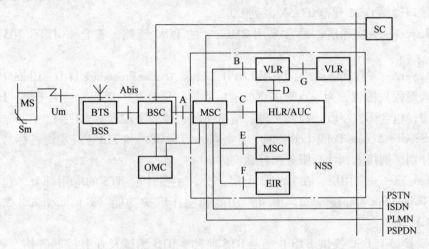

图 2-1-3　GSM 系统中的接口

1. A 接口

定义为网络子系统（NSS）与基站子系统（BSS）间的通信接口，从系统的功能实体来说，就是MSC与BSC间的互连接口，其物理链接通过采用标准的2.048Mbit/s的PCM数字传输链路来实现。此接口传递的信息包括移动台管理、基站管理、移动性管理、接续管理等。

遵循欧洲电信标准协会的《ETSIGSM系统技术规范书08.××》，A接口特性包括：

（1）Layer1——物理和电气参数及信道结构，采用公共信道信令No.7（CSS7）的消息转移部分（MTP）的第一级来实现，用2Mbit/s的PCM数字链路作为传输链路，性能符合国家标准GB/T 7611—2001《数字网系列比特率电接口特性》；信令信道使用2Mbit/s链路中的TS16。TS0通常用于传输MSC与BSC之间的同步信号，其他时隙（TS1~TS15，TS17~TS31）传输业务信号。业务信号的传输速率为64kbit/s，为A律PCM编码方式。

（2）Layer2——数据链路层和网络层，即MTP2（Q.702~Q.703）、MTP（Media Transfer Protocol，媒体传输协议）（Q.704~Q.705）和SCCP（Signalling Connect Control Part，信令连接控制部分）（Q.711~Q.714）。

MTP2是HDLC（High-level Data Link Control，高级数据链路控制）协议的一种变体，帧结构是由标志字段、控制字段、信息字段、校验字段和标志序列所组成的；MTP3和SC-CP（信令连接控制部分）则主要完成信令路由选择等功能。

（3）Layer3——应用层，包括 BSS 应用规程（Base Station Subsystem Application，BSSAP）和 BSS 操作维护应用规程（BSS Operation and Maintenance Application Part，BSSO-MAP），完成基站系统的资源和连接的维护管理、业务的接续及拆除的控制。

2. Abis 接口

Abis 接口定义为基站子系统的两个功能实体基站控制器（BSC）和基站收发信台（BTS）间的通信接口，用于 BTS（不与 BSC 并置）与 BSC 间的远端互连，物理链接通过采用标准的 2.048Mbit/s 或 64kbit/s 的 PCM 数字传输链路来实现。作为 Abis 接口的一种特例，也可用于与 BSC 并置的 BTS 与 BSC 间的直接互连，此时 BSC 与 BTS 间的距离小于 10m。此接口支持所有向用户提供的服务，并支持对 BTS 无线设备的控制和无线频率的分配。

Abis 接口遵循 GSM 规范 08.5X 系列要求。

（1）Layer1——物理层，通常采用 2Mbit/s 的 PCM 链路，符合 CCITTG.703 和 G.704 要求。

（2）Layer2——数据链路层，采用 LAPD（Link Access Procedure of D – Channel，D 通路上链路接入规程）协议，为一点对多点的通信协议，是 Q.921 规范的一个子集。LAPD 也是采用帧结构，包含标志字段、控制字段、信息字段、校验字段和标志序列。在标志字段中包括 SAPI（Service Access Point Lndicater，业务接入点标识）和 TEI（终端设备标号）两个部分，用以分别区别接入到什么服务和什么实体。

（3）Layer3——应用层，在 Layer3 上层部分，主要传输 BTS 的应用部分，包括无线链路管理（Radio Link Management，RLM）功能和操作维护功能（Operation and Maintenance Link，OML）。

在 Abis 接口上 BSC 提供 BTS 配置、BTS 监测、BTS 测试及业务控制等信令控制信息。同一基站的多个 TRX 可以共用一条 LAPD 信令链路，链路应该具备流量指示功能。其业务接口为 8 条 16kbit/s（FR）的电路。如果采用复用方案，则每个 TRX 有 3 条 64kbit/s 的电路，其中一条用作 LAPD 信令链路，另外两条 64kbit/s 链路用作 8 条语音或数据链路（4 路复用）。

3. Um 接口（空中接口）

Um 接口定义为移动台与 BTS 间的通信接口，用于移动台与 GSM 系统设备间的互通，其物理链接通过无线链路实现。此接口传递的信息包括无线资源管理、移动性管理和接续管理等。

Um 接口定义为 MS 与 BTS 之间的通信接口，也称为空中接口。

在 GSM 规范中很明确地定义了 Um 接口的协议，根据 OSI 模型，通常把 Um 接口分成 3 层来分析。

（1）Layer1——信号链路层（物理层）：此层为无线接口最低层，提供无线链路的传输通道，为高层提供不同功能的逻辑信道，包括业务信道和逻辑信道。

（2）Layer2——信号链路层 2：此层为 MS 和 BTS 之间提供了可靠的专用数据链路，是基于 ISDN 的 D 信道链路接入协议（LAPD），但加入了一些移动应用方面的 GSM 特有的协议，我们称之为 LAPDm 协议。

（3）Layer3——信号链路层 3：此层主要负责控制和管理的协议层，把用户和系统控制过程的信息按一定的协议分组安排到指定的逻辑信道上。它包括了 CM、MM、RR3 个子层，分别可完成呼叫控制（Call Control，CC）、补充业务（Supplementary Service，SS）管理和短消息业务（Short Message Serivce，SMS）管理等功能。

4. 用户与网络间的接口（Sm 接口）

Sm 接口指用户与网络间的接口，主要包括用户对移动终端进行操作，移动终端向用户提供显示、信号音等，此接口还包括 SIM 卡与移动终端（Mobile Equipment，ME）间接口。

网络子系统由 MSC、VLR、HLR/AUC 及 EIR 等功能实体组成。因此，GSM 技术规范定义了不同的接口以保证各功能实体间接口的标准化。

5. 网络子系统内部接口

在网络子系统（NSS）内部各功能实体间已定义了 B、C、D、E、F 和 G 接口。这些接口的通信（包括 MSC 与 BSS 间的通信）全部由 No.7 信令系统支持，GSM 系统与 PSTN 间的通信优先采用 No.7 信令系统。与非呼叫相关的信令是采用移动应用部分（Mobile Application Part，MAP）协议，用于 NSS 内部接口间的通信；与呼叫相关的信令则采用电话用户部分（Telephone User Part，TUP）的通信。应指出的是，电话用户部分和综合业务数字用户部分（ISDN User Part，ISUP）信令必须符合国家制定的相应技术规范，MAP 信令则必须符合 GSM 技术规范。

（1）B 接口

B 接口定义为 VLR 与 MSC 间的内部接口，用于 MSC 向 VLR 询问有关移动台当前的位置信息或者通知 VLR 有关移动台的位置更新信息等。

（2）C 接口

C 接口定义为 HLR 与 MSC 间的接口，用于传递路由选择和管理信息。如果选择 HLR 作为计费中心，呼叫结束后，建立或接收此呼叫的移动台所在的 MSC 应把计费信息传送给该移动用户当前归属的 HLR。一旦要建立一个至移动用户的呼叫时，GMSC 应向被叫用户所归属的 HLR 询问被叫移动台的漫游号码，即查询该 MS 的位置信息。

（3）D 接口

定义为 HLR 与 VLR 间的接口，用于交换有关移动台位置和用户管理的信息，保证移动台在整个服务区内建立和接收呼叫。GSM 系统中一般把 VLR 综合于 MSC 中，而把 HLR 与 AUC 综合在同一物理实体内。因此，D 接口的物理链接是通过 MSC 与 HLR 间的标准 2.048Mbit/s 的 PCM 数字传输链路实现的。

（4）E 接口

E 接口定义为相邻区域的不同 MSC 间的接口，当移动台在一个呼叫进行过程中，从一个 MSC 控制的区域移动到相邻的另一个 MSC 控制的区域时，为了不中断通信需完成越区切换，此接口用于切换过程中交换有关切换信息以启动和完成切换。E 接口的物理链接方式是通过 MSC 间的 2.048Mbit/s 的 PCM 数字传输链路实现的。

（5）F 接口

F 接口定义为 MSC 与 EIR 间的接口，用于交换相关的 IMEI 管理信息。F 接口的物理链接方式通过 MSC 与 EIR 间的标准 2.048Mbit/s 的 PCM 数字传输链路实现的。

（6）G 接口

G 接口定义为 VLR 间的接口。当采用 TMSI（Temporary Mobile Subscriber Identity，临时移动用户标志）的 MS 进入新的 MSC/VLR 服务区域时，此接口用于向分配 TMSI 的 VLR 询问此移动用户的 IMSI 信息。G 接口的物理链接方式与 E 接口相同。

项目三　区域划分和编号

任务一　区域划分

GSM 系统属于小区制大容量移动通信网。在它的服务区内，设置很多基站，移动通信网在此服务区内，具有控制、交换功能，实现位置更新、呼叫接续、过区切换及漫游服务等功能。因用户数量庞大，整个系统的区域和各种号码都有严格的定义。

从地理位置范围来看，GSM 系统分为 GSM 服务区、公共陆地移动网（PLMN）、移动业务交换中心区（MSC 区）、位置区（Local Area，LA）、基站区和小区，如图 2-1-4 所示。

1. GSM 服务区

服务区是指移动台可以获得服务的区域，即不同通信网用户无须知道移动台的实际位置，而可以与之通信的区域。一个 GSM 服务区可由一个或多个公共陆地移动网（PLMN）组成。从地域上看，它由联网的 GSM 全部成员国组成，移动用户只要在服务区内，就能得到系统的各种服务，包括完成国际漫游。

2. 公共陆地移动网（PLMN）

PLMN 可由一个或若干个移动业务交换中心组成。由 GSM 系统构成的公共陆地（移动）网（GSM/PLMN）处于国际或国内汇接交换机的级别上，该区域为 PLMN 业务区，它可以与公用电话交换网（PSTN）、综合业务数字网（ISDN）和公用数据网（Public Data Network，PDN）互连，在该区域内，有共同的编号方法及路由规划。一个 PLMN 业务区包括多个 MSC 业务区。

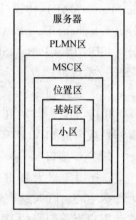

图 2-1-4　GSM 区域图

PLMN 通过 MSC 与固定通信网接口，并由 MSC 完成呼叫接续。

3. 移动业务交换中心区（MSC 区）

一个移动业务交换中心所控制的区域称为移动业务交换中心区（MSC 区）。在该区域内，有共同的编号方法及路由规划。它连接一个或多个基站控制器，每个基站控制器控制多个基站收发信台。而一个 MSC 区可以由一个或多个位置区组成。

4. 位置区（LA）

位置区一般由若干小区组成，而每一个 MSC 业务区也可分成若干位置区（LA），位置区与一个或若干个基站控制器（BSC）有关。移动台在位置区内移动时，不需要作位置更新。当寻呼移动用户时，位置区内全部基站可以同时发寻呼信号。以位置区标识（Local Area Identity，LAI）来区分 MSC 业务区的不同位置区。

5. 基站区

一个基站控制器所控制的若干个小区的区域称为基站区。

6. 小区

也称为扇区，当基站收发信台天线采用定向天线时，基站区可分为若干个扇区。如采用120°定向天线时，一个小区分为 3 个扇区；若采用 60°定向天线时，则一个小区分为 6 个扇区。

任务二 编　号

GSM 网络是十分复杂的，它包括网络子系统、基站子系统和移动台。移动用户可以与市话网用户、综合业务数字网用户和其他移动用户进行接续呼叫，因此必须具有多种识别号码来识别不同的移动用户、不同的移动设备以及不同的网络。

各种号码的定义及用途如下：

1. 国际移动用户标志（International Mobile Subscriber Identity，IMSI）

存储在 SIM 卡、HLR 和 VLR 中，在无线接口及 MAP 接口上传送。用于识别 GSM/PLMN 网络中的用户，简称用户识别码。在 GSM 系统中，每个用户分配一个唯一的国际移动用户标志（IMSI），此码在所有位置区都是有效的。通常在呼叫建立和位置更新时需要使用 IMSI。

根据 GSM 标准建议，IMSI 最大长度为 15 位十进制数字，其组成如图 2-1-5 所示。

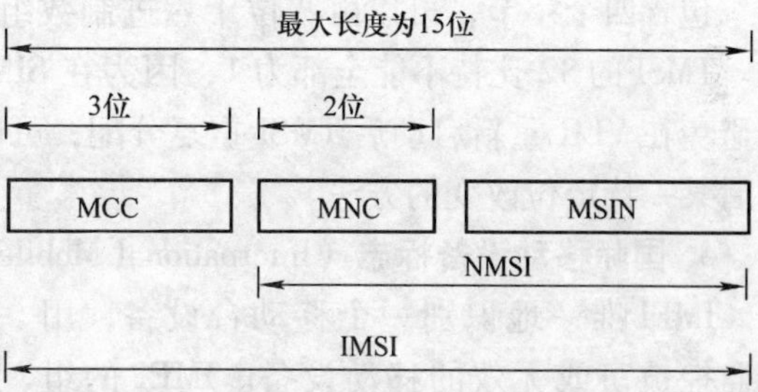

其中：

（1）MCC：Mobile Country Code，移动国家代码，由三位数字组成，如中国为 460。

（2）MNC：Mobile Network Code，移动网络代码，由两位数字组成，如中国邮电的 MNC 为 00。

图 2-1-5　国际移动用户识别码（IMSI）的格式

（3）MSIN：Mobile Subscriber Identification Number，移动用户识别码，在某一 PLMN 内 MS 唯一的识别码。编码格式为 H1 H2 H3 S XXXXXX。

NMSI：National Mobile Subscriber Identification，国内移动用户识别码，在某一国家内 MS 唯一的识别码。典型的 IMSI 举例：460 - 00 - 4777770001。

IMSI 分配原则：最多包含 15 个数字（0 - 9）。MCC 在世界范围内统一分配，而 NMSI 的分配则是各国运营商自己的事。

2. 移动用户 ISDN 号（Mobile Subscriber ISDN Number，MSISDN）

MSISDN 号码是指主叫用户为呼叫 GSM 用户所需的拨叫号码，MSISDN 号码组成如图 2-1-6 所示。在图 2-1-5 中，国家码（Country Code，CC），我国为 86；国内有效 ISDN，号码为一个 11 位数字的等长号码（$N_1 N_2 N_3 H_0 H_1 H_2 H_3 ABCD$），由三部分组成：

图 2-1-6　MSISDN 号码组成

移动业务接入号（$N_1 N_2 N_3$）：13S（S = 4 ~ 9 属于中国移动；S = 0 ~ 2 属于中国联通；S = 1 属于中国电信）；HLR 识别号：$H_0 H_1 H_2 H_3$；移动用户号码（Subscriber Number，SN）：ABCD。其中前两部分构成国内目的地码（National Destination Code，NDC）。

HLR 识别号的分配：

$H_0 H_1 H_2$ 由全国统一分配，H_3 各省自行分配。网号不同或 H_0 不同时，分配不同。拨打电话时：

移动→电话拨打本地固定：PQRABCD（本地固定电话号）。

移动→电话拨打外地固定：0XYZPQRABCD（0 + 区号 + 电话号码）。

移动→电话拨打移动：13S $H_0 H_1 H_2 H_3$ ABCD（MSISDN 号）。

固定→电话拨打本地移动：13S$H_0 H_1 H_2 H_3$ ABCD。

固定→电话拨打外地移动：013S$H_0 H_1 H_2 H_3$ ABCD（0 + MSISDN 号）。

移动→电话拨打紧急呼叫：直接拨 1XX（如 110、119、120、122 及 112 等）。

3. 临时移动用户标志（Temporary Mobile Subscriber Identity，TMSI）

TMSI 是为了加强系统的保密性而在 VLR 内分配的临时用户识别，它在某一 VLR 区域内与 IMSI 唯一对应。

TMSI 分配原则：

包含四个字节，可以由八位十六进制数组成，其结构可由各运营部门根据当地情况而定。TMSI 的 32 比特不能全部为 1，因为在 SIM 卡中比特全为 1 的 TMSI 表示无效的 TMSI。要避免在 VLR 重新启动后 TMSI 重复分配，可以采取 TMSI 的某一部分表示时间或在 VLR 重启后某一特定位改变的方法。

4. 国际移动设备标志（International Mobile Equipment Identity，IMET）

IMEI 唯一地识别一个移动台设备，用于监控被窃或无效的移动设备。IMEI 的组成如图 2-1-7 所示。

图 2-1-7　IMEI 的组成

（1）TAC（Type Approval Code）型号批准码，由欧洲型号批准中心分配。

（2）FAC（Final Assembly Code）最后装配码，表示生产厂家或最后装配所在地，由厂家进行编码。

（3）SNR（Serial Number）序号码。这个数字的独立序号码唯一地识别每个 TAC 和 FAC 的每个移动设备。

（4）SP 备用。用户在空闲状态下输入"＊#06#"即可看到。

5. 移动用户漫游号码（Mobile Subscriber Roaming Number，MSRN）**与 HON**（Handover Number，切换号码）

在蜂窝移动通信系统中，两地区的移动电话用户可能持本地登记注册的移动话机到另一地区的移动电话网中使用。在联网的移动通信系统中，移动台从一个 MSC 区到另一个 MSC 区后，仍能入网使用的通信服务功能称为漫游。

漫游的实现包括三个过程：位置登记、转移呼叫和呼叫建立。移动用户进行登记注册和结算的 MSC 称为归属局，在其中活动时称为本局用户，当活动到另一个 MSC 区时，称为漫游用户。如果在一个地区有两个重叠的移动网，一个网的用户对另一个网也是漫游用户。

在移动被叫或切换过程中临时分配，用于 GMSC 寻址 VMSC 或 MSCA 寻址 MSCB 所用，在接续完成后立即释放。它对用户而言是不可见的。采取 E.164 编码方式编码格式为：在 MSC Number 的后面增加几个字节，典型的 Roaming Number 或 Handover Number 为 86 – 139 – 0477XXX。

因 MSISDN、MSC 号码、VLR 号码均已升位，MSRN 和 HON 也随之升位，典型的升位后的 MSRN 和 HON 号码为 86 – 139 – 00477ABC。

对于 MSRN 的分配有两种：

（1）在起始登记或位置更新时，由 VLR 分配 MSRN 后传送给 HLR。当移动台离开该地后，在 VLR 和 HLR 中都要删除 MSRN，使此号码能再分配给其他漫游用户使用。

（2）在每次移动台有来话呼叫时，根据 HLR 的请求，临时由 VLR 分配一个 MSRN，此号码只能在某一时间范围（比如 90s）内有效。

对于 HON，它是用于两移动交换区（MSC 区）间进行切换时，为建立 MSC 之间通话链路而临时使用的号码。

6. HLR 号码（HLR Number）

采取 E. 164 编码方式，编码格式为 CC + NDC + H1H2H30000；升位后变为：CC + NDC + H0H1H2H3000。其中，CC、NDC 含义同 MSISDN 的规定。典型的 HLR Number 为 86 – 139 – 4770000；升位后为 861390477000 用 IMSI 寻址的操作，除了必须用的之外，都可转换为用 HLR Number 寻址 LAI 在检测位置更新时，要使用区识别 LAI，编码格式如图 2-1-8 所示。

其中，MCC 与 MNC 与 IMSI 中的相同。LAC（Location Area Code 位置区代码）是 2 个字节长的十六进制 BCD 码，切勿在网络中（全国范围）出现两个或多个相同的位置区代码。

7. 全球小区识别（Cell Global Identification，CGI）**码**

CGI 是所有 GSM PLMN 中小区的唯一标识，是在位置区识别 LAI 的基础上再加上小区识别 CI 构成的。编码格式为 LAI + CI（Cell Identity，小区识别码）是 2 个字节长的十六进制 BCD 码，可由运营部门自定。

8. 基站识别码（Base Station Identity Code，BSIC）

用于移动台识别相邻的、采用相同载频的、不同的基站收发信台（BTS），特别用于区别在不同国家的边界地区采用相同载频的相邻 BTS。BSIC 为一个 6bit 编码，其组成如图 2-1-9 所示。

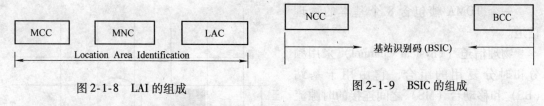

图 2-1-8　LAI 的组成　　　　　　　图 2-1-9　BSIC 的组成

其中：NCC（Network Color Code，网络色码）用来唯一地识别相邻国家不同的 PLMN。相邻国家要具体协调 NCC 的配置。BCC（Base Station Color Code，基站色码）。用来唯一地识别采用相同载频、相邻的、不同的 BTS。

项目四　GSM 信道配置

任务一　帧和信道

GSM 系统在无线路径上传输要涉及的基本概念最主要的是突发脉冲序列（Burst），简称突发序列，它是一串含有百来个调制比特的传输单元。突发脉冲序列有一个限定的持续时间和占有限定的无线频谱。它们在时间和频率窗上输出，而这个窗被人们称为隙缝（Slot）。确切地说，在系统频段内，每200kHz设置隙缝的中心频率（以 FDMA 角度观察），而隙缝在时间上循环地发生，每次占 15/26ms 即近似为 0.577ms（以 TDMA 角度观察）。在给定的小区内，所有隙缝的时间范围是同时存在的。这些隙缝的时间间隔称为时隙（Time Slot），而它的持续时间被用于作为时间单元，标为 BP，意为突发脉冲序列周期（Burst Period）。

我们可用时间/频率图把隙缝画为一个小矩形，其长为 15/26ms、宽为 200kHz，如图 2-1-9 所示。类似地，我们可把 GSM 所规定的 200kHz 带宽称为频隙（Frequency Slot），相当于 GSM 规范书中的无线频道（Radio Frequency Channel），也称射频信道。

时隙和突发脉冲序列两术语，在使用中带有某些不同的意思。例如突发脉冲序列，有时与时—频"矩形"单元有关，有时与它的内容有关。类似地，时隙含有其时间值的意思，或意味着在时间上循环地使用每 8 个隙缝中的一个隙缝。使用一个给定的信道就意味着在特定的时刻和特定的频率，也就是说在特定的隙缝中传送突发脉冲序列。通常，一个信道的隙缝在时间上不是邻接的。

信道对于每个时隙具有给定的时间限界和时隙号码（Time Slot Number，TN），这些都是信道的要素。一个信道的时间限界是循环重复的。

与时间限界类似，信道的频率限界给出了属于信道的各隙缝的频率。它把频率配置给各时隙，而信道带有一个隙缝。对于固定的频道，频率对每个隙缝是相同的。对于跳频信道的隙缝，可使用不同的频率。

帧（Frame）通常被表示为接连发生的 i 个时隙。在 GSM 系统中，目前采用全速率业务信道，i 取为 8。TDMA 帧强调的是以时隙来分组而不是 8BP。这个想法在处理基站执行过程中是很自然的，它与基站执行许多信道的实际情况相吻合。但是从移动台的角度看，8BP 周期的提法更自然，因为移动台在同样的一帧时间中仅处理一个信道，占用一个时隙，更有"突发"的含义。

一个 TDMA 帧包含 8 个基本的物理信道。

物理信道（Physical Channel）采用频分和时分复用的组合，它由用于基站（BS）和移动台（MS）之间连接的时隙流构成。这些时隙在 TDMA 帧中的位置，从帧到帧是不变的，如图 2-1-10 所示。

逻辑信道（Logical Channel）是在一个物理信道中作时间复用的。不同逻辑信道用于 BS 和 MS 之间传送不同类型的信息，例如信令或数据业务。在 GSM 建议中，对不同的逻辑信道规定了五种不同类型的突发脉冲序列。

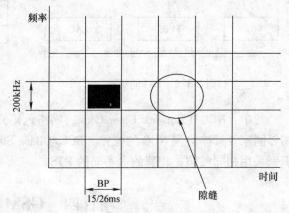

图 2-1-10　时间和频率中的隙缝

图 2-1-11 所示为 TDMA 帧的完整结构，还包括了时隙和突发脉冲序列。必须记住，TDMA 帧是在无线链路上重复的"物理"帧。

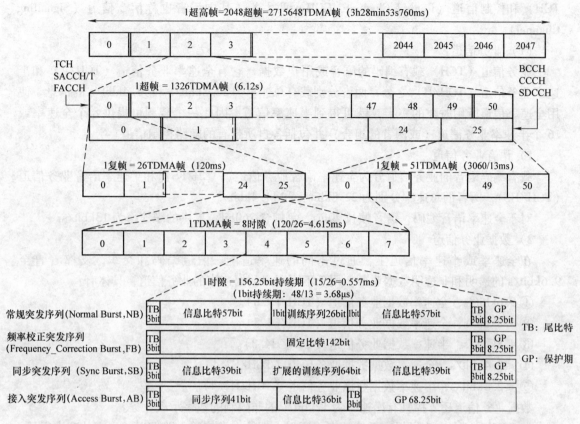

图 2-1-11　帧、时隙和突发脉冲序列

每一个 TDMA 帧含 8 个时隙，共占 60/13 ≈ 4.615ms。每个时隙含 156.25 个码元，占 15/26 ≈ 0.557ms。多个 TDMA 帧构成复帧（Multiframe），其结构有两种，分别含连贯的 26 个或 51 个 TDMA 帧。当不同的逻辑信道复用到一个物理信道时，需要使用这些复帧。

含 26 帧的复合帧其周期为 120ms，用于业务信道及其随路控制信道。其中 24 个突发序列用于业务，2 个突发序列用于信令。含 51 帧的复合帧其周期为 3060/13 ≈ 235.385ms，专用于控制信道。

多个复帧又构成超帧（Super frame）它是一个连贯的 51 × 26TDMA 帧，即一个超帧可以是包括 51 个 26TDMA 复帧，也可以是包括 26 个 51TDMA 复帧。超帧的周期均为 1326 个 TDMA 帧，即 6.12s。

多个超帧构成超高帧（Hyper frame）。它包括 2048 个超帧，周期为 12533.76s，即 3h 28min 53s 760ms。用于加密的语音和数据，超高帧每一周期包含 2715648 个 TDMA 帧，这些 TDMA 帧按序编号，依次从 0 ~ 2715647，帧号在同步信道中传送。帧号在跳频算法中也是必需的。

任务二　信道类型和组合

1. 信道分类

无线子系统的物理信道支撑着逻辑信道。逻辑信道可分为业务信道（Traffic Channel,

TCH）和控制信道（Control Channel，CCH）两大类，其中后者也称信令信道（Signalling Channel）。

（1）业务信道

业务信道（TCH）载有编码的语音或用户数据，它有全速率业务信道（TCH/F）和半速率业务信道（TCH/H）之分，两者分别载有总速率为22.8kbit/s和11.4kbit/s的信息。使用全速率信道所用时隙的一半，就可得到半速率信道。因此一个载频可提供8个全速率或16个半速率业务信道（或两者的组合）并包括各自所带有的随路控制信道。

1）语音业务信道

载有编码语音的业务信道分为全速率语音业务信道（TCH/FS）和半速率语音业务信道（TCH/HS），两者的总速率分别为22.8kbit/s和11.4kbit/s。

对于全速率语音编码，语音帧长20ms，每帧含260bit，提供的净速率为13kbit/s。

2）数据业务信道

在全速率或半速率信道上，通过不同的速率适配、信道编码和交织，支撑着直至9.6kbit/s的透明和非透明数据业务。用于不同用户数据速率的业务信道，具体有：

① 9.6kbit/s，全速率数据业务信道（TCH/F9.6）。

② 4.8kbit/s，全速率数据业务信道（TCH/F4.8）。

③ 4.8kbit/s，半速率数据业务信道（TCH/H4.8）。

④ ≤2.4kbit/s，全速率数据数据业务信道（TCH/F2.4）。

⑤ ≤2.4kbit/s，半速率数据数据业务信道（TCH/H2.4）。

数据业务信道还支撑具有净速率为12kbit/s的非限制的数字承载业务。

在GSM系统中，为了提高系统效率，还引入额外一类信道，即TCH/8，它的速率很低，仅用于信令和短消息传输。如果TCH/H可看作为TCH/F的一半，则TCH/8便可看作为TCH/F的八分之一。TCH/8应归于慢速随路控制信道（Slow Associated Control Channel，SACCH）的范围。

（2）控制信道

控制信道（CCH）用于传送信令或同步数据。它主要有三种：广播信道（Broadcast Channel，BCH）、公共控制信道（Common Control Channel，CCCH）和专用控制信道（Dedicated Control Channel，DCCH）。

1）广播信道

广播信道仅作为下行信道使用，即BS向MS单向传输。它分为如下三种信道：

① 频率校正信道（Frequency Correction Channel，FCCH）：载有供移动台频率校正用的信息。

② 同步信道（Sync Channel，SCH）：载有供移动台帧同步和基站收发信台识别的信息。实际上，该信道包含两个编码参数。基站识别码（BSIC），它占有6bit（信道编码之前），其中3bit为0~7范围的PLMN色码，另3bit为0~7范围的基站色码（BCC）。简化的TDMA帧号（Frame. Number，FN），它占有19bit。

③ 广播控制信道（Broadcast Control Channel，BCCH）：通常，在每个基站收发信台中总有一个收发信机含有这个信道，以向移动台广播系统信息。BCCH所载的参数主要如下：

CCCH（公共控制信道）号码以及CCCH是否与SDCCH（Stand – alone Dedicated Control

Channel，独立专用控制信道）相组合，为接入准许信息所预约的各 CCCH 上的区块（block）号码，向同样寻呼组的移动台传送寻呼信息之间的 51TDMA 复合帧号码。

2）公共控制信道

公共控制信道为系统内移动台所共用，它分为下述三种信道：

① 寻呼信道（Paging Channel，PCH）：这是一个下行信道，用于寻呼被叫的移动台。

② 随机接入信道（Randorn Access Channel，RACH）：这是一个上行信道，用于移动台随机提出入网申请，即请求分配一个 SDCCH。

③ 允许接入信道（Access Grant Channel，AGCH）：这是一个下行信道，用于基站对移动台的入网请求作出应答，即分配一个 SDCCH 或直接分配一个 TCH。

3）专用控制信道

使用时由基站将其分给移动台，进行移动台与基站之间的信号传输。它主要有如下几种：

① 独立专用控制信道（Stand – alone Dedicated Control Channel，SDCCH）：用于传送信道分配等信号。它可分为独立专用控制信道（SDCCH/8）与 CCCH 相组合的独立专用控制信道（SDCCH/4）。

② 慢速随路控制信道（SACCH）：它与一条业务信道或一条 SDCCH 联用，在传送用户信息期间带传某些特定信息，例如无线传输的测量报告。该信道包含下述几种：

➤ TCH/F（全速业务信道）随路控制信道（SACCH/TF）；

➤ TCH/H（半速业务信道）随路控制信道（SACCH/TH）；

➤ SDCCH/4 随路控制信道（SACCH/C4）；

➤ SDCCH/8 随路控制信道（SACCH/C8）。

③ 快速随路控制信道（Fast Associated Control Channel，FACCH）：与一条业务信道联用，携带与 SDCCH 同样的信号，但只在未分配 SDCCH 时才分配 FACCH，通过从业务信道借取的帧来实现接续，传送诸如"越区切换"等指令信息。FACCH 可分为如下几种：

➤ TCH/F（全速率）随路控制信道（FACCH/F）；

➤ TCH/H（半速率）随路控制信道（FACCH/H）。

除了上述三类控制信道外，还有一种小区广播信道（Cell Broadcast Channel，CBCH），它用于下行线，短消息小区广播（Short Message Service Call Broadcast，SMSCB）信息，使用像 SDCCH 相同的物理信道。图 2-1-12 归纳了上述逻辑信道的分类。

2. 信道组合

可能的信道组合有多种，例如：

TCH/F + FACCH/F + SACCH/TF

TCH/H + FACCH/H + SACH/TH   26—复帧

FCCH + SCH + BCCH + CCCH

FCCH + SCH + BCCH + CCCH + SDCCH/4 + SACCH/C4

BCCH + CCCH

SDCCH/8 + SACCH/C8   51—复帧

其中，CCCH = PCH + RACH + AGCH；上述组合的第 3 种和第 4 种被严格地分配到小区配置的 BCCH 载频的时隙 0 位置上。

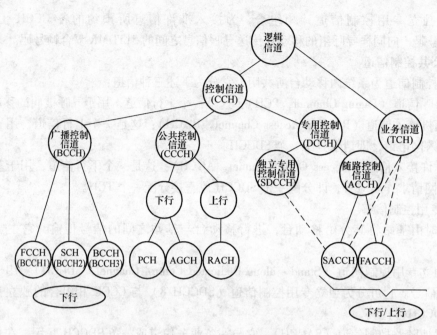

图 2-1-12　逻辑信道类型

　　图 2-1-13 和图 2-1-14 所示为在全速率情况下，支撑广播、公共控制和业务信道的复帧格式。

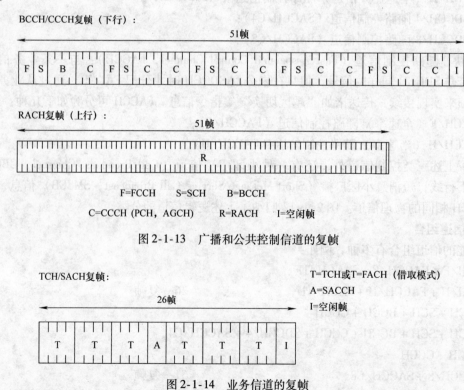

BCCH/CCCH复帧（下行）：

RACH复帧（上行）：

F=FCCH　　S=SCH　　B=BCCH

C=CCCH（PCH，AGCH）　　　R=RACH　　　I=空闲帧

图 2-1-13　广播和公共控制信道的复帧

TCH/SACH复帧：

T=TCH或T=FACH（借取模式）

A=SACCH

I=空闲帧

图 2-1-14　业务信道的复帧

项目五 漫游与位置更新

【问题】

移动台是可以随时变化的，运营商怎么知道你在哪里，怎么知道你是漫游的及如何收取漫游费？

任务一 移动台的状态

移动用户一般处于 MS 开机（空闲状态）、MS 关机和 MS 忙三种状态之一的状态，因此网络需要对这三种状态作相应的处理。

1. MS 开机

网络对它作"附着"标记，即常讲的 IMSI 附着，又分以下三种情况：

（1）若 MS 是第一次开机：必须通过移动业务交换中心（MSC），在相应的位置寄存器中登记注册，此时，SIM 卡中没有位置区标识（LAI），MS 需向 MSC 发送"位置更新请求"消息，通知 GSM 系统这是一个此位置区的新用户。MSC 根据该用户发送的 IMSI 号，向 HLR 发送"位置更新请求"，HLR 记录发请求的 MSC 号以及相应的 VLR 号，并向 MSC 回送"位置更新接受"消息。至此 MSC 认为 MS 已被激活，在 VLR 中对该用户对应的 IMSI 上作"附着"标记，再向 MS 发送"位置更新证实"消息，MS 的 SIM 卡记录此位置区识别码。

（2）若 MS 不是第一次开机，而是关机后再开机的，MS 接收到的 LAI 与其 SIM 卡中原来存储的 LAI 不一致，则 MS 立即向 MSC 发送"位置更新请求"，VLR 要判断原有的 LAI 是否是自己服务区的位置：

如判断为肯定，则 MSC 只需要将该用户的 SIM 卡中原来的 LAI 改成新的 LAI 即可。若判断为否定，则 MSC 根据该用户的 IMSI 号中的信息，向 HLR 发送"位置更新请求"，HLR 在数据库中记录发请求的 MSC 号，再回送"位置更新接受"，MSC 再对用户的 IMSI 作"附着"标记，并向 MS 回送"位置更新证实"消息，MS 将 SIM 卡中原来的 LAI 改成新的 LAI。

（3）MS 再开机时，所接收到的 LAI 与它 SIM 卡中原来存储的 LAI 相一致：此时 VLR 只对该用户作"附着"标记。

2. MS 关机

从网络中"分离"，MS 切断电源后，MS 向 MSC 发送分离处理请求，MSC 接收后，通知 VLR 对该 MS 对应的 IMSI 上作"分离"标记，此时 HLR 并没有得到该用户已脱离网络的通知。当该用户被寻呼后，HLR 向拜访 MSC/VLR 要移动用户漫游号码（MSRN）时，VLR 通知 HLR 该用户已关机。

3. MS 忙

此时，给 MS 分配一个业务信道传送语音或数据，并在用户 ISDN 号码（MSISDN）上标注用户"忙"。

移动台可能处于激活（开机）状态，也可能处于非激活（关机）状态。移动台转入非激活状态时，要在有关的 VLR 和 HLR 中设置一个特定的标志，使网络拒绝向该用户的呼叫，以免在无线链路上发送无效的寻呼信号，这种功能称为"IMSI 分离"，当移动台由非激活态转为激活状态时，移动台取消分离标志，恢复正常工作，这种功能成为"IMSI 附着"，两者统称"IMSI 分离/附着"。

任务二　周期性登记

当 MS 向网络发送"IMSI 分离"消息时，有可能因为此时无线质量差或其他原因，GSM 系统无法正确译码，而仍认为 MS 处于附着状态。或者 MS 开着机，却移动到覆盖区以外的地方，即盲区，GSM 系统也不知道，仍认为 MS 处于附着状态。在这两种情况下，该用户若被寻呼，系统就会不断地发出寻呼消息，无效占用无线资源。

为了解决上述问题，GSM 系统采用了强制登记的措施。要求 MS 每过一定时间登记一次，这就是周期性登记。若 GSM 系统没有接收到 MS 的周期性登记信息，它所处的 VLR 就以"隐分离"状态在该 MS 上做记录，只有当再次接收到正确的周期性登记信息后，将它改写成"附着"状态。

任务三　位置更新

处在开机空闲状态下的 MS，它会不断地移动，在某一时刻它被锁定于一个已定义的无线频率上，即某个小区的 BCCH 载频上。当 MS 向远离此小区的方向上移动时，信号强度就会减弱，当它移动到两个小区理论边界附近的某一点时，MS 就会因原来小区的信号太弱而决定转到附近信号强的新的无线频率上。为了正确选择无线频率，MS 要对周围的附近小区的 BCCH 载频的信号强度进行连续测量，当发现新的 BTS 发出的 BCCH 载频信号强度优于原小区时，MS 就锁定于这个新的载频上，这一选择是 MS 本身作出的，在这个新的载频上 MS 要继续接收其广播信息和发给它的寻呼信息，直到它移向另一个小区为止，MS 所接收的 BCCH 载频的改变并没通知给网络。移动中的 MS，由于接收信号质量的原因，通过无线空中接口不时地改变与网络的连接，我们把这种能力称为漫游。

漫游可在统一位置区的不同小区，也可在同一业务区内的不同位置区，还可在不同的业务区之间进行。

图 2-1-15 所示，当移动用户由小区 1 向小区 2 移动时，这两个小区原属于同一位置区。因为移动用户不知道它所在地区的网络结构，为了告知移动用户所在的实际位置信息，系统要通过空中接口的 BCCH 连续发送位置区识别码（LAI）。

如图 2-1-16 所示，当移动用户由小区 2 进入小区 3 后，移动台通过接收 BCCH 可知已进入新位置区，由于位置信息非常重要，因此，位置区的变化一定要通知网络，

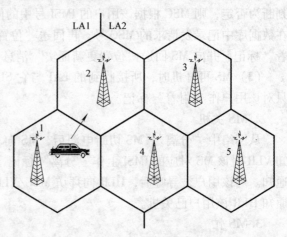

图 2-1-15　MS 从一个小区移动到另一个小区

这个过程称为"强制登记"。在接入移动通信网的移动业务交换中心的 VLR 内进行位置信息的更新，同时，在 HLR 中进行位置更新。

位置更新有两种情况，如图 2-1-17 所示。

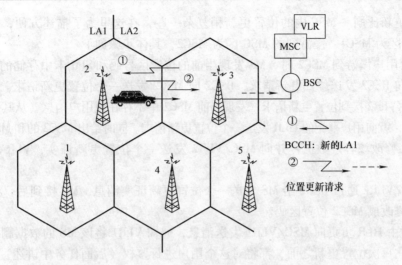

图 2-1-16　MS 从一个位置区移动到另一个位置区

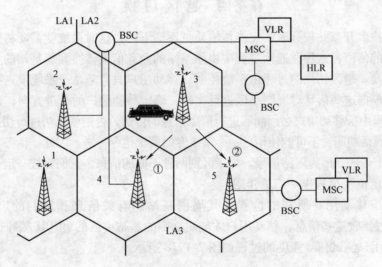

图 2-1-17　两种情况下的位置更新

（1）移动台的位置区发生了变化，但仍在同一 MSC 区内，流程如下：

在同一 MSC 区内的位置更新过程比较简单，由 MSC 负责更新过程，分以下四步：

1）移动台漫游到新的位置区时，分析接收到的位置区号码和存储在 SIM 卡中的位置区号码不一致，就向当前的基站控制器（BSC）发送一个位置更新请求。

2）BSC 接收到 MS 的位置更新请求，向 MSC/VLR 发送一个位置更新请求。

3）MSC 通知 VLR 修改这个 MS 的数据，将位置区号码修改成当前的位置区号码，然后向 BSC 发送应答消息。

4）BSC 向 MS 发送位置更新确认，MS 将自己 SIM 卡中存储的位置区号码修改成当前的位置区号码。

这样，一个同一 MSC 区内的位置更新过程就结束了。

（2）移动台从一个 MSC 区移到了另一个 MSC 区。

当移动用户从一个 MSC 区漫游到另一个 MSC 区时，就要进行越区位置更新。不同 MSC

之间的位置更新比同一 MSC 内的位置更新稍复杂一些，在这里为了描述方便，称用户原来所在的 MSC 区为 MSC1，漫游到的 MSC 区为 MSC2，具体步骤如下：

1）移动用户漫游到 MSC2 时，MS 发现当前的位置区号码和 SIM 卡中存储的位置区号码不一致，就向 BSC2 发送位置更新请求，BSC2 向 MSC2 发送一个位置更新请求。

2）MSC/VLR2 接到位置更新请求，发现当前 MSC2 中不存在该用户信息（从其他 MSC 漫游过来的用户），就向用户登记的 HLR 发送一个位置更新请求。同时给出 MSC2 的和 MS 的识别码。

3）HLR 修改该客户数据，并向 MSC/VLR2 发送一个位置更新证实，VLR 对该客户进行数据注册。

4）MSC/VLR2 通过 BSC2 给 MS 发送一个位置更新证实消息，MS 接到后，将 SIM 卡中位置区号码修改成 MSC2 位置区码。

5）同时由 HLR 负责向 MSC/VLR1 发送消息，通知 VLR1 将该 MS 的数据删除。要特别提出的是：在每次位置更新之前，都将对这个用户进行鉴权（后面任务中讲述）。

任务四　越区切换

当移动用户离开基站较远时，无线传输质量逐渐下降，这时系统就需要将移动用户转换到另一个基站的信道，这种在通话过程中由原基站的业务信道转换到新基站的业务信道的过程就是越区切换。越区切换的过程由系统控制，移动用户只向基站子系统发送有关信号强度的信息，BSC 根据这些信息对周围小区进行比较，确定移动用户的行进方向，这就是定位。

在通话过程中，移动用户必须能够进行信令信息的传送，否则就无法进行切换。在专用业务信道上进行通话期间，不可能使用另一个信道专门用于信令传送。因此，话务和信令信息只能在一个信道上传送，即为随路信号。为了区别两种不同的信息，它们将按一定规则发送。

下面对"定位"过程作一简单介绍。

基站应知道移动用户所在的位置及其周围基站的有关信息和它们的广播控制信道（BCCH）。通过接收这些信息，移动用户才能对周围的基站小区的 BCCH 载频进行信号强度的测量。移动用户测试信号强度的过程如图 2-1-18 所示。

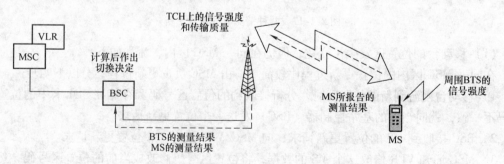

图 2-1-18　移动用户将测量结果送到 BSC

移动台还要测量它占用的业务信道（TCH）的信号强度和传输质量，所有这些测量结果都送给网络进行分析。同时，基站对移动用户所占用的业务信道（TCH）也进行测量，并报告给基站控制器（BSC）；最后，由基站控制器决定是否需要切换。另外，基站控制器要判断什么时候进行切换，切换到哪个基站上，通过计算决定启动切换程序时，基站控制器还要与新基站的链路连接。按控制区域切换分三种情况。

1. 在 BSC 控制范围内小区间的切换

在这种情况下，BSC 需要建立与新的基站间的链路，并在新的小区基站分配一个 TCH。网络系统对这种切换不做介入，BSC 只在切换完成后，向 MSC 发一个切换执行报告。信号流程如图 2-1-19 所示。

2. 在同一 MSC 业务区，不同 BSC 下小区间的切换

在这种情况下，MSC 需参与切换过程。BSC 先向 MSC 请求切换，再建立 MSC 与新 BSC 间的链路，保留新小区内空闲 TCH 供给移动用户切换后使用，然后通过原信道命令移动台切换到新业务信道上。切换成功后，移动用户需要了解周围小区信息，若位置区发生变化，呼叫完成后，必须进行位置更新。切换流程如图 2-1-20 所示。

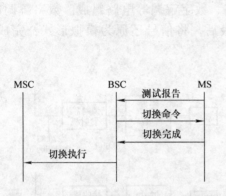

图 2-1-19　BSC 控制范围内小区间的切换

图 2-1-20　连接到同一 MSC 的 BSC 间的切换流程图

3. 不同 MSC/VLR 业务区下小区间的切换

切换前移动用户所在的 MSC/VLR 为服务交换机，移动用户所到的新的 MSC/VLR 为目标交换机。服务交换机必须向目标交换机发送一个切换请求，由目标交换机负责建立与新 BTS 的链路连接。在两个交换机间的链路接好后，由服务交换机向移动用户发送切换命令。MS 切换完成后，与新的服务交换机（原目标交换机）建立连接，并通过信令链路，拆除原服务交换机提供的链路。图 2-1-21 表示不同 MSC/VLR 业务区下小区间的切换。

图 2-1-21　不同 MSC 间的切换流程

项目六　有关技术

GSM 的语音通信中，如何把模拟语音信号转换成适合在无线信道中传输的数字信号形式，直接关系到语音的质量、系统的性能，这是一个很关键的过程。本任务主要介绍 GSM 系统中数字语音信号的形成过程。

GSM 系统基站收发信台（BTS）信号的形成过程可参阅 GSM 移动台的框图（如图 2-1-22 所示）。发送部分电路由信源编码、信道编码、交织、加密、突发脉冲串形成等功能模块完成基带数字信号的形成过程。数字信号经过调制及上变频、功率放大，由天线将信号发射出去。接收部分电路由高频电路、数字解调等电路组成。数字解调后，进行 Viterbi 均衡、去交织、解密、语音解码，最后，将信号还原为模拟形式，完成信号的传输过程。

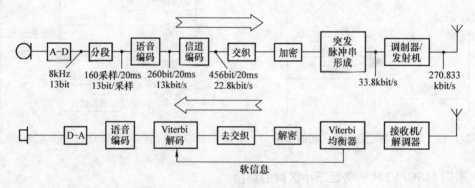

图 2-1-22　语音在 MS 中的处理过程

首先，语音通过一个模 – 数转换器，实际上是经过 8kHz 抽样、量化后变为每 125μs 含有 13bit 的码流；每 20ms 为一段，再经语音编码后降低传码率为 13bit/s；经信道编码变为 22.8kbit/s；再经码字交织、加密和突发脉冲格式化后变为 33.8kbit/s 的码流，经调制后发送出去。接收端的处理过程相反。

任务一　语音编码

语音编码是信源编码，用于将模拟语音信号变成数字信号以便在信道中传输，数字移动通信中 GSM 系统采用规则脉冲激励 – 长期预测（RPE – LTP）编码方式。

语音编码器有三种编码类型：波形编码、参量编码和混合编码。

波形编码的基本原理是在时间轴上对模拟信号按一定的速率抽样，然后，将幅度样本分层量化，用代码表示。解码过程是将收到的数字序列经过解码和滤波恢复成模拟信号。

波形编码对比特速率较高的编码信号能够提供相当好的语音质量。对于低速率语音编码信号（比特速率低于 16kbit/s），语音质量明显下降。目前使用较多的脉冲编码调制（PCM）和增量调制（ΔM），及它们的各种改进型都属于波形编码技术。

参量编码又称为声源编码，它是将信号在频域提取的特征参量变换成数字代码进行传输。解码为其反过程，将接收到的数字序列经变换恢复特征参量，再根据特征参量重建语音信号。也就是说，声源编码是以发音机制模型为基础，用一套模拟声带频谱特性的滤波器参数和若干声源参数来描述发音机制模型。在发端对模拟信号中提取的各个特征参量进行量化编码，在接收端根据接收到的滤波器参数和声源参数来恢复语音，它是根据特征参数重建语音信号的，所以称其为参量编码。这种编码技术可实现低速率语音编码，比特速率可压缩到 2～4.8kbit/s，甚至更低，但是语音质量只能达到中等。

混合编码是近几年提出的一种语音编码技术，它将波形编码和参量编码结合起来。混合编码的数字语音信号中既包含若干语音特征参量，又包括部分波形编码信息。规则脉冲激励－长期预测（RPE－LTP）就是一种混合编码（见图 2-1-23）。

RPE－LTP 处理过程是先进行 8kHz 抽样，调整每 20ms 为一帧，每帧长为 4 个子帧，每个子帧长 5ms，纯比特率为 13kbit/s。

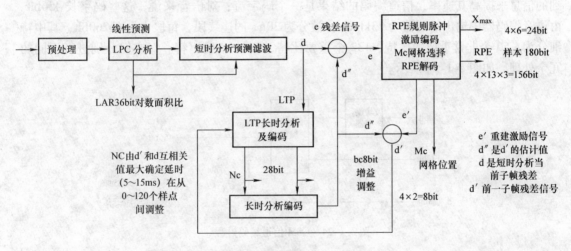

图 2-1-23　RPE－LTP 编码

现代数字通信系统往往采用语音压缩编码技术，GSM 也不例外。它利用语声编码器为人体喉咙所发出的音调和噪声以及人的口和舌的声学滤波效应建立模型，这些模型参数将通过 TCH 进行传送。

语音编码器是建立在残余激励线性预测编码器（REIP）的基础上的，并通过长期预测器（LTP）增强压缩效果。LTP 通过去除语音的元音部分，使得残余数据的编码更为有利。语音编码器以 20ms 为单位，经压缩编码后输出 260bits，因此码速率为 13kbit/s。根据重要性不同，输出的比特分成 182bits 和 78bits 两类。较重要的 182bits 又可以进一步细分出 50 个最重要的比特。

与传统的 PCM 线路上语声的直接编码传输相比，GSM 的 13kbit/s 的语音速率要低得多。未来的更加先进的语音编码器可以将速率进一步降低到 6.5kbit/s（半速率编码）。

任务二　信道编码

在移动通信的语音业务中，信道编码主要是为了纠错。因为检错只能在收端检出错误时才让发端重发，这在传输数据的时候是可以的，而在传送语音中是不可能中断后重发的。因此，在数字语音传输中，信道编码主要是为了纠错，这种方式也称为前向纠错（Forward Error Correction，FEC）。在无线信道上，误码有两种类型，一种是随机性误码，它是单个码元错误，并且随机发生，主要由噪声引起的；另一种是突发性误码，连续数个码元发生差错，亦称群误码，主要是由于衰落或阴影造成的。GSM 中采用的信道编码主要用于纠正传输过程中产生的随机差错。

信道编码是在数据发送前，在信息码元中增加一些冗余码元（也称为监督码元或检验码元），供接收端纠正或检出信息在信道中传输时由于干扰、噪声或衰落所造成的误码。增加监督码元的过程称为信道编码。增加监督码元，也就是说除了传送信息外，还要传送监督码元，所以为提高传输的可靠性而付出的代价是提高传输速率，增加频带占用带宽。信道编码主要有两种，即分组码和卷积码。码元分组是信道编码的基本格式。

为了检测和纠正传输期间引入的差错，在数据流中引入冗余通过加入从信源数据计算得到的信息来提高其速率，信道编码的结果是一个码字流；对语音来说，这些码字长 456bit。由语音编码器中输出的码流为 13kbit/s，被分为 20ms 的连续段，每段中含有 260bit，其中特细分为：50 个非常重要的比特、132 个重要比特、78 个一般比特。对它们分别进行不同的冗余处理，如图 2-1-24 所示。

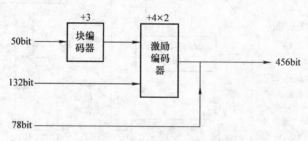

图 2-1-24　GSM 信道编码过程

50 个非常重要比特，加上 3 个 CRC 检验比特，132 个重要比特，加上 4 个尾比特，一起按 1/2 速率进行卷积编码，得到 378bit，另外还有 78bit 不予保护，总计 456bit。信道编码的总比特率为 456bit/20ms = 22.8kbit/s。用于 GSM 系统的信道编码方法有三种：卷积码、分组码和 CRC 码，这些已经在信息有效传输模块中讲述过。

任务三　交　　织

在编码后，语音组成的是一系列有序的帧。而在传输时的比特错误通常是突发性的，这将影响连续帧的正确性。为了纠正随机错误以及突发错误，最有效的组码就是用交织技术来分散这些误差。

交织的要点是把码字的 b 个比特分散到 n 个突发脉冲序列中，以改变比特间的邻近关系。n 值越大，传输特性越好，但传输时延也越大，因此必须作折中考虑，这样，交织就与信道的用途有关，所以在 GSM 系统中规定了几种交织方法。在 GSM 系统中，采用二次交织方法。由信道编码后提取出的 456bit 被分为 8 组，进行第一次交织，如图 2-1-25 所示。

由它们组成语音帧的一帧，现假设有四帧语音帧如图 2-1-26 所示。

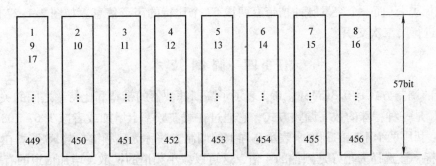

图 2-1-25　GSM 系统第一次交织

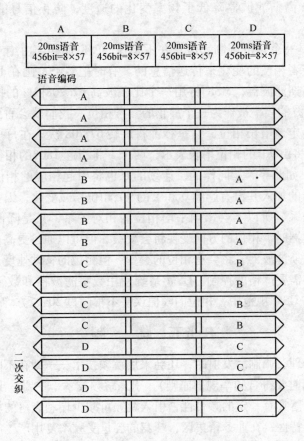

图 2-1-26　GSM 系统第二次交织

而在一个突发脉冲中包括一个语音帧中的两组，如图 2-1-27 所示。

3	57	1	26	1	57	3	8.25

图 2-1-27　突发脉冲的结构

其中，前后 3 个尾比特用于消息定界，26 个训练比特，训练比特的左右各 1 个比特作为"挪用标志"。而一个突发脉冲携带有两段 57 个比特的声音信息。如图 2-1-27 所示，在发送时，进行第二次交织。

任务四　调制技术

GSM 的调制方式是 0.3GMSK。0.3 表示了高斯滤波器的带宽和比特率之间的关系。

GMSK 是一种特殊的数字调频方式，它通过在载波频率上增加或者减少 67.708kHz 来表示 0 或 1，利用两个不同的频率来表示 0 和 1 的调制方法称为移频键控（FSK）。在 GSM 中，数据的比特率被选择为正好是频偏的 4 倍，这可以减小频谱的扩散，增加信道的有效性，比特率为频偏 4 倍的 FSK，称为最小相位频移键控（MSK）。通过高斯预调制滤波器，可以进一步压缩调制频谱。高斯滤波器降低了频率变化的速度，防止信号能量扩散到邻近信道频谱。

0.3GSMK 并不是一个相位调制，信息并不是像 QPSK 那样，由绝对的相位来表示。它是通过频率的偏移或者相位的变化来传送信息的。有时把 GMSK 画在 I/Q 平面图上是非常有用的。如果没有高斯滤波器，MSK 将用一个比载波高 67.708kHz 的信号来表示一个待定的脉冲串 1。如果载波的频率被作为一个静止的参考相位，我们就会看到一个 67.708kHz 的信号在 I/Q 平面上稳定地增长相位，它每秒钟将旋转 67 708 次。在每一个比特周期，相位将变化 90°。一个 1 将由 90° 的相位增长表示，两个 1 将引起 180° 的相位增长，三个 1 将引起 270° 的相位增长，如此等等。同样的，连续的 0 也将引起相应的相位变化，只是方向相反而已。高斯滤波器的加入并没有影响 0 和 1 的 90° 相位增减变化，因为它没有改变比特率和频偏之间的四倍关系，所以不会影响平均相位的相对关系，只是降低了相位变化时的速率。在使用高斯滤波器时，相位的方向变换将会变缓，但可以通过更高的峰值速度来进行相位补偿。如果没有高斯滤波器，将会有相位的突变，但相位的移动速度是一致的。

精确的相位轨迹需要严格的控制。GSM 系统使用数字滤波器和数字 I/Q 调制器去产生正确的相位轨迹。在 GSM 规范中，相位的峰值误差不得超过 20°，方均误差不得超过 5°。

任务五　跳　　频

在语音信号经处理、调制后发射时，还会采用跳频技术——即在不同时隙发射载频在不断地改变（当然，同时要符合频率规划原则）。引入跳频技术，主要是出于以下两点考虑。

由于过程中的衰落具有一定的频带性，引入跳频可减少瑞利衰落的相关性。

由于干扰源分集特性：在业务密集区，蜂窝的容量受频率复用产生的干扰限制，因为系统的目标是满足尽可能多买主的需要，系统的最大容量是在一给定部分呼叫由于干扰使质量受到明显降低的基础上计算的，当在给定的 C/I 值附近统计分散尽可能小时，系统容量较好。我们考虑一个系统，其中一个呼叫感觉到的干扰是由许多其他呼叫引起的干扰电平的平均值。那么，对于一给定总和，干扰源的数量越多，系统性能越好。

GSM 系统的无线接口采用了慢速跳频（Slowly Frequency Hopping, SFH）技术。慢速跳频与快速跳频（Fast Frequency Hopping, FFH）之间的区别在于后者的频率变化快于调制频率。GSM 系统在整个突发序列传输期，传送频率保持不变，因此是属于慢跳频情况，如图 2-1-28 所示。

慢跳频中跳频速率低于信息比特率，即连续几个信息比特跳频一次。GSM 系统中的跳

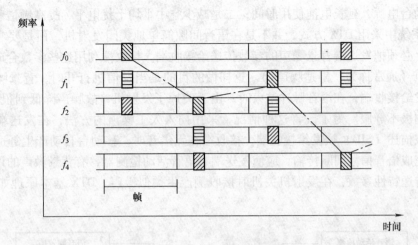

图 2-1-28　GSM 系统调频示意图

频属于慢跳频，每一帧改变一次频率，跳频的速率大约为 217 次/s。快跳频中跳频速率高于或等于信息比特率，即每个信息比特跳频一次以上。在上、下行线两个方向上，突发序列号在时间上相差 3BP，跳频序列在频率上相差 45MHz。GSM 系统允许有 64 种不同的跳频序列，对它的描述主要有两个参数：移动分配指数偏置（Mobile Allocation Index Offset，MAIO）和跳频序列号（Hopping Sequence Number，HSN）。MAIO 的取值可以与一组频率的频率数一样多。HSN 可以取 64 个不同值。跳频序列选用伪随机序列。通常，在一个小区的信道载有同样的 HSN 和不同的 MAIO，这是避免小区内信道之间的干扰所希望的。邻近小区不会有干扰，因它们使用不同的频率组。为了获得干扰参差的效果，使用同样频率组的远小区应使用不同的 HSN。对跳频算法感兴趣的读者，可参阅 GSM Rec. 05. 02，这里不再细述。

实现跳频的方法有两种：基带跳频和频率合成器跳频。

（1）基带跳频

基带信号按照规定的路由传送到相应的发射机上即形成基带跳频，基带信号由一部发射机转到另一部发射机来实现跳频。GSM 系统中基带信号的切换速率达到 217 次/s。慢跳频适合收发信机数量较多的高业务小区。

这种模式，每个收发信机停留在一个频率上，而是将基带数据通过交换矩阵切换到相应的收发信机上，从而实现跳频。

（2）频率合成器跳频

频率合成器跳频是采用改变频率合成器的输出频率，而使无线收发信机的工作频率由一个频率调到另一个频率的。这种方法不必增加收发信机数量，但需要采用空腔谐振器的组合，以实现跳频在天线合路器的滤波组合。

这种模式，给定的收发信机在每个时隙中能在不同频率上发射，即收发信机要在时隙间复位，也就是说，它是通过不断改变收发信机的频率合成器合成的频率而实现跳频的。

任务六　语音间断传输技术

语音信号间断传输（Discontinuous Transmission，DTX）方式是指仅在包含有用信息帧时才打开发射机，而在语音间隙的大部分时间关闭发射机的一种操作模式。目的有两个：一是节省移动台电源，延长电池使用时间；二是减少空中平均干扰电平，提高频谱利用率。

GSM 系统中采用 DTX 方式，并不是在语音间隙简单地关闭发射机，而是要求在发射机关闭之前，必须把发送端背景噪声的参数传送给接收端，接收端利用这些参数合成与发端相类似的噪声（通常称为"舒适噪声"）。这样做的目的是当发信机打开时，背景噪声连同语音一同转发给接收端；在语音脉冲结束时，由于关掉了发射机，故噪声降低到很低的电平，使听者感到极不舒服。为了改善这种情况，采用插入人工噪声的方法，在发送端关发射机前，把静寂描述（SID）帧发给接收端，接收端在无语音时，移动台自动产生舒适的背景噪声。为了完成语音信号间断传输，应使发送端有语音活动检测器，有背景噪声的评价，以便向接收端传送特性参数，在发射机关机时接收侧产生类似噪声。DTX 基本原理如图 2-1-29 所示。

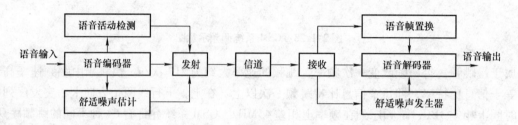

图 2-1-29　GSM 系统中 DTX 原理

发送端的语音活动检测由语音活动检测器完成，其功能是检测分段后的 20ms 段是有声段还是无声段，即是否有语音或仅仅是噪声。舒适噪声估计用于产生静寂描述（SID）帧，发送给接收端以产生舒适的背景噪声。

接收端的语音帧置换的作用是当语音编码数据的某些重要码位受到干扰而解码器又无法纠正时，用前面未受到干扰影响的语音帧取代受干扰的语音帧，从而保证通话质量。舒适噪声发生器用于在接收端根据所收到的 SID 帧产生与发端一致的背景噪声。

任务七　时序调整

由于 GSM 采用 TDMA，且它的小区半径可以达到 35km，因此需要进行时序调整。由于从手机出来的信号需要经过一定时间才能到达基站，因此我们必须采取一定的措施，来保证信号在恰当的时候到达基站。

如果没有时序调整，那么从小区边缘发射过来的信号，就将因为传输的时延和从基站附近发射的信号相冲突（除非两者之间存在一个大于信号传输时延的保护时间）。通过时序调整，手机发出的信号就可以在正确的时间到达基站。当 MS 接近小区中心时，BTS 就会通知它减少发射前置的时间，而当它远离小区中心时，就会要求它加大发射前置时间。

当手机处于空闲模式时，它可以接收和解调基站来的 BCH 信号。在 BCH 信号中有一个 SCH 的同步信号，可以用来调整手机内部的时序，当手机接收到一个 SCH 信号后，它并不知道它离基站有多远。如果手机和基站相距 30km 的话，那么手机的时序将比基站慢 100μs。当手机发出它的第一个 RACH 信号时，就已经晚了 100μs，再经过 100μs 的传播时延，到达基站时就有了 200μs 的总时延，很可能和基站附近的相邻时隙的脉冲发生冲突。因此，RACH 和其他的一些信道接入脉冲将比其他脉冲短。只有在收到基站的时序调整信号后，手机才能发送正常长度的脉冲。在我们的这个例子中，手机就需要提前200μs发送信号。

项目七　频率分配

【问题】

中国移动和中国联通都在运营GSM网络，而GSM频率是确定的，如何分配给各个运营商哪？分别占用哪些频率？它是如何使用的？本项目主要介绍上述问题。

任务一　GSM网络900MHz/1800MHz频段

频率是无线通信的重要资源，如何合理使用频率、提高频率利用率是每一个无线通信系统的运营商和其主管部门应该慎重考虑的问题。本任务主要介绍GSM系统中常用的频率配置方法、频道中心工作频率的计算以及载波干扰保护比等。其中GSM 1800MHz也被称为DCS1800MHz。

1. 双工收发间隔

在900MHz频段，频道间隔为200kHz，收发双工间隔为45MHz；在1800MHz频段，双工收发间隔为95MHz。

2. 发射标识

业务信道和控制信道的发射标识都为"271kF7W"。标识中的具体含义如下：

1）271kHz：必要带宽；

2）F：主载波调制方式为调频；

3）7：调制主载波的信号性质（包含量化或数字信息的双信道或多信道）；

4）W：被发送信息的类型（电报传真数据、遥测、遥控、电话和视频的组合）。

3. 我国陆地蜂窝移动电话业务的频率分配

我国移动电话业务频率分配见表2-1-3。

表2-1-3　我国移动电话业务频率分配表

使用频段		上行频段（MHz） （MS→BS）	下行频段（MHz） （BS→MS）
中国移动	GSM900	890~909	935~954
	DCS1800	1710~1720	1805~1815
中国联通	GSM900	909~915	954~960
	DCS1800	1730~1740	1825~1835

4. GSM900某频道的工作频率

GSM900MHz中采用等间隔频道配置的方法：在900MHz频段，共25MHz带宽，载频间隔为200kHz，频道序号为1~124。其中，中国移动占用1~94频道（890~909MHz/935~954MHz）；中国联通占用95~124频道（909~915MHz/954~960MHz）。频道序号 $n = 1$, 2,

3……和频道标称中心频率（MHz）关系为

$$f_L(n) = 890.2 + (n-1) \times 0.2 \qquad\qquad (2\text{-}1\text{-}1)$$

$$f_H(n) = 935.2 + (n-1) \times 0.2 \qquad\qquad (2\text{-}1\text{-}2)$$

因双工间隔为45MHz，所以其下行频率可用上行频率加双工间隔，式（1-1-2）可以写为

$$f_H(n) = f_L(n) + 45 \qquad n = 1,2,3\cdots\cdots \qquad (2\text{-}1\text{-}3)$$

【注意】

分配时，由于系统需要与别的系统进行频率隔离，要留出0.1MHz作为保护频率。

在GSM系统中因采用TDMA技术，每载频可分为8个时隙，即8个信道。因此，给出信道号m计算对应工作频率时，应先计算出对应的频道号$n = m/8$，n取值时，计算得到的小数部分全部向上取整。如$m = 9$，则$n = 9/8 = 1.125$，取$n = 2$再代入上式计算。

GSM900/DCS1800系统频带的划分及使用见表2-1-4。

表2-1-4　频带的划分及使用

特性	GSM900	DCS1800
发射类别		
业务信道	271kF7W	271kF7W
控制信道	271kF7W	271kF7W
发射频带（MHz）		
基　站	935～960	1805～1880
移动台	890～915	1710～1785
双工间隔	45MHz	95MHz
射频带宽	200kHz	200kHz
射频双工信道总数	124	374
基站最大有效发射功率（射频载波峰值）/W	300	20
业务信道平均值/W	37.5	2.5
小区半径/km		
最小	0.5	0.5
最大	35	35
接续方式	TDMA	TDMA
调制	GMSK	GMSK
传输速率/(kbit/s)	270.833	270.833
全速率语音编译码		
比特率/(kbit/s)	13	13
误差保护	9.8	9.8
编码算法	RPE－LTP	RPE－LTP
信道编码	具有交织脉冲检错和1/2编码率卷积码	具有交织脉冲检错和1/2编码率卷积码

（续）

特性	GSM900	DCS1800
控制信道结构		
公共控制信道	有	有
随路控制信道	快速和慢速	快速和慢速
广播控制信道	有	有
时延均衡能力/μs	20	20
国际漫游能力	有	有
每载频信道数		
全速率	8	8
半速率	16	16

【注意】

信道和频道的差别，对于 GSM 系统来说，一个信道为上下行对应频道上的一个时隙，FD-MA 系统为上下行对应频率，而 CDMA（FDD）系统中为上下行对应频道上的一组正交码。

5. DCS1800 某频道的工作频率

GSM 1800MHz 中采用等间隔频道配置的方法：在 1800MHz 频段，共有 75MHz 带宽，载频间隔为 200kHz，频道序号为 512～885。其中，中国移动占用前 10MHz，512～559 频道；中国联通占用后 10MHz，687～736 频道。频道序号和频道标称中心频率（MHz）关系为

$$f_L(n) = 1710.2 + (n - 512) \times 0.2 \tag{2-1-4}$$

$$f_H(n) = 1805.2 + (n - 512) \times 0.2 \tag{2-1-5}$$

同理，也可以采用上下行频率的隔离进行计算：

$$f_H(n) = f_L(n) + 95 \quad n = 1,2,3\cdots\cdots \tag{2-1-6}$$

【提高】

【例 2-1-1】 计算第 60 号频道的上下行工作频率。

解：
$$f_L(n) = 890.2 + (n - 1) \times 0.2$$

当 $N = 60$ 时，则

$$f_L(60) = 890.2 + (60 - 1) \times 0.2$$
$$= 902\text{MHz}$$
$$f_H(60) = f_L(60) + 45$$
$$= 947\text{MHz}$$

【例 2-1-2】 计算第 60 号信道的上下行工作频率。

解： GSM 系统中，每频道分 8 个时隙，则第 60 号信道对应的频道号为

$$(60/8) \approx 8 \quad （原因为频道数向上取整）$$

当 $N = 8$ 时，则

$$f_L(8) = 890.2 + (8 - 1) \times 0.2$$
$$= 891.6\text{MHz}$$
$$f_H(8) = 935.2 + (8 - 1) \times 0.2$$
$$= 936.6\text{MHz}$$

任务二　频率复用方式

频率复用技术是指同一载波的无线信道用于覆盖相隔一定距离的不同区域，相当于频率资源获得再生。在平面状的蜂窝结构移动网中，无线区群是由 N 个正六边形小区组成，各区群可以按一定的规律使用相同的频率组。假设每个群有 N 个小区，则需用 N 组频率。

根据 GSM 体制的推荐，GSM 无线网络规划基本上采用 4×3 频率复用方式，即每 4 个基站为一群，每个基站小区分成 3 个三叶草形 120°的 12 组频率。因为这种方式同频干扰保护比能够比较可靠地满足 GSM 标准。

GSM 本身采用了许多抗干扰技术，如跳频、自动功率控制、基于语音激活的非连续发射、天线分集等，这些技术合理利用，将有效提高载干比（C/I）。因此，可以采用更紧密的频率复用方式，增加频率复用系数，提高频率利用率。比较典型的频率复用方式除 4×3 外，还有 3×3，2×6，1×3 方式等，如图 2-1-30 所示。

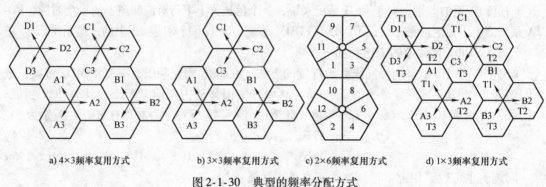

a) 4×3 频率复用方式　　b) 3×3 频率复用方式　　c) 2×6 频率复用方式　　d) 1×3 频率复用方式

图 2-1-30　典型的频率分配方式

任务三　载波干扰保护比

在系统组网时，会产生很多干扰，基站的覆盖范围将受这些干扰的限制。因此，在设计系统时，必须把这些干扰控制在可容忍的范围内。

载波干扰保护比又称载干比（C/I），是指接收到的希望信号电平与非希望电平的比值。此比值与 MS 的瞬时位置有关，这是由于地形地物、天线参数、站址、干扰源等不同所造成的。

1. 同频干扰保护比

所谓同频干扰保护比是指当不同小区使用相同频率时，服务小区载频功率与另外的同频小区对服务小区产生的干扰功率的比值。GSM 规范中一般要求载干 C/I > 9dB；工程中一般加 3dB 的余量，即要求大于 12dB。

2. 邻道干扰保护比（C/A）

邻道干扰保护比是指在同频复用时，服务小区载频功率与相邻频率对服务小区产生的干扰功率的比值。GSM 规范中一般要求 C/A > -9dB；工程中一般加 3dB 的余量，即要求大于 -6dB。

3. 载波偏离 400kHz 时的干扰保护比

除了同频、邻频干扰以外，当与载波偏离 400kHz 的频率电平远高于载波电平时，也会产生干扰，但此种情况出现极少，而且干扰程度不太严重。

GSM 规范中载波偏离 400kHz 时的干扰保护比 C/I > −41dB；工程中一般加 3dB 的余量，即要求大于 −38dB，采用空间分集接收将会改善系统的 C/I 性能。

4. 保护频带

采用保护频带的原则是移动通信系统能满足干扰保护比要求。如 GSM900 系统中，移动和联通两系统间应留有保护带宽；GSM1800 系统与其他无线系统的频率相邻时，应考虑相互干扰情况，留出足够的保护带宽。

项目八　GSM 系统的安全

【热点问题】

德国计算机高手卡斯滕·诺尔在 2009 年 12 月 30 日闭幕的"电脑捣乱者俱乐部"年会期间宣布，他与一些密码破译行家联手破解了全球移动通信系统（GSM）的加密算法，破解代码已经上传至文件共享网站供下载。

英国《金融时报》说，这一破解举动可能对全球 80% 移动电话通信构成安全隐患，令 30 多亿移动电话用户置身语音通话遭窃听的风险中。

卡斯滕·诺尔于 2009 年 12 月 29 日接受美联社记者采访时说，利用破解代码，一台高端个人计算机、一部无线电接收装置或一些计算机软件即可截获移动电话用户的语音通话信息。

本项目将讲述在 GSM 系统中采用了什么样的安全措施。

GSM 使用卡机分离的业务提供方式，用户的入网信息存储在 SIM 卡中，而 GSM 是一个开放的系统，为了保证系统数据和用户信息的安全性，系统设置了很多安全措施。本任务主要介绍用户识别模块的功能及 GSM 系统采用的安全措施。

任务一　用户识别模块（SIM 卡）

1. SIM 卡的功能

GSM 数字蜂窝移动通信系统中的用户识别模块（SIM）卡是 GSM 系统中移动台的重要组成部分，是用户入网登记的凭证。在 GSM 系统中，通过对 SIM 卡的物理接口、逻辑接口的明确定义，来完成与移动终端的连接和信息交换。同时，在 SIM 卡内部进行用户信息存储，执行鉴权算法和加密密钥等工作。

SIM 卡是移动用户入网获取服务的钥匙，用户只需将 SIM 卡插入任何一台 GSM 终端，即能实现通信，而通信费用会自动记入持有该卡的用户账户。SIM 卡接收、管理着许多提供给用户业务的信息，还可用于存储短信息。

在 GSM 系统中 SIM 卡具有如下功能。

（1）存储数据。SIM 卡中存有用户身份认证所需的信息，如 IMSI、TMSI 及用户鉴权键 Ki 等；存储安全保密有关的信息，如加密密钥 Kc、密钥序号 n、加密算法 A3、A5、A8，个人识别码（Personal Identification Number，PIN）、PIN 出错计数、SIM 卡状态、个人解锁码（Personal Unlock，PUK）等；存储与网络和用户有关的管理数据，如 PLMN 代码、LAI、用户登记的通信业务等；还可存储用户的个人信息。

　　A3、A8 算法是在生产 SIM 卡时写入的, 一般人无法读出, PIN 可由用户在手机上自己设定, PUK 码由运营商持有, Kc 是在加密过程中由 Ki 导出的。部分信息一经写入不再改变, 如 IMSI、PLMN 代码等, 部分信息可随时改变, 如 PIN、TMSI、用户个人信息等。

　　(2) 执行安全操作。SIM 卡可进行用户入网的鉴权、用户信息的加密、TMSI 的更新, PIN 的操作和管理。SIM 卡本身是通过 PIN 来受保护的, PIN 是一个 4~8 位的个人身份号。在用户选用开机输入 PIN 的功能时, 只有当用户正确输入 PIN 时, SIM 卡才能被启用, 移动台才能对 SIM 卡进行存取, 也只有 PIN 认证通过后, 用户才能接入网络。用户身份鉴权用于确认用户是否合法, 确认是网络和 SIM 卡一起进行的, 而确认时间一般是在移动终端登记入网和呼叫时。

2. SIM 卡的结构

　　SIM 卡是带微处理芯片的 IC (Intelligent Card) 卡, 它由 CPU、工作存储器 (即 RAM)、程序存储器 (即 ROM)、数据存储器 (即 EEP-ROM) 和串行通信单元 5 个模块组成。SIM 卡的时钟信号、复位信号、电源均由移动终端提供, SIM 卡共有 8 个触点, 这些触点的作用如图 2-1-31 所示。

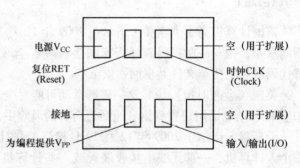

图 2-1-31　　SIM 卡结构图

3. SIM 卡的使用

　　在 GSM 系统中, 移动终端出厂后不能直接使用, 用户必须在网络经营部门注册得到一张 SIM 卡, 它是持卡用户在运营商的代表。用户无需拆开手机即可装卸 SIM 卡。

4. SIM 卡的安全

　　当用户将 SIM 卡插入 GSM 终端后, 终端会提示输入长度为 4~8 位数的 PIN, 用户输入 PIN 后, 按 "#" 键即启动对 PIN 的校验。若输入正确, 移动终端就可对 SIM 卡进行存取, 读出相关数据, 而且可接入网络。每次呼叫结束或移动终端正常关闭时, 所有的临时数据都会从移动终端传送到 SIM 卡中, 以后开、关移动终端又都要进行 PIN 校验。通信过程中, 从移动终端中取出 SIM 卡会终止当时的通信, 而且还可能破坏用户数据。PIN 可以任意修改, 但输入新的 PIN 前, 要先输入原来的 PIN, 如果输入 PIN 不正确, 用户还可以再输入两次。输入出错时会显示出错信息, PIN 连续输错三次后 SIM 卡将闭锁。

　　解除 SIM 卡闭锁, 可使用正确的八位解锁 PUK 码, 如果输入的 PUK 码连续出错超过 10 次, SIM 将报废。用户能否知道 PUK 是由网络运营商的 SIM 卡管理规程确定的, 如果 SIM 闭锁, 普通用户通常需到营业厅进行解锁, 而预付费用户的 PUK 码是与 SIM 卡一起提供给用户的, 用户可自行解锁。

　　SIM 卡的使用有一定年限, 物理寿命取决于用户的插拔次数, 约在 1 万次左右。而集成芯片的寿命取决于数据存储器的写入次数, 约在 5 万次左右, 不同厂家指标不同, SIM 卡的寿命也略有不同。

　　SIM 卡都有防水、耐磨、抗静电、接触可靠等特点。但用户在使用中仍需注意: 不要人为浸水、用硬物刮擦 SIM 卡; 不要弯折 SIM 卡; 不要经常插拔 SIM 卡; 拆卸 SIM 卡前先要关闭手机电源；SIM 卡表面氧化或弄脏后，不要用硬物刮擦，可用酒精清洗，也可用橡皮擦拭，尽可能保持 SIM 卡清洁；正确输入 PIN，当 SIM 卡闭锁后，不要随意输入 PUK 码。

任务二 GSM 系统的安全

数字移动电话系统为了保护用户和网络运营商的合法性，采取了以下安全措施。

1）接入网络要求对用户进行鉴权；

2）无线传输要对信息进行加密；

3）通信过程中对 IMSI 保密；

4）SIM 卡的 PIN 和 PUK 操作；

5）对移动设备进行设备识别，以保证系统中使用的设备不是盗用的或非法的设备。

运营者分配给用户的鉴权键 Ki 和 IMSI 存在 SIM 卡中。同样，Ki 存储在鉴权中心，并用 Ki 在鉴权中心产生三参数组：RAND（RANDOM）128bit 不可预测的随机数；对 RAND 和 Ki 用加密算法 A3 计算出符号响应（SRES）；用加密算法 A8 计算出加密密钥 Kc。这个三参数组一起送给 HLR 存储。由于 RAND 是随机数，不断更新这些随机数，可以保证所有公用移动用户都有一个三参数组。

1. 鉴权

当移动客户开机请求接入网络时，需要进行鉴权，过程如下：当移动客户开机请求接入网络时，MSC/VLR 通过控制信道将三参数组的一个参数伪随机数 RAND 传送给客户。当收到 RAND 后，用此 RAND 与 SIM 卡存储的客户鉴权码 Ki，经同样的 A3 算法得出一个符号响应（Signeel Response，SRES），传送给 MSC/VLR。MSC/VLR 将收到的 SRES 与三参数组中的 SRES 进行比较。由于是同一 RAND，同样的 Ki 和 A3 算法，因此结果 SRES 应相同。MSC/VLR 比较的结果相同就允许接入，否则，网络拒绝为此客户服务。鉴权过程如图 2-1-32 所示。

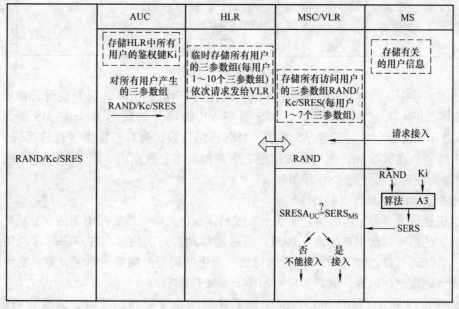

图 2-1-32 鉴权过程图

2. 加密

GSM 系统中的加密是指无线路径上的加密，即 BTS 和 MS 之间交换客户信息和客户参数时不被监听。所有的语音和数据均需加密，所有客户参数也需加密。其基本流程如图2-1-33所示。

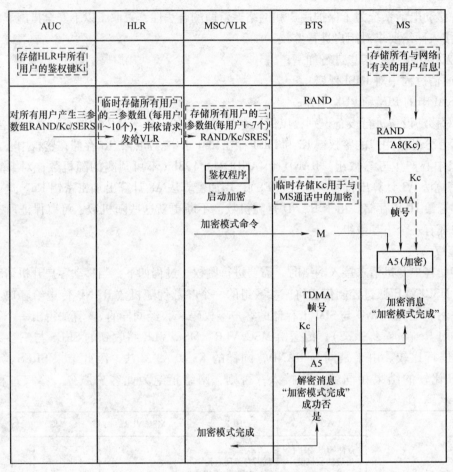

图 2-1-33　加密过程图

在鉴权程序中，当客户侧计算 SRES 的同时用另一算法（A8 算法）也计算出密钥 Kc。根据 MSC/VLR 发送出的加密命令，BTS 侧和 MS 侧均开始使用 Kc。在 MS 侧，由 Kc、TDMA帧号和加密命令 M 一起经 A5 算法，对客户信息数据流进行加密（也称扰码），在无线路径上传送。在 BTS 侧，把从无线信道上收到加密信息数据流、TDMA 帧号和 Kc，再经过 A5 算法解密后，传送到 BSC 和 MSC。

3. 临时移动用户标志（TMSI）

临时识别码的设置，可以防止非法个人或团体通过监听无线路径上的信令交换而窃得移动客户真实的国际移动用户标志（IMSI）或跟踪移动客户的位置。客户临时移动用户标志（TMSI）由 MSC/VLR 分配，并不断地进行更换，更换周期由网络运营者设置。更换的频次越快，起到的保密性越好，但对客户的 SIM 卡寿命有影响。

IMSI 保密程序为：每当 MS 用 IMSI 向系统请求位置更新、呼叫尝试或业务激活时，MSC/VLR 对它进行鉴权。允许接入网络后，MSC/VLR 产生一个新的 TMSI 给移动台，写入客户 SIM 卡。此后，MSC/VLR 和 MS 之间的命令交换就使用 TMIS，实际的 IMSI 便不再通过无线路径传送。

4. PIN 和 PUK 码

SIM 卡上设置了 PIN 操作（类似计算机上的 password 功能）。PIN 是由 4 ~ 8 位数字组成，其位数由客户自己决定。如客户输入了一个错误的 PIN，它会给客户一个提示，重新输入，若连续 3 次输入错误，SIM 卡就被闭锁，即使将 SIM 卡拔出或关掉手机电源也无济于事。闭锁后，用 PUK 码可以解锁，它由 8 位数字组成。若连续 10 次输入错误 PUK 码，SIM 卡将再一次闭锁，当手机 PIN 被锁，并提示输入 PUK 码时，千万不要轻举妄动，因为 PUK 码只有 10 次输入机会，10 次都输错的话，SIM 卡将会被永久锁死，也就是报废。部分 SIM 卡的 PUK 码是用户在购卡时随卡附带的，如中国移动的神州行等，而另一部分则需要向网络运营商索取。如果你的 PIN 被锁且不知道 PUK 码，千万不要随便输入，此时正确的做法应该是致电 SIM 卡所属运营商的服务热线，在经过简单的用户资料核对后，即可获取 PUK 码，解开手机锁，该项服务是免费的。但是，解开了 PUK 码后，再次关机，手机仍会提醒你输入 PIN 的。

5. 设备识别

每个移动台设备均有国际移动设备标志（IMEI）。EIR 中存储所有移动台的设备识别码，移动台则只存储本身的 IMEI，设备识别的作用是确保系统中使用的移动台设备不是盗用的或非法的。设备的标志在 EIR 中完成。

EIR 中存有 3 种名单：

白名单——合法的移动设备识别号。包括已分配给可参与运营的各国所有设备识别序列号码。

黑名单——禁止使用的移动设备识别号。

灰名单——由运营商决定是否允许使用的识别号，包括有故障的及未经型号认证的移动台设备。

设备识别在呼叫建立尝试阶段进行，当 MS 发起呼叫，MSC/VLR 则向 MS 请求 IMEI，并将其发送给 EIR，EIR 将收到的 IMEI 与白、黑、灰三种表进行比较，把结果发送给 MSC/VLR，以便 MSC/VLR 决定是否允许该移动台设备进入网络。何时需要设备识别取决于网络运营者。目前我国大部分省市的 GSM 网络均未配置此设备（EIR），所以此保护措施也未被采用。

项目九 呼 叫 流 程

任务一 出 局 呼 叫

下面给出的出局呼叫，是指移动台呼叫固定用户，其接续过程如图 2-1-34 所示。

1）①：在服务小区内，一旦移动用户拨号后，即移动台向基站请求随机接入信道（Random Access Channel RACH）；

2）②：在移动台（MS）与移动业务交换中心（MSC）之间进行信令信道的建立过程；

3）③：对移动台的识别码进行鉴权的过程，如果需加密，则设计加密模式等，进入呼

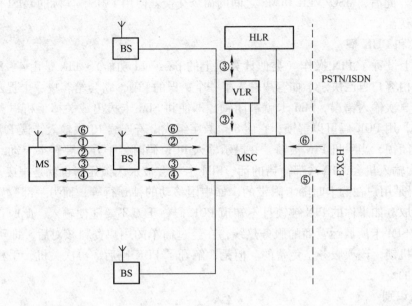

图 2-1-34　出局呼叫基本流程

叫建立起始阶段；

　　4）④：分配业务信道；

　　5）⑤：采用 7 号信令用户部分（ISUP/TUP）通过与固定网（ISDN/PSTN）建立至被叫用户的通路，并向被叫用户振铃，向移动台回送呼叫接通证实信号；

　　6）⑥：被叫用户摘机应答，向移动台发送应答信息，最后进入通话阶段。

任务二　入局呼叫

　　典型的固定用户呼叫移动用户的入局呼叫的接续过程如图 2-1-35 所示。

　　1）①：通过 7 号信令用户部分（ISUP/TUP），关口 MSC（GMSC）接受来自固定网（ISDN/PSTN）的呼叫；

　　2）②：GMSC 向 HLR 询问有关被叫移动用户正在访问的 MSC 地址（Mobile Subscriber Roaming Number，MSRN）；

　　3）③：HLR 请求被访问 VLR 分配 MSRN，MSRN 是在每次呼叫的基础上由被访问 VLR 分配并通知 HLR 的；

　　4）④：GMSC 从 HLR 获得 MSRN 后，就可重新寻找路由建立至被访 MSC 的通路；

　　5）⑤、⑥：被访 MSC 从 VLR 获得有关用户数据；

　　6）⑦、⑧：MSC 通过位置区内的所有基站（BS）向移动台发送寻呼消息；

　　7）⑨、⑩：被叫移动用户的移动台发回寻呼响应消息，然后执行出局呼叫流程中的①、②、③、④相同的过程，直到移动台振铃向主叫用户回送呼叫接通证实信号；移动用户摘机应答，向固定网发送应答信息，最后进入通话阶段。

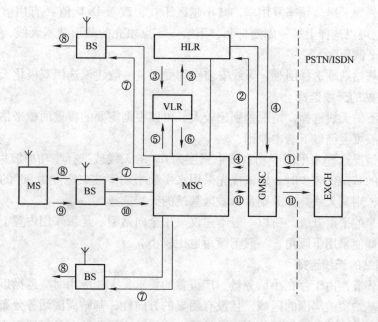

图 2-1-35 入局呼叫流程图

扩展项目 天线选择原则及天线安装

无线网络规划中，天线的选择是一个很重要的部分，应根据网络的覆盖要求、话务量、干扰和网络服务质量等实际情况来选择天线。天线选择得当，可以增大覆盖面积，减少干扰，改善服务质量。由于天线的选型是同覆盖要求紧密相关的，根据地形或话务量的分布可以把天线使用的环境分为 4 种类型：城区、郊区、农村和公路。

任务一 天线选择原则

1. 城区环境下的天线选择

对于在城区的地方，由于基站分布较密，要求单基站覆盖范围小，希望尽量减少越区覆盖的现象，减少基站之间的干扰，提高频率复用率，原则上对天线有以下方面的要求：

天线水平面半功率波束宽度的选择由于市区基站分布数量一般较多，重叠覆盖和频率干扰成为网络中一个很严重的问题，为了减小相邻扇区的重叠区，并降低基站之间可能的干扰，天线水平面的半功率波束宽度应该小一些，通常选用水平面半功率波束宽度为 65°的天线。一般不采用 90°以上天线。

由于市区基站一般不要求大范围的覆盖距离，因此建议选用中等增益的天线，这样天线垂直面波束可以变宽，可以增强覆盖区内的覆盖效果。同时天线的体积和重量可以变小，有利于安装和降低成本。根据目前天线型号，建议市区天线增益选用 15dBi。

对于城市边缘的基站，如果要求覆盖距离较远，可选择较高增益的天线，如 17dBi、18dBi。原则上，在城区设计基站覆盖时，应当选择具有固定电下倾角的天线，下倾角的大小根据具体的情况而定（建议选 6°~9°）。

　　在城市内，为了提高频率复用率，减小越区干扰，改善 D/U 值（有用信号与无用信号电平之比），也可以选择上第一副瓣抑制、下第一零点填充的赋形技术天线，但是这种天线通常无固定电下倾角。

　　由于市区基站站址选择困难，天线安装空间受限，一般建议选用双极化天线。

　　2. 郊区基站的天线选择

　　郊区环境下的天线选择，情况差别比较大。可以根据需要的覆盖面积来估计大概需要的天线类型。一般可遵循以下基本原则：

　　可以根据情况选择水平面半功率波束宽度为 65° 的天线或选择半功率波束宽度为 90° 的天线。当周围的基站比较少时，应该优先采用水平面半功率波束宽度为 90° 的天线。若周围基站分布很密，则其天线选择原则参考城区基站的天线选择。

　　考虑到将来的平滑升级，所以一般不建议采用全向站型。是否采用内置下倾角应根据具体情况来定。即使采用下倾角，一般下倾角也比较小。

　　3. 农村基站的天线选择

　　对于农村环境，由于存在小话务量、广覆盖的要求，天线应用时应遵循以下一些原则。

　　如果要求基站覆盖周围的区域，且没有明显的方向性，基站周围话务分布比较分散，此时建议采用全向基站覆盖。需要特别指出的是：这里的广覆盖并不是指覆盖距离远，而是指覆盖的面积大而且没有明显的方向性。同时需要注意：全向基站由于增益小，覆盖距离不如定向基站远。

　　如果局方对基站的覆盖距离有更远的覆盖要求，则需要用三个定向天线来实现。一般情况下，应当采用水平面半波束宽度为 90° 的定向天线；另外需要注意的是，垂直极化的天线比双极化的天线有更大的分集效果，同时抵抗慢衰落的能力更强一些，所以，在农村广覆盖的要求及条件允许的情况下，可以采用两根垂直极化天线。

　　对于山区的高站（天线相对高度超过 50m），一般应当选用具有零点填充功能的天线来解决近距离"塔下黑"问题（工作原理：天线具有的方向性本质上是通过振子的排列以及各振子馈电相位的变化来获得的，在原理上与光的干涉效应十分相似。因此会在某些方向上能量得到增强，而某些方向上能量被减弱，即形成一个个波瓣（或波束）和零点。能量最强的波瓣叫主瓣，上下次强的波瓣叫第一旁瓣，依次类推。对于定向天线，还存在后瓣。一般在主瓣和它下面的第一个旁瓣之间会有一个夹角，位于这个夹角间的信号非常弱。有零点填充的天线会将这个夹角弥补一下，来解决覆盖的盲区，向下的第一瓣和主瓣之间的夹角填充后能够解决部分塔下黑的问题），这是最经济有效的方法。而通过下倾旁的方法来解决，需要注意覆盖范围的缩小。

　　4. 公路覆盖的天线选择

　　对于公路覆盖地区，天线的选用原则如下：

　　在以覆盖铁路、公路沿线为目标的基站，可以采用窄波束的定向天线。

　　如果覆盖目标为公路及周围零星分布的村庄，可以考虑采用全向天线。

　　如果覆盖目标仅为高速公路等，可以考虑用 8 字形天线来解决。这样可以节约基站的数量，实现高速公路的覆盖。

　　如果是对公路和公路一侧的城镇的覆盖，可以根据情况考虑用水平面半功率波束宽度为 210° 的天线来进行覆盖。建议在进行高速公路的覆盖上优先考虑 8 字形天线和 210° 天线。

任务二 天线安装

1. 天线支架安装

不同类型的天线，不同的安装环境对天线支架的设计要求不同，安装方法也不同。在实际情况中，只有铁塔平台的天线安装涉及天线支架的安装和调整问题，屋顶天线的安装则不涉及天线支架调整（一般用抱杆），在天线支架安装时需要注意以下几点：

1）天线支架安装平面和天线桅杆应与水平面严格垂直。

2）天线支架伸出铁塔平台时，应确保天线在避雷针保护区域内，同时要注意与铁塔的隔离。避雷针保护区域为避雷针顶点下倾45°范围内。

3）天线支架与铁塔平台之间的固定应牢固、安全，但不固定死，利于网络优化时天线的调节。

4）天线支架伸出平台时，应考虑支架的承重和抗风性能。

5）天线支架的安装方向应确保不影响定向天线的收发性能和方向调整。

6）如有必要，对天线支架的安装做一些吊装措施，避免日久天线支架的变形。

2. 天线安装

在 GSM 中使用的天线类型有全向杆状与定向板状两种，下面分别列出在安装过程中需要注意的事项。

（1）全向天线的安装

全向天线安装时应注意如下内容。

1）安装时天线馈电点要朝下，安装护套靠近桅杆，护套顶端应与桅杆顶部齐平或略高出桅杆顶部以防止天线辐射体被桅杆阻挡。

2）用天线固定夹将天线护套与桅杆两点固定，松紧程度应确保承重与抗风，且不会松动，也不宜过紧，以免压坏天线护套。

3）注意检查全向天线的垂直度。

4）注意检查全向收发天线的空间分集距离，一般要求大于4m。

5）尽量避免铁塔对全向天线在覆盖区域的阻挡。

当全向天线安装在铁塔和金属管上时，应注意：

1）严禁金属管与全向天线的有效辐射体重叠安装（天线的有效辐射体是指全向天线的天线罩部分）。

2）设法避免全向天线整体安装在金属管（桅杆）上。

3）当全向天线安装在铁塔上应保证与塔体最近端面相距大于6个波长。

4）不建议使用全向双发覆盖技术，因为全向天线安装在塔体的两侧，受塔体的影响，两个天线在某些方向的覆盖有较大差异（2～10dB）。

5）全向天线的安装垂直度至少小于垂直面半功率波束宽度的1/8。

（2）定向天线的安装

定向天线安装时应注意：

1）按照工程设计图纸确定天线的安装方向。

2）在用指南针确定天线的方位角时要远离铁塔，避免铁塔影响测量的准确度。

3）方位角误差不能超过正负5°。

4）用角度仪调整天线的俯仰角，俯仰角误差不能超过正负 0.5°。

5）注意检查收发天线的空间分集距离，有效分集距离要大于 4m。

【模块总结】

GSM 系统作为第二代移动通信系统主流标准，其原理与系统体系结构都与过去的模拟移动通信系统有了很大的变化。本模块在前述技术模块的基础上，从系统原理、系统结构、无线传输方式、安全保密措施、跳频和间断传输技术和用户业务流程等方面，讲述了 GSM 系统。

（1）GSM 系统采用蜂窝区群结构和频率复用技术，采用频分多址和时分多址，基于时间分割信道。

（2）GSM 数字蜂窝移动通信系统主要包括 3 个部分：基站子系统、网络子系统操作支持子系统和移动台。内部主要采用 A 接口、Abis 接口和 Um 接口。

（3）在 GSM 系统中因用户数量庞大，整个系统的区域和各种号码都有严格的定义。

（4）在 GSM 系统中物理信道是指某一载频中的某一具体时隙。其帧结构和时隙结构都有相应的定义。而其信道依据功能的不同分为业务信道和控制信道。

（5）GSM 相比早期的模拟移动通信系统在安全性方面有了显著的改进，在接入网络方面采用对客户鉴权；无线路径上采用对通信信息加密；对移动设备采用设备识别；对用户识别码采用临时识别码保护；对 SIM 卡则采用 PIN 码和 PUK 码保护。

（6）跳频技术和间断传输技术作为 GSM 的关键技术提高了 GSM 的抗干扰能力。

GPRS

【模块说明】

本模块主要学习
√ GPRS 的网络结构、系统功能。
√ GPRS 的用户描述、安全保证、业务及应用、局限性。
本模块重点
√ GPRS 的概念、特点、系统结构。
√ GPRS 的网络结构、空中接口、用户数据的传输。
本模块难点
√ GPRS 的系统功能。
√ GPRS 的用户描述。
模块扩展
√ EDGE 特点、技术。

随着移动通信的发展，越来越多的新技术被广泛使用，越来越多的业务能够被提供，而为了提供中高速的数据业务，并使 GSM 能向 3G 平滑过渡，人们在 GSM 的基础上提出了通用分组无线业务。这是 GSMPhase2 + 阶段引入的内容之一。

GPRS（General Packet Radio Service）是在现有的 GSM 移动通信系统基础上发展起来的一种移动分组数据业务。GPRS 通过在 GSM 数字移动通信网络中引入分组交换（Packet Switching，PS）的功能实体，以完成用分组方式进行的数据传输。

GPRS 系统可以看作是在原有的 GSM 电路交换（Circuit Switching，CS）系统的基础上进行的业务扩充，以便支持移动用户利用分组数据移动终端接入 Internet 或其他分组数据网络的需求。

以 GSM、CDMA 为主的数字蜂窝移动通信和以 Internet 为主的分组数据通信是目前信息领域增长最为迅猛的两大产业，正呈现出相互融合的趋势。GPRS 可以看作是移动通信和分组数据通信融合的第一步。

知识前顾　交换技术

现代通信网中广泛使用的是电路交换和分组交换两种方式。电路交换方式适用于电话业务。分组交换适用于数据业务。而 ATM（Asychronous Transfer Mode，异步传输模式）信元中承载的是宽带综合业务，既有电话业务，又有数据业务，还有其他业务。ATM 采用的是 ATM 交换方式，它是一种新的交换方式，它既像电话交换方式那样适用于电话业务，又像分组交换方式那样适用于数据业务，并且还能适用于其他业务。

任务一　电路交换

1. 定义

电路交换是最早出现的交换方式，包括最古老的人工电话交换和当前先进的数字程控交换，都普遍采用电路交换方式。

电路交换是以电路连接为目的的交换方式。电路交换的过程就是在通信时建立电路的连接，通信完毕时断开电路。至于在通信过程中双方是否在互相传送信息、传送什么信息，这些都与交换系统无关。电路交换基本过程包括呼叫建立、信息传递、电路拆除三个阶段，其结构如图 2-2-1 所示。

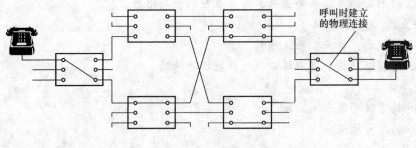

图 2-2-1　电路交换原理图

2. 优缺点

（1）优点

数据传输可靠、迅速，数据不会丢失且保持原来的序列。

（2）缺点

在电话通信中的电路交换方式由于讲话双方总是一个在说，一个在听，因此电路空闲时间大约是 50%，如果考虑到讲话过程中的停顿，那么空闲时间还要多一些。当把电路交换方式用在计算机通信中时，由于人机交互（键盘输入、阅读观察屏幕输出等）时间长，因而电路空闲的时间比 50% 还大，甚至可高达 90%，所以电路交换方式最大的缺点就是电路利用率低。在短时间数据传输时电路建立和拆除所用的时间得不偿失。因此，它适用于系统间要求高质量的大量数据传输的情况。

任务二　分组交换

1. 定义

分组交换又称包交换。在分组交换系统中，在每个分组前都加上分组头。分组头中含有地址、分组号和控制信息等。这些分组可以在网络内沿不同的路径并行进行传输，把从输入端进来的数据分组，根据其标志的地址域和控制域，把它们分发到各个目的地。分组交换是把信息分为一个个的数据分组，并且需要在每个信息分组中增加信息头及信息尾，表示该段信息的开始及结束，此外还要加上地址域和控制域，用以表示这段信息的类型和送往何处，加上错误校验码以检验传送中发生的错误。如图 2-2-2 所示。

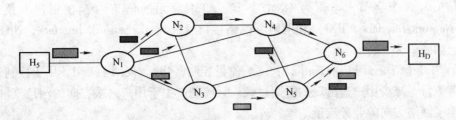

图 2-2-2 分组交换原理图

2. 分类

(1) 数据报

采用数据报协议，每个用户数据报（User Data Protocol，UDP）分组被独立地传输。也就是说，网络协议将每一个分组当作单独的一个报文，对它进行路由选择。如果某条路径发生阻塞，它可以变更路由。

(2) 虚电路

虚电路方式：在数据传输前，通过发送呼叫请求分组建立端到端的虚电路；一旦建立，同一呼叫的数据分组沿这一虚电路传送；呼叫终止，清除分组拆除虚电路。虚电路方式的连接为逻辑连接，并不独占线路。可分为交换虚电路（Switched Virtual Circuit，SVC）和永久虚电路（Permanent Virtual Circuit，PVC）两种方式。

3. 特点

① 每个分组头包括目的地址，独立进行路由选择；
② 网络节点设备中不预先分配资源；
③ 用统计复用技术，动态分配带宽，线路利用率高；
④ 存储器利用率高；
⑤ 易于重传，可靠性高；
⑥ 易于开始新的传输，让紧急信息优先通过；
⑦ 具有信息传送的随机时延的特点；
⑧ 额外信息增加。

任务三 ATM 交 换

宽带 ISDN 中传送的是 ATM 信元，ATM 信元从概念上讲与数据分组相似。但是，由于宽带 ISDN 要提供各种业务，而对话音、电视图像、立体声音乐等是不能容忍随机性延迟的，因而对于 ATM 信元的交换就不能照搬分组交换方式，而需要一种新的交换方式，这就是 ATM 交换方式。

1. ATM 的定义

ATM 即异步转移模式，被 ITU – T 定义为宽带综合业务数据网 B – ISDN 的信息传输模式。术语"转移"包括了传输和交换两个方面，所以转移模式是指信息在网络中传输和交换的方式。"异步"是指在接续和用户中带宽的分配方式。因此，ATM 就是在用户接入、传输和交换级综合处理各种通信量的技术。

2. ATM 信元结构

ATM 信元的长度是固定的，而且信元的长度较小，只有 53 个字节，分为信头和净荷两部分，信头为 5 个字节，净荷为 48 个字节。ATM 信元的信头内容在用户 – 网络接口（User – Network Interface，UNI）和网络 – 网络接口（Network Network Interface，NNI）中略有差别，如图 2-2-3 所示。

（1）GFC（General Flow Control）：一般流量控制，4bit。仅用于 UNI，用于控制 ATM 接续的业务流量，减少用户边出现的短期过载。只控制产生于用户终端方向的信息流量，而不控制产生了网络方向的业务流量。

（2）VPI（Virtual Path Identity）：虚通路标识，其中 NNI 为 12bit，UNI 为 8bit。

（3）VCI（Virtual Channel Identity）：虚通道标识，16bit，标识虚通路内的虚通道，VCI 与 VPI 的组合来标识一个虚连接。

（4）PTI（Payload Type Identity）：净荷类型指示，3bit，用来指示信元类型。

（5）CLP（Cell Loss Priority）：信元丢失优先级，1bit。用于信元丢失级别的区别，CLP 为 1，表示该信元为低优先级，为 0 则为高优先级，当传输超限时，首先丢弃的是低优先级信元。

（6）HEC（Header Error Control）：信头差错控制，8bit，监测出有错误的信头，可以纠正信头中 1bit 的错误。HEC 还被用于信元定界。

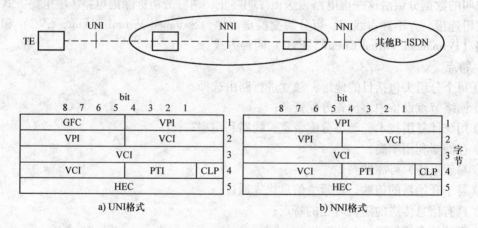

图 2-2-3　ATM 信元的信头格式

3. VC 与 VP

ATM 技术中最重要的特点就是信元的复用、交换和传输过程，均在 VC 上进行。

（1）VC 与 VP

1）VC：VC 是 ATM 网络链路端点之间的一种逻辑联系，是在两个或多个端点之间传送 ATM 信元的通信通路，由 VCI 标识，可用于用户到用户、用户到网络、网络到网络的信息转移。

2）VP：VC 是在给定参考点上具有同一 VP 标识符的一组 VC。VC 在传输过程中，组合在一起构成 VP，二者关系如图 2-2-4 所示。因此 ATM 网络中不同用户的信元是在不同的 VP、VC 中传送的，而不同的 VP/VC 则是利用各自的 VP 标识（VPI）和 VC 标识（VCI）进行区分。

（2）VC 交换与 VP 交换

1）VP 交换：交换机将一条 VP 上所有的 VC 链路上的 ATM 信元全部转送到另一条 VP

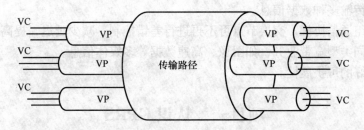

图 2-2-4　传输通道、虚通道 VP、虚通路 VC 的关系

上，交换过程中不改变 VCI 值。如图 2-2-5 所示。

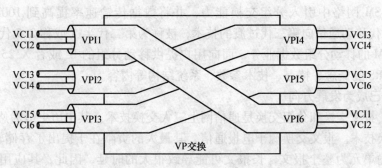

图 2-2-5　VP 交换

2）VC 交换：交换机在不同的 VP 和 VC 之间进行 ATM 信元交换，所有 VPI/VCI 在交换后都改为新值。如图 2-2-6 所示。

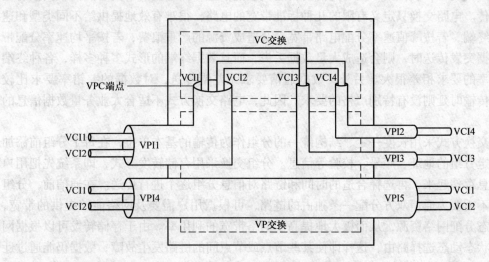

图 2-2-6　VC 交换

4. ATM 交换特点

1）ATM 兼具电路转送方式和分组转送方式的基本特点。

2）适应高带宽应用的需求。

3）采用统计复用方式、充分利用网络资源。

4）能同时传输多种数据信息。

5）改进分组通信协议，交换节点可不再进行差错控制，减少延迟，提高了通信能力。

6）支持不同类型宽带业务，如图像、高速数据等多媒体信息。

7）具有良好的可扩展性。

项目一　认识 GPRS

任务一　GPRS 概念

GPRS 在 GSM 网络中引入分组交换能力，并将数据传输速率提高到 100kbit/s 以上。GPRS 作为第二代移动通信向第三代过渡的技术，被称为第二代半（或称 2.5 代）技术，这是一种基于 GSM 的移动分组数据业务，面向用户提供移动分组的 IP 或者 X.25 连接。本项目主要介绍 GPRS 的概念、特点、技术参数、系统结构等内容。

1. IP 技术已成为发展方向

电路交换、报文交换和分组交换是通信网上三大交换技术。其中历史最为悠久、应用最广的是电路交换技术。报文交换源于电报通信，其最大的贡献在于提出了存储转发的概念。报文交换的传输单元为整个报文，长报文可能导致很大的时延，因此，其应用范围比较有限。电路交换最基本的特点是通话前必须为通话双方分配一条固定带宽的通信电路，而且该电路不能被其他用户共享。电路交换可确保低时延、高可靠的实时通信服务质量，但由于其所分配的电路不能共享，频率利用率很低。这对数据通信来说问题尤为严重，因为数据通信具有很强的突发性，例如某一段时间需要传送大量的信息，而很长的一段时间内，又没有任何信息要传。电路交换只定义有限的几种标准带宽的电路，很难有效地提供给不同类型和速率的数据终端，若按峰值速率分配电路带宽，会造成资源的严重浪费，若按平均速率分配带宽，在数据突发传送时，则会造成大量数据丢失，而且数据终端的形式多种多样，各种终端对传输速率的要求相差很大。另外，数据通信要求无差错传送，对数据的差错率要求比较高，而对传输时延则没有特别严格的要求。因此，电路交换方式不适合大业务量数据信息的传输。

分组交换方式采用长度一定、结构统一的分组作为传输的基本单位，在每个分组前添加分组头确定分组的地址、序号、校验等信息。分组交换采用存储转发方式，即系统先把用户的待传信息存储起来，再选择合适的时间和链路对信息分组逐个进行传送。在通信前，分组交换方式不需要为通信双方分配一条独占的链路，可根据用户需要及网络能够提供的带宽，为用户动态分配网络资源，从而极大地提高了网络带宽的利用率。由于存储转发可以根据网络的实际状态动态选择路由，这样即使某些节点或节点间的链路发生故障，数据仍能通过迂回路由到达目的地，从而提高了通信的可靠性。因此，分组交换方式是数据通信的理想选择。

以 TCP/IP 为核心的 Internet 是目前世界上规模最大、用户数最多的分组交换网络。IP 技术是基于分组交换的。伴随着 Internet 在全球范围内的迅速发展，世界上各大标准化组织、研究机构和设备制造企业都已将 IP 技术列为各自的研究和发展重点，ITU – T 也开始全方位研究 IP 技术，并进行标准化工作。

GPRS 是 GSM 在 Phase2 + 阶段引入的通用分组无线数据业务，核心网采用基于分组交换的 IP 技术，传送不同速率的数据及信令，是对 GSM 的升级，应用于 GSM，不会替代 GSM。

2. 移动数据市场的形成

移动通信业务在很长一段时间内由传统的语音通信占主导地位，而且在相当长的时间内，语音业务也是移动运营商主要的收益点。但随着用户量和业务量的急增，运营商之间的竞争加剧，单一语音业务的收益增长空间已经越来越有限，发展移动数据业务就成了各移动通信运营商的战略发展方向。

利用无线电波进行信息传输的数据通信叫做无线数据通信，如果通信双方至少有一方处于移动状态，就称为移动数据通信。移动数据通信是一个广泛的概念，而不是某种单一系统，无论从技术角度还是从服务角度，不同类型的业务都不是并列或者相互独立的。一套完整的系统或服务的实现，可能需要几种移动数据通信技术的配合。

最早，在模拟移动通信网中，几乎不具备数据传输能力；在第二代数字移动通信系统中，低速数据业务作为附加业务存在，GSM 数据传输速率仅为 9.6kbit/s；随着 Internet 的发展，人们对高速移动数据业务的需求日益增强，移动与数据的结合成为移动通信的发展趋势。

任务二 GPRS 特点

作为一种 2.5G 技术，GPRS 有其独特的优势，同时也存在一些需解决的问题。

1. GPRS 主要特点

（1）资源利用率高

GPRS 引入了分组交换的传输模式，使得原来采用电路交换模式的 GSM 传输数据方式发生了根本性的变化，这在无线资源稀缺的情况下显得尤为重要。对于电路交换模式，在整个连接期内，用户无论是否传送数据都独占无线信道。而对于分组交换模式，用户只有在发送或接收数据期间才占用资源，这意味着多个用户可高效率地共享同一无线信道，从而提高了资源的利用率。GPRS 用户的计费以数据量为主要依据，体现了"得到多少、支付多少"的原则。实际上，GPRS 用户的连接时间可能长达数小时，如果其数据流量小只需支付相对低廉的费用。

（2）传输速率高

GPRS 可提供高达 115kbit/s 的传输速率（最高值为 171.2kbit/s，不包括 FEC）。这意味着通过便携式计算机，GPRS 用户能和 ISDN 用户一样快速地上网浏览，同时也使一些对传输速率敏感的移动多媒体应用成为可能。

（3）接入时间短

分组交换接入时间少于 1s，能提供快速即时的连接，可大幅度提高一些事务（如信用卡核对、远程监控等）的效率，并可使已有的 Internet 应用（如 E - mail、网页浏览等）操作更加便捷、流畅。

（4）支持 IP 协议和 X. 25 协议

GPRS 支持 Internet 上应用最广泛的 IP 协议和 X. 25 协议。由于 GSM 网络覆盖面广，使得 GPRS 能提供 Internet 和其他分组网络的全球性无线接入。

2. GPRS 存在的问题

（1）GPRS 会发生包丢失现象

由于分组交换连接比电路交换连接要差一些，因此，使用 GPRS 会发生一些包丢失现象。由于语音和 GPRS 业务无法同时使用相同的网络资源，因此用于 GPRS 使用的时隙数量越多，能够提供给语音通信的网络资源就越少。

（2）实际速率比理论值低

GPRS 数据传输速率要达到理论上的最大值——171.2kbit/s，就必须一个用户占用所有的 8 个时隙，并且没有任何防错保护。运营商将所有的 8 个时隙都给一个用户使用显然是不太可能的。另外，最初的 GPRS 终端可能仅支持 1~3 个时隙，一个 GPRS 用户的带宽因此将会受到严格的限制，所以，理论上的 GPRS 最大速率将会受到网络和终端现实条件的制约。

（3）终端不支持无线终止功能

启用 GPRS 服务时，用户将根据服务内容的流量支付费用，GPRS 终端会装载 WAP 浏览器。但是，未经授权的内容也会发送给终端用户，更糟糕的是用户要为这些垃圾内容付费。目前还没有任何一家主要制造厂家宣称其 GPRS 终端支持无线终止接收来电的功能。

（4）调制方式不是最优

GPRS 采用基于 GMSK（Gaussian Minimum – Shift Keying）的调制技术，相比之下，EDGE 基于一种新的调制方法 8PSK（Eight – Phase – Shift Keying），它允许无线接口支持更高的速率。8PSK 也用于 UMTS。网络营运商如果想过渡到第三代，必须在某一阶段改用新的调制方式。

（5）存在转接时延

GPRS 分组通过不同的方向发送数据，最终达到相同的目的地，那么数据在通过无线链路传输的过程中就可能发生一个或几个分组丢失或出错的情况。

任务三　GPRS 技术参数

1. GPRS 的主要技术参数如下。

1）工作频段：UL：890~915MHz；1710~1780MHz；

　　　　　　　DL：935~960MHz；1805~1880MHz；

2）频道间隔：200kHz；

3）频率复用：4×3 方式；

4）每载波信道数：8（时隙）；

5）每信道数据率：

（对应四种编码方案）

$$CS-1：9.05kbit/s$$
$$CS-2：13.4kbit/s$$
$$CS-3：15.6kbit/s$$
$$CS-4：21.4kbit/s$$

6）单终端多信道能力：同一载波下的 1~8 个时隙；

7）调制方式：GMSK；

8）信道占用方式：按需分配；

9）信道前向纠错编码：

     CS – 1（1/2）

卷积码

     CS – 2（2/3）

10）移动台类别：三类：（A，B，C）。

2. GPRS 的技术特点如下：

1）有 ARQ（自动重发请求）功能；

2）鉴权和加密实现 QoS（Quality of Service）保证；

3）功率控制；

4）点到点（Point to Point，PTP）业务可无连接或面向连接；

5）有点到多点（Point to Multipoint，PTM）业务；

6）与语音业务共享无线资源；

7）计费灵活，可根据流量、时间或 QoS 进行。

GPRS 的系统容量包括 GSN（GPRS Supporting Node，GPRS 支持节点）的网络容量和 RF（Radio Frequency，射频）容量。在 GSM 系统中，系统的容量是系统能支持的用户数。而 GPRS 系统采用分组交换技术，多用户共享无线信道，在描述 GPRS 交换系统的容量时，除了人们习惯的用户数外，还采用存储的最大 PDP（Packet Data Protocol，分组数据协议）上下文个数、用户的附着数，同时激活的 PDP 上下文个数、数据吞吐量等指标。应注意的是，在确定 GPRS 系统容量时，要考虑 GPRS 使用的信道数、支持的数据流量、支持 GPRS 用户数。

GPRS 系统的性能包括 PCU（Packet Control Unit，分组控制单元）、SGSN（Service GPRS Supporting Node，GPRS 业务支持节点）、GGSN（Gateway GPRS Supporting Node，GPRS 网关支持节点）、计费系统的性能。这些设备主要是用可靠性（如设备的故障率、中断恢复服务时间）、吞吐量和系统容量（如处理能力和计费容量）以及与外部网络的接口指标等来描述。

项目二　GPRS 系统结构

GSM 具有开放式的网络结构，易于互连互通。下面主要介绍 GSM 系统的组成及各组成部分的功能、GSM 系统无线覆盖区域结构、网络结构及与其他网络的互连。

任务一　系统组成

GPRS 网络是基于现有的 GSM 网络实现的。为了实现 GPRS，需要在现有的 GSM 网络中增加一些节点：SGSN、GGSN 及 PCU。

GPRS 网络结构建在 GSM 网络的基础上，为了升级至 GPRS，GSM 网络侧需要增加新节点、接口和对部分设备软件升级，GPRS 升级结构模型如图 2-2-7 所示。

（1）与 GSM 相比，GPRS 新增的主要设备

1）SGSN（GPRS 业务支持节点）：主要功能是对移动终端进行鉴权和移动性管理，记

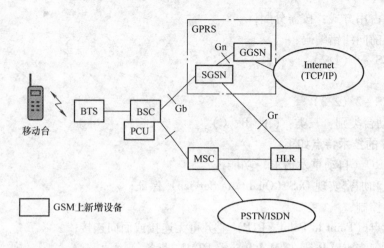

图 2-2-7　GPRS 系统图

录移动台的当前位置信息，建立移动终端到 GGSN 的传输通道，接收从 BSS 送来的移动台的分组数据，通过 GPRS 骨干网传送给 GGSN，或者将分组发送到同一服务区内的移动台。SGSN还可集成计费网关、边缘网关（负责实现不同 GPRS 网络之间的互连）和防火墙的功能。

2）GGSN（GPRS 网关支持节点）：是连接 GPRS 网络与外部数据网络的节点，主要是起网关作用，它可以和多种不同的数据网络连接，如 ISDN、PSPDN（Packet Switched Public Data Network，分组交换公用数据网）和 LAN（Local Area Network，局域网）等。对于外部数据网络来说，它就是一个路由器，负责存储已经激活的 GPRS 用户的路由信息。GGSN 接收移动台发送来的数据，进行协议转换，转发至相应的外部网络，或接收来自外部数据网络的数据，通过隧道技术，传送给相应的 SGSN。另外 GGSN 还可具有地址分配、计费、防火墙功能。

SGSN 和 GGSN 可分可合，即它们的功能既可以由一个物理节点全部实现，也可以由不同的物理节点来实现。它们都应有 IP 路由功能，并能与 IP 路由器互连。

3）PCU（分组控制单元）：用于分组数据的信道管理和信道接入控制。

（2）为了升级至 GPRS，GSM 中需要进行改造的设备

1）BTS：对于目前使用的 CS－1 和 CS－2，只需软件升级支持新的逻辑信道和编码方式即可。

2）BSC：需要增加新的分组数据处理单元 PCU 模块。（PCU 可作为 BSC 的一个单元，也可以是一台单独的设备）。

3）HLR：需要软件升级支持 GPRS 的用户数据和路由信息以及与 SGSN 的 Gr 接口。

4）MSC/VLR：如果需要实现 MSC 与 SGSN 的 Gs 接口，则需要对 MSC 做软件升级，否则无需对 MSC 进行改造。另外 MSC 可以与 SGSN/GGSN 安装在一起，并逐步用 GPRS 核心网取代 MSC 的功能。

5）OMC：需要增加对新的网络单元进行网络管理的功能。

6）计费系统：由于 GPRS 采用了与电路交换业务完全不同的计费信息，采用按数据流量而不是按时长计费，因此需升级计费系统。

7) 终端: 因为 GPRS 和 GSM 采用不同的数据类型, 所以需要采用支持 GPRS 的终端。

任务二 骨干网络

GPRS 骨干网络是基于 IP 的网络, 提供 GPRS 内部和 GPRS 之间的通信, 如图 2-2-8 所示。在 GPRS 网络内部, 同一运营商的 SGSN 和 GGSN 之间可以相互通信, 接口标准为 Gn; 不同运营商间的 SGSN 和 GGSN 也可以相互通信, 接口标准为 Gp。GPRS 骨干网采用内部专用 IP 网络, 以确保网络安全和 GPRS 网络的性能。专用 IP 网络使用内部 IP 地址, 外部网络无法对其进行访问, 所有的 GPRS 骨干网络互连, 组成一个大的专用网络。

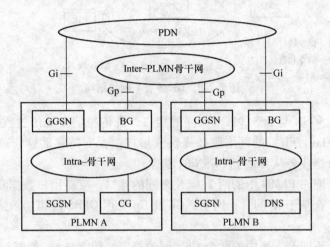

图 2-2-8 GPRS 接口

GPRS 骨干网中, 几个比较重要的元素如下:

1) 边界网关 (Boarder Gateway, BG): 主要作用是确保不同运营商之间的 GPRS 网络的通信安全。BG 没有在 GPRS 标准中定义, 而是由移动运营商达成的有关协议。包括防火墙、路由器 (用于选择网络类型), 以及保证运营商之间互连互通所需的一些特殊功能。

2) 域名系统 (Domain Name System, DNS): 主要用于 IP 网络, 提供逻辑域名和 IP 地址之间的映射。在 GPRS 网络中, DNS 用于提供逻辑接入点名和 GGSN IP 地址之间的映射。

3) 计费网关 (Charge Gateway, CG) 或计费网关功能 (Charge Gateway Function, CGF): 收集来自 SGSN 和 GGSN 的计费信息, 并将计费信息送往运营商的计费系统。

任务三 GPRS 接口

GPRS 系统中, 接口可分为两大类: 一类既可传信令, 也可传数据; 另一类只能传数据。GPRS 相关的接口都用 G 标识, 如图 2-2-9 所示。图中, A、D、C、E 接口与 GSM 系统相同。

1) R 接口: 终端设备 (TE) 与移动终端 (MT) 之间的接口可有多种标准, 如 ITU - T V. 24/V. 28、PCMCIA、PC - Card、IrDA 等。

2) Um 接口: 空中接口, 其射频部分与 GSM 相同, 但逻辑信道增加了分组数据信道, 采用了多种信道编码, 支持多时隙传输方式, 最多可达 8 个时隙, 在后面详细介绍。

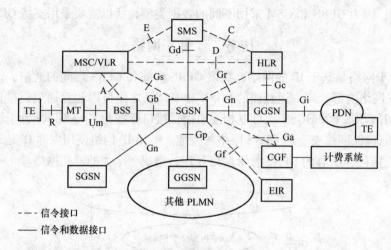

图 2-2-9　GPRS 骨干网络结构

3）Gb 接口：SGSN 与 BSS（PCU）间的接口，既传送信令又传送数据信息。通过基于帧中继（Frame Relay，FR）的网络服务提供流量控制，支持移动性管理功能和会话功能，同时支持移动台分组业务从 BSS 到 SGSN 的传输。

4）Gn 接口：同一 PLMN 中的两个 GSN 之间的接口，支持用户数据和有关信令的传输，支持移动性管理，在基于 IP 的骨干网中，Gn 及 Gp 使用 GPRS 隧道协议（GPRS Tunnel Protocol，GTP）。

5）Gp 接口：不同 PLMN 中的两个 GSN 间的接口，功能与 Gn 相似，此外它还提供边界网关、防火墙及不同 PLMN 间互连的功能，如安全和路由等。

6）Gr 接口：SGSN 与 HLR 间的接口，为 SGSN 提供了接入 HLR 并获得用户管理数据和位置信息的接口，通过 MAP 信令进行传送，该 HLR 可以属于不同的 PLMN。

7）Gs 接口：SGSN 与 MSC/VLR 间的接口，用来支持 SGSN 和 MSC/VLR 配合工作的，使 SGSN 可以向 MSC/VLR 发送 MS 的位置信息或接收来自 MSC/VLR 的寻呼信息。该接口可以大大改善无线资源的使用效率，是一个可选接口，但对于 A 类终端则必须使用。该接口使用 BSSAP + 协议。

8）Gc 接口：GGSN 与 HLR 之间的接口，只有通过该可选接口才能完成网络发起的进程激活，此时支持 GGSN 从 HLR 获得 MS 的位置信息从而实现网络发起的数据业务。

9）Gi 接口：GGSN 与外部分组数据网（IP、X. 25）等之间的接口。由于 GPRS 可以支持各种各样的数据网络，因此该接口不是标准接口，根据所互通的数据网采用相应的适用协议。

10）Gf 接口：SGSN 与 EIR 间的接口，交换有关数据，认证 MS 的 IMEI 信息，该接口通过 MAP 协议实现。

11）Gd 接口：SMS 和 SGSN 之间的接口，支持通过 GPRS 分组业务信道传送短消息，提高 SMS 的利用率。

12）Ga 接口：GSN 与 CGF 间的接口，用于传送计费信息。

对于 GPRS 网络来说，这些接口都是开放的，其中 Gb、Gr 决定着多数厂家设备间能否互通，从而影响 GPRS 业务的实现，而 Gn 则影响着业务实现方式和组网方式。

作为 GPRS 系统主要组成部分的空中接口有以下主要特征：

1）GPRS 可以为分组业务动态分配物理资源；提供上下无线链路不对称业务；

2）可以在一个分组数据信道（Packet Data Channel，PDCH）上复用多个用户数据，体现和满足了分组交换业务的突发特性；

3）一个用户可以占用多个 PDCH，通过合并使用最多至 8 个 GSM 物理信道，可以显著提高分组业务的数据传输速率；

4）采用多种编码方案，在不同信道状态下更有效传输不同速率的用户数据。

5）GPRS 系统空中接口在改进 GSM 系统的同时，仍然需要完成传统的信令功能，如功率控制测量、定时提前（Time Advance，TA）量测量、小区选择和信道编码等。

项目三　GPRS 服务

GPRS 是因为 GSM 不能提供中高速数据业务而提出的，其最基本的业务就是数据传输。本项目主要介绍 GPRS 的服务类别、服务质量描述、安全、业务及应用、局限性。

任务一　GPRS 服务描述

GPRS 用户描述的格式及用途与 GSM 用户描述很相似，但 GPRS 主要是用来提供数据业务的，而 GSM 主要是用来提供实时的语音业务的，因此 GPRS 用户描述的内容和 GSM 用户描述的内容并不相同。GPRS 的用户描述包括：用户登记使用的服务类别（PTP – CLNS，PTP – CONS）；用户要求得到的服务质量（Quality of Service，QoS）描述（优先级、可靠性、延迟、吞吐量）。当用户请求使用某种业务时，GPRS 系统会根据该用户的用户描述判断该用户是否具有按照他所要求的服务等级使用该业务的权利，如果有，才允许用户使用该业务。

1. GPRS 的服务类别

（1）点到点业务

GPRS Phase1 阶段，只能为用户提供点到点的服务。

点到点（PTP）的服务：支持两个用户间的分组传送，发起该传送服务的用户被称为"服务请示者"，另一个用户被称为"服务接收者"。一个 GPRS 服务可以由 GPRS 终端发起（通过 Um 接口），也可以从外部数据网发起（通过 Gi 接口）。

GPRS 规范中定义了两种不同类型的 PTP 服务：点到点无连接的网络服务（Ponit – to – Point Connectless Network Service，PTP – CLNS）；点到点面向连接的网络服务（Point to Point Connect Orientation Network Service，PTP – CONS）。

1）PTP – CLNS：这是一种数据报类型的服务，两个用户相互间可能要传送多个数据报，其中每一个数据报都是独立的，不受其之前或之后传送的数据报的影响，这种服务特别适合突发性的数据传输。

2）PTP – CONS：这是一种面向连接的服务，在两个用户传输数据前，必须先建立逻辑连接。点到点面向连接的服务要求 GPRS 具有建立和保持"面向连接的虚电路"功能。点到点面向连接的服务既可用来传送突发性的数据，也可用于交互性的数据传输。

（2）点到多点业务

GPRS 也可实现点到多点（PTM）的业务。GPR SPTM 业务能够提供一个用户将数据发送给具有单一业务需求的多个用户的能力，将在第二阶段实现。PTM 包括点到多点多信道广播业务（PTM Multicase，PTM – M）、点到多点组播业务（PTM Group Call，PTM – G）及 IP 广播业务（IP – M）。

1）PTM – M：是将信息发送给当前位于某一地区的所有用户的业务。

2）PTM – G：是将信息发送给当前位于某一区域的特定用户子群的业务。

3）IP – M：是定义为 IP 序列一部分的业务。

2. GPRS 服务质量（QoS）描述

QoS 定义：是决定用户对一项服务的满意度的服务性能的集合。服务性能参数是决定 QoS 的关键，其中最重要的三个性能参数为：传输速率、准确性和可靠性。GPRS 点到点服务在正常网络运营环境中的 QoS 描述包括以下参数：服务优先级、延迟、可靠性和用户数据吞吐量。这些参数可由用户和运营商协商决定，也可置为默认值，默认值为网络所能提供的服务能力的最小值。

1）服务优先级。用于决定当资源有限时，各种服务占用资源的先后顺序，当 GPRS 网络出现拥塞时，哪些服务的数据报应首先被丢弃。GPRS 定义了三种优先级：高优先级；一般优先级；低优先级。优先级最高的服务享有资源的优先使用权，如果高优先级的服务已经得到了所需要的资源，将剩下的资源分配给一般优先级的服务，最后，才分配给低优先级的服务。

2）延迟。GPRS 系统是一个分组交换网，数据报可以通过不同路由，以存储转发的接力方式传送到目的地，使数据报到达目的地所需要的时间长短不一。GPRS 系统中的时延包括空中接口的时延和 GPRS 网络内部的时延。网络内部的时延包括：无线信道接入时延（上行）和无线信道分配时延（下行）、无线信道传输时延（上/下行）、GPRS 网络传输时延。不同时延等级其允许的延时要求不同。对运营商最低级别的要求是等级 4——最大努力传送服务，是指网络尽最大努力传输数据报，但不提供任何性能保证，服务性能不可预料的服务。

3）可靠性。当一个数据报在 IP 网络上传输时，它可能丢失、被重复传送或被损坏，数据报到达目的地的顺序也可能与其在发送端发送时的顺序不一致。不同的应用对可靠性要求不同，PTP – CLNS 服务对重复传送、丢包和数据报的无序到达并不敏感，即对可靠性要求不是很高；但 PTP – CONS 服务要求建立面向连接的虚电路连接，对可靠性的要求就高得多。

4）吞吐量。GPRS 系统中可以用两个参数来衡量网络的吞吐量：峰值吞吐量和平均吞吐量。峰值吞吐量指单个 PDP 上下文的最大数据传输速率，有 9 个级别（级别 1 ~ 9），级别 1 的峰值吞吐量最低为 8kbit/s，每增加一个级别，峰值吞吐量就翻倍，级别 9 的峰值吞吐量为 2048kbit/s。平均吞吐量指单个 PDP 上下文所能提供的平均数据传输速率，有 19 个不同的级别（级别 1 ~ 18，31）。级别 31 代表最大传送情况，级别 1 的平均数据传输速率为 100bit/h（大约 0.22bit/s）。除级别 31 外，级别越高，平均吞吐量越大，级别 18 的平均吞吐量可达 50Mbit/h（约 111kbit/s）。上述两个参数都是针对 GPRS 会话（即单个 PDP 上下文）的，可在会话中重新协商。

任务二 GPRS 安全保证

无线网络没有固定网络安全，因为任何人都可以在不影响运营商设备的同时，侦听和发射无线电波。为了改进这种状况，使网络可以防止欺骗性接入，保证用户传输的信息的保密性，GSM 中定义了许多安全保证措施。GPRS 继承并采纳了以下这些措施：移动终端鉴别、接入控制、用户识别号（IMSI）的保密性、用户信息加密。和 GSM 一样，GPRS 中所有的安全功能几乎都涉及 SIM 卡，GPRS 手机使用的 SIM 卡和 GSM 手机一样，用户可在 GPRS 手机上使用原 GSM 手机的 SIM 卡，所用的安全措施为：用户个人身份号码、鉴权、加密和使用临时移动用户识别号码。

GSM 所有的安全功能都与 SIM 卡有关，实际上鉴权的主体是 SIM 卡而不是用户（或 MS）。而且 SIM 卡的设计使它很难被复制或伪造，可以为网络和用户提供可靠的安全保障。

任务三 GPRS 移动终端

为满足用户的需要，GPRS 定义了三种不同的移动终端类别：A 类（classA）、B 类（classB）和 C 类（classC）。

A 类：该类终端可同时使用 GSM 电路交换服务和 GPRS 服务。用户可在通话的同时，通过 GPRS 链路收发数据；还允许传统 GSM 服务和 GPRS 服务的同时接入、激活和监控。

B 类：该类终端允许传统 GSM 业务和 GPRS 业务的同时接入、激活和监控，但不允许 GSM 和 GPRS 服务同时进行。例如，一个用户建立了 GPRS 数据连接，并正在收发数据，若这时 MS 有来话，并且接听了该呼叫，则在用户通话时，GPRS 虚拟连接将被"挂起"或"示忙"，不能进行数据传输，当用户通话结束后，该虚连接才可继续传输数据。

C 类：该类终端是一个纯粹的 GPRS 终端（只能支持 GPRS），或既可支持 GSM 电路交换服务，也可支持 GPRS。后一种情况下，该 MS 必须在 GSM 和 GPRS 两种模式间来回切换，当切换至 GPRS 模式下时，用户可使用该终端发起或接收 GPRS 呼叫，但不能用其发起或接收 GSM 呼叫；同样，切换至 GSM 模式下时，用户可使用该终端发起或接收 GSM 呼叫，但不能用其收发 GPRS 呼叫。

任务四 GPRS 业务及应用

GPRS 是一组新的 GSM 承载业务，为移动数据用户主要提供突发性数据业务，能快速建立连接，不会因为建立链路而引起时延，特别适用于频繁传送小数据量的应用和非频繁传送大量数据。GPRS 除提供数据业务外，还能支持补充业务、短消息业务、匿名的接入业务和各种 GPRS 电信业务。

在 GPRS 承载业务支持的标准化网络协议的基础上，GPRS 可提供以下一系列交互式业务：Internet、多媒体、电子商务等业务；可应用于运输业、金融、证券、商业和公共安全业；支持股市动态、天气预报、交通信息等实时发布；提供种类繁多、功能强大的以 GPRS 承载业务为基础的网络应用业务和基于 WAP（Wireless Application Protocol，无线应用协议）的各种应用。

（1）用户终端业务

GPRS 支持电信业务，提供完全的通信业务能力，包括终端设备能力。用户终端业务可以分为基于 PTP 的用户终端业务和基于 PTM 的用户终端业务。

基于 PTP 的用户终端业务包括：会话、报文传送、检索和遥信。

基于 PTM 的用户终端业务包括：分配、调度、会议、预定发送和地区选路。

（2）GPRS 可以为用户提供的应用

1）文本和图形信息：包括股票价格、体育新闻、天气、航班信息、新闻标题、催款通知、星象、彩票结果、笑话、交通、位置相关业务等在内的文本或图像信息。

2）静止图像：照片、图画、贺卡及简报、静态网页等静止图像的传送。从与无线设备相连的数字镜头把图像直接贴到互联网网站上，允许几乎是实时的桌面出版。

3）活动图像：监视、视频会议。

4）文件传递：文件传送业务包括从移动网络下载量比较大的数据的所有形式。

5）交通工具定位：该应用综合了无线定位系统，该系统告诉人们所处的位置，并且利用短消息业务转告他人其所处的位置。任何一个具有 GPS 接收器的人都可以接收他们的卫星定位信息以确定他们的位置，且可对被盗车辆进行跟踪。

6）交谈：人们更加喜欢直接进行交谈，而不是通过枯燥的数据进行交流。目前 Internet 聊天组是 Internet 上非常流行的应用。有共同兴趣和爱好的人们已经开始使用非语音移动业务进行交谈和讨论。由于 GPRS 与 Internet 的协同作用，GPRS 将允许移动用户完全参与到现有的 Internet 聊天组中，而不需要建立属于移动用户自己的讨论组。

7）Internet 的应用

① 网页浏览：移动 Internet 网页浏览。

② 文件共享/合作工作：实现文件共享及远程协同工作，允许不同人在不同地方共享同一份文档。移动数据实现包括语音、文本、图片和视频在内的多媒体应用，可应用在救火、对付抢劫、医疗、广告、建筑、新闻等活动中。

③ Internet E – mail：通过 GPRS 实现的 Internet E – mail 业务有两种处理方式，一种是不对消息进行存储的网关业务，另一种是存储消息的邮箱业务。在网关业务中，无线 E – mail 平台只是简单地把消息从 SMTP（Simple Mail Transfer Protocol，简单邮件传输协议）Internet 协议翻译成 SMS，并且发送到 SMS 中心。在邮箱 E – mail 业务的情况中，需对 E – mail 进行存储，用户可通过手机得到提示，然后去查看全文信息、回复信息或转发信息等。通过把 Internet E – mail 与 SMS 或 GPRS 的告警装置链接起来，用户可以在接收到新 E – mail 时立即得到通知。

8）企业内的应用

① 企业 E – mail：在一些企业中，往往由于工作的缘故需要大量员工离开自己的办公桌，因此，通过扩展员工办公室里的 PC 上的企业 E – mail 系统使员工与办公室保持联系就非常重要。GPRS 能力的扩展，可使移动终端接转 PC 上的 E – mail，扩大企业 E – mail 应用范围。

② 远程局域网接入：当员工离开办公桌外出工作时，他们需要与自己办公室的局域网保持连接。远程局域网包括所有应用的接入。

③ 分派工作：非语音移动业务能够用来给外出的员工分派新的任务并与他们保持联系。同时业务工程师或销售人员还可以利用它使总部及时了解用户需求的完成情况。

任务五　计费

灵活的资费政策是 GPRS 系统的一大特点，可根据实际传送的数据量、提供的服务质量、连接建立的次数及连接持续的时间等采用不同的计费模式。GPRS 系统中的计费信息由 GPRS 网络中为某个 MS 服务的所有 SGSN 和 GGSN 来收集提供，运营商根据这些信息产生该用户的计费账单，每个 GPRS 运营商收集和整理自己的计费信息。SGSN 收集每个 MS 在无线网内的计费信息，而 GGSN 收集每个 MS 和外部数据网络通信的计费信息。SGSN 和 GGSN 还负责收集 MS 用户使用 GPRS 网络内部资源的计费信息。计费信息由计费网关来收集和处理，然后，将所有计费信息传送到运营商的计费中心。对于匿名服务的接入，将由业务提供商付费。

任务六　GPRS 的局限性

GPRS 是对目前 GSM 网络的补充，是 GSM 向 3G 系统演进的重要一环，与其他的非语音移动数据业务相比，在频谱效率、容量和功能等方面有较大的改善。然而，GPRS 尚有不少局限性，如可靠性较差。由于分组交换连接比电路交换连接的可靠性要差一些，使用 GPRS 会发生一些包丢失现象。小区总容量有限。GPRS 并不能增加网络现存小区的总容量，即不能创造资源，只能更有效地使用现有资源。因此，无线频率资源仍然有限，相同的无线资源分配给不同的业务使用，用于一种就不能用于另一种用途，GPRS 的容量取决于系统预留给 GPRS 使用的时隙数。

实际传输速率和理论值间存在较大差距。要获得 171.2kbit/s 的最大传输速率，必须要单一用户同时占用某个载频的所有 8 个时隙，且不采取任何纠错措施。显然，这是不可能的。支持 GPRS MT 的终端得不到保证。终端不支持无线终止功能，可能会允许任意信息到达终端，移动用户将为所接收到的所有信息付费，包括垃圾信息甚至恶意信息。

GPRS 使用的调制方式还有待改进。GMSK 并不是最好的调制方式。EDGE（Enhanced Data Rate for GSM Evolution）采用 8PSK 调制方式，可允许更高的比特速率通过空中接口。

传输时延。采用分组交换方式传数据，传输时延是不可避免的。使用 HSCSD（High Speed Circuit Switched Data，高速电路交换数据）实现数据呼叫，传输时延要小得多。

GPRS 发展的第二个阶段是 EDGE 的 GPRS，简称 E – GPRS。EDGE 是一种有效提高 GPRS 信道编码效率的高速移动数据标准，允许高达 384kbit/s 的数据传输速率，可充分满足未来无线多媒体应用的带宽需求。一些运营商视 EDGE 为 GPRS 发展到 3G/UMTS 的过渡技术。GPRS 在 GSM 向 3G 演进中起着重要作用，GPRS 仅仅是一种过渡技术，但又是必不可少的，它是 GSM 的升级。

扩展项目　EDGE

提问：如何知道自己的手机正在使用 EDGE（Enhanced Data Rate for GSM Evolution）网络。

回答：看手机的网络图标就知道，EDGE 是一个小"E"，而 GPRS 是一个小"G"使用 EDGE 必须达到两个要求

（1）你所在范围覆盖有 EDGE 网络

（目前一般的城市都有 EDGE，如果你的城市有 EDGE，会自动采用 EDGE，某些地方难以连接或没有，还是自动会采用 GPRS）

（2）你的手机支持 EDGE

（可以参考自己手机的说明书，另外，一些手机其实具备 EDGE 功能，只是被屏蔽，没有开启而已）

EDGE 是一种基于 GSM/GPRS 网络的数据增强型移动通信技术，通常又被人们称为 2.75 代技术。2003 年一度备受忽视的 EDGE 成为移动通信市场的亮点，先后有美国的 Cingular Wireless 和 AT & T Wireless、智利的 Telefonica Moviles、我国香港地区的 CSL 和泰国的 AIS 开通了基于 EDGE 的服务。与此同时，一些欧洲的移动运营商对 EDGE 也开始表现出兴趣，其中 TIM 和 TeliaSonera 都明确表示将采用 EDGE 技术。

任务一 概　述

EDGE 是英文 Enhanced Data Rate for GSM Evolution 的缩写，即增强型数据速率 GSM 演进技术。EDGE 是一种从 GSM 到 3G 的过渡技术，其主要是在 GSM 系统中采用了一种新的调制方法，即最先进的多时隙操作和 8PSK 调制技术。由于 8PSK 可将现有 CSM 网络采用的 GMSK 调制技术的信号空间从 2 扩展到 8，从而使每个符号所包含的信息是原来的 4 倍。

之所以称 EDGE 为 GPRS 到第三代移动通信的过渡性技术方案，主要原因是这种技术能够充分利用现有的 GSM 资源。因为它除了采用现有的 GSM 频率外，同时还利用了大部分现有的 GSM 设备，而只需对网络软件及硬件做一些较小的改动，就能够使运营商向移动用户提供诸如互联网浏览、视频电话会议和高速电子邮件传输等无线多媒体服务，即在第三代移动网络商业化之前提前为用户提供个人多媒体通信业务。由于 EDGE 是一种介于现有的第二代移动网络与第三代移动网络之间的过渡技术，比"2.5G"技术 GPRS 更加优良，因此也有人称它为"2.75G"技术。EDGE 还能够与以后的 WCDMA 制式共存，这也正是其所具有的弹性优势。EDGE 技术主要影响现有 GSM 网络的无线访问部分，即收发基站（BTS）和 GSM 中的基站控制器（BSC），而对基于电路交换和分组交换的应用和接口并没有太大的影响。因此，网络运营商可最大限度地利用现有的无线网络设备，只需少量的投资就可以部署 EDGE，并且通过移动交换中心（MSC）和服务 GPRS 支持节点（SGSN）还可以保留使用现有的网络接口。事实上，EDGE 改进了这些现有 GSM 应用的性能和效率，并且为将来的宽带服务提供了可能。EDGE 技术有效地提高了 GPRS 信道编码效率及其高速移动数据标准，它的最高速率可达 384kbit/s，在一定程度上节约了网络投资，可以充分满足未来无线多媒体应用的带宽需求。

Ericsson 公司于 1997 年第一次向 ETSI 提出了 EDGE 的概念。同年，ETSI 批准了 EDGE 的可行性研究，这对以后 EDGE 的发展铺平了道路。尽管 EDGE 仍然使用了 GSM 载波带宽和时隙结构，但它也能够用于其他的蜂窝通信系统。EDGE 可以被视为一个提供高比特率、并且因此促进蜂窝移动系统向第三代功能演进的、有效的通用无线接口技术。在此基础上，统一无线通信论坛（UWCC）评估了用于 TDMA/136 的 EDGE 技术，并且于 1998 年 1 月批准了该技术。

在现有的 GSM 网络中引进 EDGE 技术必然会对现有的网络结构和移动通信设备带来影

响。要使 EDGE 易于被网络运营商接受和推广，EDGE 必须将它现有的网络结构的影响降到最低，并且 EDGE 系统应该允许运营商再次利用现有的基站设备。此外，使用 EDGE，运营商应该不需要修改它们的无线网络规划，而且 EDGE 的引入也不能影响移动通信的质量。

EDGE 主要影响网络的无线访问部分——基站收发信台（BTS）、GSM 中的基站控制器（BSC）以及 TDMA 中的基站（BS），但是对基于电路交换和分组交换访问的应用和接口并没有不良影响。通过移动交换中心（MSC）和服务 GPRS 支持节点（SGSN）可以保留使用现有的网络接口。事实上，EDGE 改进了一些现有的 GSM 应用的性能和效率，为将来的宽带服务提供了可能。

从技术角度来说，EDGE 提供了一种新的无线调制模式，提供了三倍于普通 GSM 的空中传输速率。另一方面 EDGE 继承了 GSM 制式标准，载频可以基于时隙动态地在 GSM 和 EDGE 之间进行转换（基于手机的类型），支持传统的 GSM 手机，从而保护了现有网络的投资。EDGE 网络可灵活地逐步扩容，为运营商实现价值最大化提供了有力的支持。

EDGE（加强型数据 GSM 环境）是一个更快的全球移动通信系统（GSM）无线服务版本，其被设计为可以以 384bit/s 的速度传输数据，并可以传输多媒体以及其他宽带应用程序到移动电话和个人电脑上。EDGE 标准是建立在已有的 GSM 和单元排列标准之上的，前两者使用了相同的时分多路访问（TDMA）帧结构。

任务二 技 术 特 点

EDGE 是一种能够进一步提高移动数据业务传输速率和从 GSM 向 3G 过渡中的重要技术。它在接入业务和网络建设方面具有以下特性：

1. 接入业务性能

（1）带宽得到明显提高，单点接入速率峰值为 2Mbit/s，单时隙信道的速率可达到 48kbit/s，从而使移动数据业务的传输速率在峰值可以达到 384kbit/s，这为移动多媒体业务的实现提供了基础。

（2）为网络层提供精准的位置服务。

2. 网络建设方面的特点

（1）EDGE 是一种调制编码技术，它改变了空中接口的速率。

（2）EDGE 的空中信道分配方式、TDMA 的帧结构等空中接口特性与 GSM 相同。

（3）EDGE 不改变 GSM 或 GPRS 网的结构，也不引入新的网络单元，只是对 BTS 进行升级。

（4）核心网络采用 3 层模型：业务应用层、通信控制层和通信连接层，各层之间的接口应是标准化的。采用层次化结构可以使呼叫控制与通信连接相对独立，这可充分发挥分组交换网络的优势，使业务量与带宽分配更紧密，尤其适应 VoIP 业务。

（5）引入了媒体网关（Media Gateway，MGW）。MGW 具有 STP 功能，可以在 IP 网中实现信令网的组建（需 VPN 支持）。此外，MGW 既是 GSM 的电路交换业务与 PSTN 的接口，也是无线接入网（Radio Access Network，RAN）与 3G 核心网的接口。

（6）EDGE 的速率高，现有的 GSM 网络主要采用高斯最小移频键控（GMSK）调制技术，而 EDGE 采用了八进制移相键控（8PSK）调制，在移动环境中可以稳定达到 384kbit/s，在静止环境中甚至可以达到 2Mbit/s，基本上能够满足各种无线应用的需求。

（7）EDGE 同时支持分组交换和电路交换两种数据传输方式。它支持的分组数据服务可以实现每时隙高达 11.2 ~ 69.2kbit/s 的速率。EDGE 可以用 28.8kbit/s 的速率支持电路交换服务，它支持对称和非对称两种数据传输，这对于移动设备上网是非常重要的。比如在 EDGE 系统中，用户可以在下行链路中采用比上行链路更高的速率。

3. 无线接口概览

EDGE 无线接口的主要作用是使当前的蜂窝通信系统可以获得更高的数据通信速率。现有的 GSM 网络主要采用 GMSK 调制技术，为了增加无线接口的总速率，在 EDGE 中引入了一个能够提供高数据率的调制方案，即八进制移相键控（8PSK）调制。由于 8PSK 将 GMSK 的信号空间从 2 扩展到 8，因此每个符号可以包括的信息是原来的 4 倍。8PSK 的符号率保持在 271kbit/s，每个时隙可以得到 69.2kbit/s 的总速率，并且仍然能够完成 GSM 频谱屏蔽。

EDGE 规范的基本指导思想是尽可能多地利用现有的 GSM 数据服务类型，大大提高其数据通信速率。它定义了几个信道编码方案来确保各种信道环境的鲁棒性，使用了链路自适应技术以实现编码和调制方案之间的动态转换。通过再次利用 GPRS 结构，分组数据服务可以实现每时隙高达 11.2 ~ 69.2kbit/s 的无线通信速率。EDGE 通过使用一个高速的每时隙为 28.8kbit/s 的无线接口速率来支持电路交换服务。

在 EDGE 方案中，支持所有服务的多时隙通信得到的速率是单时隙通信的 8 倍，用于分组数据服务的峰值无线通信速率可高达 554kbit/s。

（1）对无线接口设备的影响

EDGE 对 GSM 网络原有无线接口的修改将直接影响基站和移动终端的设计，人们必须采用新的终端和基站收发机才能收发使用 EDGE 调制的信息。

（2）对线性调制的影响

新的调制方案对功率放大器的线性提出了新的要求。与 GMSK 不同的是，8PSK 并不具有一个固定的封装。事实上，EDGE 面临的最大挑战是创建一个成本经济的发射机，同时完成 GSM 的频谱屏蔽。

为了最大限度地利用现有的 GSM 网络，EDGE 收发机必须装在一个为标准收发机设计的基站舱中，并且 EDGE 收发机必须在发射频谱和散热方面可以被人们所接受。一般地，高性能的 EDGE 收发机在发射 8PSK 时可能需要减少它的平均发射功率，与 GMSK 相比，平均功率的降低在 2 ~ 5dB 之间。

如何设计低功率的收发机及微基站、室内或微微基站（picobase）和移动终端会带来进一步的挑战，比如在 EDGE 系统中就不能再使用针对非线性调制优化的发射机结构。

在连接移动终端的地方可以采取两种调制方式。第一种是将 GMSK 传输用于上行链路，将 8PSK 用于下行链路。这样上行链路的速率将限制在 GPRS 的范围内，而 EDGE 的高速率将提供给下行链路使用。因为绝大多数服务对下行链路的速率要求都要比上行链路高，这种方案可以用一种最经济的方式满足移动终端的服务需求。第二种方式就是在上行链路和下行链路中都采取 8PSK 方式进行传输。

现有的 GSM 标准定义了多种移动终端，例如从具有低复杂性的单时隙设备到具有高比特性的 8 时隙设备等。

（3）对总速率的影响

接口总速率越高，技术就越复杂，EDGE 接口的高速率无法通过最理想的均衡器结构来处理，而只能考虑次理想的均衡器设计。根据模拟测试的结果，用于 8PSK 的最好的均衡器设计将只比标准的 GSM 均衡器稍微复杂一点。

增强的比特率（与标准的 GPRS 相比）还减少了在时间分布和移动终端速率方面的鲁棒性。然而在绝大多数情况下，EDGE 服务将被相对静止的用户使用，这意味着移动终端的高速移动和过度的时间分布是不可能的。另外，当移动速度和时间分布超出 EDGE 的能力时，还是需要使用 GMSK 调制的。增强的比特率（与标准的 GPRS 相比）还减少了在时间分布和移动终端速率方面的鲁棒性。然而在绝大多数情况下，EDGE 服务将被相对静止的用户使用，这意味着移动终端的高速移动和过度的时间分布是不可能的。另外，当移动速度和时间分布超出 EDGE 的能力时，还是需要使用 GMSK 调制的。

4. EDGE 对网络结构的影响

无线数据通信速度的提高对现有 GSM 网络结构提出了新的要求。然而，EDGE 系统对现有 GSM 核心网络的影响非常有限，并且由于 GPRS 节点、SGSN 和网关 GPRS 支持节点（GGSN）或多或少地独立于用户数据通信速率，因此 EDGE 将不需要部署新的硬件。

一个明显的通信瓶颈是 A – bis 接口，它当前只能支持每信道时隙 16kbit/s 的速率。而对于 EDGE，每个信道的速率将超过 64kbit/s，这要求为每个通信信道分配多个 A – bis 时隙。不过，A – bis 接口 16kbit/s 的速率限制可以通过引入两个 GPRS 编码方案（CS3 和 CS4）来突破，它能够提供每通信信道 22.8kbit/s 的速率。

对于基于 GPRS 的分组数据服务，其他的节点和接口已经能够处理每时隙更高的比特率。对于电路交换服务而言，A – bis 接口可以处理每个用户 64kbit/s 的速率，因此在 MSC 中的修改将只会影响软件部分，而不会涉及原有的硬件设备。

（1）无线网络规划

一个决定 EDGE 能否取得成功的重要条件是应该能够允许网络运营商逐步引入 EDGE。具有 EDGE 功能的收发机最早应该部署在最需要 EDGE 覆盖的地方，以补充现有的标准 GSM 收发机，因此在一个相同的频段，电路交换、GPRS 和 EDGE 用户服务将同时存在。为了将运营商的投资和成本降到最低，与 EDGE 相关的实现不应该要求对现有无线网络规划做广泛修改，包括信元规划、频率规划、功率级和其他信元参数的设置等。

（2）覆盖范围规划

非透明无线链路协议（如包括 ARQ 的协议）的一个重要特点是较差的无线链路质量会导致更低的比特率。与语音通信不同的是，低载波噪声比并不会导致数据会话的丢失，而只会临时地降低用户通信速度。在 GSM 信元中不同的用户间存在的载波干扰，一个 EDGE 信元将同时包括具有不同通信速率的用户，在接近信元中心的地方通信速率高，在接近信元边界的地方通信速率限制在标准 GPRS 的范围内。

根据提供给国际标准化组织的测试结果，一个具有 95% 语音通信业务的 EDGE 系统将有 30% 的用户获得超过 45kbit/s 的每时隙通信速率，而全部用户的平均速率为 34kbit/s。假设 APD（Average Power Decrease，平均功率降低）是 2dB，那么平均通信速率将减少到 30kbit/s。

在覆盖范围的问题上，如果网络运营商能够接受在信元边界只具有标准 GPRS 数据通信速率，那么现有的 GSM 站点已经提供了 EDGE 足够使用的覆盖范围。对于一般需要持续比特率的透明数据服务来说，则必须使用链路自适应技术来分配满足比特率和错误比特率

（BER）需求时的时隙数量。

（3）频率规划

在绝大多数成熟的 GSM 网络中，频率的平均再使用次数在 9～12 之间，未来的移动通信系统将向着更低的频率再使用方向发展。事实上，随着跳频技术的引进，频率多重复用（Multiple frequency Reuse Pattern，MRP）和非连续传输（DTX）将频率的再使用次数降到 3 是可行的，这就是说每 3 个基站就会发生频率被重新使用的情况。

EDGE 支持频率再使用的这种发展趋势。事实上，由于采用了链路自适应技术，EDGE 可以被引入到任何频率计划中，包括 EDGE 可以被引入到现有的 GSM 频率规划中，为未来更高速率的数据通信打下良好的基础。

5. 信道管理

引入 EDGE 以后，一个信元将包括两类收发机：标准 GSM 收发机和 EDGE 收发机。信元中的每个物理信道（时隙）一般至少具有四种信道类型：

1）GSM 语音和 GSM 电路交换数据（CSD）；

2）GPRS 分组数据；

3）电路交换数据、增强电路交换数据（Enhanced Circuit Switch Data，ECSD）和 GSM 语音；

4）EDGE 分组数据，它允许同时为 GPRS 和 EDGE 用户提供服务。

虽然标准的 GSM 收发机只支持上述信道类型 1 和 2，但 EDGE 收发机支持上述所有 4 种类型。EDGE 系统中的物理信道将根据终端能力和信元需求动态定义。例如，如果几个语音用户都是活动的，那么 1 类信道的数量就会增加，同时减少 GPRS 和 EDGE 信道。显然，在 EDGE 系统中必须能够实现上述 4 种信道的自动管理，否则将大大削弱 EDGE 系统的效率。

6. 链路自适应

所谓链路自适应就是能够自动选择调制和编码方案来适应无线链路质量的需求。EDGE 标准支持的链路自适应动态选择算法包括对下行链路质量的测量和报告、为上行链路选择新的调制和编码方法等。链路自适应意味着实现调制和编码的完全自动化。

7. 功率控制

当前的 GSM 系统使用动态功率控制来增加系统中的均等性，扩大移动终端电池的寿命。类似的策略将被用于 GPRS，尽管它们实际的信令过程是不同的，但 EDGE 对功率控制的支持被专家们认为是 GSM/GPRS 很类似。因此，网络运营商在部署 EDGE 时只需要修改现有 GSM/GPRS 网络的参数设置即可。

需要补充的是，因 EDGE 用户可以从比标准 GSM 用户高得多的载波 – 干扰比中得到益处，因此 EDGE 的功率控制参数设置与 GSM/GPRS 将是不同的。

任务三　承载业务

EDGE 的承载业务包括分组业务（非实时业务）和电路交换业务（实时业务）。这些业务的承载者包括如下两种：

1. 分组交换业务承载者

GPRS 网络能够提供从移动台到固定 IP 网的 IP 连接。对每个 IP 连接承载者，都定义了一个 QoS 参数空间，如优先权、可靠性、延时、最大和平均比特率等。通过对这些参数进行不同的组合就定义了不同的承载者，以满足不同应用的需要。而对 EDGE 需要定义新的 QoS 参数空间。例如，对于移动速度为 250km/h 的移动台，最大码率为 144kbit/s，对移动速度为 100km/h 的移动台，其最大码率为 384kbit/s。此外，EDGE 的平均比特率和延迟等级也与 GPRS 的不同。由于不同应用、不同用户的要求不同，因此 EDGE 必须能够支持更多的 QoS。

2. 电路交换业务承载者

现有的 GSM 系统能够支持透明和非透明业务。它定义了 8 种透明业务承载者，所提供的比特率范围为 9.6 ~ 64kbit/s。

非透明业务承载者用无线链路协议来保证无差错数据传输。对于这种情况，有 8 种承载者，所提供的比特率为 4.8 ~ 57.6kbit/s。实际的用户数据比特率随信道质量而变化。

Tcs – 1 通过占用 2 个时隙来实现。而同样的业务，标准 GSM 系统采用 TCH/F14.4 需要占用 4 个时隙。

可见，EDGE 的电路交换方式可以利用较少的时隙占用来实现较高速的数据业务，这可降低移动终端实现的复杂度。同时，由于各个用户占用的时隙数比标准 GSM 系统的少，从而可以增加系统的容量。

【模块总结】

本模块首先讲述了交换技术，包括电路交换和分组交换，并详细讲述了 GPRS 的内容，并对 EDGE 进行了一定的介绍。

CDMA系统

【本模块内容】

- ✓ 码分多址技术概念、基本原理
- ✓ 扩频通信基本原理
- ✓ 地址码和扩频码的生成及特性
- ✓ DSSS（Direct Sequence Spread Spectrum，直接序列扩频）系统同步原理
- ✓ IS–95CDMA 通信原理
- ✓ IS–95CDMA 系统的体系结构

掌握
- ✓ 掌握码分多址技术与扩频通信基本原理
- ✓ 掌握地址码在 CDMA 系统中的应用
- ✓ CDMA 的关键技术

熟悉
- ✓ 地址码与扩频码的生成与特性
- ✓ IS–95CDMA 的关键技术及无线链路信道结构

了解
- ✓ 信道处理过程

项目一　CDMA 基本原理

　　码分多址（CDMA）是一种多址技术，用相互正交的编码来区分不同的用户、基站、信道。

　　本项目主要介绍 CDMA 特点和基本工作原理、扩频系统基本原理、地址码与扩频码的特性与应用、直接扩频序列码分多址系统的同步原理。

任务一　CDMA 及扩频技术

1. CDMA 概念

　　CDMA 是指各发送端用各不相同的、相互正交或准正交的地址码调制其所发送的信号，在接收端利用码型的正交性，通过地址识别（相关检测）从混合信号中选出相应信号的多址技术。

2. CDMA 特点

　　（1）CDMA 系统的许多用户使用同一频率、占用相同带宽，各个用户可同时发送或接收信号。CDMA 系统中各用户发射的信号共同使用整个频带，发射时间是任意的，所以，各用户的发射信号，在时间上、频率上都可能互相重叠，信号的区分只是所用地址码不同。因此，采用传统的滤波器或选通门是不能分离信号的，对某用户发送的信号，只有与其相匹配的接收机通过相关检测才能正确接收。

（2）CDMA 通信容量大。

CDMA 系统的容量的大小主要取决于使用的编码的数量和系统中干扰的大小，采用语音激活技术也可增大系统容量。CDMA 系统的容量约是 TDMA 系统的 4～6 倍，是 FDMA 系统的 20 倍左右。

（3）CDMA 具有"软容量"特性。

CDMA 是干扰受限系统，任何干扰的减少都直接转化为系统容量的提高。CDMA 系统具有软容量特性，多增加一个用户只会使通信质量略有下降，但不会出现阻塞现象。而 TDMA 中同时可接入的用户数是固定的，无法再多接入任何一个用户。也就是说，CDMA 系统容量与用户数间存在一种"软"关系，在业务高峰期，系统可在一定程度上降低系统的误码性能，以适当增多可用信道数；当某小区的用户数增加到一定程度时，可适当降低该小区的导频信号的强度，使小区边缘用户切换到周边业务量较小的区域。

（4）CDMA 系统可采用"软切换"技术。

CDMA 系统的软容量特性可支持过载切换的用户，直到切换成功。当然，在切换过程中其他用户的通信质量可能受些影响。

软切换指用户在越区切换时不先中断与原基站间的通信，而是在与目标基站取得可靠通信后，再中断与原基站的联系。在 CDMA 系统中切换时只需改变码型，不用改变频率与时间，其管理与控制相对比较简单。

（5）CDMA 系统中前向链路均可采用功率控制技术。

（6）具有良好的抗干扰、抗衰落性能和保密性能。

由于信号被扩展在一较宽的频谱上，频谱宽度比信号的相关带宽大，则固有的频率分集具有减小多径衰落的作用。同时，由于地址码的正交性和在发送端将频谱进行了扩展，在接收端进行逆处理时可很好地抑制干扰信号。非法用户在未知某用户地址码的情况下，不能解调接收该用户的信息，信息的保密性较好。

3. CDMA 蜂窝系统容量

蜂窝通信系统能提高其频谱利用率的根本原因，是利用电波的传播损耗实现了频率再用技术。只要两个小区之间的距离大到一定程度，它们就可以使用相同的频道而不产生明显的相互干扰。因为频道再用距离受所需载干比的限制，模拟蜂窝系统最小无线区群有 7 个小区，故只能有 1/7 的小区共用相同的频道。GSM 数字蜂窝系统采用了有效的数字处理技术（如信源编码和信道编码等），在语音质量相同的条件下，可以降低所需载干比的门限，把每个区群的小区数减少到 4，即 1/4 的小区共用相同的频道，从而使数字蜂窝系统的容量大于模拟系统。在 4×3 组网的 GSM 系统中，容量计算用 $N = M/m = W/(mB)$ 进行，式中 N 为每小区的信道数，M 为信道总数，m 为小区频率复用系数，W 为频率带宽，B 为信道间隔。

CDMA 蜂窝系统的所有小区共用相同的频谱，对提高 CDMA 系统的通信容量十分有利，但不能说 CDMA 蜂窝系统的容量没有限制。限制 CDMA 系统容量的根本原因是系统中存在多址干扰。如果系统允许 n 个用户同时工作，它必须能同时提供 n 个信道，n 越大，多址干扰越强。n 的极限是保证信号功率与干扰功率的比值大于或等于某一门限值，使信道能提供可能接受的语音质量。

在 CDMA 的特点中已作介绍，CDMA 系统还具有软容量特性。CDMA 系统中众多用户共享一个频道，用户的区分只靠所用码型的不同，故当系统的容量满载情况下，另外增加少数用户加入系统工作，只会引起语音质量的轻微下降。这是因为增加用户，意味着增加背景干扰，信干比稍微下降，引起语音质量稍微下降，而不会出现信道阻塞现象。在 FDMA 和 TDMA 中是根本不可能的，当全部频道或时隙被占满时，增加一个用户也不可能。

码分多址技术基本原理在码分多址通信系统中，利用自相关性很强而互相关值为 0 或很小的周期性码序列作为地址码，与用户信息数据相乘（或模 2 加），经过相应信道传输后，在接收端以本地产生的已知地址码为参考，根据相关性的差异对收到的所有信号进行相关检测，从中将地址码与本地地址码一致的信号选出，把不一致的信号除掉。CDMA 的基本工作原理举例说明如下。图 2-3-1 是 CDMA 收发系统示意图，图中 $d_1 \sim d_n$ 分别是 n 个用户的信息数据，其对应的地址码分别是 $W_1 \sim W_n$。

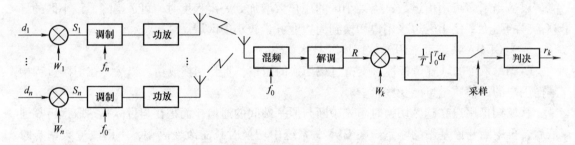

图 2-3-1　CDMA 收发系统示意图

假定系统有 4 个用户（即 $n=4$），各用户的地址码分别为 $W_1 = \{1, 1, 1, 1\}$、$W_2 = \{1, -1, 1, -1\}$、$W_3 = \{1, 1, -1, -1\}$、$W_4 = \{1, -1, -1, 1\}$；在某一时刻用户信息数据分别为 $d_1 = \{1\}$、$d_2 = \{-1\}$、$d_3 = \{1\}$、$d_4 = \{-1\}$。经过地址调制后输出信号为 $S_1 \sim S_4$，波形如图 2-3-2 所示。

在接收端，当系统处于同步状态并忽略噪声影响时，接收机解调输出波形 R 是 $S_1 \sim S_4$ 的叠加，如果某一用户（例如用户 2）需要接收自己的信息，则用本地地址码 W_k（$W_k = W_2$）与解调输出的信号 R 相乘，相当于用 W_2 解调所有用户的信息，解调结果如图 2-3-2 所示。解调后的信息送入积分电路，经采样判决电路得到相应的信息数据。

图 2-3-2a 为各用户的地址码；图 2-3-2b 为各用户待发送的信息数据；图 2-3-2c 为地址调制输出信号；图 2-3-2d 为在 W_2 上积分采样后，各用户信息在 W_2 上的输出。由图可知，经过判决后输出的信息 J_2 与 d_2 一致，即只有 W_2 用户对应的信息才能在 W_2 上正确输出。

如果其他用户要接收信息，本地地址码应与其对应的发端地址码一致，信号的处理与例中所述相同。

以上只是码分多址通信系统的基本原理，实际码分多址通信系统要复杂得多。实现码分多址必须具备以下三个必备条件。

1）要达到多路多用户的目的，就要有足够多的地址，而这些地址码又要有良好的自相关特性和互相关特性。

2）在码分多址通信系统中的各接收端，必须产生与发送端一致的本地地址码，而且，

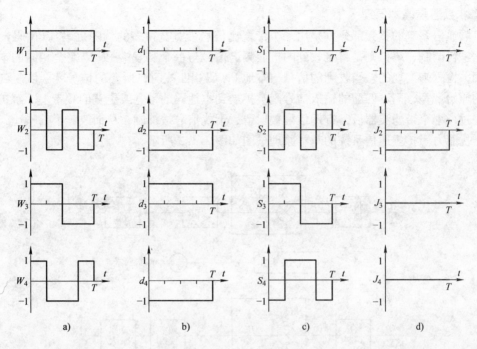

图 2-3-2　用户地址码

在相位上也要完全同步。

3）网内所有用户使用同一载波、相同带宽，同时收发信号，使系统成为一个自干扰系统，为把各用户间的相互干扰降到最低，码分系统必须和扩频技术相结合，为接收端的信号分离作准备。

信息论中香农（Shannon）定理表示为

$$C = W\log_2 (1 + S/N) \tag{2-3-1}$$

由此可得：给定信道容量 C 可以用不同的带宽 W 和信噪比 S/N 的组合来传输。若减小带宽则必须发送较大的信号功率；若有较大的传输带宽，则同样的信道容量能够由较小的信号功率来传送，这表明宽带系统表现出较好的抗干扰性能。因此，扩频可提高通信系统的抗干扰能力，改善通信质量，使之在强干扰情况下仍可以保持可靠的通信。

任务二　扩　频　通　信

扩频通信技术是一种信息传输方式，其系统占用的频带宽度远大于要传输的原始信号的带宽（或信息比特率），且与原始信号带宽无关。在发送端，频带的展宽是通过编码及调制（即扩频）来实现的；在接收端用与发送端完全相同的扩频码进行相关解调（即解扩）来恢复信息。系统占用带宽 W 与所传送信息的带宽 B 的比值称为系统处理增益（G_p），只有当系统处理增益值在 100 以上时才是扩频通信。当系统处理增益值在 50 以上为宽带通信，系统处理增益值在 1～2 时为窄带通信。

扩频通信系统用 100 倍以上的信息带宽来传输信息，最主要的目的是为了提高通信的抗干扰能力，即使系统在强干扰条件下也能安全可靠地通信。

1. 扩频通信基本原理

扩频通信系统的扩频部分就是用一个带宽比信息带宽宽得多的伪随机码（PN码）对信息数据进行调制，解扩则是将接收到的扩展频谱信号与一个和发端 PN 码完全相同的本地码通过相关检测来实现的，当收到的信号与本地 PN 码相匹配时，所要的信号就会恢复到其扩展前的原始带宽，而不匹配的输入信号则被扩展到本地码的带宽或更宽的频带上。解扩后的信号经过一个窄带滤波器后，有用信号被保留，干扰信号被抑制，从而改善了信噪比，提高了抗干扰能力。扩频通信系统的基本原理框图如图 2-3-3 所示。

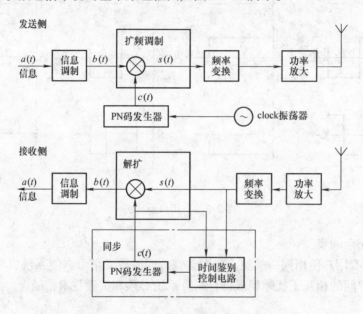

图 2-3-3　扩频通信系统基本原理框图

信息数据经过信息调制器后，输出的是窄带信号，如图 2-3-4a 所示；经过扩频调制后频谱展宽如图 2-3-4b 所示，其中 $R_c \gg R_i$；在接收机的输入信号中加有干扰信号，如图 2-3-4c所示；经过解扩后有用信号频谱变窄恢复出原始带宽，而干扰信号频谱变宽，如图 2-3-4d所示；再经过窄带滤波，有用信号带外干扰信号被滤除，如图 2-3-4e 所示，从而降低了干扰信号的强度，改善了信噪比。在扩频通信系统中，经过对信息的信号带宽的扩展和解扩处理，获得系统处理增益 G_p。系统处理增益 G_p 表示了扩频通信系统信噪比改善程度，是扩频通信系统一个重要的性能指标。

例如：某系统 $W = 20\text{MHz}$，$B = 10\text{kHz}$，则 $G_p = 2000$（33dB），说明这个系统在接收机的射频输入端和基带滤波器输出端间有 33dB 的信噪比改善。扩频通信系统的抗干扰性能和系统处理增益成正比。系统处理增益增大，系统接收端解扩后，在单位带宽内干扰信号的功率与有用信号的功率值差值增大，抗干扰能力就增强。干扰容限是在保证系统正常工作的条件下（即保证输出端有一定的信噪比），接收机输入端能承受的干扰信号比有用信号高出的分贝数，如图 2-3-4d 所示，直接反映了扩频系统接收机允许的极限干扰强度，往往能比系统处理增益更确切地表征系统的抗干扰能力。

$$干扰容限\ M_j = G_p - (L_s + (S/N)_0) \tag{2-3-2}$$

式中，L_s 为系统损耗；$(S/N)_0$ 为接收机的输出信噪比。

例如：某扩频通信系统的系统处理增益 $G_p = 33\text{dB}$，系统损耗 $L_s = 3\text{dB}$，接收机的输出信噪比 $(S/N)_0 \geq 10\text{dB}$，则该系统的干扰容限 $M_j = 20\text{dB}$。这表明该系统最大能承受 20dB（100 倍）的干扰，即当干扰信号功率超过有用信号功率 20dB 时，该系统不能正常工作，而二者之差不大于 20dB 时，系统仍能正常工作。

2. 扩频通信系统的特点

（1）抗干扰能力强

扩频通信系统扩展频谱越宽，处理增益越高，抗干扰能力越强，这是扩频通信的最突出的优点。

（2）保密性好

由于扩频后的有用信号被扩展在很宽的频带上，单位频带内的功率很小，即信号的功率谱密度很低，信号被淹没在噪声里，非法用户很难检测出信号。

（3）可以实现码分多址

扩频通信提高了抗干扰能力，但付出了占用频带宽度的代价，多用户共用这一宽频带，可提高频率利用率。在扩频通信中可利用扩频码的优良的自相关和互相关特性实现码分多址，提高频率利用率。

（4）抗多径干扰

利用扩频码序列的相关性，在接收端用相关技术从多径信号中提取和分离出最强的有用信号。或把多径信号合成，变害为利，提高接收信噪比。

（5）能精确定时和测距

利用电磁波的传播特性和伪随机码的相关性，可以比较正确地测出两个物体间的距离，GPS 全球定位系统就是应用之一。另外，还可以应用到导航、雷达、定时等系统中。

3. 扩频通信的种类

（1）直接序列（DS）系统

用一高速伪随机序列与信息数据相乘，由于伪随机序列的带宽远大于信息带宽，从而扩展了发射信号的频谱。

（2）跳频（FH）系统

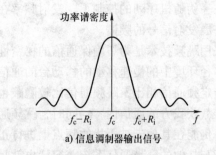

a) 信息调制器输出信号

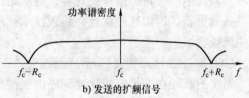

b) 发送的扩频信号

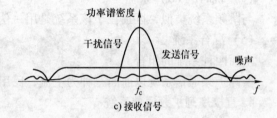

c) 接收信号

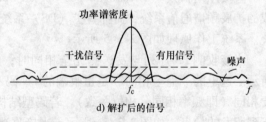

d) 解扩后的信号

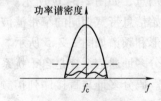

e) 窄带滤波器输出信号

图 2-3-4　扩频解扩频谱图

在一伪随机序列的控制下，发射频率在一组预先指定的频率上按所规定的顺序离散地跳变，扩展发射信号的频谱。

采用跳频技术是为了确保通信的秘密性和抗干扰性，跳频功能主要是：改善衰落；改善处于多径环境中的慢速移动的移动台的通信质量。跳频相当于频率分集。

与定频通信相比，跳频通信比较隐蔽也难以被截获。只要对方不清楚载频跳变的规律，就很难截获我方的通信内容。同时，跳频通信也具有良好的抗干扰能力，即使有部分频点被干扰，仍能在其他未被干扰的频点上进行正常的通信。由于跳频通信系统是瞬时窄带系统，它易于与其他的窄带通信系统兼容，也就是说，跳频电台可以与常规的窄带电台互通，有利于设备的更新。因为这些优点，跳频技术被广泛应用于对通信安全或者通信干扰具有较高要求的无线领域。

（3）脉冲线性调频（Chirp）系统

系统的载频在一给定的脉冲间隔内线性扫过一个宽频带，扩展发射信号频谱。

（4）跳时（TH）系统

与跳频系统类似，区别在于该系统是用一伪随机序列控制发射时间和发射时间的长短。

（5）混合系统

上面四种系统的组合。

实际扩频通信系统以前面三种为主流，民用系统一般只用前两种。

4. 直接序列扩频通信系统

直接序列扩频（Direct Sequence Spread Spectrum，DSSS）通信系统是以直接扩频方式构成的扩展频谱通信系统，简称直扩（DS）系统，又称伪噪声（Pseudo – Noise，PN）扩频系统。系统工作原理如图 2-3-5 所示。

当接收侧 PN 序列与发送侧完全相同时，解扩可恢复到原来的窄带信号，如图 2-3-5e 所示。这里的"完全相同"是指收端的 PN 码不但在码型结构上与发端相同，而且相位上也要相同（即频率相同、相位一致）。若码型结构相同但不同步，也不能恢复成窄带信号，得不到所发的信息，如图 2-3-5g 所示。当接收端有干扰时，其频谱经解扩电路后也要被展宽，再经过与原始信息带宽相同的窄带滤波器后，干扰被抑制，达到抗干扰目的。图 2-3-3 中各点对应的波形和频谱如图 2-3-5 所示。

因为码分多址通信系统是自干扰系统，为了把干扰降到最低限度，码分多址必须与扩频技术相结合。码分多址与直接序列扩频技术相结合构成码分多址直接扩频通信系统，主要有以下两种形式。

第一种码分直扩系统构成如图 2-3-6 所示。在该系统中，发端的用户信息数据 d_i 首先与对应的地址码 W_i 相乘，进行地址调制，再与 PN 码相乘，进行扩频调制。在收端，扩频信号经本地产生的与发端 PN 码完全相同的 PN 码解扩后，再由相应的本地地址码（$W_k = W_i$）进行相关检测，得到所需的用户信息（$r_k = d_i$）。系统中地址码采用一组正交码（如 Walsh 码），各用户分配其中的一个；而 PN 码在系统中只有一个，用于扩频和解扩，以增强系统的抗干扰能力。

第二种码分直扩系统构成如图 2-3-7 所示。在该系统中，发端的用户信息数据 d_i 直接与对应的 PN_i 码相乘，进行地址调制的同时又进行扩频调制。在收端，扩频信号经过与发端完全相同的本地 PN 码（$PN_k = PN_i$）解扩，相关检测得到所需的用户信息（$r_k = d_i$）。系统中

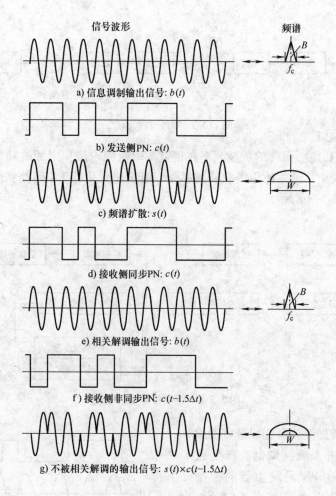

图 2-3-5 扩频通信波形图

采用一组正交性良好的 PN 码，既作用户地址码，又用于扩频和解扩。

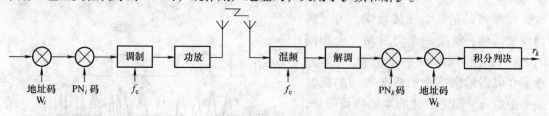

图 2-3-6 码分直扩（一）

比较两种系统，第二种由于去掉单独的地址码组，用不同的 PN 序列代替，整个系统相对简单，但由于 PN 码不完全正交，而是准正交，各用户间的相互影响不能完全消除，整个系统的性能将受一定的影响。而第一种系统由于采用了完全正交的地址码组，各用户间的相互影响可以完全消除，提高了系统的性能，但整个系统变得很复杂，尤其是同步系统。

5. 跳频扩频通信系统

（题外话：跳频技术专利的第一发明者为海蒂·拉玛，她是好莱坞巨星，曾被誉为全世

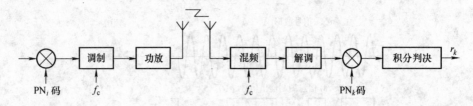

图 2-3-7　码分直扩（二）

界最美丽的女人。）跳频系统的载波频率在很宽频率范围内按预定的跳频序列进行跳变。在跳频扩频通信系统中，通信使用的载波频率受一组快速变化的 PN 码控制而随机跳变，系统的基本原理如图 2-3-8 所示。

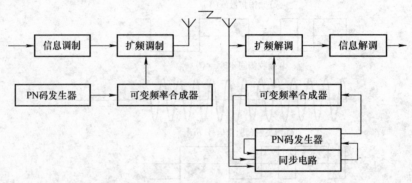

图 2-3-8　跳频扩频通信系统

　　在发送端，信息经调制变成带宽为 B 的基带信号后，进入载波调制，产生载波的频率合成器在 PN 码发生器的控制下，产生的载波频率在带宽为 $W(W \gg B)$ 的频带内随机跳变，从而使基带信号由带宽 B 扩展到 W，即在射频调制的同时完成频谱的扩展。在接收端，为了解出跳频信号，需要一个与发端完全相同的 PN 码去控制本地频率合成器，使本地频率合成器输出一个始终与收到的载波频率相差一个固定中频的本地跳频信号，然后与收到的跳频信号混频，得到不跳变的中频信号（Intermediate Frequency, IF），经信息解调得到所需的信息数据。信号波形如图 2-3-9 所示。

　　跳频扩频系统与直接序列扩频系统一样具有较强的抗干扰能力。但是，跳频系统是靠中频滤波器抑制带外的频谱分量，减少单频干扰和窄带干扰进入接

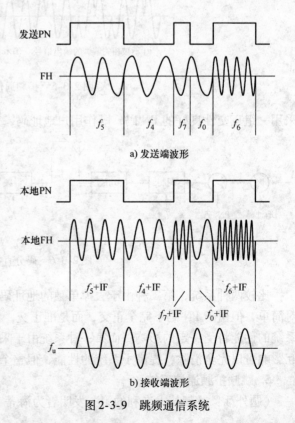

a) 发送端波形

b) 接收端波形

图 2-3-9　跳频通信系统

收机的概率，从而提高系统的抗干扰性能。而直接序列扩频系统是通过展宽单频干扰和窄带干扰的频谱，降低干扰信号在单位频带的功率来实现抗干扰性能的提高。

任务三 扩频码和地址码

地址码和扩频码的设计是码分多址系统的关键之一，具有良好的相关特性和随机性的地址码和扩频码对码分多址通信系统是非常重要的，对系统的性能具有决定性的作用：直接关系到系统的多址能力；关系到抗干扰、抗噪声、抗截获能力及多径保护和抗衰落能力；关系到信息数据的保密；关系到捕获与同步的实现。

理想的地址码和扩频码应具有如下特性：有足够多的地址码；有尖锐的自相关性；有处处为 0 的互相关性；不同码元数平衡相等；尽可能大的复杂度。然而，同时满足这些特性是目前任何一种编码所无法达到的。目前采用的地址码——Walsh 码是正交码，具有良好的自相关性和处处为 0 的互相关性，但由于码组内各码所占频谱带宽不同等原因，不能作扩频码使用。常作扩频码的是伪随机序列，因为真正的随机信号和噪声是不能重复再现和产生的，只能用一种周期性的脉冲信号近似随机噪声的性能，即因 PN 码具有类似白噪声的特性被用作扩频码，但若同时作为地址码时，因 PN 码准正交而使系统性能受到一定的影响。PN 码有很多码组，经常使用的有 m 序列和 Gold 序列两种。

1. Walsh 码

Walsh 码是正交码，经常被用作地址码。函数的正交性可用式（2-3-3）表示，值等于 1 表示该编码具有良好的自相关性。式（2-3-1）中，值等于 0 表示该编码与其他编码具有处处为 0 的互相关性。

$$\int_{-\infty}^{+\infty} X(t)X(t+\iota)\,\mathrm{d}t = 1, \qquad \int_{-\infty}^{+\infty} X(t)Y(t+\iota)\,\mathrm{d}t = 0 \qquad (2\text{-}3\text{-}3)$$

Walsh 码可用哈德码矩阵表示为

$$W_{2n} = \begin{vmatrix} W_N & W_N \\ W_N & \overline{W_N} \end{vmatrix} \qquad (2\text{-}3\text{-}4)$$

式中，$\overline{W_N}$ 是 W_N 取反，即元素 1 变成 -1，-1 变成 1（二进制数字中，0 取反为 1，1 取反为 0）。$N = 2^n$（$n = 0, 1, 2, \cdots$）一个 Walsh 码。通过该矩阵的递推关系，可获得任意数量的地址码，理论上可以证明由此产生的地址码是完全正交的（证明略）。例如：$W_1 = [1]$，则有

$$W_2 = \begin{vmatrix} W_1 & W_1 \\ W_1 & \overline{W_1} \end{vmatrix} = \begin{vmatrix} 1 & 1 \\ 1 & -1 \end{vmatrix} \qquad (2\text{-}3\text{-}5)$$

$$W_4 = \begin{vmatrix} W_2 & W_2 \\ W_2 & \overline{W_2} \end{vmatrix} = \begin{vmatrix} 1 & 1 & 1 & 1 \\ 1 & -1 & 1 & -1 \\ 1 & 1 & -1 & -1 \\ 1 & -1 & -1 & 1 \end{vmatrix} \qquad (2\text{-}3\text{-}6)$$

依次类推，如果用二进制表示，则 -1 写成 0 即可。

2. m 序列

（1） m 序列的产生

m 序列是最长线性移位寄存器序列的简称，它的周期是 $P = 2^n - 1$，n 是移位寄存器级数。m 序列是一个伪随机序列，按一定规律周期性变化，但具有随机噪声类似的特性。由于 m 序列容易产生、规律性强，有许多优良的特性，在码分多址扩频系统中最早获得广泛应用。

m 序列由线性移位寄存器网络产生，产生 m 序列的移位寄存器的网络结构不是随意的，周期 P 也不是任意取值的，必须满足 $P = 2^n - 1$。下面举例说明 m 序列生成原理。图 2-3-10 是一个最简单的三级移位寄存器构成的 m 序列发生器。

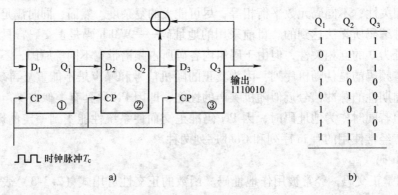

图 2-3-10　m 序列的产生

图 2-3-10a 为三级移位寄存器，$\oplus$ 为模 2 加法器。在此所用的移位寄存器是 D 触发器，在时钟脉冲上升沿时，输出 Q 等于输入 D。图中第二、三级的输出经模 2 加法器后反馈到第一级输入，即有 $D_1 = Q_2 \oplus Q_3$，当初始状态 $Q_1 Q_2 Q_3$ 为 111 时，在时钟脉冲的控制下，输出数据如图所示，得到周期是 7 的 m 序列 1 110 010。如果改变反馈电路，可得到新的 m 序列，必须注意的是最后一级必须参加反馈。如由第一、三级进行模 2 加，即 $D_1 = Q_1 \oplus Q_3$，可得到另一个周期为 7 的 m 序列 1 110 100。

（2） m 序列的特性

m 序列有许多优良的特性，最主要的是它的随机性和相关性。

1） m 序列的随机性：m 序列一个周期内"1"和"0"的码元数大致相等（"1"比"0"只多一个），当用作扩频码进行平衡调制时有较高的载波抑制度。

m 序列中连续的"1"或"0"称为游程。一个周期为 $P = 2^n - 1$ 的 m 序列，共有 $2n - 1$ 个游程，其中长度为 1（单"1"或"0"）的游程占总游程的 1/2，长度为 2（"11"或"00"）的游程占总游程的 1/4，长度为 3（"111"或"000"）的游程占 1/8，长度为 k（$1 \leqslant k \leqslant n - 2$）的游程占总游程的 $1/2^k$ 有一个包含（$n - 1$）个"0"的游程，也只有一个包含（$n - 1$）个"1"的游程。

以上两个性质表征了 m 序列的随机性。

m 序列和其移位后的序列逐位模 2 加，所得的序列仍是 m 序列，只是相位不同。例如，m 序列 1 110 100 与向后移两位的 1 010 011 逐位模 2 加，得到 0 100 111 仍是 m 序列，相当于原 m 序列向后移三位。m 序列发生器中的移位寄存器的各种状态，除全"0"外，其他状态在一个周期内只出现一次，如图 2-3-10b 所示。

2）m 序列的相关性：设 m 序列 $\{a_i\}$ 与其后移 τ 位的序列 $\{a_i+\tau\}$ 逐位模 2 加所得的序列 $\{a_i+a_i+\tau\}$ 中，"0" 的位数为 A（表示两个序列中相同的码元数目），"1" 的位数为 D（表示两个序列中不同的码元数目），$P=A+D=2^n-1$，则自相关函数可表示为

$$R_a(\tau)=\frac{A-D}{A+D}=\begin{cases}1 & \tau=0\\-\dfrac{1}{P} & \tau\neq 0\end{cases}\tag{2-3-7}$$

对于一个周期为 $P=2^n-1$ 的 m 序列，其自相关性可用图 2-3-11 表示。

图 2-3-11　m 序列自相关函数

由图可知，当 $\tau=0$ 时，自相关函数 $R(\tau)$ 出现峰值 1；当 τ 偏离 0 时，相关函数曲线很快下降；当 $1\leqslant\tau\leqslant P-1$ 时，相关函数值为 $-1/P$；当 $\tau=P$ 时，又出现峰值 1。

当周期 P 很大时，m 序列的自相关函数与白噪声类似，利用这一特性，可以用 "有" 或 "无" 信号自相关函数值来识别信号，并检测自相关函数值为 1 的码序列。m 序列的互相关性是指相同周期 $P=2^n-1$ 的两个不同 m 序列 $\{a_i\}$、$\{b_i\}$ 的一致程度，其相关值越接近 0，说明这两个 m 序列差别越大，即互相关性越弱；反之，说明这两个 m 序列差别较小，互相关性较强。设 m 序列 $\{a_i\}$ 与后移 τ 位的序列 $\{b_i+\tau\}$ 逐位模 2 加所得的序列 $\{a_i+b_i+\tau\}$ 中，"0" 的位数为 A，"1" 的位数为 D，$P=A+D$，则互相关函数可表示为

$$R(\tau)=\frac{A-D}{A+D}\tag{2-3-8}$$

同一周期的 m 序列组，两两 m 序列对的互相关特性差别很大，一般来说，随着周期 P 的增加，其互相关值的最大值会递减。在码分系统中，若用 m 序列作地址码，必须选择自相关性好、互相关性弱的 m 序列组，以正确接收信息、避免用户之间的相互干扰。在实际工程中常使用 m 序列优选对，其互相关函数值只取三个，定义 $t(n)=1+2[(n+2)/2]$，则互相关函数可表示为

$$R_C(\tau)=\begin{cases}\dfrac{t(n)-2}{P}\\-\dfrac{1}{P}\\-\dfrac{t(n)}{P}\end{cases}\tag{2-3-9}$$

对于不同周期 $P=2^n-1$ 的 m 序列，其中具有优选对特性的序列数目不尽相同。例如：$n=7$ 时，6 个 m 序列中的任意两个都是优选对；$n=9$ 时，只能找出 2 个 m 序列成为优选对……对于 n 为 4 的倍数时，找不到一对 m 序列优选对。

3. Gold 序列

（1）Gold 序列的产生

m 序列，尤其是 m 序列优选对，特性很好，但数目很少。为了解决地址码的数量问题，提出了一种基于 m 序列优选对的码序列，即 Gold 序列。Gold 序列是 m 序列的组合码，由优选对的 m 序列逐位模 2 加得到，当改变其中一个 m 序列的相位，可得到一个新的 Gold 序列。Gold 序列具有与 m 序列优选对类似的相关性，而且构造简单，数量大，在码分多址系统中获得广泛应用。

一对周期 $P = 2^n - 1$ 的 m 序列优选对 $\{a_i\}$ 和 $\{b_i\}$，$\{a_i\}$ 与后移 τ 位的序列 $\{b_{i+\tau i}\}$（$\tau = 0, 1, \cdots, P-1$）逐位模 2 加所得的序列 $\{a_i + b_{i+\tau}\}$ 都是不同的 Gold 序列，Gold 序列的生成原理如图 2-3-12 所示。

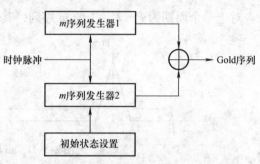

图 2-3-12　Gold 序列生成原理示意图

m 序列发生器 1、2 产生一对 m 序列优选对。m 序列发生器 1 的初始状态固定不变，调整 m 序列发生器 2 的初始状态，在同一时钟脉冲的控制下，经过模 2 加后得到 Gold 序列。改变 m 序列发生器 2 的初始状态，可得到不同的 Gold 序列。

周期 $P = 2^n - 1$ 的 m 序列优选对产生的 Gold 序列，由于其中一个 m 序列的不同移位都产生新的 Gold 序列，有 $P = 2^n - 1$ 个不同的相对移位，加上原来两个 m 序列本身，共有 $2^n + 1$ 个 Gold 序列。随着 n 的增加，Gold 序列以 2 的 n 次幂增长。因此，Gold 序列数比 m 序列数多得多，并且具有优良的相关性。

当 Gold 序列的一个周期内"1"的码元数比"0"仅多一个，称该 Gold 序列为平衡的 Gold 序列，在实际工程中作平衡调制时载波抑制度较高。对于周期 $P = 2^n - 1$ 的 m 序列优选对生成的 Gold 序列，当 n 是奇数时，$2^n + 1$ 个 Gold 序列中有 $2^{n-1} + 1$ 平衡的 Gold 序列，约占 50%；当 n 是偶数（不是 4 的倍数）时，有 $2^{n-1} + 2^{n+2} + 1$ 个平衡的 Gold 序列，约占 75%。也就是说，数量庞大的 Gold 序列，只有约 50%（n 是奇数）或 75%（n 是不等于 4 的偶数）的平衡的 Gold 序列可在码分多址通信系统中应用。

（2）Gold 序列的特性

周期 $P = 2^n - 1$ 的 m 序列优选对产生的 Gold 序列具有与 m 序列优选对类同的相关性。自相关函数在 $\tau = 0$ 时与 m 序列相同，具有尖锐的自相关峰；当 $1 \leqslant \tau \leqslant P-1$ 时，相关函数值与 m 序列有所差别，为式（2-3-7）中的三个值中的一个，即最大值不超过 $t(n)/P$。同一对 m 序列优选对产生的 Gold 序列连同这两个 m 序列中，任意两个序列的互相关特性都和 m 序列优选对一样，其互相关值只取式（2-3-7）中的一个。

4. IS-95CDMA 中地址码的应用

IS-95CDMA 中，用户地址码使用长 m 序列的截段码，码长 42 位，数量为 $2^{42} - 1$，根据码的不同相位区分不同的用户；基站地址码用中长 m 序列的截段码或 Gold 码，码长 15 位，数量为 $2^{15} - 1$，也是根据相位不同来区分的。

信道地址码用的是 64 阶 Walsh 函数，前向信道和反向信道各 64 个，在前向信道中包含 1 个导频信道 W_0（全"0"）、7 个寻呼信道 $W_1 \sim W_7$、1 个同步信道 W_{32}、55 个业务信道。

前向信道中，导频信道只给出一个频率基准，W_0 只有强度，没有信息，是固定不变的；同步信道一旦同步后可作业务信道用；无寻呼、业务忙时，寻呼信道也可作业务信道用。反向信道中，接入信道最多有 32 个；业务信道最少为 32 个，信令随路传送。

项目二　CDMA 数字蜂窝通信系统

IS－95CDMA 属于第二代数字移动通信系统，原中国联通开通的 CDMA 系统（现已归为中国电信）使用的就是该标准。本项目主要介绍 IS－95CDMA 系统中前反向链路的基本工作原理，功率控制、分集合并技术、正交调制、正交扩频、语音编码、切换等关键技术。

任务一　总体要求和标准

由于移动通信的迅速发展，在 20 世纪 80 年代中期，不少国家都在探索蜂窝网通信系统如何从模拟蜂窝系统向数字蜂窝系统转变的方法。美国蜂窝通信工业协会（CTIA）于 1988 年 9 月发表了"用户的性能要求"文件，制订了对下一代蜂窝网的技术要求。这些要求包括：

1）系统的容量至少是 AMPS 的 10 倍；
2）通信质量等于或优于现有的 AMPS 系统；
3）易于过渡并和现有的模拟蜂窝系统兼用；
4）具有保密性；
5）有先进的特征；
6）较低的成本；
7）使用开放的网络结构。

其中需要特别说明的是，关于新一代蜂窝网和原有模拟蜂窝网兼容问题。由于 20 世纪 70 年代末期，美国以及北美各国都已使用了模拟蜂窝系统，经过近 10 年经营使用，已颇具规模。因此要求新一代的蜂窝系统能与原系统兼容。具体而言，新一代蜂窝系统的移动台既能工作于模拟蜂窝网系统（AMPS），又能工作于新系统，这就是双模式移动台的概念。双模式移动台既能以模拟调频方式工作，又能以数字蜂窝系统的方式工作。或者说，双模式移动台无论在模拟蜂窝系统中或在某一种数字蜂窝系统中，均能向其他用户发起呼叫和接收呼叫，两种蜂窝系统也能向双模式移动台发起呼叫和接收呼叫，而且这种呼叫无论在定点上或在移动漫游过程中都是自动完成的。

美国电信工业协会（TIA）于 1995 年公布了代号为 IS－95 的窄带（Narrowband CDMA，N－CDMA）码分多址蜂窝移动通信标准，简称 IS－95A。它的全称是"双模式宽带扩频蜂窝系统的移动台—基站兼容标准"，与现存的美国模拟蜂窝系统（AMPS）的频带兼容。这是真正在全球得到广泛应用的第一个 CDMA 标准。随着移动通信对数据业务需求的增长，1998 年 2 月，推出了 IS－95B 标准。IS－95B 可提高 CDMA 系统性能，并增加用户移动通信设备的数据流量，数据传输速率理论上最高可达 115.2kbit/s，实际可达到 64kbit/s。IS－95A 和 IS－95B 均有一系列标准，其总称为 IS－95。所有基于 IS－95 标准的各种 CDMA 产品又总称为 CDMAone。IS－95 只是一个公共空中接口（Common Air Interface，CAI）标准，它没有完全规定一个系统如何实现，而只是提出了信令协议和数据结构特点和限制。不同的制造商可采用不同的技术和工艺制造出符合 IS-95 标准规定的系统和设备。

任务二　IS-95 标准

IS-95 公共空中接口是美国 TIA 于 1993 年公布的双模式（CDMA/AMPS）的标准，简称 QCDMA 标准。其主要包括下列几部分：

频段：
前向　869~894MHz（基站发射，移动台接收）；
反向　824~849MHz（移动台发射，基站接收）。
射频带宽：
第一频道 2×1.77MHz；
其他频道 2×1.23MHz。
调制方式：
基站　QPSK；
移动台 OQPSK。
扩频方式：DS（直接序列扩频）。
语音编码：可变速率 CELP，最大速率为 8kbit/s，最大数据速率为 9.6kbit/s，每帧时间为 20ms。
信道编码：
卷积编码　前向码率 R=1/2，约束长度 K=9；
　　　　　反向码率 R=1/3，约束长度 K=9。
交织编码：交织间距 20ms。
PN 码：码片的速率为 1.2288Mc/s；
基站识别码为 m 序列，周期为 $2^{15}-1$；
64 个正交沃尔什函数组成 64 个码分信道。
多径利用：采用 Rake 接收方式。

任务三　CDMA 基本原理

直接序列扩频通信中，在发送端，待传语音通过模-数（A-D）转换，将模拟语音转变成 9.6kbit/s 的二进制数据信息，通过 1.2288Mc/s 高速率的 PN 扩频调制，使信道中传输信号的带宽远远大于原始信号本身的带宽。在接收端，接收机不仅接收到有用信号，同时还接收到各种干扰和噪声。利用本地产生的伪随机序列进行相关解扩，本地伪码与扩频信号中伪码一致，因此，可还原出原始窄带信号，顺利通过窄带滤波器，恢复语音数据，再通过数-模（D-A）转换，恢复为原始语音。接收机接收到的干扰和噪声，由于与本地伪随机序列不相关，经过接收解扩，将干扰和噪声频谱大大扩展，功率谱密度大大下降（类似于发送端将信号频谱扩展），落入窄带滤波器的干扰和噪声功率大大下降。因此，在窄带滤波器输出端的信噪比（或信干比）得到了极大改善，其改善程度就是扩频的处理增益。

码分多址通信系统主要由调制、扩频、解扩、解调等构成。为了保证相关检测，接收端除了实现载波同步外，还必须保证地址码的同步。码分多址通信系统中是以地址码区分用户的，因此，码型正交性要好，码的数量要多，以容纳更多用户。

在不同条件下，合理选择地址码是十分重要的，不能强求理想化。因为对于任何一种多址方式，严格而言，信号之间都不可能完全正交。在频分多址系统中，因时间有限，信号的频谱分量无限宽，因此导致不同用户的信号在频率上产生部分重叠；对于时分多址系统，因频带有限（如200kHz），信号在时域上也有重叠部分。在码分多址系统中，对于任何一种序列，其完全满足绝对正交的地址码数目是很少的，根本无法满足实际用户容量的需要，因而在实际系统中仅要求地址码的准正交。

1. 正交调制与正交扩频

在实际CDMA系统中，输入的信息需先经过正交扩频，然后，再进行正交调制，如图2-3-13所示。

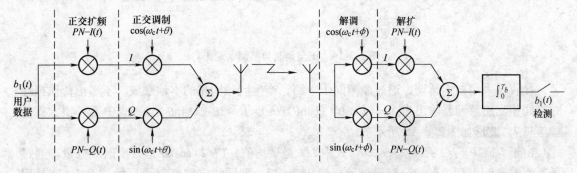

图 2-3-13　正交扩频和正交调制系统的组成

发端，用户数据进行正交扩频，用于正交扩频的序列称为引导PN序列。引导PN序列的作用是给不同的基站发出的信号赋予不同的特征，便于移动台识别所需的基站。引导PN序列有两个：I支路PN序列和Q支路PN序列，它们的长度都为2^{15}（32768），都是由15级移位寄存器构成的m序列，在序列中出现14个连"0"时，从中再插入一个"0"，使序列中14个"0"的游程变成15个"0"的游程，从而使m序列的周期为32 768。

在CDMA系统中，不同基站使用同一个PN序列，各自采用不同的相位进行区分。由于m序列的尖锐的自相关特性，当偏移大于一个码元宽度时，其自相关值接近于"0"，因而移动台用相关检测法很容易把不同基站的信号区分开来。移动台先进行正交解调，然后进行解扩，将同相支路和正交支路信号求和、积分恢复信息数据。采用PN序列进行正交扩频，使信号特性接近白噪声特性，从而能改善系统的信噪比。正交调制提高了频率利用率。当然，前提条件是要求收、发双方建立良好的频率和时间同步。由于基站和移动台条件不同，上、下行链路的正交扩频调制实现方法略有不同，在此不再多述。

由于CDMA移动通信系统采用了扩频技术，信道的传输速率达1.2288Mc/s，因此必须采用高效的调制方法，以提高频谱使用效率。PSK或DPSK调制方式比较简单，比较PSK与FSK的误码性能可知，无论是相干的FSK或非相干的FSK都比PSK差3dB左右。但PSK频谱较宽，在高速数据传输系统中，一般不宜采用PSK或DPSK调制方式，而往往采用QPSK调制，即正交移相键控调制方式。在QPSK调制中，需要两个相互正交的载波，即$\sin(\omega_c t + \varphi) = \sin\theta$，$\cos(\omega_c t + \varphi) = \cos\theta$。正弦波和余弦波可各自进行信息调制而互不干扰，从而比PSK提高了一倍的频谱利用率。假设$\cos(\omega_c t + \varphi)$为同相支路$I$的载频，移相$\pi/2$后，则为$\sin(\omega_c t + \varphi)$，是正交支路$Q$的载频。为了方便，令$\omega_c t + \varphi = \theta$，则同相支路的载频为$\cos\theta$，

正交支路的载频为 $\sin\theta$。正交调制与解调如图 2-3-14 所示。发端，I 路信息进入同相支路乘法器与载频 $\cos(\omega_c t + \varphi)$ 相乘，即进行射频调制；Q 路信息进入正交支路乘法器，与正交载频 $\sin(\omega_c t + \varphi)$ 相乘，完成正交支路的射频调制。然后，通过相加求和电路发送出去，即发送的信号是 $I\cos(\omega_c t + \varphi) + Q\sin(\omega_c t + \varphi)$。

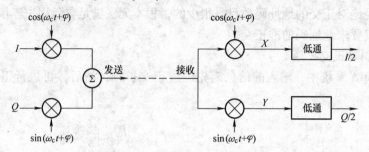

图 2-3-14　正交调制与解调示意图

接收端采用相干解调，通过载频同步电路，产生同频同相的本地载波。不考虑传输损耗时，同相支路解调器输出为 $X = (I\cos\theta + Q\sin\theta)\cos\theta = I\cos 2\theta + Q\sin\theta\cos\theta$。式中第一项含有传输信息 I，波形如图 2-3-15 所示。

由于 $I\cos 2\theta = I/2 + (I/2)\cos 2\theta$，式中 $I/2$ 是平均值；$(I/2)\cos 2\theta$ 是二次谐波分量。通过低通滤波器 LPF 后，谐波分量被滤除，输出为 $I/2$，即同相支路恢复了原始信息 I，这是因为 $Q\sin\theta\cos\theta$ 也被 LPF（Low Pass Filter，低通滤波电器）滤除（利用三角函数倍角公式 $Q\sin\theta\cos\theta = (Q/2)\sin 2\theta$），亦即可经过低通滤波器予以滤除。

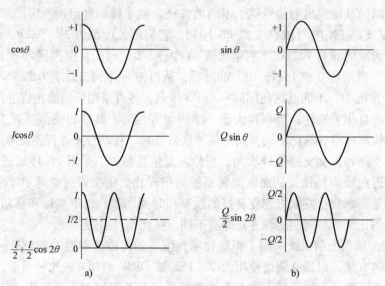

图 2-3-15　正交解调波形（同相支路）

同样方法，可以分析正交支路输出是 $Q/2$，即含有原始信息 Q。综上所述，由于正弦和余弦的正交性，因此在采用同一载频的情况下，可分别进行信息调制。这样输入信息数据流中，奇数位送往同相支路，偶数位送往正交支路，两个比特分别调制后，进行发送与接收。

2. CDMA 系统中前向链路工作原理

在 CDMA 移动通信系统中，基站与移动台之间的通信尤为关键，其中基站发往移动台的信号链路，称为前向链路（或正向链路）；由移动台发往基站的无线链路，称为反向链路。下面先讨论前向链路组成及其工作原理。

为了简明地说明 CDMA 通信原理，仅以 3 个移动用户为例。图 2-3-16 示出了前向链路组成框图。

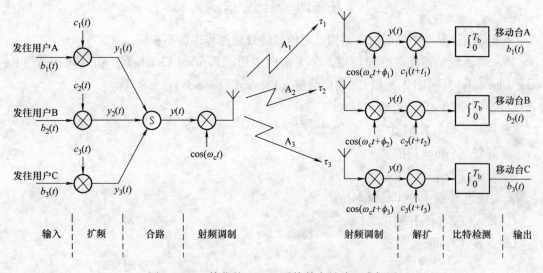

图 2-3-16　简化的 CDMA 系统前向链路组成框图

基站待发送的二进制数据分别为 $b_1(t)$，$b_2(t)$ 和 $b_3(t)$，假设是由公网进入移动电话交换局，再转发至基站。其中 b_1 发往移动台 A，b_2 发往移动台 B，b_3 发往移动台 C。各路信息数据分别经过 PN 扩频，$c_1(t)$，$c_2(t)$ 和 $c_3(t)$ 是准正交的伪随机码，扩频后信号分别记作 $y_1(t)$，$y_2(t)$ 和 $y_3(t)$。将 $y_1(t)$，$y_2(t)$ 和 $y_3(t)$ 合路求和为 $y(t)$；然后，通过射频调制送往天线，由天线发射出去。

移动台接收时经射频解调、解扩及积分器比特检测恢复出数据，下面分别讨论基站发射信号和移动台接收信号的工作原理。

为了说明基站发射信号原理，假定伪码是 15 位的 m 序列，码片宽度为 T_c，$b_1(t)$ 为"10011"，信息码元宽度为 T_b，则由图 2-3-14 可知，$b_1(t)$ 经扩频码 $c_1(t)$ 扩频调制，可得 $y_1(t) = b_1(t) \times c_1(t)$，同理有 $y_2(t) = b_2(t) \times c_2(t)$ 和 $y_3(t) = b_3(t) \times c_3(t)$。其中 $c_1(t)$，$c_2(t)$ 和 $c_3(t)$ 为不同相位的同一 m 序列。$y_1(t)$，$y_2(t)$，$y_3(t)$ 的产生如图 2-3-16 所示，合路后是一个多电平的信号，图中 $T_b/T_c = 6$。

在图 2-3-16 中"Σ"为合路器，即将 $y_1(t) \sim y_3(t)$ 进行相加，注意：这里是普通加法，不是模 2 加。合路器输出为 $y(t)$，即有

$$y(t) = \sum_{j=1}^{3} y_j(t)$$

$$= y_1(t) + y_2(t) + y_3(t)$$

$$= b_1(t)c_1(t) + b_2(t)c_2(t) + b_3(t)c_3(t) \qquad (2\text{-}3\text{-}10)$$

$$= \sum_{j=1}^{3} b_j(t)c_j(t)$$

任务四　无线信道

不同的信道具有不同的信道结构，对信号的处理过程也各不相同。

IS－95 系统的前反向物理信道，分为前向信道（Forward Channels）和反向信道（Reverse Channels）（见图 2-3-17）。前向信道（Forward Channels）：

① 导频（Pilot）信道

② 同步（Sync）信道

③ 寻呼（Paging）信道

④ 业务（Traffic）信道

反向信道（Reverse Channels）：

① 接入（Access）信道

② 业务（Traffic）信道

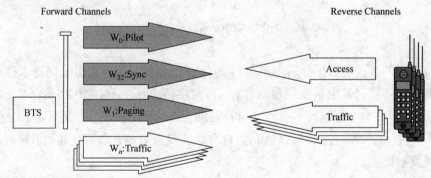

图 2-3-17　无线信道图

1. 前向信道

前向链路用正交扩频形成码分信道。正交序列是码长为 64 的 Walsh 序列，速率 1.2288Mc/s 与扩频序列相同。64 个正交码分信道分配如下：W_0 导频信道；$W_1 \sim W_7$ 寻呼信道；W_{32} 同步信道；其余为前向业务信道。前向 64 个信道的组成如图 2-3-18 所示。

前向信道的功能：

（1）导频信道（Pilot Channel）：导频信道传输的是一个不含用户数据信息的无调制、直接序列扩频信号，在导频信号中包含有引导 PN 序列的相位偏置和定时基准信息。导频信号是连续发送的，并且发射功率比其他信道高 20dB，以使移动台可以迅速地捕获定时信息，获得初始系统同步，并提取用于信号解调的相干载波。导频信号还为移动台的越区切换提供依据，移动台通过对周围不同基站的导频信号进行检测和比较，以决定在什么时候进行切

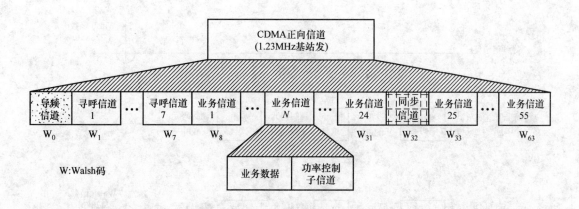

图 2-3-18 前向传输信道的逻辑信道结构

换。导频信号还是移动台开环功率控制的依据。

（2）同步信道（Sycn Channel）：同步信道传输的同步信息供移动台建立与系统的定时和同步。同步信息主要包括系统时间、引导 PN 序列的偏置指数、寻呼信道的数据率、长伪随机码的状态等。一旦同步建立，移动台通常不再使用同步信道，但当设备关机后重新开机时，还需要重新进行同步调整。当通信业务量很多，所有业务信道均被占用而不够使用时，同步信道也可临时改作业务信道使用。

（3）寻呼信道（Paging Channel）：每个基站有一个或几个寻呼信道，其功能是向小区内的移动台发送呼入信号、业务信道指配信息和其他信令。在需要时，寻呼信道也可以改作业务信道使用，直至全部用完。

（4）前向业务信道（Forward Traffic Channel）：前向业务信道用于基站到移动台之间的通信，主要传送用户业务数据。在业务信道中包含了一个功率控制子信道，传输用于移动台进行功率控制的控制信令，前向业务信道还传输越区切换的控制指令等信息。

前向信道的处理过程如下：

同步信道工作在 1.2kbit/s；寻呼信道工作在 9.6kbit/s 或 4.8kbit/s；前向业务信道可工作在四个速率：9.6kbit/s、4.8kbit/s、2.4kbit/s 和 1.2kbit/s。因为前向业务的数据在每帧（20ms）后含有 8bit 的尾比特，用来将卷积编码器置于规定状态，而在 9.6kbit/s、4.8kbit/s 数据中含有帧质量指示比特（即 CRC 校验比特）。因此，前向业务信道上的实际信息速率为 8.6kbit/s、4.0kbit/s、2.0kbit/s 及 0.8kbit/s。

前向信道中数据在传输前都要经过卷积编码。同步信道和数据速率低于 9.6kbit/s 的寻呼信道、前向业务信道中，卷积编码后的各码元都要重复一次后再进行交织。交织后的寻呼信道和前向业务信道需要进行数据扰码，扰码器把交织输出码元和用户 PN 进行模 2 加，从而实现对信息的保密。另外，在前向业务信道中还包含了功率控制子信道，用于发送对移动台的功率控制比特。经过上述信号处理的前向信道上的所有信息都需用对应信道的 Walsh 码调制后，进入正交扩频和正交调制电路进行扩频和射频调制，然后，由天线发射出去。

当然，不同的前向信道，各信号处理部分的参数、指标及调制用的编码是各不相同的。前向信道结构和对信号的处理过程如图 2-3-19 所示。

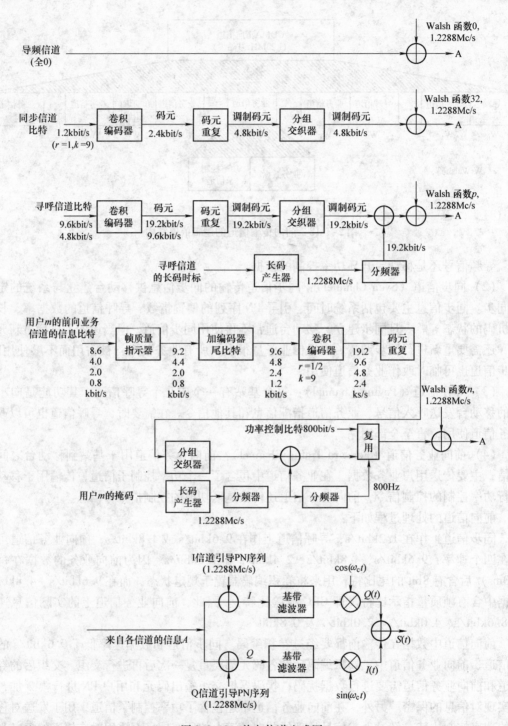

图 2-3-19　前向信道生成图

（1）导频信道。导频信道无数据调制，为小区内的 MS 提供同步。基站利用导频 PN 序列的时间偏置标识每个前向 CDMA 信道。导频信道用偏置指数（0～511）区别，偏置指数是相对于 0 的偏置值。偏置值＝偏置指数×64（Chip）。同样的导频序列偏置可用于给定基站中所有的 CDMA 频率。

（2）同步信道。同步信道比特率为 1.2kbit/s，帧长为 80ms/3。I、Q 通道 PN 序列与导频 PN 序列用相同偏置（同一基站）。

（3）寻呼信道。基本寻呼信道导频序列偏置与导频信道相同。

（4）前向业务信道。前向业务信道用于传输用户信息和信令信息。前向业务信道中，I、Q 扩频调制采用和导频信道同样的 PN 序列，数据率逐帧确定，不同速率时每个符号的能量也不同。基站可执行参差前向业务信道帧，时间偏移由 FRAME – OFFSET 参数确定，帧质量指示用 CRC 完成。

空业务信道速率为 1.2kbit/s，当无业务选择激活时，基站采用空业务信道数据来保持通路，使 MS 与 BTS 保持联系。空业务信道数据格式为连续的 16 个"1"加连续 8 个"0"。前向业务信道调制参数见表 2-3-1。

表 2-3-1 前向业务信道调制参数表

参数	数值	单位
数据率	9.6	kbit/s
PN 速率	1.2288	Mchip/s
码率	1/2	比特/编码符号
编码重复	1[①]	调制符号/编码符号
调制符号速率	19.2	ks/s
PN 码片/调制符号	64	PN 码片/调制符号
PN 码片/比特	128	PN 码片/比特

① 速率是 4.8kbit/s、2.4kbit/s、1.2kbit/s 时，编码重复为 2、4、8。

2. 反向信道

反向传输信道由两种信道组成，即接入信道和业务信道，其结构如图 2-3-20 所示。业务信道与前向业务信道相同。接入信道与前向传输信道的寻呼信道相对应，传输指令、应答和其他有关信息，被移动台用来初始化呼叫等。CDMA 反向传输信道与正向传输信道相似，只是具体参数有所不同。图 2-3-20 CDMA 反向传输信道的逻辑信道结构在一个 CDMA 频道上，反向信道利用具有不同相位偏移量的长码 PN 序列（$2^{42}-1$）码作为选址码，每一个长码相位偏移量代表一个确定的地址，而长码偏移量由代表信道或用户特征的掩码所决定。

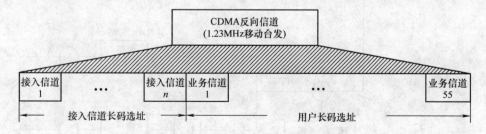

图 2-3-20 反向传输信道逻辑信道结构

两种传输信道的主要功能：

（1）接入信道（Access Channel）。当移动台没有业务通信时，移动台通过接入信道向基站进行登记注册、发起呼叫以及响应基站的呼叫等。在反向信道中，最少有一个，最多有

32 个接入信道。接入信道是一个随机接入的 CDMA 信道，每一个接入信道都要对应前向信道中的一个寻呼信道，但与一个特定寻呼信道相连的多个移动台可以同时抢占同一个接入信道，每一个寻呼信道最多可支持 32 个接入信道。

（2）反向业务信道（Reverse Traffic Channel）。反向业务信道用于在呼叫建立期间传输用户业务信息和指令信息。反向业务信道与前向业务信道的帧长度相同，为 20ms。业务和信令都能使用这些帧。当一个业务信道被分配时，CDMA 支持两种模式传送信令信息：空白突发序列（Blank and burst）模式和半空白突发序列（Dimand burst）模式。这两个模式在上行和下行链路上都能使用。采用空白突发序列模式时，一旦信令信息要发送，初始业务数据的一个或多个帧（如被编码的语音）就被信令数据代替。采用半空白突发序列模式传送信令，是因为在 CDMA 中使用了变速率声码器。在此模式中，声码器运行在 1/2、1/4 或 1/8 模式的其中一个模式上，由于没有使用全速声码器，节省的比特可为信令使用。只有在全速率发送时，在此模式上的声码器速率会受到限制。由于半空白突发序列模式语音质量下降基本上不易被察觉，所以它比空白突发序列模式有更大的优势。

反向各不同逻辑信道的处理过程（反向信道结构图）如图 2-3-21 所示。

接入信道用 4.8kbit/s 的数据速率；反向业务信道用 9.6kbit/s、4.8kbit/s、2.4kbit/s 和 1.2kbit/s 的可变速率。两种信道均要加入尾比特，反向业务信道数据率为 9.6kbit/s 和 4.8kbit/s 时，还要加帧质量指示比特（CRC 校验比特）。接入信道和反向业务信道所传的数据都要进行卷积编码、码元重复（与前向信道一样），然后进行交织、Walsh 码的正交调制。在反向业务信道中，为了减小移动台的功耗，并减少对其他移动台的干扰，对交织后输出的码元用一个时间滤波器进行选通，只允许所需码元输出而删除其他重复码元。在选通过程中，把 20ms 分成 16 个等长的功率控制段，并按 0～15 进行编号，每段 1.25ms，选通突发位置由前一帧内倒数第 2 个功率控制段（1.25ms）中最后 14 个 PN 码比特进行控制。根据一定规律，某些功率段通过，某些功率段被截去，保证进入交织的重复码元中只发送其中一个。但是，在接入信道中，两个重复码元都要传送。

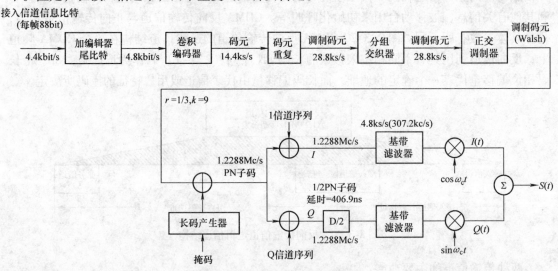

图 2-3-21　反向信道结构图

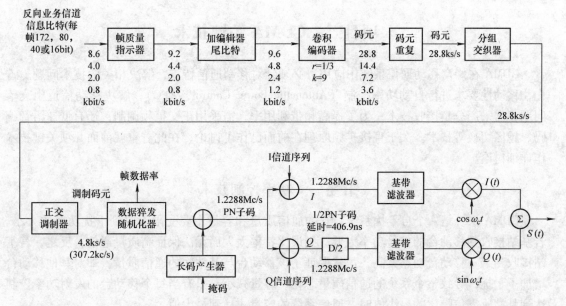

图 2-3-21　反向信道结构图（续）

　　然后，不同用户的反向信道的信号用不同的长码进行数据扰码后，进入正交扩频和正交调制电路进行扩频和射频调制，最后，由天线发射出去。

　　在前向/反向业务信道都提供基本业务、信令业务和辅助业务的传输，为同时在一条业务信道上传送多种业务，需要进行复用选择。复用选择传输基本业务、信令业务、辅助业务，复用选择只对 9.6kbit/s 速率有效。

　　信令传输有两种模式：空白－突发和模糊－突发。辅助业务在有基本业务时，基本业务和辅助业务经模糊－突发模式传输；无基本业务时，辅助业务用空白－突发模式传输。

任务五　CDMA 网络结构

　　CDMA 蜂窝通信系统的网络结构与 GSM 蜂窝系统的网络结构相类似，主要由四大部分组成：网络子系统、基站子系统、操作维护子系统和移动台。如图 2-3-22 所示，其中功能实体作用与 GSM 相似，在此不作详细介绍。

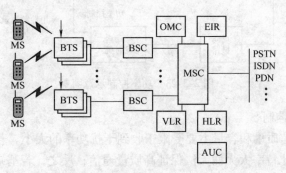

图 2-3-22　CDMA 系统结构图

项目三　CDMA 关键技术

CDMA 在蜂窝移动通信系统中应用，必须针对移动通信特点，解决相关的技术问题。首先，移动性要求进行自动功率控制（Automatic Power Control，APC）；解决移动信道中衰落问题，需采用分集接收技术；为了提高频带利用率，需采用正交扩频调制；还有低速语音编码、越区切换等技术。关于直接扩频原理在前面已作了讨论，在此着重就前面几项关键技术作详细讨论。

任务一　功率控制技术

CDMA 系统是一个自干扰系统，它的通信质量和容量主要受限于收到干扰功率的大小。若基站接收到移动台的信号功率太低，则误比特率太大而无法保证高质量通信；反之，若基站接收到某一移动台功率太高，虽然保证了该移动台与基站间的通信质量，却对其他移动台增加了干扰，导致整个系统的通信质量恶化、容量减小。只有当每个移动台的发射功率控制达到基站所需信噪比的最小值时，通信系统的容量才达到最大值。

由于移动通信中移动用户不断地移动，有时靠近基站，有时远离基站。如果移动台发射功率固定不变，那么离基站距离近时，过大的发射功率不仅浪费，而且会造成对其他用户的干扰，尤其是对离基站较远的移动台发给基站的信号影响较大。所谓远近效应就是当基站同时接收两个距离不同的移动台发来的信号时，由于两个移动台频率相同，则距基站近的移动台将对距离基站远的另一移动台信号产生严重干扰。在 CDMA 蜂窝系统中，为了解决远近效应问题，同时避免对其他用户过大的干扰，必须采用严格的功率控制（Power Control，PC）。

功率控制除了反向链路的开环功率控制和闭环功率控制外，还有前向链路（有时也称正向链路）功率控制。功率控制示意图如图 2-3-23 所示。

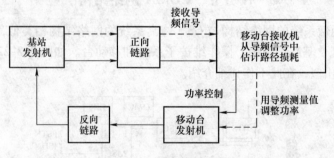

图 2-3-23　功率控制示意图

1. 反向链路功率控制

CDMA 系统的通信质量和容量主要受限于收到干扰功率的大小。若基站接收到移动台的信号功率太低，则误比特率太大而无法保证高质量通信；反之，若基站接收到某一移动台功率太高，虽然保证了该移动台与基站间的通信质量，却对其他移动台增加了干扰，导致整个系统质量恶化和容量减小。只有当每个移动台的发射功率控制达到基站所需信噪比的最小值时，通信系统的容量才达到最大值。反向链路功率控制就是控制各移动台的发射功率的大小。它可分为开环功率控制和闭环功率控制。

① 反向开环功率控制

它的前提条件是假设反向与前向传输损耗相同，移动台接收并测量基站发来的信号强度，并估计前向传输损耗，然后根据这种估计，移动台会自行调整其发射功率，即接收信号增强就降低其发射功率，接收信号减弱就增加其发射功率。开环功率控制的响应约为毫秒级，控制动态范围约有几十分贝。

开环功率控制的优点是简单易行，不需要在移动台和基站之间交换控制信息，因而不仅控制速度快而且节省开销。它对付慢衰落是比较有效的［即对车载移动台快速驶入（或驶出）高大建筑物遮蔽区所引起的衰落］，通过开环功率控制可以减小慢衰落影响。但是对于信号因多径效应而引起的瑞利衰落，效果不佳。对于 900MHz 的 CDMA 蜂窝系统，采用频分双工通信方式，收发频率相差 45MHz，已远远超过信道的相干带宽。因而反向或前向无线链路的多径衰落是彼此独立的，或者说它们是不相干的。不能认为移动台在前向信道上测得的衰落特性就等于反向信道上的衰落特性。为了解决这个问题，可采用闭环功率控制方法。

② 反向闭环功率控制

所谓闭环功率控制，实际上，前、反向链路的衰落特性是相互独立的，即开环功率控制的前提条件并不成立，开环只能是一种粗略的功率控制。反向闭环功率控制是由基站检测移动台的信号强度或信噪比，根据测得结果与预定值比较，产生功率调整指令，并通知移动台调整其发射功率。在反向闭环功率控制中，基站起着很重要的作用。闭环控制的设计目标是使基站对移动台的开环功率估计迅速作出纠正，以使移动台保持最理想的发射功率。这种对开环的迅速纠正，解决了前向链路和反向链路间增益允许度和传输损耗不一样的问题。

在对反向业务信道进行闭环功率控制时，移动台将根据在前向业务信道上收到的有效功率控制比特来调整其平均输出功率。功率控制比特（"0"或"1"）是连续发送的，其速率为 800bit/s。"0" 指示移动台增加平均输出功率，"1" 指示移动台减少平均输出功率，每个功率控制比特使移动台增加或减小功率的大小为 1dB。

一个功率控制比特的长度正好等于前向业务信道两个调制符号的长度（即 104.166μs）。每个功率控制比特将替代两个连续的前向业务信道调制符号，这个技术就是通常所说的符号抽取技术。在这种情况下，功率控制比特将按 E_b 的能量发送，E_b 为在 9600bit/s 速度时前向业务信道每个信息比特的能量，基站接收机应测量所有移动台的信号强度，测量周期为 1.25ms。基站接收机利用测量结果，分别确定对各个移动台的功率控制比特值（"0"或"1"），然后，基站在相应的前向业务信道上将功率控制比特发送出去，因此，基站发送功率控制比特比反向业务信道延迟 2×1.25ms。因此，反向闭环功率控制中，只有在紧随移动台发射时隙后的第二个 1.25ms 时隙内收到的功率控制比特才被认为是有效的。另外，在非连续发射过程中，当发射机关掉时移动台将忽略收到的功率控制比特。

在开环功率控制的基础上，移动台将提供 ±24dB 的闭环调整范围。在软切换时，移动台可获得两个或两个以上基站提供的服务，因此，移动台可能同时收到两个或两个以上的功率控制指令，如果既有上调又有下降的功率控制指令，则执行功率下降的指令。

2. 前向链路功率控制

前向链路也称作正向链路，所以前向链路的功率控制也称为正向功率控制。它通过调整基站向移动台发射的功率，使任一移动台无论处于蜂窝小区中的任何位置上，收到基站发来的信号电平都恰好达到信干比所要求的门限值。做到这一点，就可以避免基站向距离近的移动台辐射过大的信号功率，也可以防止或减小由于移动台进入传播条件恶劣或背景干扰过强的地区而发生误码率增大或通信质量下降的现象。

正向功率控制方法与反向功率控制相类似，正向功率控制可以由移动台检测基站发来信号的强度，并不断地比较信号电平和干扰电平的比值。如果此比值小于预定的门限值，移动台就向基站发出增加功率的请求。基站收到调整功率的请求后，按 0.5dB 的调整阶距改变相应的发射功率。最大的调整范围约 ±6dB。上述的正向功率控制属于闭环方式。正向功率控制也可以采用开环方式，即可由基站检测来自移动台的信号强度，以估计反向传输的损耗并相应调整发给该移动台的功率。

任务二　软切换技术

在 CDMA 系统中，当呼叫中的移动台从一个小区进入另一个小区，或由于业务负荷量调整、设备故障等原因，为了保证通信不中断，通信网控制系统必须启动越区切换的功能。与 FDMA 系统和 TDMA 系统不同，CDMA 系统中的越区切换有两类，即软切换（Soft Handoff）和硬切换（Hard Handoff）。

1. 硬切换

硬切换是传统的切换模式。在 CDMA 系统中，硬切换发生在不同 MSC 的基站之间、不同发射频率的两个基站之间、或不同帧偏置的业务信道之间。对于不同发射频率基站之间的切换既有载波频率的转换，又有导频信道 PN 序列偏置的转换。其切换过程是先断开与原来基站的通信，再搜索、使用新基站提供的新频道。由于移动台无法在具有不同帧偏置量的业务信道之间提供分集接收，因此，也必须先断后通。硬切换不能保持通信链路的连续性，移动用户与基站的通信链路会出现暂短的中断，当切换时间较长时（超过 200ms），将影响用户正常的通话。对于双模式 CDMA 系统来说，CDMA 数字系统到模拟系统的切换也是硬切换。

2. 软切换

当移动台穿越同一个 MSC 的具有相同工作频率的小区时进行软切换，软切换是 CDMA 系统所特有的切换功能。在进行软切换时，不需要进行收发载波频率的转换，而只需对导频信道 PN 序列偏置进行调整。在软切换过程中，移动台利用 Rake 接收机与新基站建立了通信，但又不中断与原基站的通信联系，此时移动台同时与两个（或多个）基站建立通话链路。这样的交换过程可以减小呼叫中断的可能性，并可以避免切换时小区边界处的"乒乓效应"（即在两个小区间来回切换）。

CDMA 系统的软切换是由移动台辅助实现的。移动台要及时了解各基站发射的信号强度来辅助基站决定何时进行切换，并通过移动台与基站的信息交换来完成切换。下面借助图 2-3-24 来说明移动台辅助进行软切换的

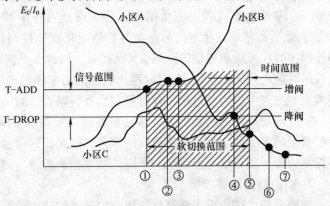

图 2-3-24　移动台辅助切换过程

过程。

①——首先移动台（小区 A）搜索所有导频信号并测量它们的强度，测量导频信号中的 PN 序列偏置，当某一导频强度（基站 B 的导频信号）大于某一特定值（上门限）时，移动台认为此导频的强度已经足够大，能够对其进行正确解调，它就向原基站 A 发送一条导频强度测量消息，将高于上门限的导频信号的强度信息报告给基站，并将这些导频信号作为候选导频。原基站 A 再将移动台的报告送往移动交换中心，移动交换中心则让新的基站 B 安排一个正向业务信道给移动台。

②——移动交换中心通过原小区基站 A 向移动台发送一个切换的消息指令。

③——移动台将该导频信号作为有效导频，依照切换指令跟踪新基站 B 的导频信号，开始对新基站 B 和原基站 A 的正向业务信道同时进行解调。同时，移动台在反向信道上向基站 B 发送一个切换完成的消息。这时，移动台除仍保持与原小区基站 A 的链路外，与新小区基站 B 也建立了链路。此时移动台同时与两基站进行通信。

④——随着移动台的移动，当原基站 A 的导频信号强度低于某一特定值（下门限）时，移动台启动"切换下降定时器"，开始计时。

⑤——切换下降定时器计时终止时，移动台向基站 A、B 发送一个导频强度测量消息。

⑥——基站将接收到的导频强度测量消息传送给 MSC，MSC 根据基站 A、B 的消息，返回切换指示消息，基站将该切换指示消息发给移动台。

⑦——移动台依照切换指示消息拆除与原基站 A 的链路，保持与新基站 B 的链路，并向基站发送切换完成的消息。同时移动台将原导频信号由有效导频变为邻近导频。这时，整个软切换过程就完成了。

CDMA 系统还有一种更软切换（Softer Handoff）。更软切换是指在同一小区内不同扇区之间的切换。更软切换不需要通过移动业务交换中心（MSC）的参与，只需通过小区基站便可完成。因此更软切换过程比软切换的完成速度更快。

实际系统运行时，可能同时有软切换、更软切换和硬切换。例如，一个移动台处于一个基站的两个扇区和另一个基站交界的区域内，这时将发生软切换和更软切换。若处于三个基站交界处，又会发生三方软切换。上面两种软切换都是基于具有相同载频的各基站服务容量有余的条件下，若其中某一相邻基站的相同载频已经达到满负荷，MSC 就会让基站指示移动台切换到相邻基站的另一载频上，这就是硬切换。在三方切换时，只要另两方中有一方的容量有余，都优先进行软切换。也就是说，只有在无法进行软切换时才考虑使用硬切换。当然，若相邻基站恰巧处于不同 MSC，这时即使是同一载频，也要进行硬切换。

软切换具有如下的特点：

1）软切换是由移动台辅助完成的切换。它依据移动台对导频信号强度的测量报告，并依赖于 MS 和 MSC 之间的往返切换消息。

2）软切换是无缝、无间断切换，在切换期间不会出现"乒乓效应"以及切换噪声，切换的掉话率低。

3）软切换利用基站分集接收，可以明显提高正、反向链路的传输质量。

4）软切换中的分集接收，占用更多的正向信道，但由于 CDMA 系统的正向容量大于反向容量，因此不至于导致整个系统容量的减少。

任务三　CDMA 系统的分集、合并技术

　　CDMA 系统中采用了多种分集技术，下面着重就减小快衰落的微分集作一说明，重点是利用路径分集技术，即 Rake 接收机。CDMA 系统综合利用多种分集技术来减弱快衰落对信号的影响，从而获得高质量的通信性能。

　　减弱慢衰落采用宏分集，即用几副独立的天线或不同的基站分别发射信号，保证各信号之间的衰落独立。由于这些信号传输路径的地理环境不同，因而各信号的慢衰落互不相关。通常，采用选择式合并方式，选择信号较强的一个作为接收机输出，从而减弱了慢衰落的影响。CDMA 软切换就是一个例证，关于软切换实现方法已在前面介绍。CDMA 系统中为减弱快衰落采用了多种分集技术，包括频率分集、时间分集和路径分集（或空间分集）。

　　码分多址采用扩频技术，属于宽带传输，例如 CDMA 蜂窝系统的带宽约为 1.25MHz，其远大于信号的相干带宽（约几十千赫）。因此，频率选择性衰落对宽带信号的影响是很小的，也就是说，码分多址的宽带传输起到了频率分集的作用。

　　CDMA 系统中采用的交织编码技术，用于克服突发性差错，从分集技术而言是属于时间分集。通常将连续出现的误码分散开来，变成随机差错，而获得纠正。CDMA 系统中还采用了空间分集技术，亦即进行路径分集。对于传输带宽为 1.25MHz 的 CDMA 系统，容易采用路径分集技术。因为当来自两个不同路径的信号的时延差大于 1μs 时，这两个衰落信号可看作互不相关。CDMA 系统采用 Rake 接收机进行路径分集，能有效地克服快衰落的问题，因此备受关注，它也是 CDMA 系统能成功的关键技术之一。下面对 Rake 接收机作简单介绍。

　　所谓 Rake 接收机就是利用多个并行相关器检测多径信号，按照一定的准则合成一路信号供解调用的接收机处理。需要特别指出的是，一般的分集技术把多径信号作为干扰来处理，而 Rake 接收机采取变害为利，即利用多径现象来增强信号。图 2-3-25 所示为简化的 Rake 接收机组成。假设发端从 T_x 发出的信号经 N 条路径到达接收天线 R_x。路径 1 距离最短，传输时延也最小，依次是第 2 条路径、第 3 条路径……时延最长的是第 N 条路径。通过电路测定各条路径的相对时延差，以第 1 条路径为基准时，第 2 条相对于第 1 条路径相对时延差为 Δ_2，第 3 条相对于第 1 条路径相对时延差为 Δ_3……第 N 条路径相对于第 1 条路径相

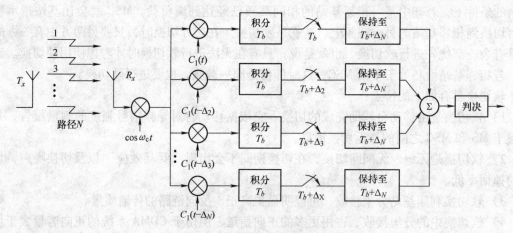

图 2-3-25　简化的 Rake 接收机组成

对时延差为 Δ_N，且有 $\Delta_N > \Delta_N - 1 > \cdots > \Delta_3 > \Delta_2$（$\Delta_1 = 0$）。

接收端通过解调后，送入 N 个并行相关器。Q – CDMA 系统中，若基站接收机 $N = 4$，移动台接收机 $N = 3$。图 2-3-25 中为用户 1 接收示意图，使用伪码 $c_1(t)$、$c_1(t - \Delta_2)$、$c_1(t - \Delta_3)$、$\cdots$、$c_1(t - \Delta_N)$。经过解扩加入积分器，每次积分时间为 T_b，第 1 支路在 T_b 末尾进入电平保持电路，保持直到 $T_b + \Delta_N$ 时刻，即到最后一个相关器于 $T_b + \Delta_N$ 时刻产生输出。这样 N 个相关器于 $T_b + \Delta_N$ 时刻，通过相加求和电路（图中为 Σ），再经判决电路产生数据输出。

由于各条路径加权系数为 1，因此为等增益合并方式。利用多个并行相关器，获得了各多径信号能量，即 Rake 接收机利用多径信号，提高通信质量。利用多个相关器进行 Rake 接收，效果会更好，考虑到性能价格比，Q – CDMA 系统采用 3 ~ 4 个相关器进行接收。

任务四　语音编码技术

1. 语音编码技术

数字化通信必须使用编码技术，包括信源编码和信道编码。在此简单介绍 CDMA 系统采用的语音编码技术的一些基本概念。

数字语音编码技术可以被分成两部分：编码和解码。数字语音编码技术就是将模拟语音信号输入到数字变换器，提取语音的重要特征将其量化为比特流，然后，发送到传输信道或存储在存储设备上。数字语音解码技术就是从信道或存储设备上接收比特流，然后，根据提取的语音特征重新恢复输出的语音波形。语音编码的目标是既能维持一定的语音质量，又能较大程度地降低数据量。在不同的比特速率下，不同的编码方式可得到不同等级的语音质量。在 Q – CDMA 系统中采用一种可变速率的码激励线性预测编码（Qualcomm Code Excited Linear Prediction，QCELP）方式，最高速率为 8kbit/s，采用语音插空技术，可进行变速率语音编码，以提高系统的容量。

码激励线性预测编码使用与脉冲激励线性预测编码相同的原理，只是将脉冲的位置和幅度用一个矢量码表来替代。对于每一个子帧，码表中的一个矢量被选择并量化，然后被用作激励音调和 LPC 滤波器。

（1）QCELP 编/解码过程

QCELP 主要是使用码表矢量量化差值信号，然后，基于语音的激活程度产生一个可变的输出数据速率。对于典型的双方通话，平均输出数据速率比最高数据速率差不多可以下降为 1/2 甚至更多。语音编码过程是提取语音参数，并将参数量化的过程。该过程应当使最后合成的语音与原始语音的差别尽量小。下面介绍编码过程及相关参数的选择。

首先，对输入的语音按 8kHz 抽样，紧接着将其分成 20ms 长的帧，每一帧含 160 个抽样（该抽样并没有被量化）。根据这 160 个抽样的语音帧，生成包含三种参数子帧（线性预测编码滤波器参数、音调参数、码表参数）的参数帧，三种参数不断被更新，更新后的参数被按照一定的帧结构传送到接收端。线性预测编码滤波器参数在任何数据速率下以每 20ms（即一帧）更新一次，对该参数编码的比特数随所选择数据速率的变化而变化，同样，码表参数更新的次数也是不等的，它也随所选择数据速率的变化而变化。

图 2-3-26 中，每一个参数帧对应一个 160 个抽样的语音帧。LPC 子帧里的数字表示在该速率下对 LPC 系数编码所用的比特数。音调合成子帧中的每一块都代表在这一帧里的一次音调参数更新，而数值则表示对更新的音调声源编码所用的比特数。例如，对速率 1（对

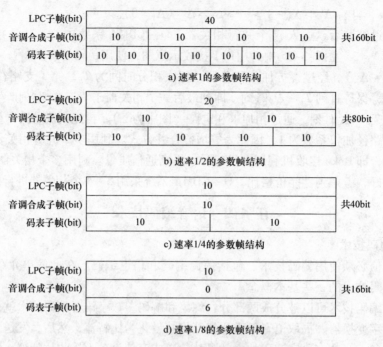

图 2-3-26　不同速率的参数帧结构

应最高速率）音调参数在每一帧里被更新 4 次，每次使用 10bit 对新的音调声源进行编码。请注意在速率 1/8（对应最高速率的 1/8）时没有进行音调参数更新，这是因为在这种情况下通常没有语音，所以也就不需要音调参数。同样，码表子帧中的每一块都代表在这一帧里的一次码表参数更新，而里面的数字则表示对更新的码表声源编码所用的比特数。例如，对速率 1，码表参数在每一帧里被更新 8 次，每次使用 10bit 对新的码表声源编码。从图 2-3-26 中可以看出，更新次数是随着数据速率的下降而降低的。语音解码过程是从数据流中解包，得到接收的参数，并且根据这些参数重组语音信号的过程。

QCELP 的语音合成模型如图 2-3-27 所示。首先对不同的速率，采用两种不同的方法选出矢量。当速率为最高速率的 1/8 时，任选一个伪随机矢量；对于其他速率，通过索引从码表里指定相应的矢量，该矢量增加增益常数 G' 后，又被音调合成滤波器滤波，该滤波器的特性是由音调参数 L' 和 b' 控制的。这一输出又被线性预测编码滤波器滤波，该滤波器的特性是由滤波系数 $a'_1 \sim a'_{10}$ 决定的。这样就输出了一个语音信号，该语音信号又被最后一级自适应滤波器滤波。

（2）QCELP 中数据速率的选择

QCELP 为可变速率的码激励线性预测编码方式，其数据速率的选择是基于每一帧的能量与三个门限的比较，而三个门限的选择则是基于对背景噪声电平的估计。每一帧的能量是由自相关函数 $R(0)$ 决定的，$R(0)$ 与三个门限值 $T_1(B_i)$、$T_2(B_i)$ 和 $T_3(B_i)$ 比较，其中 B_i 表示背景噪声电平。如果 $R(0)$ 大于所有三个门限，就选择速率 1；如果 $R(0)$ 仅大于两个门限，就选择速率 1/2；如果 $R(0)$ 只大于一个门限，就选择速率 1/4；如果 $R(0)$ 小于所有三个门限，就选择速率 1/8。除此之外，速率的选择还应符合以下规则：

第一，数据速率每帧只允许下降一个级别。比如，如果前一帧的速率是 1，而当前帧根

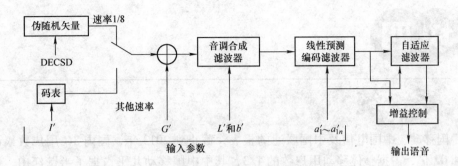

图 2-3-27　QCELP 的语音合成模型

据上面的选择是 1/4 或 1/8，那么只能选择速率 1/2。

第二，当 CDMA 使用半速率技术时，即使当前帧根据门限选择是速率 1，而实际只能选择速率 1/2。

在每一帧的速率被决定前，三个门限也分别被更新一次。

2. 语音插空技术

众所周知，在双工通信方式中，通话时一方在听话期间，发送链路基本空闲，即使是在讲话期间，也有停顿或空闲。根据统计，实际链路上传输语音的时间仅占整个通话时间的 30% ~40%，我们称之为激活系数，为 0.3 ~0.4。

利用数字语音插空技术（Digital Speech Interpolation，DSI），即发端语音识别器检测是否有语音，决定是否分配信道。理论上讲，有语音时分配信道，无语音时，系统收回信道。在 FDMA 或 TDMA 系统中，需要做到有语音时，系统给它分配频道或时隙，这种情况实现起来既不经济又较复杂。在 CDMA 系统中，相对来说，更便于利用语音内插技术，即将 DSI 与可变速率语音编码结合起来，从而获得通信容量的增加。也就是说，与 GSM 系统中采用的 DTX 技术相比，DTX 只是在无声期间关闭发射机，由接收机根据所收到的 DSI 自行产生背景噪声，信道不能分配给其他用户使用。由于码分多址系统是一种自干扰系统，其容量与用户产生的干扰密切相关。当用户在无声段关闭发射机时，对其他用户就不造成干扰，背景噪声（干扰）将降低，接收端的信干比提高，表明系统还可以允许新的用户接入，增加系统容量。为了充分发挥这种软容量特性，在 Q – CDMA 系统中，采用可变速率语音编码器，提供 8kbit/s、4kbit/s、2kbit/s 和 1kbit/s 等四种可选速率，以适应不同的传输要求。例如，在语音间歇期间采用低速语音编码，降低传输速率、降低发射功率，从而能进一步减小对其他用户的干扰。

【模块总结】

本模块主要讲述 IS – 95 系统参数及所使用技术
1. 扩频技术、特点、分类
2. 前、反向信道
3. 编码技术
4. 关键技术：软切换、功率控制、分集技术

3G 系 统

据中国移动、中国电信及中国联通的报表，截止到 2013 年，国内 3G 用户数累计总和已超过 4.02 亿，占据整体移动用户数的 1/3，其中中国移动几乎占据了半壁江山，但现今趋势，逐渐形成三足鼎立的局面。

【模块说明】

本模块主要学习 3G 的四个标准及主要技术。

【教学要求】

掌握
√ 3G 基本参数
√ 3G 基本技术
熟悉
√ 各种信道
√ 网络结构
了解
√ 3G 的发展情况

项目一 3G 概 述

任务一 认 识 3G

第三代移动通信系统（简称 3G）是目前全世界都在如火如荼进行建设的移动系统，其容量更大、性能更强。它解决了第一代和第二代移动通信系统的种种不足，使多种无线通信环境统一，提供全球无缝覆盖和漫游，支持多种语音和数据等业务，特别是互联网业务和多媒体业务。

第三代移动通信系统的概念，最早是 1985 年由国际电信联盟（ITU - T）提出的，当时称为未来公共陆地移动通信系统（FPLMTS, Future Public Land Mobile Telecommunication System）。

1996 年 ITU - T 正式命名为全球移动通信系统——IMT - 2000（International Mobile Telecommunication），意即工作在 2000MHz 频段，预期在 2000 年左右商用的系统。

1. 对 IMT - 2000 系统的总体要求

基于近几年市场的需求，ITU 进行了频谱分配，并提出了对 IMT - 2000 系统的总体要求。在服务质量方面：对语音质量有所改进，实现无缝覆盖，降低费用，业务质量（传输、延迟）方面要求根据业务特点改进服务质量，增加效率和能力。

在新业务和接入能力方面：在每一方面都必须有很强的灵活接入能力、业务能力，实现在第一代和第二代系统中不能实现的新语音和数据业务；以较低的费用提供宽带业务，提高网络的竞争能力；按需自适应分配带宽。

在发展和演进能力方面：与第二代系统能共存、互通，实现第二代到第三代的平滑过渡。在灵活性方面：提供更高级别的互通，包括多功能、多环境能力、多模式操作和多频带接入。

与1G和2G系统相比，3G系统的主要特点可以概括为以下内容。

1）全球普及和全球无缝漫游的能力：3G系统提供全球覆盖，全球统一分配频段，全球统一标准。

2）支持语音、数据、图像及多媒体等业务，根据需要提供带宽，要求无线接口能满足以下要求：快速移动环境中最高速率可达144kbit/s；室外到室内或步行环境中最高速率可达384kbit/s；室内环境中最高速率可达2Mbit/s。

3）具有良好的设计一致性、前后向兼容性及与固网的兼容性：不同厂家产品的设计具有良好的一致性和设备互通性；方便从现有蜂窝系统进行平滑演进及其进一步发展；可以综合现有的公众电话交换网、综合业务数字网、无绳电话系统、地面移动通信系统、卫星通信系统等，以提供无缝覆盖。

4）提供充足的带宽、较高的频谱效率及良好的业务服务质量（Quality of Service，QoS）。随着数据业务的增长，尤其是新型多媒体业务的不断涌现，用户对数据带宽及服务体验的要求也不断提高。针对目标业务，在保证业务质量的前提下，如何尽量改善频谱效率、提高系统容量，是3G系统设计的关键。

5）提供良好的系统安全机制：移动通信业务已经渗透到社会生活的方方面面，移动通信系统的安全性除了牵涉到用户的个人隐私外，还可能与国家的政治、经济、金融等领域的安全性密切相关，3G系统应该适应这些安全性的要求。

2. IMT - 2000 系统结构

（1）系统组成

IMT - 2000 系统功能模型如图 2-4-1 所示。该系统主要由四个功能子系统构成，即核心网（CN）、无线接入网（RAN）、移动终端（MT）和用户识别模块（UIM）组成。分别对应于 GSM 系统的交换子系统（NSS）、基站子系统（BSS）、移动台（MS）和 SIM 卡。

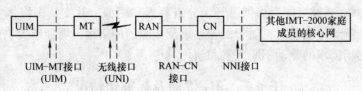

图 2-4-1　IMT - 2000 系统的功能模型

（2）系统接口

1）网络与网络接口（NNI）：由于 ITU 在网络部分采用了"家族概念"，因而，此接口是指不同家庭成员之间的标准接口，是保证互通和漫游的关键接口。

2）无线接入网与核心网之间的接口（RAN - CN）：对应于 GSM 系统的 A 接口。

3）无线接口（UNI）。

4）用户识别模块和移动台之间的接口（UIM – MT）。

（3）结构分层

与第二代移动通信系统相类似，第三代移动通信系统的分层方法也可用三层结构描述。但第三代系统需要同时支持电路型业务和分组型业务，并支持不同质量、不同速率业务，因而其具体协议组成要复杂得多。对于 3G，各层的主要功能描述如下。

1）物理层：由一系列下行物理信道和上行物理信道组成。

2）链路层：由媒体访问控制（MAC）子层和无线链路访问控制（RLC）子层组成。MAC 子层根据 LAC 子层的不同业务实体的要求对物理层资源进行管理与控制，并负责提供 RLC 子层的业务实体所需的 QoS 级别。RLC 子层采用与物理层相对独立的链路管理与控制，并负责提供 MAC 子层所不能提供的更高级别的 QoS 控制，这种控制可以通过 ARQ 等方式来实现，以满足来自更高层业务实体的传输可靠性。

3）高层：集 OSI 模型中的网络层、传输层、会话层、表示层和应用层为一体。高层实体主要负责各种业务的呼叫信令处理，语音业务（包括电路类型和分组类型）和数据业务（包括 IP 业务、电路和分组数据、短消息等）的控制与处理等。

3. IMT – 2000 系统的特点

IMT – 2000 系统有以下主要特点。

1）IMT – 2000 具有全球性漫游的特点。虽然经过国际标准化组织的努力，最终还是没有将所有的候选技术合并成一个无线接口。但是，已经使几个主流的无线接口技术间的差别尽可能地缩小了，为将来实现多模多频终端打下了很好的基础。

2）IMT – 2000 系统的终端类型多种多样。IMT – 2000 系统的终端包括普通语音终端、与笔记本电脑相结合的终端、病人的身体监测终端、儿童的位置跟踪及其他各种形式的多媒体终端等。

3）IMT – 2000 系统除提供质量更佳的语音和数据业务外，还能提供一个很宽范围的数据速率、不对称数据传输能力；有更高级的鉴权和加密算法，提供更强的保密性。

4）IMT – 2000 系统能与第二代系统共存和互通。系统的结构是开放式和模块化的，可很容易地引入更先进的技术和不同的应用程序。

5）IMT – 2000 系统包括卫星和地面两个网络，适用于多环境。同时具有更高的频谱利用率，可降低同样速率业务的价格。

6）IMT – 2000 系统可同时提供语音、分组数据和图像，并支持多媒体业务。用户实际得到的业务将依赖于终端能力，属于的业务集及相应的网络运营者能够提供的业务集。目前的业务将根据市场需求的驱动不断完善和演化。

任务二　3G 发展及标准化情况

第三代移动通信标准化工作主要是从 1992 年开始的，主要经历了以下几个过程：

（1）1992 年世界无线电行政大会（WARC – 92）为 IMT – 2000 分配了共 230MHz 带宽的频谱，上行频段为 1885 ~ 2025MHz，下行频段为 2110 ~ 2200MHz，即后来的核心频段，这为后来 IMT – 2000 技术的提交、评估和标准形成提供了重要依据。

（2）从 1996 年开始，3G 系统逐渐成为移动通信领域的研究热点，各国对 3G 系统逐渐进入实质性的研究阶段。1997 年 4 月，ITU 向全世界发出了 IMT – 2000 无线传输技术（Radio Transmission Technology，RTT）建议的征求函，并公布了 IMT – 2000 RTT 的制订步骤和时间表。为了在未来的全球标准中占据一席之地，各国、各地区组织、各大公司等纷纷提出了自己的建议。截止到 1998 年 6 月，提交到 ITU 的 IMT – 2000 地面无线传输技术建议共有10 种之多，见表 2-4-1。

表 2-4-1　IMT – 2000 地面无线传输技术建议

序号	技术建议	双工方式	提交者
1	J：W – CDMA	FDD、TDD	日本：ARIB
2	UTRA – UMTS	FDD、TDD	欧洲：ETSI
3	W – CDMA	FDD	美国：TIA
4	WCDMA/NA	FDD	美国：T1P1
5	GlobalCDMAII	FDD	韩国：TTA
6	TD – SCDMA	TDD	中国：CWTS
7	cdma2000	FDD、TDD	美国：TIA
8	GlobalCDMAI	FDD	韩国：TTA
9	UWC – 136	FDD	美国：TIA
10	DECT	TDD	欧洲：ETSI

从候选提案的技术特点来看，有 8 种为 CDMA 技术，宽带 CDMA 技术无疑是第三代移动通信系统无线接入技术的主流。

（3）1998—1999 年是标准的融合阶段，首先是两种 FDD CDMA DS（直接序列扩频）技术，即 WCDMA 与 cdma2000 的融合。TDD 技术融合主要是我国提交的 TD – SCDMA 与欧洲提出的 TD – CDMA 技术的融合。

（4）1999 年 11 月赫尔辛基 TG8/1 会议通过了"IMT – 2000 无线接口技术规范"建议，将第三代移动通信系统无线传输技术分为 CDMA 和 TDMA 两类。

（5）2000 年 5 月的世界无线电通信大会，正式通过了无线接口技术规范建议。同时又确认了新的频段，将目前第二代移动通信采用的 800 ~ 900MHz 频段和 1800 ~ 1900MHz 频段均纳入 3G 频段，又增加了 2500 ~ 2690MHz 频段，我国还增加了 2300 ~ 2400MHz 频段。这些频段被称为 WRC – 2000 确认频段，又称扩展频段。

（6）2000 年，启动 3G 增强型及超 3G 研究。其发展主要分为两个思路：一是对现有 3G 标准的增强，如 3GPP 的高速下行分组接入（High Speed Downlink Packet Access，HSDPA），其数据率可以达到 10.8Mbit/s；3GPP2 的 1XEV – DO，其速率可以达到 5.4Mbit/s；二是研制全新的标准。

后来经过多次讨论，将上述技术建议融合为两大类，即 CDMA 和 TDD 技术：CDMA 技术又分为 FDD 直接序列扩频（DS）、FDD 多载波（Multicarrier – wave，MC）及 TDD 传输三种；TDMA 技术也被分为类似的三种。这些技术在 1999 年 11 月的 ITU – R 会议上以"第三代移动通信系统无线接口技术规范"建议的形式获得通过，其中的地面部分建议包括以下 5 种无线传输技术：

1）IMT – 2000 CDMA – DS：UTRA/WCDMA 和 cdma2000 DS。

2）IMT – 2000 CDMA – MC：cdma2000 MC。

3）IMT – 2000 CDMA – TDD：TD – SCDMA 和 UTRA – TDD。

4）IMT – 2000 TDMA – SC：UWC136。

5）IMT – 2000 TDMA – MC：DECT。

5 种无线传输技术及称呼见表 2-4-2。

表 2-4-2　5 种无线传输技术及称呼

多址接入技术	正式名称	习惯称呼
CDMA	IMT – 2000 CDMA – DS	WCDMA
	IMT – 2000 CDMA – MC	cdma2000
	IMT – 2000 CDMA – TDD	TD – SCDMA/UTRA – TDD
TDMA	IMT – 2000 TDMA – SC	UWC – 136
	IMT – 2000 TDMA – MC	EP – DECT

在上述无线传输技术建议中，欧洲与日本提出的 WCDMA 和北美提出的 cdma2000 最为瞩目；TD – SCDMA 由于得到了中国政府和产业界的支持，加之中国巨大的市场潜力，因此也备受重视。

WCDMA 是欧洲 ETSI 提出的宽带 CDMA 技术，它与日本无线工业及商贸联合会（ARIB）提出的宽带 CDMA 技术基本一致，两者融合后形成了第三代移动通信无线传输技术——WCDMA。WCDMA 系统是一种异步系统，码片速率为 3.84Mchip/s。它采用了快速功率控制技术，支持多种切换方式，可以适应多种速率的传输，灵活地提供多种业务。

cdma2000 是由美国 TIA 提出的宽带 CDMA 技术，采用直接序列扩频或多载波方式，码片速率可以是 1.2288Mchip/s 的 1 倍或 3 倍（最高可达 9 倍或 11 倍），分别对应于 cdma2000 1x 或 cdma2000 3x 系统。cdma2000 系统与 IS – 95 系统后向兼容，采用 GPS 授时同步，并在 IS – 95 系统软切换、功率控制及 Rake 接收分集技术的基础上，增加了快速寻呼、反向信道相干解调、前向快速功率控制、Turbo 码及较高速率的分组数据传送等功能。TD – SCDMA 是由中国 CWTS 提出的宽带 CDMA 技术，采用直接序列扩频，码片速率为 1.28Mchip/s。TD – SCDMA 系统基于 TDD 方式，前反向信道工作在相同的频段上，在不同的时隙进行传送。TD – SCDMA 系统采用智能天线、联合检测、接力切换等关键技术。在这三种无线传输技术体制中，cdma2000 和 WCDMA 均采用 FDD 方式；TD – SCDMA 采用 TDD 方式。TDD 系统采用多时隙非连续传送方式，其抗快衰落和多普勒效应能力比连续传送的 FDD 方式差；TDD 系统的峰均比（Peak to Average Ratio，PAR）随着时隙数的增加而降低，考虑到耗能和成本因素，终端的发射功率不可能很大，故通信距离（小区半径）较小，而 FDD 系统的小区半径则相对较大。

2G 到 3G 的发展路程如图 2-4-2 所示。

（1）【3GPP】

3GPP（The 3rd Generation Partnership Project）是领先的 3G 技术规范机构，是由欧洲的 ETSI，日本的 ARIB 和 TTC（电信技术委员会），韩国的 TTA 以及美国的 T1 在 1998 年底发起成立的，旨在研究制定并推广基于演进的 GSM 核心网络的 3G 标准，即 WCDMA、TD – SCDMA、EDGE 等。中国无线通信标准组（CWTS）于 1999 年加入 3GPP。图 2-4-3 所示为

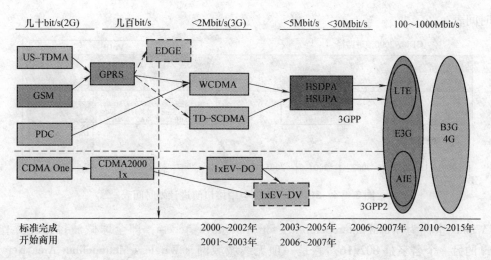

图 2-4-2　2G 到 3G 的发展示意图

3GPP 提出的长期演进计划时间表。

　　3GPP 的目标是实现由 2G 网络到 3G 网络的平滑过渡，保证未来技术的后向兼容性，支持轻松建网及系统间的漫游和兼容性。其职能：3GPP 主要是制订以 GSM 核心网为基础，UTRA（FDD 为 W–CDMA 技术，TDD 为 TD–CDMA 技术）为无线接口的第三代技术规范。

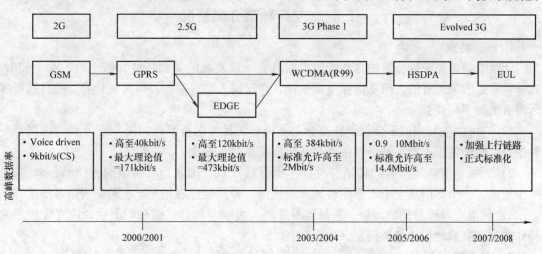

图 2-4-3　3GPP 提出的长期演进计划时间表

（2）【3GPP2】

　　第三代合作伙伴计划 2（3rd Generation Partnership Project2，即 3GPP2）成立于 1999 年 1 月，由美国的 TIA、日本的 ARIB、日本的 TTC 和韩国的 TTA 四个标准化组织发起，中国无线通信标准研究组（CWTS）于 1999 年 6 月在韩国正式签字加入 3GPP2。3GPP2 声称其致力于使 ITU 的 IMT–2000 计划中的（3G）移动电话系统规范在全球发展，实际上它是从 2G 的 CDMA One 或者 IS–95 发展而来的 cdma2000 标准体系的标准化机构，它受到拥有多项 CDMA 关键技术专利的高通公司的较多支持。与之对应的 3GPP 致力于从 GSM 向 WCDMA（UMTS）过渡，因此两个机构存在一定竞争。图 2-4-4 所示为 3GPP2 提出的空中接口演进计划时间表。

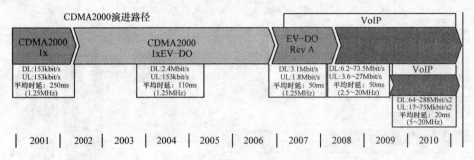

图 2-4-4　3GPP2 提出的空中接口演进计划时间表

　　WiMax 全称为 World Interoperability for Microwave Access，即全球微波接入互操作性。WiMax 的另一个名字是 802.16。它是一项无线城域网（Wireless Metropolitan Area Network，WMAN）技术，是针对微波和毫米波频段提出的一种新的空中接口标准。它用于将802.11a 无线接入热点连接到互联网，也可连接公司与家庭等环境至有线骨干线路。它可作为线缆和 xDSL 的无线扩展技术，从而实现无线宽带接入。2007 年 10 月，联合国国际电信联盟（ITU）已批准 WiMax 无线宽带接入技术成为移动设备的全球标准。WiMax 继 WCDMA、cdma2000、TD－SCDMA 后全球第四个 3G 标准。

任务三　3G 频谱分配情况

1. 频谱特点

　　无线电频谱是一种特殊的自然资源。它具有一般资源的共同特性，像土地、水、矿山、森林一样是国家所有的。但从国际范围来说，它又属人类共享的。同时它具有一般自然资源所没有的如下特性：

　　1）它可以被利用但不会被消耗掉，是一种非消耗性的资源。如果不充分利用它则是一种浪费，然而使用不当也是一种浪费，甚至会造成严重的危害。

　　2）无线电波有其固有的传播特性，不受行政区域、国家边界的限制。任何一个国家、一个地区、一个部门甚至个人都不得随意地使用，否则会造成相互干扰而影响正常通信。

　　3）频谱资源极易受到污染。它最容易受到人为噪声和自然噪声的干扰，使之无法正常操作和准确有效地传送各类信息。

2. 3G 频谱分配

　　1992 年 ITU 在 WARC－92 大会上为第三代移动通信业务划分出 230MHz 带宽。如图 2-4-5所示。1885～2025MHz 作为 IMT－2000 的上行频段，2110～2200MHz 作为下行频段。其中 FDD（包括 WCDMA 和 cdma2000）的上行使用 1920～1980MHz，下行使用 2110～2170MHz。TDD 方式（包括 TD－SCDMA 和 UTRATDD）使用 1885～1920MHz 和 2010～2025MHz，不区分上下行。1980～2010MHz 和 2170～2200MHz 分别作为移动卫星业务的上下行频段。

　　在国际电气通信联合会（ITU）的世界无线通信会议（WRC－2000），IMT－2000 的追加频率获得了承认。追加频率的分配主要考虑到将来需求的增加，增加了以下三个频段：800MHz 频段（806～960MHz）；1.7GHz 频段（1710～1885MHz）；2.5GHz 频段（2500～

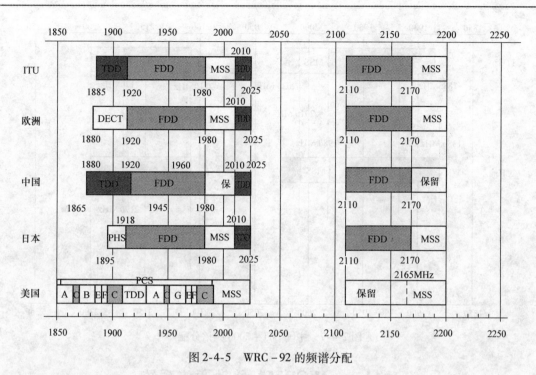

图 2-4-5　WRC-92 的频谱分配

2690MHz）。该追加方案基本上采用了 2000 年 2 月 APT（亚太电气通信共同体）提出的方案，如图 2-4-6 所示。

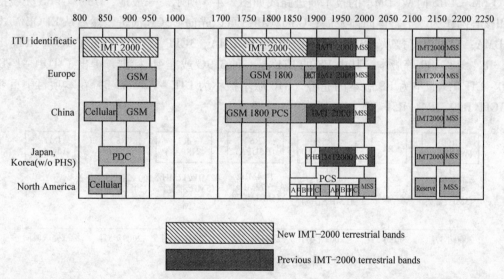

图 2-4-6　WRC-2000 的频谱分配

依据国际电联有关第三代公众移动通信系统（IMT-2000）频率划分和技术标准，按照我国无线电频率划分规定，结合我国无线电频谱使用的实际情况，我国第三代公众移动通信系统频率规划结果如图 2-4-7 所示。

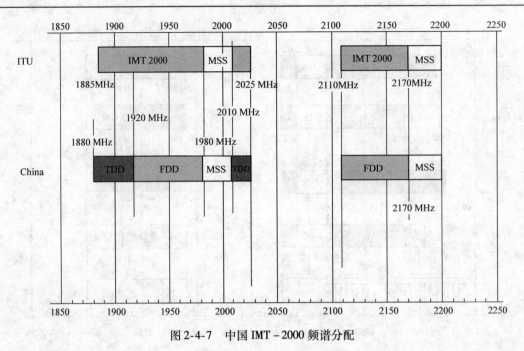

图 2-4-7　中国 IMT - 2000 频谱分配

项目二　WCDMA 移动通信系统

　　GSM/GPRS 向 WCDMA 的技术演进路线如图 2-4-8 所示。一般地，GSM/GPRS 无线接入网和核心网作为一个整体向前发展；GSM/GPRS 可以先向 EDGE 演进，然后从 EDGE 演进到 WCDMA；也可以直接从 GSM/GPRS 演进到 WCDMA。3GPP 目前已公布了 R99、R4、R5、R6、R7、R8、R9 等版本，其中 R8 的 LTE 是一种 3.9G 或准 4G 标准，提出了 TDD - LTE 和 FDD - LTE R9 版本为 R8 版本的完善，R10 版本被称为 LTE - Advanced，在本项目中重要介绍 3GPP R99、R4、R5、R6、R7 版本。

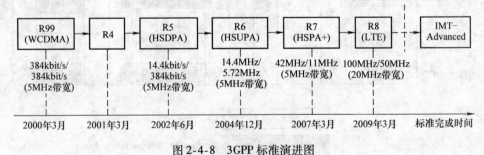

图 2-4-8　3GPP 标准演进图

　　表 2-4-3 为 WCDMA 的关键无线参数。

表 2-4-3　WCDMA 的关键无线参数

空中接口规范参数	参数内容
复用方式	FDD
每载波时隙数	15
基本带宽	5MHz

（续）

空中接口规范参数	参数内容
码片速率	3.84Mchip/s
帧长	10ms
信道编码	卷积编码、Turbo 编码等
数据调制	QPSK（下行链路），HPSK（Hybrid Phase Shift keying，混合移相键控）（上行链路）
扩频方式	QPSK
扩频因子	4~512
功率控制	开环+闭环功率控制，控制步长为0.5、1、2或3dB
分集接收方式	Rake 接收技术
基站间同步关系	同步或异步
核心网	GSM – MAP

任务一　3GPP R99 标准

1. R99 介绍

在 WCDMA R99 版本中，既要满足 3G 系统设计要求，又要兼顾与 GSM/GPRS 的后向兼容性要求。WCDMA R99 网络与 GSM/GPRS 网络的异同分别体现在网络结构、接口/信令、业务能力、计费能力和网络设备等方面。

（1）无线接入网

无线接入网由 UE、RNC（Radio Network Control）和 NodeB 组成。UE 是用户终端设备，它主要包括射频处理单元、基带处理单元、协议栈模块以及应用层软件模块等；UE 通过 Uu 接口与网络设备进行数据交互，为用户提供电路域和分组域内的各种业务功能，包括普通语音、宽带语音、移动多媒体、Internet 应用（如 E – mail、WWW 浏览和 FTP，File Transfer Protocol，文件传输协议等）。

RNC 是 RNS（Radio Network Subsystem，无线网络子系统）的控制部分，负责对各种接口的管理，承担无线资源和无线参数的管理。主要功能包括系统信息广播与接入控制功能、切换、RNC 迁移、功率控制、宏分集合并、无线资源分配及管理等功能。

NodeB 是 WCDMA 系统的基站，受 RNC 控制，由一个或多个小区的无线收发信设备组成，完成 RNC 与无线信道之间的编码转换，实现空中接口与物理层间的相关处理，如无线信道编码、交织、速率匹配和扩频等，并完成一些无线资源管理功能。

（2）核心网

3GPP R99 核心网主要包括移动业务交换中心（MSC）/访问位置寄存器（VLR）、GPRS 服务支持节点（SGSN）、GPRS 网关支持节点（GGSN）、归属位置寄存器（HLR）/鉴权中心（AUC）和设备识别寄存器（EIR）。

移动业务交换中心是网络的核心，它提供交换功能，把移动网络用户与固定网络用户连接起来，或者把移动用户互相连接起来。MSC 为用户提供各种业务，它对位于其管辖区域中的移动台进行控制、交换，并为所管辖区域中 MS 呼叫接续所需检索信息的数据库。访问位置寄存器存储进入其覆盖区中的移动用户的全部信息，一些数据（例如用户的号码、所处区域的识别和向用户提供的业务种类等参数）使得移动业务交换中心能够建立呼入和呼出的呼叫。

GPRS 服务支持节点用于执行移动性管理、安全管理、接入控制和路由选择等功能。GPRS 网关支持节点负责提供 GPRS/PLMN 与外部分组数据网的接口，并提供必要的网间安全机制（如防火墙）。

归属位置寄存器存储与用户有关的数据，包括用户的漫游能力、签约服务和补充业务，它还为移动交换中心提供移动台实际漫游所在地的信息，这样就使任何来话呼叫立即按选择的路径发送给被叫用户。每个移动用户都应在其归属位置寄存器中注册登记。鉴权中心存储保证移动用户通信隐私的鉴权参数等必要信息。在用户的安全机制上，GSM 由 AuC 提供鉴权三元组，采用 A3/A8 算法对用户进行鉴权及业务加密；3GPP R99 由 AuC 提供鉴权五元组，定义了新的用户加密算法，并采用认证令牌机制增强用户鉴权机制的安全性。

设备识别寄存器是一个数据库，存储有关移动台设备参数。主要完成对移动设备的识别、监视和闭锁等功能，通过对照禁止使用网络的某个或者成批的移动台号码的清单，来禁止某些非法移动台的使用。此外，3GPP R99 核心网还包括一些智能网设备和短消息中心等设备（见图 2-4-9）。

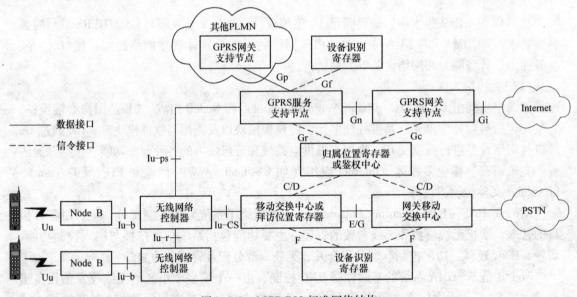

图 2-4-9　3GPP R99 标准网络结构

（3）业务能力

WCDMA R99 定义了 CAMEL3（Customized Application for Mobile Enhanced Logic，移动增强逻辑的特定用户应用）规范，增强了对智能网业务的支持。在业务计费方面：WCDMA R99 与 GSM 的计费系统架构一致，但是在计费功能和话单描述方面存在区别，包括话单采集单元和话单处理软件等。

（4）网络设备

WCDMA R99 与 GSM/GPRS 的网络设备功能基本相同，差别主要体现在软件上。GSM 的 MSC 基于 TDM（Time Division Multiplex，时分复用）交换技术，而 WCDMA R99 的 MSC

支持 ATM 传输。

　　总之，由于 WCDMA R99 与 GSM/GPRS 在网络结构、接口协议及设备功能等方面的兼容性，在 WCDMA R99 标准发布以后，其系统和终端产品从研发到商用，这之间的时间跨度相对较短。WCDMA R99 是所有 WCDMA 标准版本中商用规模最大和商用成熟度最高的一个，在商用过程中积累的大量实际运营经验也促进了相关设备产品的完善。

2. 3GPP R99 标准的特点与功能

　　3GPP R99 系统采用分组域和电路域分别承载与处理的方式接入 PSTN 和公用数据网。3GPP R99 标准比较成熟，充分考虑了对现有产品的向下兼容及投资保护，开始的商业部署全都采用了 3GPP R99，其主要优点在于技术成熟稳定，风险小；多厂商供货环境形成；可充分利用现有网络资源（如各级汇接网和信令网）；互连互通测试基本完成。

　　3GPP R99 也存在着如下缺点：核心网由于考虑向下兼容，其发展滞后于接入网，接入网已分组化的 AAL2 语音仍须经过编解码转换器转化为 64kbit/s 电路，降低了语音质量，导致核心网的传输资源利用率低；核心网仍采用过时的 TDM 技术，虽然技术成熟，互通性好，价格合理，但在未来发展中存在技术过时、厂家后续开发力度不够、备品备件不足和新业务跟不上等问题。

　　3GPP R99 版本的主要功能包括无线接口采用 WCDMA 技术；采用 AMR（Adaptiue Multiple Rate，自适应多速率）编码技术、快速功率控制技术和软切换技术；在核心网内部的接口上，3GPP R99 和 GSM/GPRS 非常相似，只是在部分接口与功能上，3GPP R99 网络有所增强。3GPP R99 引入了新的 Iu 和 Iu-b 接口，新增了 Iu-r 和 Gs 接口，而且 Iu、Iu-b 和 Iu-r 接口均开放，采用 ATM 和 IP 方式传输数据；在业务能力上，3GPP R99 网络所提供的业务和 GSM/GPRS 相比要丰富得多，例如在 3GPP R99 中，增加了对短消息的 CAMEL 业务和 GPRS 业务的控制；3GPP R99 系统对业务的提供更加灵活，例如短消息业务既可以通过电路域实现，也可以通过分组域实现，网络可根据实际情况灵活选择；开放业务等；为了更好地支持各种业务的传输，3GPP R99 网络采用宽带分组交换技术（如 ATM）；在传输方面，既可以采用 TDM 这种传统的传输方式，也可以采用 ATM 传输。

　　3GPP R99 核心网只是为 2G 向 3G 系统过渡而引入的解决方案，真正的 WCDMA 系统核心网是全 IP 核心网，在 R4 和 R5 标准中已制定了大致方案。

任务二　3GPP R4

　　3GPP R4 版本功能于 2001 年 3 月份确定，标准已相当完善。在 3GPP R4 网络中，核心网的电路交换域被分成两层，它们是控制层和连接层。控制层负责控制呼叫的建立、进程的管理和计费等相关功能，连接层主要用来传输用户的数据。关于分组交换域，3GPP R4 和 3GPP R99 没有区别。由于分层结构的引入，可以采用新的承载技术（如 ATM 和 IP）来传输电路域的语音和信令。由于分组交换域的传输是建立在 ATM 或 IP 网络上的，因而运营商可以用同一个网络来传输所有业务。

1. 3GPP R4 标准的体系结构

　　在核心网电路域部分，3GPP R4 版本针对 3GPP R99 基于 TDM 的电路核心网进行了很大改进，提出与承载无关的电路交换网络概念，主要体现在网络采用分层开放式结构、呼叫控制与承载层相分离、语音和信令分组化，进而使网络由 TDM 中心节点交换型演进为典型的分组语音分布式体系结构。语音分组化，以数据报的方式承载，并由 ATM 或 IP 网络来传输电路域的语音和信令。因此，接入网与核心网语音承载方式均由分组方式实现。

3GPP R4 与 3GPP R99 版本相比较，在无线接入网的网络结构方面无明显变化，重要的改变是在核心网方面，主要体现在 3GPP R4 版本在电路域完全体现了下一代网络（Next Generation Network，NGN）的体系构架思想，引入软交换的概念，实现控制和承载分开，3GPP R4 的 CS 域将 MSC 分为 MSC 服务器和媒体网关（Media Gateway，MGW），将网关移动业务交换中心（GMSC）分为 GMSC 服务器和 MG，MSC 服务器和 GMSC 服务器承担控制功能，主要完成呼叫控制、媒体网关接入控制、移动性管理、资源分配、协议处理、路由、认证和计费等功能。MG 执行实际的用户数据交换和跨网处理，各实体之间提供标准化的接口，主要完成将一种网络中的媒体格式转换成另一种网络所要求的媒体格式。除了 MSC 服务器和 MGW 外，其他 3GPP R4 版本的核心网设备，如 HLR、VLR、SGSN 和 GGSN 等都继承了 3GPP R99 的功能。3GPP R4 标准的体系结构如图 2-4-10 所示。

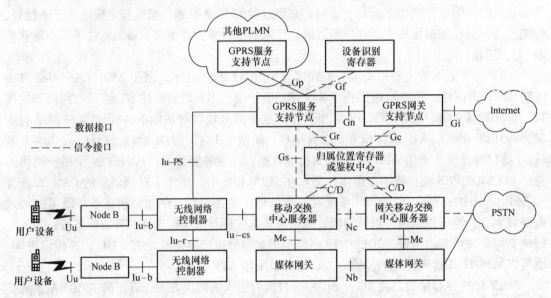

图 2-4-10   3GPP R4 的网络结构

与 3GPP R99 相比，3GPP R4 的无线接入网结构没有改变，只是在一些接口协议的特性和功能上有所增强，如对 Iu－b 和 Iu－r 连接的 QoS 优化，改进了对实时业务的支持；Iu 上无线接入承载的 QoS 协商，确保无线资源被更有效地利用；对 Iu－r 和 Iu－b 接口的无线资源进行管理优化，提高 UTRAN 效率，改进服务质量等。而核心网部分 PS（分组交换）域不变，电路域变化较大，主要体现在：3GPP R4 将在电路域中传输的语音等业务放到 IP 承载网上，呼叫控制由软交换来实现。但此时的 IP 承载网已不是原来的分组域，因为此时的分组域还没有经过改造，不能保证实时业务的质量。

2. 3GPP R4 的特点与功能

3GPP R4 的特点是将控制与承载分开，软交换 MSC 服务器为其控制节点，从 RNC 处将控制流与信息流分开，信息流经过网关进入 IP 承载网，控制信息到 MSC 服务器，进入控制层。与 3GPP R99 相比，3GPP R4 版本中的 WCDMA 系统核心网设备在选择多种的承载网络以及建立承载方式上有很大的自由度。

3GPP R4 在电路域核心网中主要引入了基于软交换的分层架构，将呼叫控制与承载层相分离，通过 MSC 服务器，MG 将语音和控制信令分组化，使电路交换域和分组交换域可以承载在一个公共的分组骨干网上。3GPP R4 主要实现了语音、数据和信令承载的统一，这样可以有效地降低承载网络的运营和维护成本；而在核心网中采用压缩语音的分组传输方式，可以节省传输带宽，降低建设成本；由于控制和承载分离，使得 MGW 和服务器可以灵活放置，提高了组网的灵活性，集中放置的服务器可以使业务的开展更快捷。此外，由于 3GPP R4 网络主要是基于软交换结构的网络，为向 R5 的顺利演变奠定了基础。

3GPP R4 存在的主要问题包括由于采用了分层结构，不同厂家的支持度不一样，产品成熟度不一样，可能出现隔离岛现象；由于新接口的引入，多厂家的支持需更多时间；IP 技术在处理实时性业务时 QoS 方面存在缺陷，且全球尚无大规模商用的先例。

3GPP R4 的主要功能包括为电路域各实体间提供标准化接口，MSC 服务器通过 H.248 控制 MGW 完成媒体间的转换；信令可用 IP 承载；语音分组化实现了网络带宽动态分配，并且对带宽要求有所下降；TD - SCDMA 无线接口技术在 3GPP R4 阶段被 3GPP 所接纳。

与 3GPP R99 相比，3GPP R4 业务趋向实时化和多样化，主要包括实时传真、PS 域实时业务切换、多媒体消息服务、面向分组数据服务的运营者决定的闭锁业务、在端到端应用透明的 PS 域流业务；定位业务的增强；VHE 概念智能业务的增强等。

3GPP R4 系统在核心网电路域采用了软交换技术，引入了全新的协议，同时，随着 NGN 技术的逐渐成熟，基于软交换技术的 3GPP R4 电路域核心网在业界引起了广泛的讨论。

任务三　3GPP R5

随着数据业务的增长和无线互联网的应用，WCDMA 的网络结构逐渐向全 IP 化方向发展，先是核心网，然后是全网 IP 化，R5 成为全 IP 的第一个版本。

3GPP R5 版本功能于 2002 年 6 月份确定。R5 阶段接入网部分采用全 IP，核心网部分主要是引入了 IP 多媒体子系统（IP Multimedia Subsystem，IMS）域，它是基于 PS（分组域）之上的多媒体业务平台，用于提供各种实时的或非实时的多媒体业务。R5 的早期仍然保留电路域，语音由其实现；到后期 CS 和 PS 将完全融合，所有业务由 IP 承载，全网从接入到交换实现全 IP 化。R5 阶段只完成了 IMS 的基本功能的描述，大量内容有待于在 R6 中解决。

1. 3GPP R5 标准的体系结构

3GPP R5 在接入网部分通过引入 IP 技术实现端到端的全面 IP 化。这些技术包括 HSDPA（高速下行链路数据分组接入）技术，其峰值数据速率可高达 8~10Mbit/s，时延更小；UE 定位增强功能，3GPP R5 提供了更多的支持定位业务的实现手段。

在核心网，3GPP R5 协议引入了 IMS。IMS 叠加在分组域网络之上，支持 PS 域 IP 业务的标准化方案，由 CSCF（Call Session Control Function，呼叫状态控制功能）、MGCF（Media Gateway Control Function，媒体网关控制功能）、MRF（Media Resource Function，媒体资源功能）和 HSS（Home Subscriber Servier，归属用户服务器）等功能实体组成，如图 2-4-11 所示。

在 3GPP R5 网络结构中，呼叫控制部分是最重要的功能。CSCF、MGCF、R - SG（Roa-

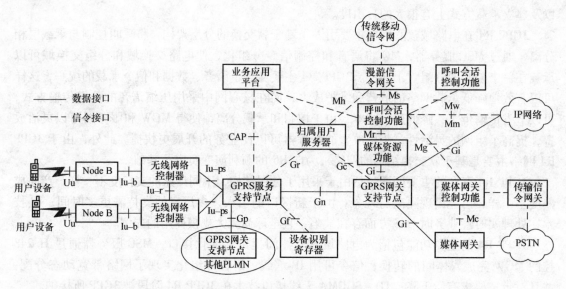

图 2-4-11　3GPP R5 的网络结构

ming – Signaling Gateway，漫游信令网关）、T – SG（Transmission Signaling Gateway，传输信令网关）、MGW 和 MRF 共同完成了呼叫控制和信令功能。CSCF 与 H. 323 关守或 SIP（Session Initiation Protocol，会话初始协议）服务器相似。此体系结构是一个通用结构而不是基于一个具体的 H. 323 或 SIP 的呼叫控制解决方案。

　　HSS 替代了原有的 HLR，它包含了原有 HLR 和 AuC 的功能并对其进行了扩展。HSS 是网络中移动用户的主数据库，存储与网络实体完成呼叫/会话处理相关的业务信息（如用户标识符、编号和寻址信息）、用户安全信息（鉴权和认证等网络接入控制）、用户位置信息以及用户基本数据信息。HSS 和 HLR 一样，负责维护和管理有关用户的识别码、地址信息、安全信息、位置信息和签约服务等用户数据。与 IP 多媒体网络通信有关的信令只能通过 CSCF，而业务则直接通过 GGSN 即可。

　　MGW 可以作为终结点处理来自电路交换网的承载信道或分组网的数据流。MGW 支持媒体转换、承载控制和负荷处理（如编解码、回声抑制和会议桥接等），在 IMS 中 MGW 还要与 MGCF 进行交互以完成资源控制的功能。

　　SG 完成 SS7 网络和 IP 网络之间的传输层信令转换。SG 并不解析应用层信令消息（如 MAP、CAP、BICC 或 ISUP 等），但可以解析低层的 SCCP 或 SCTP 等信令以便选择正确的路由。

　　MRF 控制媒体流资源，或者混合不同的媒体流。CSCF 是与 IMS 终端进行首次接触的节点，完成入呼叫网关功能、呼叫业务触发功能和路由选择功能，是最主要的软交换控制实体；MGCF 负责处理协议的转换、控制来自 CS 域的业务等，它根据被叫号码和来话情况选择 CSCF，并完成 PSTN 和 IMS 之间呼叫控制协议转换以及控制 IMS 的媒体网关（IM – MG）通道的呼叫状态。MRF 与所有业务承载实体协调业务承载事宜，而与 CSCF 协商信令承载事宜。MRF 提供媒体混合、复用以及其他处理功能。

　　CSCF 负责对用户多媒体会话进行处理，其功能包括多媒体会话控制、地址翻译以及对业务协商进行服务转换等。CSCF 实现了多媒体呼叫中主要的软交换控制功能，与 IETF

（Internet Engineering Task Force，Internet 工程任务组）架构中的 SIP 服务器类似。CSCF 根据功能的不同分为代理 CSCF、服务 CSCF、查询 CSCF。

MGCF 控制与 IM－MG 中媒体信道连接控制有关的呼叫状态并且与 CSCF 通信，根据其他网络来话路由号码选择 CSCF，完成 ISUP 和 IMS 呼叫控制协议的转换，接收信息并转发到 CSCF/IM－MGW。

与其他网络（如 PLMN、其他分组数据网、其他多媒体 VoIP（Voice over Internet Protocol，网络电话）网络和 2G 继承网络 GSM）的互连互通由 GGSN、MGCF、MG、R－SG 和 T－SG 协同完成。其他 PLMN 网络与 3GPP R5 网的信令和业务接口是其 GPRS 实体。CSCF 作为一个新的实体通过信令也参与此过程。到继承网络的信令通过 R－SG、CSCF、MGCF、T－SG 和 HSS，而与 PSTN 网络的业务承载接口通过 MGW。

3GPP R5 版本中 IMS 的引入，为开展基于 IP 技术的多媒体业务创造了条件。R5 主要提供端到端的 IP 多媒体业务，除原有 CAMEL 和 OSA（Open Service Architecture，开放业务平台）业务外，新增加了支持 SIP（Session Initiation Protocol，会话发起协议）业务的功能，如 VoIP、PoC（Push to talk over Cellular，无线一键通）即时消息、MMS（Multimedia Messaging Service，多媒体信息服务）、在线游戏以及多媒体邮件等。同时，为解决 IP 管理问题，IMS 引入了 IPv6（IP Version6，IP 版本 6）。目前，全球运营商正在进行基于 SIP 协议的系统和业务测试，尤其是不同运营商的互通测试成为业界关注的一个焦点，它代表了未来业务的发展方向。业界普遍认为，WCDMA 将是运营商部署 IPv6 网络的最大推动力。

2. 3GPP R5 的新增功能

3GPP R5 对初始的分组域进行了改造，由于这个分组域不能保证实时业务的 QoS。其最主要的特点是增加了能保证移动多媒体业务实时传输的 IMS 模块，到 3GPP R5 阶段核心网的改造基本完成，在这个网络中，业务是综合的，包括实时的、非实时的、语音、数据和多媒体等。由于 R5 版本中控制层、承载层与业务层完全分开，这种架构有利于新业务和新功能的引入，并能保证电信级的质量。

R5 的新增功能主要包括增加了 IMS 域，能够提供由 PS 域接入的基于 SIP 的实时的和非实时的多媒体业务；引入了 HSDPA，该技术能够提供高速下行分组接入，速率达 8～10Mbit/s，它是无线接口基于 WCDMA 的演进，能提高系统容量和分组数据的吞吐量，并可以进一步提高系统性能、UE 定位增强功能、接入网部分通过引入 IP 技术实现端到端的全 IP 化；支持 CAMEL Phase4、增强的 OSA。

相对于 3GPP R4、R5 由于标准定稿不久，同时大量业务因为时间关系，不得不推后到 R6 考虑，故 IMS 域目前还无法完全取代 3GPP R4 分组化的 CS 域，即 R5 仍然需要 3GPP R4 分组化 CS 域的部署实现传统的实时性业务（如语音等），它只是 3GPP R4 的补充和满足 IP 多媒体业务需求的一个版本。

任务四　3GPP R6

到了 3GPP R6 版本阶段，网络架构方面已没有太大的变更，主要是增加了一些新的功能特性，以及对已有功能特性的增强。3GPP R6 版本功能于 2004 年 12 月确定。

在 R6 版本中，UMTS（Universal Mobile Telecommunication System，全球移动通信系统）移动网为 PTT（一键通）业务提供承载能力，PTT 业务应用层规范由 OMA（Open Mobile Alliance，开放移动联盟）制定；用户经过 WLAN 接入时可与 UMTS 用户一样使用移动网业务，有多个互通层面，包括统一鉴权、计费、利用移动网提供的 PS 和 IMS 业务、不同接入方式切换时业务不中断；多个移动运营商共享接入网，且有各自独立的核心网或业务网。

3GPP R6 版本计划推出以下功能，考虑到版本冻结时间，一些功能有可能推迟，成为后续 R7 版本的工作任务。

（1）引入 HSUPA，HSDPA 属于 R5 中的内容，主要用于对下行分组域的数据速率进行增强；在 R6 中，3GPP 正在致力于 HSUPA（High Speed Uplink Packet Access，高速上行分组接入）标准的制定。HSUPA 主要是用于对上行分组域的数据速率进行增强。

（2）多媒体广播和多播，网络需要增加广播和多播中心功能实体，多媒体广播和多播（Multimedia Broadcast Multicast Service，MBMS）业务对用户终端、接入网以及核心网均有新的需求，并需要对空中信道、接入网和核心网接口信令进行修改。

（3）增强空中接口，支持不同频率的 UMTS 系统，包括 UMTS850、UMTS800、UMTS1.7/2.1GHz，增强了不同频率和不同系统间的测量。

（4）基于 PS 和 IMS 的紧急呼叫业务，改变仅电路域支持紧急呼叫业务的现状，提出 IMS 紧急呼叫业务，对 PS 有一定的影响。

（5）定位业务增强，支持 IMS 公共标识，伽利略卫星系统应用于定位业务研究、UE 定位增强、开放式移动定位服务中心——服务无线电网络控制器接口。

（6）增强 RAN，从 UTRAN（UMTS Terrestrial Radio Access Network，UMTS 陆地无线接入网）到 GERAN（GSM EDGE Radio Access Network，GSM/EDGE 无线接入网）网络辅助的小区改变对网络的影响、天线倾角的远端控制、RAB（Radio Access Bcarer，无线接入承载）支持增强、Iu – b/Iu – r 接口无线资源管理的优化。

（7）IMS（IP 多媒体子系统）第二阶段，这是在 R5 IMS 第一阶段基础上提供的新特性，它包括 IMS 本地业务/Mm 接口（UE 与外部 IP 多媒体网之间的互通）、IMS 与 CS 互通、Mn 接口（IM – MG 与 MGCF 之间）增强、Mp 接口（MRFC 与 MRFP 之间）协议定义、R6 监听的需求和网络框架、PDF 与 P – CSCF 之间的 Gq 接口策略控制、基于 IPv4（IP Version 4，IP 版本 4）与基于 IPv6 的 IMS 互通和演进、Cx 和 Sh 接口增强、IMS 群组管理、IMS 附加 SIP 能力、IMS 会议业务、IMS 消息业务。

（8）基于不同 IP 连接网的 IMS 互通，3GPP IMS 用户与 3GPP2 IMS、固网 IMS 等用户之间的互通。

（9）Push 业务，网络主动向用户 Push 内容，根据网络和用户的能力推出多种实现方案。

（10）在线，实时了解用户的状态和可及性等信息。

（11）增强安全，基于 IP 传输的网络域安全，应用 IPSec 等安全技术。

（12）WLAN – UMTS 互通，用户经过 WLAN（Wireless Local Area Network，无线局域网）接入时可与 UMTS 用户一样使用移动网业务，有多个互通层面，包括统一鉴权、计费、利用移动网提供的 PS 和 IMS 业务、不同接入方式切换时业务不中断。

（13）优先业务，指导电路域优先业务的实现，分组域和 IMS 优先业务将来考虑。

（14）网络共享，多个移动运营商共享接入网，有各自独立的核心网或业务网。

（15）增强 QoS，提供端到端 QoS 动态策略控制增强。

（16）计费管理，WLAN 计费、基于 IP 流的承载计费和在线计费系统。

（17）PoC，UMTS 移动网为 PTT 业务提供承载能力，PTT 业务应用层规范由 OMA 制定。

任务五　3GPP R7

3GPP 在 R7 版本主要继续 R6 未完成的标准和业务（如 MIMO 技术，包括多种 MIMO 实现技术等），考虑支持通过 CS 域承载 IMS 语音、通过 PS 域提供紧急服务、提供基于 WLAN 的 IMS 语音与 GSM 网络的电路域的互通、提供 xDSL（X Digital Subscriber Line，X 数字用户线路）和 CableModem（CM，电缆调制解调器）等固定接入方式。同时，引入 OFDM（Orthogonal Frequency Division Multiplexing，正交频分复用技术），完善 HSDPA 和 HSUPA 技术标准。

随着用户对多业务需求的不断提高，WCDMA 标准在不同的版本中引入很多新业务，使业务向多样化、个性化方向发展，代表性的有虚拟归属环境概念、引入基于 IP 的多媒体业务及其他形式多样的补充业务等。WCDMA 系统的整体演进方向为网络结构向全 IP 化方向发展，业务向多样化、多媒体化和个性化方向发展，无线接口向高速传输分组数据方向发展，小区结构向多层次、多制式重复覆盖方向发展，用户终端向支持多制式、多频段方向发展。

项目三　cdma2000 移动通信技术

中国电信采用的 cdma2000 制式，cdma2000 是基于 IS-95CDMA 的第三代标准，有 1X 和 3X 两种（1X 代表其载波一倍于 IS-95 的带宽，3X 代表其载波三倍于 IS-95 的带宽）。3X 又分为下行直接扩谱和三载波两种方式，直接扩谱 cdma2000 与 WCDMA 进行了融合，因此，cdma2000 只有 1X 和 3X 两种了。cdma2000 可以提供 144kbit/s 以上速率的数据业务，而且增加了辅助信道，可以对一个用户同时承载多个数据流，所以 cdma2000 1X 提供的业务比 IS-95CDMA 有很大的提高，为支持未来的各种多媒体分组业务打下了基础。由于 cdma2000 3X 与 cdma2000 1X 相比，唯一的优势是数据业务能力的提高，所以 IS-95CDMA 的运营商现在正在努力推动对 cdma2000 1X 的继续完善，希望在继续采用 1.25MHz 带宽的情况下使数据业务能力达到 ITU 规定的第三代业务速率标准——2Mbit/s 以上。由于 cdma2000 1X EV 技术的引入，在相当长的一段时间内，运营商都不会考虑 cdma2000 3X。在本任务中主要介绍 cdma2000 1X 的演进、信道结构和基本工作过程。

任务一　标准发展历程

cdma2000 1X 的前向信道和反向信道均采用码片速率为 1.2288Mchip/s 的单载波直接序列扩频方式，可方便地与 IS-95 后向兼容，实现平滑过渡。在向第三代演进的过程中，需要注意的问题是 BTS 和 BSC 等无线设备的演进问题。在制定 cdma2000 标准的时候，已经考虑了保护运营者的投资，很多无线指标在 2G 和 3G 中是相同的。对 BTS 来说，天线、射频滤波器和功率放大器等射频部分可以是相同的，而基带信号处理部分则必须更换。BSC 的情况则较为复杂。第三代移动通信相对于第二代移动通信的一个最重要的特点是提供中高速的分组数据业务，BSC 设备的基本系统结构必须与之相适应。当数据业务速率低于 64kbit/s 的时候，通常可以用一些没有完全标准化的方式，通过一些适配器或转换器将分组数据流填充到 PCM 码流中，通过电路交换实现简单的分组功能。但当分组速率进一步提高时，BSC 就必须具有分组交换功能。

核心网通常分为电路交换部分和分组交换部分。对电路交换部分来说，2G 和 3G 没有原则性的区别，基本的网络结构和功能模型是相同的，主要改进是新增加了不少业务，这些业务基本上可以通过软件升级来实现。而分组交换部分是 CDMA 系统在 3G 的主要进步，在3G 中，则明确定义了与分组数据有关的一些网络实体。

cdma2000 1X 在无线接口功能上有了很大的增强，在软切换方面将原来的固定门限变为相对门限，增加了灵活性等。

前向快速寻呼信道技术可实现寻呼或睡眠状态的选择，因基站使用快速寻呼信道向移动台发出指令，决定移动台是处于监听寻呼信道还是处于低功耗的睡眠状态，这样移动台不必长时间连续监听前向寻呼信道，可减少移动台激活时间并节省功耗；还可实现配置改变功能，通过前向快速寻呼信道，基站向移动台发出最近几分钟内的系统参数消息，使移动台根据此消息做相应设置处理。

反向链路发射分集技术可减少发射功率，抗瑞利衰落，增大系统容量，cdma2000 1X 系统采用直接扩频发射分集技术，有两种方式：正交发射分集方式，先分离数据再用正交Walsh 码进行扩频，通过两个天线发射；空时扩展分集方式，使用空间两根分离天线发射已交织的数据，使用相同的 Walsh 码信道。反向相干解调。基站利用反向导频信道发出的扩频信号捕获移动台的发射，再用 Rake 接收机实现相干解调，提高了反向链路的性能，降低了移动台发射功率，提高了系统容量。

连续的反向空中接口波形。在反向链路中，数据采用连续导频，使信道上数据波形连续，此措施可降低对发射功率的要求、增加系统容量。cdma2000 1X 仅在前向辅助信道和反向辅助信道中使用 Turbo 码。cdma2000 1X 支持多种帧长，不同的信道中采用不同的帧长，较短的帧可减少时延，但解调性能较低；较长的帧可降低发射功率要求。前向基本信道、前向专用控制信道、反向基本信道、反向专用控制信道采用 5ms 或 20ms 帧；前向辅助信道、反向辅助信道采用 20ms、40ms 或 80ms 帧；语音信道采用 20ms 帧。增强的媒体接入控制功能控制多种业务接入物理层，保证多媒体的实现，可实现语音、分组数据和电路数据业务，同时处理、提供发送、复用和 QoS 控制、提供接入程序，可满足比 IS-95CDMA 更宽的带宽和更多业务的要求。

cdma2000 1X 采用了前向快速功控技术，可进行前向快速闭环功控，与只能进行前向信道慢速功控的 IS-95CDMA 系统相比，大大提高了前向信道的容量，减少了基站耗电。

cdma2000 1X 因为采用了传输分集发射技术和前向快速功控技术后，前向信道的容量约为 IS-95CDMA 系统的 2 倍；同时，业务信道因采用 Turbo 码而具有 2dB 的增益，因此，容量还能提高到未采用 Turbo 码时的 1.6 倍。从网络系统的仿真结果来看，如果用于传送语音业务，cdma2000 1X 系统的容量是 IS-95CDMA 系统的 2 倍；如果传送数据业务，cdma2000 1X 的系统容量是 IS-95CDMA 系统的 3.2 倍。而且，在 cdma2000 1X 中引入了快速寻呼信道，极大地减少了移动台的电源消耗，延长了移动台的待机时间，支持 cdma2000 1X 的移动台待机时间是 IS-95CDMA 的 15 倍或更多。cdma2000 还定义了新的接入方式，可以减少呼叫建立时间，并减少移动台在接入过程中对其他用户的干扰。cdma2000 的主要系统参数见

表2-4-4。

表 2-4-4　cdma2000 的主要系统参数

空中接口规范参数	参数内容
复用方式	FDD/TDD
基本带宽	1.25MHz 或 3.75MHz
码片速率	1.2288Mchip/s/3.6864Mchip/s
帧长	支持 5ms、10ms、20ms、40ms、80ms 和 160ms 等多种帧长
信道编码	卷积编码 Turbo 码等
数据调制	QPSK（下行链路）、BPSK（上行链路）
扩频方式	QPSK
扩频因子数目	4～256
功率控制	开环＋闭环功率控制，控制步长为 1dB，可选 0.5dB/0.25dB
分集接收方式	Rake 接收技术
基站间同步关系	需要 GPS 同步
核心网	ANSI－41

任务二　信道结构

cdma2000 与 IS－95CDMA 系统的主要区别是信道类型及物理信道的调制得到增强，以适应更多、更复杂的第三代业务。

1. 信道类型

（1）反向信道

反向信道包括以下类型。

① 反向导频信道：是一个移动台发射的未调制扩频信号，用于辅助基站进行相关检测。反向导频信道在增强接入信道、反向公用控制信道和反向业务信道的无线配置为 3～6 时发射，在增强接入信道前导、反向公用控制信道前导和反向业务信道前导时也发射。

② 接入信道：传输一个经过编码、交织及调制的扩频信号，是移动台用来发起与基站的通信或响应基站的寻呼消息的。接入信道通过其公用长码掩码唯一识别，由接入试探序列组成，一个接入试探序列由接入前导和一系列接入信道帧组成。

③ 增强接入信道：用于移动台初始接入基站或响应移动台指令消息，可能用于以下三种接入模式：基本接入模式、功率控制接入模式和备用接入模式。功率控制接入模式和备用接入模式可以工作在相同的增强接入信道，而基本接入模式需要工作在单独的接入信道。增强接入信道与接入信道相比在接入前导后的数据部分增加了并行的反向导频信道，可以进行相关解调，使反向的接入信道数据解调更容易。

当工作在基本接入模式时，移动台在增强接入信道上不发射增强接入头，增强接入试探序列将由接入信道前导和增强接入数据组成；当工作在功率控制接入模式时，移动台发射的增强接入试探序列由接入信道前导、增强接入头和增强接入数据组成；当工作在备用接入模式时，移动台发射的增强接入试探序列由接入信道前导和增强接入头组成，一旦收到基站的允许信息，在反向公用控制信道上发送增强接入数据。

④ 反向公用控制信道：传输一个经过编码、交织及调制的扩频信号，是在不使用反向业务信道时，移动台在基站指定的时间段向基站发射用户控制信息和信令信息，通过长码唯一识别。反向公用控制信道可能用于两种接入模式：备用接入模式和指配接入模式。

⑤ 反向专用控制信道：用于某一移动台在呼叫过程中向基站传送该用户的特定用户信息和信令信息，反向业务信道中可以包含一个反向专用控制信道。

⑥ 反向基本信道：用于移动台在呼叫过程中向基站发射用户信息和信令信息，反向业务信道可以包含一个基本信道。

⑦ 反向辅助码分信道：用于移动台在呼叫过程中向基站发射用户信息和信令信息，仅在无线配置无线电码（Radio Code，RC）为 1 和 2，且反向分组数据量突发性增大时建立，并在基站指定的时间段内存在。反向业务信道可以最多包含 7 个反向辅助码分信道。

⑧ 反向辅助信道：用于移动台在呼叫过程中向基站发射用户信息和信令信息，仅在无线配置（RC）为 3～6 时，且反向分组数据量突发性增大时建立，并在基站指定的时间段内存在。反向业务信道可以包含两个辅助信道。cdma2000 1X 反向信道结构如图 2-4-12 所示。

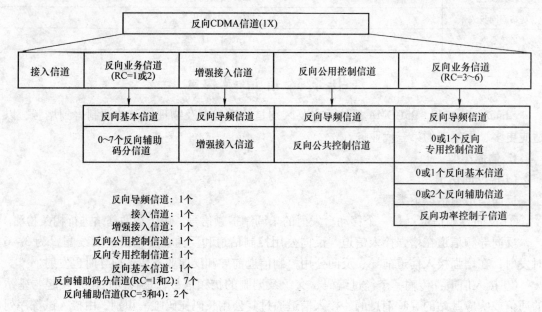

图 2-4-12　cdma2000 1X 反向信道结构

（2）前向信道

前向信道包括以下类型。

① 导频信道：包括前向导频信道、发射分集导频信道、辅助导频信道和辅助发射分集导频信道，都是未经调制的扩谱信号，用于在基站覆盖区中工作的所有移动台进行捕获、同步和检测。前向导频信道使用 64 阶的 Walsh 码。在导频信道需要分集接收的情况下，基站可以增加一个发射分集导频信道，增强导频的接收效果，发射分集导频信道（不一定存在）使用 128 阶的 Walsh 码。为使用更灵活的天线和波束赋形技术，在一个激活的 CDMA 信道中，基站可发射多个辅助导频信道。在辅助导频信道需要发射分集的情况下，基站将增加一个辅助发射分集导频信道。在发射分集导频信道发射时，基站应使前向导频信道有连续的、足够的功率以确保移动台在不使用来自发射分集的导频信道能量情况下，也能捕获和估计前

向 CDMA 信道特性。

② 同步信道：传输经过卷积编码、码符号重复、交织、扩频和调制的扩频信号，用于使移动台获得初始的时间同步。

③ 寻呼信道：传输经过卷积编码、码符号重复、交织、扰码、扩频和调制的扩频信号，用来发送基站的系统信息和对移动台的寻呼消息。

④ 广播信道：传输经过卷积编码、码符号重复、交织、扰码、扩频和调制的扩频信号，用来发送基站的系统广播控制信息。基站利用此信道与区域内的移动台进行通信。

⑤ 快速寻呼信道：传输一个未编码的开关控制调制扩频信号，包含寻呼信道指示，用于基站和区域内的移动台进行通信。基站使用快速寻呼信道通知空闲模式下工作在分时隙方式的移动台，是否应在下一个前向公用控制信道或寻呼信道时隙的开始接收前向公用控制信道或寻呼信道。

⑥ 公用功率控制信道：用于基站进行多个反向公用控制信道和增强接入信道的功率控制。基站支持多个公用功率控制信道工作。

⑦ 公用指配信道：提供对反向链路信道指配的快速响应，以支持反向链路的随机接入信息的传输。该信道在备用接入模式下控制反向公用控制信道和相关联的功率控制子信道，并且在功率控制接入模式下提供快速证实。基站可以选择不支持公用指配信道，并在广播控制信道通知移动台这种选择。

⑧ 前向公用信道：传输经过卷积编码、码符号重复、交织、扰码、扩频和调制的扩频信号，用于在未建立呼叫连接时，发射移动台特定消息。基站利用此信道和区域内的移动台进行通信。

⑨ 前向专用控制信道：用于在呼叫过程中给某一特定移动台发送用户信息和信令信息。每个前向业务信道可以包括一个前向专用控制信道。

⑩ 前向辅助码分信道：用于在通话过程中给特定移动台发送用户和信令消息，在无线配置（RC）为 1 和 2，且前向分组数据量突发性增大时建立，并在指定的时间段内存在。每前向业务信道最多可包括 7 个前向辅助码分信道。

前向辅助信道用于在通话过程中给特定移动台发送用户和信令消息，在无线配置（RC）为 3 到 9，且前向分组数据量突发性增大时建立，并在指定的时间段内存在。每个前向业务信道最多可包括两个前向辅助信道。

移动台发射的前向 CDMA 信道结构如图 2-4-13 所示。

2. cdma2000 反向信道处理

（1）反向信道的无线配置

cdma2000 反向信道通过无线配置（RC）来定义，对于反向信道共有六种无线配置，不同的配置使用不同的扩频速率、不同的数据速率、前向纠错和调制特性。六种无线配置的应用必须满足一定的应用规则，而且前向信道和反向信道的无线配置是相互关联的。

（2）反向信道的信号处理

① 前向纠错（FEC）。根据不同的 CDMA 信道类型使用不同卷积速率的 FEC，反向辅助信道还可使用 Turbo 编码方式进行前向纠错。

② 码符号重复。从卷积编码器输出的码符号在交织前先被重复，以增加传输和接收的可靠性。反向业务信道的码符号重复率随数据率的不同而不同。

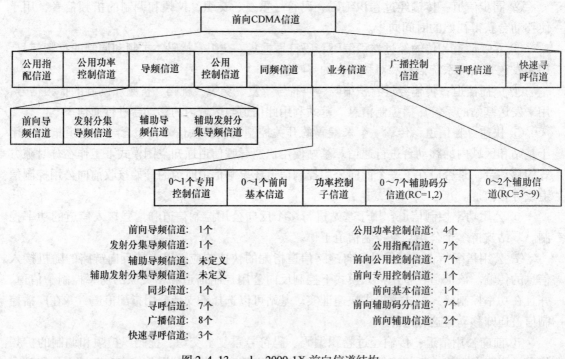

图 2-4-13　cdma2000 1X 前向信道结构

③ 打孔。只有无线配置为 3、4、5、6 时，使用打孔技术，目的是为了进行速率匹配，按一定算法删除一部分比特，将用户业务要求实时传送的信息比特数与信道速率相适应，即将数据流中的信息比特按相应的格式进行筛选。不同的 RC 采用不同的打孔格式，打孔格式在一帧中是一直重复的。

④ 块交织。在调制和发射前，移动台将对所有信道上的码符号进行交织，以减少快衰落的影响。

⑤ 正交调制。由于 CDMA 前向信道使用的是完全正交的扩频码，而反向信道使用的是不完全正交的伪随机码扩频，反向信道为了弥补这样带来的不均衡，增加正交调制过程以增加基站接收后解调信息的信噪比。

⑥ 正交扩频。当发射反向导频信道、增强接入信道、反向公用控制信道和反向业务信道，且 RC 为 3~6 时，移动台使用正交扩频。

⑦ 数据率和门控。在发射前，反向业务信道交织器输出还要经过一个时间滤波器进行选通，通过这种选通输出某些符号而滤掉另一些符号，传输门控的工作周期随发射数据率的变化而变化。

门控电路的选通和不选通是由数据突发随机数发生器函数确定的，其功率控制组在一帧内的位置是伪随机变化的。数据突发随机数发生器保证每个重复的符号仅被传输一次。数据突发随机数发生器产生一个"0"和"1"的屏蔽模式，可随机屏蔽掉由码重复产生的冗余数据，屏蔽模式与帧数据率有关。在门控电路不选通期间，移动台将遵循不选通时对发射功率的要求，即至少比最近的传输数据的功率控制组的平均输出功率低 20dB 或低于发射机的噪声电平，可减小对工作在同一反向 CDMA 信道上的其他移动台的干扰。

⑧ 直接序列扩频。反向业务信道在数据随机化后被长码直接序列扩频，而接入信道在经过正交调制后就被长码直接序列扩频。

⑨ 正交序列扩频。在直接序列扩频后，反向业务信道和接入信道等将进行正交扩频，用于该扩频的序列是前向 CDMA 信道上使用的零偏置 I 和 Q 正交导频 PN 序列。

⑩ 基带滤波。扩频后，I、Q 路信号送至 I、Q 基带滤波器的输入端，以满足限值要求。

3. CDMA 前向信道处理

cdma2000 前向信道配置了 9 种特性，与反向信道的无线配置一样，不同的配置使用不同的扩频速率、不同的数据速率、前向纠错和调制特性。

前向信道的打孔、正交调制、扩谱技术与反向信道类似，在此不再详述。

任务三　cdma2000 1x 基本工作过程

cdma2000 的基本工作过程与 IS‑95CDMA 系统相似，下面主要介绍用户起呼过程。

首先，用户通过移动台发起一个呼叫，生成初始化消息，由于此时没有建立业务信道，移动台通过接入信道将该消息发送给基站。基站收到初始化消息后，开始准备建立业务信道，并开始试探发送空业务信道数据，而此时移动台并没有开始建立业务信道的准备，所以基站组成信道指配消息（包含基站针对该用户刚分配的信道特性，如所使用的信道码等），通过寻呼信道发送给移动台。移动台根据该消息所指示的信道信息开始尝试接收基站发送的前向空业务信道数据，在接收到 N 个连续正确帧后，移动台开始尝试建立相对应的反向业务信道，首先发送业务的前导，在基站探测到反向业务信道前导数据后，基站认为前向和反向业务信道链路基本建立，生成基站证实指令消息通过前向业务信道发送给移动台，移动台收到该消息后，开始发送反向空业务信道数据。基站接着生成业务选择响应指令消息通过前向业务信道发送给移动台，移动台根据收到的业务选择开始处理基本业务信道和其他相应的信道，并发送相应的业务连接完成消息。在移动台和基站间交流振铃和去振铃等消息后，用户就可以进入对话状态了。

对于分组业务，系统除了建立前向和反向基本业务信道之外，还需要建立相应的辅助码分信道，如果前向需要传输很多的分组数据，基站通过发送辅助信道指配消息建立相应的前向辅助码分信道，使数据在指定的时间段内通过前向辅助码分信道发送给移动台。如果反向需要传输很多的分组数据，移动台通过发送辅助信道请求消息与基站建立相应的反向辅助码分信道，使数据在指定的时间段内通过反向辅助码分信道发送给基站。辅助信道的设立对cdma2000 更灵活地支持分组业务起到了很大作用。

cdma2000 中其他一些辅助性信道的设立，如反向导频信道、反向公用控制信道、前向公用控制信道、公用功率控制信道、快速寻呼信道等，是为了增强系统的功能和灵活性，如通过反向相干解调增加反向容量，对公用信道增加相应控制，快速通知用户寻呼信息，缩短连接建立时间并支持省电功能等。这些信道是辅助性的，并不一定涉及每一个呼叫过程，在此不再多述。

项目四　TD – SCDMA 移动通信技术

　　TD – SCDMA（TDD – Syn CDMA）是我国自主提出的 3G 标准，TD – SCDMA 系统采用时分双工、FDMA/TDMA/CDMA/SDMA 多址方式，基于同步 CDMA、智能天线、多用户检测、正交可变扩频系数、Turbo 编码等新技术，工作于 2010 ~ 2025MHz。主要优势在于：使用 TDD 技术，利于使用智能天线、多用户检测、CDMA 等新技术；可高效率地满足不对称业务的需要；简化硬件，降低成本和价格；频谱利用率大大提高；可与第二代移动通信系统兼容。本任务主要介绍 SDMA 多址方式、TD – SCDMA 标准的时隙帧结构和物理层程序。

任务一　SDMA

　　在时域/频域方面，很多新技术都被利用来增加蜂窝系统的容量，但人们还希望可以利用其他资源来增加容量，挖掘容量潜力，如利用一组天线的空间资源。虽然以前利用多个天线来增加容量的方式已很多（如分扇区等），但还不能充分地提高容量。为了充分利用空间资源，就逐步产生了一个新的多址技术——空分多址（Space Division Multiple Access，SDMA）。

　　SDMA 方式是通过空间的分割来区分不同的用户。在移动通信中，能实现空间分割的基本技术就是采用自适应阵列天线，在不同用户方向上形成不同的波束，见图 2-4-14 所示。

　　SDMA 使用定向波束天线来服务于不同的用户，相同的频率或不同的频率用来服务于被天线波束覆盖的这些不同区域，扇形天线可被看做是 SDMA 的一个基本方式。在极限情况下，自适应阵

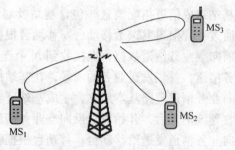

图 2-4-14　SDMA

列天线具有极小的波束和无限快的跟踪速率，它可以实现最佳的 SDMA。SDMA 与 CDMA 一样原来也是军用技术，现在被提出用在民事通信中。SDMA 基站由多个天线和多个收发信机组成，利用与多个收发信机相连的数字信号处理器（Digital Signal Processor，DSP）来处理接收到的多路信号，从而精确计算出每个移动台相应无线链路的空间传播特性，根据此传播特性就可得出上下行的波束赋形矩阵，然后，利用该矩阵通过多个天线对发往移动台的下行链路的信号进行空间合成，从而使移动台所处的位置接收信号最强。对 FDD 来说，由于上下行链路的空间特性差异很大，所以很难采用 SDMA 方法通过计算上行链路的空间传播特性来合成下行链路信号；而 TDD 的上下行空间传播特性接近，所以，比较适合采用 SDMA 技术。使用 SDMA 技术还可以大致估算出每个用户的距离和方位，以辅助用于 3G 用户的定位并切换提供参考信息。CDMA 与 SDMA 有相互补充的作用，当几个用户靠得很近时，SDMA 技术无法精确分辨用户位置，每个用户都受到了邻近其他用户的强干扰而无法正常工作，而采用 CDMA 的扩频技术可以很轻松地降低其他用户的干扰。因此，将 SDMA 与 CDMA 技术结合起来，即 SCDMA 可以充分发挥这两种技术的优越性。SCDMA 由于采用了 CDMA 技术，与纯 SDMA 相比运算量降低，这是因为在 SDMA 中，要求波束赋形计算能够完全抵消干扰，而采用了本身有很强的降噪作用的 CDMA，所以 SDMA 只需起到部分降低干扰的

作用。这样，SCDMA 就可以采用最简化的波束赋形算法，以加快运算速度，确保在 TDD 的上下行保护时间内能完成所有的信道估计和波束赋形计算。

另外，在 TD‒SCDMA 中的"S"除表示空分多址（Smart Antenna，智能天线）以外，还有 Soft Radio（软件无线电，即用软件处理基带信号）和 Synchronous（同步）的含义。

TD‒SCDMA 的主要参数见表 2-4-5。

表 2-4-5　TD‒SCDMA 系统关键参数

空中接口规范参数	参数内容
复用方式	TDD
基本带宽	1.6MHz
每载波时隙数	10（其中 7 个时隙被用作业务时隙）
码片速率	1.28M chip/s
无线帧长	10ms（每个 10ms 的无线帧被分为 2 个 5ms 的子帧）
信道编码	卷积编码、Turbo 码等
数据调制	QPSK 和 8PSK（高速率）
扩频方式	QPSK
功率控制	开环＋闭环功率控制，控制步长 1、2 或 3dB
功率控制速率	200 次/s
智能天线	在基站端由 8 个天线组成的天线阵
基站间同步关系	同步
多用户检测	使用
业务特性	对称和非对称
支持的核心网	GSM‒MAP（GSM‒Mobile Application Part）

TD‒SCDMA 是一个同步 CDMA 的系统，用软件和帧结构设计来实现严格的上行同步；是一个基于智能天线的系统，充分发挥了智能天线的优势，并可使用 SDMA；基于软件无线电技术，所有基带数字信号处理均用软件实现，而不依赖 ASIC（Application Specific Integrated Circuit，专用集成电路）；在基带数字信号处理上，联合使用了智能天线和联合检测技术，达到比 UTRA TDD 高一倍的频谱利用率；基于智能天线，使用接力切换技术和 CDMA 的软切换相比，简化了用户终端的设计，克服了软切换要长期大量占用网络资源和基站下行容量资源的缺点。

任务二　时隙帧结构

由于帧结构是决定物理层很多参数和程序的基础，特别是对于 TD‒SCDMA 系统，其帧结构根据智能天线的要求进行了优化，而智能天线技术是 TD‒SCDMA 系统的技术核心，在此简单介绍系统的物理信道帧结构。

1. 帧结构

TD‒SCDMA 以 10ms 为一个帧时间单位，由于使用智能天线技术，需要随时掌握用户终端的位置，因此 TD‒SCDMA 进一步将每个帧分为了两个 5ms 的子帧，从而缩短了每一次上下行周期的时间，能在尽量短的时间内完成对用户的定位。TD‒SCDMA 的每个子帧的结构如图 2-4-15 所示。

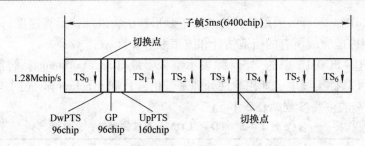

图 2-4-15　子帧结构

一个 TD – SCDMA 子帧分为 7 个普通时隙（TS0 ~ TS6）、一个下行导频时隙（Downlink Pilot Time Slot，DwPTS）、一个上行导频时隙（Uplink Pilot Time Slot，UpPTS）和一个保护间隔（Guard Period，GP）。切换点（Switching Point）是上下行时隙之间的分界点，通过该分界点的移动，可以调整上下行时隙的数量比例，从而适应各种不对称分组业务。各时隙上的箭头方向表示上行或下行，其中 TS0 必须是下行时隙，而 TS1 一般情况下是上行时隙，但随着两种 TDD 模式（WCDMATDD 和 TD – SCDMA）间干扰分析研究的进一步深入，该时隙也有可能在遇到干扰时停止发射并将数据移至下一时隙。对于 TD – SCDMA，由于其帧结构为波束赋形的应用而优化，在每一子帧里都有专门用于上行同步和小区搜索的 UpPTS 和 DwPTS。DwPTS 包括 32chip 的 GP 和 64chip 的 SYNC，其中 SYNC 是一个正交码组序列，共有 32 种，分配给不同的小区，用于小区搜索。UpPTS 包括 128chip 的 SYNC1 和 32chip 的 GP，如图 2-4-16 所示。其中 SYNC1 是一个正交码组序列，共有 256 种，按一定算法随机分配给不同的用户，用于在随机访问程序中向基站发送物理信道的同步信息。

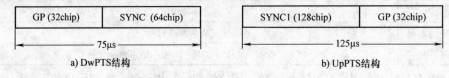

a) DwPTS结构　　　　　　b) UpPTS结构

图 2-4-16　同步码

2. 信息格式

TD – SCDMA 中每个时隙的信息只有一种脉冲类型，包括数据信息块 1、数据信息块 2、同步控制符号（Sync – Control Symbol，SS）、发射功率控制（Transmit Power Control，TPC）符号、传输格式组合指示（Transport Format Combination Indicator，TFCI 符号、训练序列（Midamble）和保护间隔（GP），如图 2-4-17 所示。

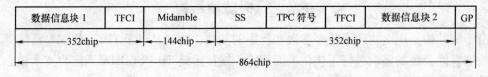

图 2-4-17　消息格式

图 2-4-16 中，训练序列（Midamblm）是用来区分相同小区、相同时隙内的不同用户的。在同一小区的同一时隙内，用户具有相同的基本训练序列，不同用户的训练序列只是基本训练序列的时间移位。TFCI 用于指示传输的格式，TPC 用于功率控制。SS 是 TD – SCDMA 特有的，用于实现上行同步，该控制信号每子帧（5ms）发射一次。

任务三 物理层程序

物理层程序即空中接口中通信连接中的处理程序，包括以下几个部分：同步与小区搜索；功率控制；时间提前量；无线帧的间断传输（DTX）；下行链路发射分集；随机接入等。

1. 同步与小区搜索

（1）TD-SCDMA 小区搜索

TD-SCDMA 的小区搜索分为四步，比较快捷。

① 下行导频时隙 DwPTS 搜索。在 TD-SCDMA 的下行信道中包含下行导频时隙，UE 使用一个匹配滤波器搜索下行信道，找到信号最强的下行导频时隙，读取 SYNC 识别号（ID）。SYNC ID 对应一个扰码和训练序列的码组，每一个码组含有四个扰码。

② 扰码和基本训练序列识别。目的是找到该小区所使用的基本训练序列和与其对应的扰码。UE 只需通过分别使用在第一步中读取的四个基本训练序列进行相关性判断，就可以确定该训练序列是哪一个，进一步确定扰码，因为扰码是和特定的训练序列相对应的。

③ 实现复帧同步。UE 通过 QPSK 相位编码信息搜索到复帧头，实现复帧同步。因为复帧头包含 QPSK 相位编码信息。

④ 读广播信道（BCH）。UE 利用前几步已经识别出的扰码、基本训练序列、复帧头读取 BCH 信息，从而得到小区配置等公用信息。

（2）TD-SCDMA 同步

UE 通过小区搜索已经可以接收来自基站的下行同步信号，但基站与每个 UE 的距离不同，所以仅靠下行信道的同步信号并不能完全实现上行传输同步。上行信道的初始传输同步是靠 UE 发送的上行导频时隙中的 SYNC1 实现的，该 SYNC1 由于与业务信道时隙间有足够大的保护间隔，所以基本不会对业务时隙产生干扰，其中 SYNC1 的定时和功率是根据从下行导频信道上接收的功率电平和定时来设定的。基站在搜索窗口中对 SYNC1 序列进行探测，估算接收功率和定时，并将调整信息反馈给 UE，以便 UE 修改下一次发送上行导频的定时和功率。在接下来的四个子帧内，基站将继续对 UE 发送调整信息。上行信道的基本训练序列可帮助 UE 保持上行同步。基站测量每个 UE 在每一个时隙内的基本训练序列，估测出功率和时间偏移量；在下行信道中，基站将发送 SS 和 TPC 命令，使每个 UE 都能够准确地调整其发射功率和发射定时，从而保证了上行同步的可靠性。

2. 功率控制

在 TD-SCDMA 中，由于其应用环境包括对室外的覆盖，所以上行信道也需要闭环功率控制，其他信道的功率控制方式与 WCDMA FDD 基本类似，但由于 TD-SCDMA 采用了波束赋形技术，所以其对功率控制的速率要求可以降低。

3. 时间提前量

为使同一小区中的每一个 UE 发送的同一帧信号到达基站的时间基本相同，基站可以用时间提前量调整 UE 发射定时，时间提前量的初始值由基站测量 PRACH（Packet RACH，分组 RACH）的定时决定。TD-SCDMA 每子帧 5ms 测试一次；根据测量结果，调整 1/8chip 的整数倍（在 0~64chip 内），得到最接近的定时。切换时，需加入源小区和目标小区的相对时间差（Δt），即 $TA_{new} = TA_{old} + 2\Delta t$，$TA_{new}$ 为新小区的时间提前量，TA_{old} 为旧小区的时间提前量。

4. 无线帧间断发射

技术篇中模块五项目四中讲述的间断传输（DTX）是指在没有数据时发射机停止发射。对 TD – SCDMA 来说，当传输信道复用后总的比特速率和已分配的专用物理信道的总比特速率不同时，上下行链路就要通过间断发射使之与专用物理信道的比特率匹配。

5. 随机接入

TD – SCDMA 的随机接入包括以下过程。

L1 层通过接收 RRC 传来的原语信息确定第一个 SYNC1、定时和发射功率等参数。该原语信息包括：时隙、扩频因子、信道编码、训练序列、接收周期和每个 PRACH 子信道的时间偏移量；传输格式参数集；物理信道的上行开环功率控制参数等。

在物理随机接入程序被初始化时，L1 层接收来自 MAC 层的原语的初始化信息。该原语信息包括：PRACH 信息所用的传输格式；PRACH 传输的接入业务级别（Access Service Class，ASC）；传输的数据（传输块集）。

物理层的随机接入程序如图 2-4-18 所示。

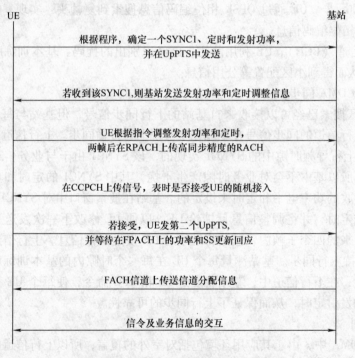

图 2-4-18　TD – SCDMA 随机接入过程

当发生碰撞或处于恶劣的传播环境中，基站不能发送 FPACH（Fast Physical Access Channel，快速物理接入信道）或不能接收 SCNY1。这时，UE 不能得到基站的任何响应，只能根据目前的测量调整发射时间和发射功率，在随机延时后，再次发送 SYNC1。每次重新传输，UE 都是随机选择新的 SYNC1。

6. 物理层的测量

在实现空中接口的通信连接时，同时必须进行大量的指标测量。物理层的测量可分为以下几种：频率内测量、频率间测量、系统间测量、业务量测量、质量测量和内部测量。在空闲模式下，基站广播的系统信息中包含测量控制消息。测量的主要目的是：进行小区选择与重选、切换、动态信道分配（DCA）及为了定时/同步而对时间提前量的测量等。

（1）小区选择/重选的测量

小区选择的测量：UE 对邻近小区测量包括信噪比、路径损耗、干扰功率、在 BCH 上接收的功率电平等，这些测量结果通过物理层与高层间的原语报告给高层，由高层决定对小区的选择。

小区重选的测量：与小区选择的方法基本相同，只是 UE 在重选前，从 UTRAN（UMTS Terrestrial Radio Access Network，UMTS 陆地天线接入网）接收一个有优先次序的小区重选监视集列表，并根据此表的优先次序进行小区重选。

（2）切换测量

为了准备小区的切换，UE 从 UTRAN 接收一个小区列表（该小区可能是 TD‑SCDMA/TDD、WCDMA/FDD、GSM 等系统），UE 在其空闲时隙监测所有属于这一列表中的小区。

① UE 端切换准备

UE 端作系统内切换准备时，主要监视 TD‑SCDMA 相邻小区，并向高层报告测量结果。UE 端还可作系统间切换准备，当切换到 WCDMA FDD 时，监测 WCDMA FDD 的 P‑CCPCH（Primary‑Common Control Physical Channal，主公共控制物理信道）的 E_c/I_0 及相对时间；当切换到 GSM 时，利用空闲时隙监测 GSM 的 FCCH 等。

② UTRAN 端切换准备

UTRAN 端切换准备需测量接收信号强度、解扩后的 SIR（Signal Interfere Ratio，信噪比）、信道解码前后的 BER（Bit Error Ratio，误比特率）等。报告给高层的 TD‑SCDMA 小区参数有小区识别码 Cell ID、相对信号强度、相对时延信息。报告给高层的 GSM 小区参数有 Cell ID、接收 FCCH 信号强度、相对时延信息、UE 发射功率。报告给高层的 DCA 参数有小区路径损耗、所有下行时隙的干扰、解扩后的 SIR、信道解码前后的 BER、传输信道的 FER（Frame Error Ratio，误帧率）、UE 发射功率、DTX 标志等。

（3）功率控制的测量

为了尽量降低用户的额外功率，需进行精确功率控制。因此，UE 和基站需不断进行信噪比和误码率测量。UE 报告给 UTRAN 的参数有 UE 对下行 DPCH（Dedicated Physical Channel，专用物理信道）的接收信号强度、解扩后的信噪比 SIR、信道解码前后的 BER、下行 DPCH 受到的干扰。UE 监视的参数有接收信号强度、UE 发射功率、UTRAN 的测量参数的接收信号强度、解扩后的 SIR、信道解码前后的 BER、下行 DPCH 受到的干扰、每个下行 DPCH 的发射功率、每个上行链路时隙受到的干扰。

（4）动态信道分配（Dynamic Channel Allocation，DCA）的测量

① 正在连接的 TD‑SCDMA 的 DCA 测量：UE 测量的参数包括服务小区的 CCPCH（Common Control Physical Channel，公共控制物理信道）接收信号强度、下行时隙的总接收功率、其他小区的 CCPCH 接收信号强度。

② 已连接模式下的 TD‑SCDMA 的 DCA 测量：根据当前信道质量和业务量参数的要求，DCA 被用于优化资源的分配。

UE 测量的参数包括：服务小区 CCPCH 的接收信号强度、下行时隙的总接收功率、其

他小区（CPCH）的接收信号强度、解扩后服务小区的下行 DPCH 的 SIR、信道编码前后服务小区下行 DPCH 的 BER 估值、服务小区的下行传输信道 FER 估值。

基站测量的参数包括：上行时隙干扰测量、解扩后服务小区的上行 DPCH 的 SIR、信道编码前后服务小区 DPCH 的 BER 估值、服务小区上行传输信道的 FER（Frame Error Ratio，误帧率）估值。

（5）邻近保护信道的测量

UE 测量的参数包括：候选频率和邻近频率、下行邻近频率的接收功率、下行相邻频率的接收功率。

（6）定位服务的测量

① 前向链路定位（多基站定位）：前向链路定位主要根据多个基站分别对 UE 的环回时延（Route Frip Delay，RTD）、信号强度等参数的测量来确定用户的位置。

UE 方面测量的参数包括：接收到的信号相对于发射机导频信号的时间差、导频的信号强度、精确时间、导频的频率偏移及 RTD 等。

基站方面测量的参数包括：相对于 UE 的 RTD、信号强度、精确时间、UE 载频的频率偏移及时间分辨率等。

② 后向链路定位（单基站定位）：后向链路定位是 TD – SCDMA 特有的，基于智能天线技术。基站根据上行信号的到达角（Direction of Arrival，DOA）、UE 和基站间的路径时延（Path Delay，PD）来确定用户的位置。

项目五　WiMax

任务一　WiMax 介 绍

1. WiMax 介绍

WiMax（Worldwide Interoperability for Microwave Access），即全球微波接入互操作性。WiMax 也叫 802.16 无线城域网或 802.16。WiMax 是一项新兴的宽带无线接入技术，能提供面向互联网的高速连接，数据传输距离最远可达 50km。WiMax 还具有 QoS 保障、传输速率高、业务丰富多样等优点。WiMax 的技术起点较高，采用了代表未来通信技术发展方向的 OFDM/OFDMA、AAS（Adaptiue Antenna System，自适应天线系统）、MIMO（Multiple input multiple output，多输入输出）等先进技术，随着技术标准的发展，WiMax 逐步实现宽带业务的移动化，而 3G 则实现移动业务的宽带化，两种网络的融合程度会越来越高。

WiMax 是一项基于 IEEE 802.16 标准的宽带无线城域网接入技术，为了提高频谱资源利用率以适应各类宽带多媒体应用，而采用了大量新技术（如 OFDM/OFDMA、MIMO、自适应编码调制等）。WiMax 同时也是一种互联网阵营提出的未来公共无线宽带数据网的技术体制，代表着未来无线通信系统的宽带和智能特征，例如协议结构和网络结构扁平化、支持高速数据传输和无缝漫游、支持各种类型的业务并在 MAC 层和物理层保障其 QoS 等。

与 WiMax 密切相关的两个组织是 IEEE 的 802.16 和 WiMax 论坛，前者制定了以 802.16d 和 802.16e 为代表的无线宽带城域网（WMAN）空中接口标准，后者则是整个 WiMax 技术体系和网络模型的完善者，以及产业链的推动者。截至目前，WiMax 论坛成员已经超过了 410 名，全球认证的产品超过了 28 种。全球 WiMax 实验网数量超过 200 个试验网，分别部署在 65 个国家。WiMax 已经是一项较为成熟的宽带无线接入技术，其中固定宽带无线接入（802.16d）技术已经具备了大规模商用部署的条件。

WiMax 于 2004 年进入我国，由最初高歌猛进高举 3G 终结者大旗，到后来曲高和寡甘作 3G "有效补充"，后与 WLAN 技术共同被采用组建奥运高速无线网络，WiMax 技术在中国的发展经历了大起大落的 2 年多时光。值得注意的是，当全球都看好 802.16e，期望 WiMax 能在移动领域有所突破的时候，WiMax 在中国的正式商用却是采用 2004 年就已经发布的基于 802.16d 的固定接入模式，这个现象印证了"没有最好的接入方式，只有最合适的接入方式"那句老话，同时也体现出在 3G 发展势不可挡的情况下，WiMax 在中国的发展回归到了一条冷静而务实的道路上。

WiMax 不仅在北美、欧洲迅猛发展，而且这股热浪已经推进到亚洲。WiMax 又称为 802.16 无线城域网，是又一种为企业和家庭用户提供"最后一公里"的宽带无线连接方案。因在数据通信领域的高覆盖范围（理论上可以覆盖 40~50 公里的范围），以及对 3G 可能构成的威胁，使 WiMax 在最近一段时间备受业界关注。

该技术以 IEEE 802.16 的系列宽频无线标准为基础。一如当年对提升 802.11 使用率有功的 Wi-Fi 联盟，WiMax 也成立了论坛，将提高大众对宽频潜力的认识，并力促供应商解决设备兼容问题，借此加速 WiMax 技术的使用率，让 WiMax 技术成为业界使用 IEEE 802.16 系列宽频无线设备的标准。虽然 WiMax 无法另辟新的市场（目前市面已有多种宽频无在线网方式），但是有助于统一技术的规范，有了标准化的规范，就可以以量制价，降低成本，提高市场增长率。短期而言（2004 年），WiMax 论坛将在年底之前，着手开发认证流程，为最后一步的产品测试作准备。2005 年左右，大型供应商将推出拥有 WiMax 认证的产品，多数产品的频率不超过 11GHz 长期而言，WiMax 将进步到可以支持最后一公里，回程、私人企业应用。2006/07 年左右，WiMax 解决方案将内建于笔记本电脑，可直接进行客户端发送，递送真正的便携式无线宽频，不需外接的客户端设备（Customer Premise Equipment，CPE）WiMax 的发展历程如图 2-4-19 所示。

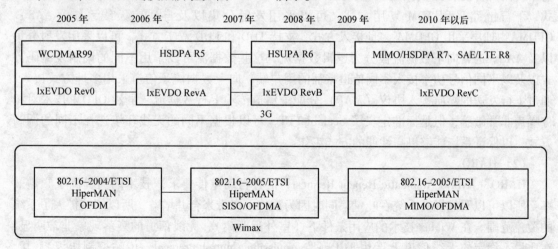

图 2-4-19 WiMax 的发展历程

2. WiMax 四大优势

WiMax 之所以能掀起大风大浪，显然是有自身的许多优势。而各厂商也正是看到了 WiMax 的优势所可能引发的强大市场需求才对其抱有浓厚的兴趣。

优势之一，实现更远的传输距离。WiMax 所能实现的 50 公里的无线信号传输距离是无线局域网所不能比拟的，网络覆盖面积是 3G 发射塔的 10 倍，只要少数基站建设就能实现全城覆盖，这样就使得无线网络应用的范围大大扩展。

优势之二，提供更高速的宽带接入。据悉，WiMax 所能提供的最高接入速度是 70M，这个速度是 3G 所能提供的宽带速度的 30 倍。对无线网络来说，这的确是一个惊人的进步。

优势之三，提供优良的最后一公里网络接入服务。作为一种无线城域网技术，它可以将 Wi–Fi 热点连接到互联网，也可作为 DSL 等有线接入方式的无线扩展，实现最后一公里的宽带接入。WiMax 可为 50 公里线性区域内提供服务，用户无需线缆即可与基站建立宽带连接。

优势之四，提供多媒体通信服务。由于 WiMax 较之 Wi–Fi 具有更好的可扩展性和安全性，从而能够实现电信级的多媒体通信服务。

任务二　WiMax 的技术

1. 关键技术

（1）OFDM/OFDMA

OFDM（正交频分复用）是一种多载波数字调制技术，它具有较高的频谱利用率，且在抵抗多径效应、频率选择性衰落或窄带干扰上具有明显的优势。而 OFDMA 是利用 OFDM 的概念实现上行多址接入的，每个用户占用不同的子载波，通过子载波将用户分开。OFDMA 允许单个用户仅在部分子载波发送，降低了对发送功率的要求。

在 WiMax 系统中，OFDM 技术为物理层技术，主要应用的方式有两种：OFDM 物理层和 OFDMA 物理层。OFDM 物理层采用 OFDM 调制方式，OFDM 正交载波集由单一用户产生，为单一用户并行传送数据流。它支持 TDD 和 FDD 双工方式，上行链路采用 TDMA 多址方式，下行链路采用 TDM 复用方式，可以采用发射分集以及自适应天线系统（AAS）。OFDMA 物理层采用 OFDMA 多址接入方式，支持 TDD 和 FDD 双工方式，可以采用发射分集以及 AAS。通常向下数据流被分为逻辑数据流，这些数据流可以采用不同的调制及编码方式以及以不同信号功率接入不同信道特征的用户端。向上数据流子信道采用多址方式接入，通过下行发送的媒质接入协议（MAP）分配子信道传输上行数据流。虽然 OFDM 技术对相位噪声非常敏感，但是标准定义了 ScalableFFT，可以根据不同的无线环境选择不同的调制方式，以保证系统能够以高性能的方式工作。

（2）HARQ

HARQ（Hybrid Automatic Repeat Request，混合自动重传要求）技术因为提高了频谱效率，所以可以明显提高系统吞吐量，同时因为重传可以带来合并增益，所以间接扩大了系统的覆盖范围。在 WiMax 技术的应用条件下（室外远距离），无线信道的衰落现象非常明显，在质量不稳定的无线信道上运用 TCP（Transmission Control Protocol，传输控制协议）、IP，其效率十分低。WiMax 技术在链路层加入了 HARQ 机制，减少了到达网络层的信息差错，可大大提高系统的业务吞吐量。

在 802.16e 的协议中虽然规定了信道编码方式有卷积码（Convolution Code，CC）、卷积 Turbo 码和低密度校验码（Low Density Parity Check Code，LDPC）编码，但是对于 HARQ 方式，根据目前的协议，802.16e 中只支持 CC 和 CTC（Convolution Turbo Code）的 HARQ 方式。具体规定为：在 802.16e 协议中，混合自动重传要求（HARQ）方法在 MAC 部分是可选的。HARQ 功能和相关参数是在网络接入过程或重新接入过程中，用消息被确定和协商的。HARQ 是基于每个连接的，它可以通过消息确定每个服务流是否有 HARQ 的功能。

（3）AMC

AMC（自适应调制编码）在 WiMax 的应用中有其特有的技术要求，由于 AMC（Adaptive Modulation and Coding，自适应调制编码）技术需要根据信道条件来判断将要采用的编码方案和调制方案，所以 AMC 技术必须根据 WiMax 的技术特征来实现 AMC 功能。与 CDMA 技术不同的是，由于 WiMax 物理层采用的是 OFDM 技术，所以时延扩展、多普勒频移、PAPR（Peak to Auerage Power Ratio，峰均比）值、小区的干扰等对于 OFDM 解调性能有重要影响的信道因素必须被考虑到 AMC 算法中，用于调整系统编码调制方式，达到系统瞬时最优性能。WiMax 标准定义了多种编码调制模式，包括卷积编码、分组 Turbo 编码（可选）、卷积 Turbo 码（可选）、零咬尾卷积码（ZeroTailbaitingCC）（可选）和 LDPC（可选），并对应不同的码率，主要有：1/2、3/5、5/8、2/3、3/4、4/5、5/6 等码率。

（4）MIMO

MIMO（多进多出）是未来移动通信的关键技术。MIMO 技术主要有两种表现形式，即空间复用和空时编码。这两种形式在 WiMax 协议中都得到了应用。WiMax 相关协议还给出了同时使用空间复用和空时编码的形式。支持 MIMO 是协议中的一种可选方案，结合 AAS 和 MIMO 技术，能显著提高系统的容量和频谱利用率，可以大大提高覆盖范围并增强应对快衰落的能力，使得在不同环境下能够获得最佳的传播性能。

（5）QoS 机制

在 WiMax 标准中，MAC 层定义了较为完整的 QoS 机制。MAC 层针对每个连接可以分别设置不同的 QoS 参数，包括速率、延时等指标。WiMax 系统所定义的 4 种调度类型，只针对上行的业务流，分别为非请求的带宽分配业务（Unsolicited Grant Service，UGS）、实时轮询业务（Real Time Polling Service，RTPS）、非实时轮询业务（Non Real Time Polling Service，NRTPS）、尽力而为业务（Best effort，BE）。对于下行的业务流，根据业务流的应用类型只有 QoS 参数的限制（即不同的应用类型有不同的 QoS 参数限制）而没有调度类型的约束，因为下行的带宽分配是由 BS 中的 Buffer 中的数据触发的。这里定义的 QoS 参数都是针对空中接口的，而且是这四种业务的必要参数。

（6）睡眠模式

802.16e 协议为适应移动通信系统的特点，增加了终端睡眠模式：Sleep 模式和 Idle 模式。Sleep 模式的目的在于减少 MS 的能量消耗并降低对 ServingBS 空中资源的使用。Sleep 模式是 MS 在预先协商的指定周期内暂时中止 ServingBS 服务的一种状态。从 ServingBS 的角度观察，处于这种状态下的 MS 处于不可用（unavailability）状态。Idle 模式为 MS 提供了一种比 Sleep 模式更为省电的工作模式，在进入 Idle 模式后，MS 只是在离散的间隔，周期性地接收下行广播数据（包括寻呼消息和 MBS 业务），并且在穿越多个 BS 的移动过程中，不需要进行切换和网络重新进入的过程。Idle 模式与 Sleep 模式的区别在于：Idle 模式下 MS 没有任何连接，包括管理连接，而 Sleep 模式下 MS 有管理连接，也可能存在业务连接；Idle 模式下 MS 跨越 BS 时不需要进行切换，Sleep 模式下 MS 跨越 BS 需要进行切换，所以 Idle 模式下 MS 和基站的开销都比 Sleep 小；Idle 模式下 MS 定期向系统登记位置，Sleep 模式下 MS 始终和基站保持联系，不用登记。

(7) 切换技术

802.16e 标准规定了一种必选的切换模式，在协议中简称为 HO（handover），实际上就是我们通常所说的硬切换。除此以外还提供了两种可选的切换模式：MDHO（宏分集切换）和 FBSS（快速 BS 切换）。移动台可以通过当前的服务 BS 广播的消息获得相邻小区的信息，或者通过请求分配扫描间隔或者是睡眠间隔来对邻近的基站进行扫描和测距的方式获得相邻小区信息，对其评估，寻找潜在的目标小区。切换既可以由 MS 决策发起也可以由 BS 决策发起。在进行快速基站切换（Fast BS Switching, FBSS）时，MS 只与 AnchorBS 进行通信；所谓快速是指不用执行 HO 过程中的步骤就可以完成从一个 AnchorBS 到另一个 AnchorBS 的切换。支持 FBSS 对于 MS 和 BS 来说是可选的。进行宏分集切换（Macro Diversity Handouer, MDHO）时，MS 可以同时在多个 BS 之间发送和接收数据，这样可以获得分集合并增益以改善信号质量。是否支持 MDHO 对于 MS 和 BS 来说是可选的。

2. 技术特点

(1) 链路层技术

TCP/IP 的特点之一是对信道的传输质量有较高的要求。无线宽带接入技术面对日益增长的 IP 数据业务，必须适应 TCP/IP 对信道传输质量的要求。在 WiMax 技术的应用条件下（室外远距离），无线信道的衰落现象非常显著，在质量不稳定的无线信道上运用 TCP/IP，其效率将十分低下。WiMax 技术在链路层加入了 ARQ 机制，减少到达网络层的信息差错，可大大提高系统的业务吞吐量。同时 WiMax 采用天线阵、天线极化方式等天线分集技术来应对无线信道的衰落。这些措施都提高了 WiMax 的无线数据传输的性能。

(2) QoS 性能

WiMax 可以向用户提供具有 QoS 性能的数据、视频、语音（VoIP）业务。WiMax 可以提供三种等级的服务：CBR（Con - stant Bit Rate, 固定信息速率）CIR（Committed Information Rate, 承诺信息速率）、BE（Best Effort, 尽力而为）。CBR 的优先级最高，任何情况下网络操作者与服务提供商以高优先级、高速率及低延时为用户提供服务，保证用户订购的带宽。CIR 的优先级次之，网络操作者以约定的速率来提供，但速率超过规定的峰值时，优先级会降低，还可以根据设备带宽资源情况向用户提供更多的传输带宽。BE 则具有更低的优先级，这种服务类似于传统 IP 网络的尽力而为的服务，网络不提供优先级与速率的保证。在系统满足其他用户较高优先级业务的条件下，尽力为用户提供传输带宽。

(3) 工作频段

整体来说，802.16 工作的频段采用的是无需授权频段，范围在 2 ~ 66GHz 之间，而 802.16a 则是一种采用 2 ~ 11GHz 无需授权频段的宽带无线接入系统，其频道带宽可根据需求在 1.5 ~ 20MHz 范围内进行调整。因此，802.16 所使用的频谱将比其他任何无线技术更丰富，具有以下优点：

1) 对于已知的干扰，窄的信道带宽有利于避开干扰。

2) 当信息带宽需求不大时，窄的信道带宽有利于节省频谱资源。

3）灵活的带宽调整能力，有利于运营商或用户协调频谱资源。

项目六　3G 业 务

【补充知识】

《电信条例》表述为电信是指利用有线、无线的电磁系统或者光电系统，传送、发射或者接收语音、文字、数据、图像以及其他任何形式信息的活动。电信业务分为基础电信业务和增值电信业务。

基础电信业务（又称基础业务）是指投资建设和经营具有物理实体的传输、交换、接入等网络元素和提供端到端全程信息服务的业务。可分为第一类基础电信业务和第二类基础电信业务。

第一类基础电信业务需要建设全国性的网络设施，影响用户范围广，关系到国家安全和经济安全，相应采取适度竞争、有效控制的严格管理政策，以避免重复建设，充分发挥规模经济的作用，保证基础设施运行平稳、协调发展。

第二类基础电信业务对上述因素的影响程度相对小些，因此，根据市场发展需求和电信资源有效配置等因素，能够逐步创造条件向社会开放。

增值电信业务是指利用基础电信业务经营者的网络元素或业务向最终用户提供信息处理服务的业务。也可以分为第一类增值电信业务和第二类增值电信业务。

第一类是以增值网方式出现的业务，增值网可凭借从公用网租用的传输设备，使用本部门的交换机、计算机和其他专用设备组成专用网，以适应本部门的需要。例如租用高速信息组成的传真存储转发网、会议电视网、专用分组交换网和虚拟专用网等。

第二类是以增值业务方式出现的业务，是指在原有通信网基本业务（电话、电报业务）以外开发的业务，如数据检索、数据处理、电子数据互换、电子信箱、电子查号和电子文件传输等业务。

任务一　3G 业务介绍

与第一代模拟移动通信和第二代数字移动通信系统相比，3G 业务的最主要特征是可提供移动多媒体业务，其设计目标是为了提供比第二代系统更大的系统容量、更好的通信质量，且要能在全球范围内更好地实现无缝漫游，根据《电信业务分类目录》中对 3G 业务作了如下描述。3G 业务是第一类基础电信业务中蜂窝移动通信网络提供的语音、数据、D 视频图像等业务。

3G 业务依据不同的层次可以分为不同的种类。按照面向用户需求的业务划分，可以分为通信类业务、资讯类业务、娱乐类业务及互联网业务。

按照业务实现的方式和技术特点，结合 UMTS 论坛和部分 3G 厂家的分类，又可以将 3G 的业务做如下分类（见表 2-4-6）。有些是现有的 2G/2.5G 平台已经具备的常见业务和数据业务，有些是 3G 特色业务。

表 2-4-6　3G 业务分类

业务分类	业务实例	业务分类	业务实例
会话类	电路域普通电话业务	娱乐类	流媒体业务：音频点播
			流媒体业务：视频点播、Music、Video
			视频直播，包括分组域和电路域
	电路域移动可视电话	信息服务类	WAP 浏览业务
	会议电话		短消息信息点播（新闻、天气、股票信息等）
			MMS 信息点播（新闻、广告等）
	会议电视	移动商务类	移动小额支付
消息类	短消息		移动大额支付
	MMS		集团短信
	基于版权管理的 MMS	移动企业应用	移动企业接入
	即时消息和 Presence（基于无线乡村）		无线 DDN
	移动电子邮件	智能网业务	预付费、VPN、语音内容服务等业务
	语音便笺业务	IP 多媒体业务	Push To Talk
Internet 接入	电路域承载业务：移动 Internet接入，9.6kbit/s		Rich Voice
	数据域承载业务：移动 Internet接入（14.4~384kbit/s）		Click to Dial
定位类	基于 Cell ID 的位置业务		IM 和 Presence
	高精度位置业务		有 QoS 保障的 SIP 电话
娱乐类	娱乐下载业务		Auto - conference
	移动在线业务		

对于 QoS 业务，3GPP 定义了四种基本业务类型，即会话类业务、流媒体类业务、交互类业务和背景类业务。受四种业务自身业务特性及其他因素的影响，如移动通信相对于有线通信的特征、3G 网络业务承载能力限制、运营商利润需求、消费者的消费能力与消费欲望等，四种业务类型主流业务具有不同特色。

（1）会话类业务（Conversational）基本特点需要具有较低的延迟、较低的抖动延迟变化，以及较低的误差容限。此类业务对速率的大小不做特别的要求，通常是流量基本恒定的，而且通常要求双向业务流速率对称。

典型应用：语音业务、视频电话、视频会议。

（2）流媒体业务（Streaming）基本特点：流媒体业务对容许误差有着较高的要求，但对延迟和抖动的要求则较低。这是因为接收应用一般会对业务流进行缓冲，从而流数据可以以同步方式向用户进行播放。

典型应用：音频流和视频流是两种典型的流媒体业务。

（3）交互类业务（Interactive）基本特点：典型的请求/响应类型事务组成，交互类业务的特征是对容许误差有着较高的要求，而对延迟容限的要求则要比会话类业务情况下的要求低一些。抖动对于交互类业务来说不是一个主要的问题。

典型应用：Web 浏览。

（4）背景类业务（Background）基本特点：对业务较小的延迟约束（或者也可以没有任何延迟约束）。

典型应用：右键下载。

1. 常见 2G/2.5G 业务

以下是常见的 2G/2.5G 业务，这些业务都相对比较成熟。

1）电路域基本电信业务：电话业务、短消息业务、承载业务（低速移动 Internet 接入）；电路域补充业务；

2）分组域基本电信业务：数据域承载业务（移动 Internet 接入）；互联网短信业务；语音内容服务；WAP 浏览业务；娱乐下载业务；

3）MMS 业务：点对点、点到应用和应用到点；移动小额支付；位置业务（基于 Cell ID）；

4）集团客户解决方案：虚拟专用移动网（Virtual Priuate Mobile Network，VPMN）、集团短信、集团会议电话、企业接入、无线数字数据网（Digital Date Network，DDN）；智能网业务。

2. 其他 2G/2.5G 数据业务

下面的业务可以在目前的 2G/2.5G 平台上实现。

（1）基于版权管理的 MMS 业务

用户下载的 MMS 是有数字版权的。

（2）语音便笺业务

语音便笺是用语音代替文本输入，配以文字标题的新型消息通信方式。该业务适用于不习惯或不熟悉用手机键盘输入的人士。

（3）移动在线游戏

（4）即时消息和状态信息业务——IMPS（Instant Messaging Presence Service）

即时信息服务最早出现在 1996 年，由以色列人发明，并创造了目前最大的即时通信网络——ICQ。在我国比较流行的是 QQ，占国内即时通信 90% 以上的市场份额。另外，新浪、搜狐等网站也提供过即时通信服务。

IMPS 包括即时消息（Instant Messaging）业务和存在（Presence）业务两个方面的基本要素。

即时消息（Instant Messaging）业务：是指在多个参与实体之间实时的进行信息交互。

存在（Presence）业务：参与实体通过网络实时地发布和修改自己的个性化存在信息，比如位置、心情、连通性（外出就餐、开会……）等，参与实体可以通过订阅、授权等方式控制存在信息的发布范围。

IMPS 作为一个业务平台可以提供丰富多彩的业务。移动聊天、网上通讯录、找朋友、股票虚拟代理人用户可以实时获得指定股票的价格。

（5）移动支付业务（小额）

鉴于目前的手机还不支持安全加密功能，因此首先应用于小额支付的应用场景。具体移动交易业务有移动彩票、移动售货机、移动购买日常用品、移动购票等业务。

（6）增强的移动支付（大额）

增强了移动支付的安全性和保密性，可以通过手机进行大额的、基于银行账号的安全支付业务，如移动购车、移动购房、商场购买高额消费品等。

（7）用户群定位

商业用户为主。

（8）移动定位业务（基于 Cell ID）

定位的精度一般为几百米到几公里，适用于以下的应用：查找自己、查找朋友、老人/小孩区域监控、查询周围的服务措施、紧急求救、车辆调度。

3. 3G 特色业务

（1）移动 Internet 接入（PS 域 64~384kbit/s）

用户可以使用 PDA（Personal Digital Assistant，个人数字助理）或者 PC（Personal Computer，个人计算机）加手机来访问 WWW（万维网）网络。

（2）移动可视电话

可视电话实现方式可以分为两大类：基于电路域承载的 H. 324M 建议的可视电话和基于 SIP 的可视电话。在 3G 初期，由于端到端 QoS 以及终端的支持情况，基于电路域 H. 324M 的可视电话将是可行的一个方案。随着 3G 的进一步进展，基于 SIP 的可视电话将会有很好的发展。该业务是 3G 有别于 2G/2.5G 的重要业务。

（3）流媒体业务

移动流媒体业务的功能是给移动用户提供在线的不间断的声音、影像或动画等多媒体播放，而无需用户事先下载到本地，流媒体业务支持多种媒体格式如 MOV、MEPG - 4、MP3、WAV、AVI、AU、Flash 等，可以播放音频、视频以及混合媒体格式。

流媒体可以提供视频点播/视频直播、音频点播/音频直播，内容可以是电视节目、录像、娱乐信息、体育频道、音乐欣赏、新闻、动画等，是体现 3G 特色的业务。但需要考虑对流媒体业务按照内容和版权收费以及国家政策等方面的因素。

（4）3G 特色定位业务

1）高精度定位：高精度定位业务是利用卫星辅助定位 A - GPS（Assisted GPS）技术，定位精度可以达到 5~50m，可以开展对精度要求较高的定位业务，是体现 3G 特色的业务。城市导航、资产跟踪、基于位置的游戏、合法跟踪、高精度的紧急呼救。

2）区域触发定位：区域触发定位能力是 3GPP 标准制定的条件触发能力之一，该能力为位置业务提供更加强大、灵活的业务能力。实现区域触发能力，可以开展更多的定位业务，是体现 3G 特色的业务。区域广告、资产跟踪、人员监控、接近 POI（Position of Interest）通知，POI 是用户感兴趣（包括需要回避的）的设施、地点等，用户接近这些地点时，会提前得到通知、高精度的弱势群体区域监控、朋友接近通知。

（5）移动企业应用

1）移动多媒体会议电话、会议电视：会议电话实现方式可以分为两大类：基于电路域承载的 H. 324M 建议的会议电话和基于 SIP 的会议电话。在 3G 初期，由于端到端 QoS 以及终端的支持情况，基于电路域 H. 324M 建议的会议电话将是可行的一个方案。随着 3G 的进一步进展，基于 SIP 的会议电话将会有很好的发展。

会议电视是一种实时的视频通信，会议电视应用至今已有 30 多年的历史，当前视频通信业务已经从原来的专网专用的会议电视业务模式转换成运营商向公众提供普遍视频服务的重要电信业务。

2）高速移动企业接入：移动企业接入业务利用 3G 网络采用 IPSEC 和 L2TP 等安全技术为企业移动办公、分支机构、出差人员提供安全的无线接入企业内部网络的解决方案，是 3G 特色的业务。

（6）移动行业应用

移动行业应用可以面向大众用户，也可以面向企业内部。企业内部的应用可分为办公类应用、生产系统应用。

1）面向大众的业务

交通行业中使用 3G 手机或移动 PDA 应用于车辆巡查、交通状况查询；

为大型会议定制服务，如亚洲电信展，是面向大众用户的应用；

为大型运动会，如奥运会，定制业务与服务，甚至定制终端；

电台、电视台、报纸等公众媒体的移动数据增值方案。

2）面向行业内部的办公类应用

保险行业：移动保险经纪人解决方案。

3）面向行业内部生产系统的应用

交通部门车辆跟踪；

设备远程监控。

（7）IP 多媒体域业务

IMS 目标是解决全 IP 实时多媒体业务，IMS 架构上可以提供的业务有 PTT（Push – To – Talk）、IM 和 Presence 业务、Rich Voice、Click to Dial，这些业务可以受到 IMS 域的统一管理。

1）Push To Talk："Push To Talk" 服务是一种双向通信格式，只需按下手机上的一个按钮，用户即可同一个或多个受话方进行直接通话。收到传输后，用户不必接听电话即可自动听到送话者的声音。消费者在娱乐和社交活动中，如分散在滑雪场或游乐园等大范围场所的家庭成员、朋友间、集团成员间可利用即按即说服务。这是一个巨大的潜在市场。基于 3G 分组域的 Push To Talk 是一种全数字传输的 VoIP 技术，完全基于 SIP（Session Initiation Protocol，会话发起协议）和 IMS（IP Multimedia SubSystem，IP 多媒体子系统）设计，很大程度上有别于集群通信的 Push To Talk。

2）Rich Voice：Rich Voice 业务支持会话建立或通信过程中的文本消息通信，支持通话过程中传送图片、铃声或视频片段。有以下 4 种应用。

多媒体主叫 ID 显示：在呼叫发起过程中，被叫方终端在振铃的同时，显示主叫方发送的一段文字、图片、音频/视频/动画等信息作为主叫 ID。

多媒体留言（主被叫双向）：在呼叫过程或呼叫结束时，被叫方或主叫方显示对方发送的一段文字、图片、音频/视频/动画等信息，如问候语、联系地址等。

多媒体信息提示：在呼叫发起过程中或通话过程中，网络向被叫终端发送主被叫双方的历史通话记录、对方背景资料、联系信息等。

智能呼叫应答：在呼叫发起过程中，被叫方向主叫方发送文字、图片等信息提示合理的联系方式。

3）Click to Dial：Click to Dial 结合了 IP 数据业务和电路语音业务的优点，用户在浏览网页时通过单击被叫的标识，建立语音会话与被叫进行交流。

4）IM 和 Presence：在 IP 多媒体域提供 IM 业务，可以结合 VoIP 提供语音和数据融合的业务。此业务可以与 NGN 结合起来，提供 NGN 与 3G 之间、3G 内部的互通。

5）Auto – conference：Auto – conference（自动会议业务）是系统根据会议参与者的 Presence 状态自动召开会议：当所有的会议参与者的 Presence 状态都显示为空闲时，自动召集会议。

作为一个综合应用，该应用的特色是结合了 Presence、IM（Instant Messaping，即时通信）、会议等基本能力的应用，兼有基于 SIP 的电信业务和基于 Web 的网络业务的特点。

6）SIP 电话：SIP 电话指基于分组域的端到端的 VoIP 通信，在分组域叠加 IP 多媒体子系统，但在 3G 初期语音质量无法保证，可以作为一种低价的沟通方式来运营。

任务二　3G 业务特点

从上面的业务介绍来看，第三代移动通信系统给我们带来的是非常丰富的业务，包括语音、数据、多媒体、多媒体消息业务、定位业务、电子商务等，并且业务还具有智能化、个性化的特点，它允许用户参与定制一些特征业务，用户可以根据自己的需求设置一些特征参数，如时间、地点、业务数据、用户界面等，即个性化的业务环境，即使是同样的业务其表现形式也会有所差异。

总结 3G 的技术特点及商用的结果，目前 3G 的业务特点有：

1）语音、数据混传，可以同时支持高速的实时数据业务和基本语音业务。

2）接入速率高，可以实现在室内支持 2Mbit/s 的数据传输，在步行慢速移动环境支持速率达 384kbit/s，在高速移动环境支持 144kbit/s 的接入速率（R99/R4 版本）。

3）业务生成方式灵活，由于 3G 网络的目标是和因特网、固定网等多种网络融合，业务的分类方式已经变为由业务特征组成，并且有统一的接口提供给业务（内容）提供商，业务生成的机制非常灵活，业务不再由厂家控制。

4）业务可携带性，业务个性化。

当前移动通信市场仍处于高速发展之中，业务收入的增长速率仍然高于 GDP 的增长速度。语音业务在整个收入中逐渐呈现下降趋势，而数据业务发展越来越迅速。数据业务的 ARPU（Average Revenue Per User，每用户平均收入，用于衡量电信运营商业务收入的指标。ARPU 注重的是一个时间段内运营商从每个用户所得到的收入）。在业务收入中的比重逐渐增加。第三代移动通信技术的应用将使通信能力大大增强，通过 3G 技术构建的承载网络对数据业务的支持能力也得到很大提升。为了满足人们对高速数据业务和日益增加的个性化、娱乐化、生活化业务的需求，将业务与承载相分离，通过统一的综合业务平台更加灵活地为用户提供各种各样的应用。

1. 3G 业务的特点

3G 时代是一个以业务为主要推动力的时代，相对 2G 业务，3G 业务具有支持承载速率高、支持突发和不对称流量、具有 QoS 保障以及多媒体普遍应用的特点。

3G 业务的最基本的特征如下。

（1）具有丰富的多媒体业务应用。

（2）提供高速率的数据承载：广域范围可达384kbit/s，室内环境下可达2Mbit/s。

（3）业务提供方式灵活：同时提供电路域和分组域、语音和数据业务，支持承载类业务、支持可变的比特率，支持不对称业务，并且在一个连接上可同时进行多种业务。

（4）提供业务的QoS质量保证：四种QoS类别为会话类业务、流媒体类业务、交互类业务和背景类业务，这四种QoS类别的主要区别在于各种类别对时延的敏感度不同。

3G业务应当具备如下四个特点：

（1）智能化：业务的智能化主要体现在网络业务提供的灵活性、终端的智能化，如现在除输入密码外，可以支持语音、指纹来识别用户身份。

（2）多媒体化：3G信息由语音、图像、数据等多种媒体构成，信息的表达能力和信息传递的深度都比2G有了显著的提高，基本上可以实现多媒体业务在无线、有线网之间的无缝传输。

（3）个性化：用户可以在终端、网络能力的范围内设计自己的业务，这是实现个性化的必要前提。网络运营商为用户提供虚拟归属环境，使用户在访问网络时可享受到与归属网络一致的服务，保证个性化业务在全网一致性。

（4）人性化：业务的人性化就是要满足人的基本需要。人在移动中处理信息的能力比较有限，信息的有效传输和表达尤其重要，带宽并不是越宽越好，要用最少的码元传输量使用户获取最多、最有用的信息；要考虑用户在安全性、可靠性方面的需求，达到固定网的水平。

2. 3G业务价值链的组成

随着移动业务逐渐由语音向数据业务转化，移动产业链由原来的简单的基础网络运营商和移动设备提供商向提供移动个性化服务支持及终端销售等环节延伸。现在的电信市场越分越细，产业链、价值链正在不断延长，随着制造商、内容提供商、系统集成商等多个环节的不断加入，新的价值链正在形成。价值链越长，专业性就越强，运营商依靠自身力量已经无法为用户提供个性化的信息服务。

业务内容提供商和服务提供商目前是共同协作的关系，在3G业务的价值链中，最根本的任务是为最终用户提供高质量的、丰富多彩的业务。为了确保整个价值链的有效性，首先需要寻找内容来源和组织内容，这一点能确保价值链长期有效存在，如果内容的质量、数量和表现方式不能使用户满意，用户将不会接受这样的业务；由于内容服务商更多的是为人们提供在某些领域的信息，因此可能没有精力在这些内容中进行数据挖掘，发现并提炼出更具使用价值的信息，增值业务就由此产生了。在此价值链中，网络运营商的专长在于建造、维护网络基础设施和提供电信业务，还在于实现网络互联互通，而且需要考虑内容提供商提供的内容或者增值服务产生的信息服务以何种承载的方式可在3G网络中进行表述。除此之外，3G终端设备制造商可能需要与网络运营商一起确定目标市场，联合设计业务，在此基础上确定终端形式。

通过上述分析可以看出，由于各地的文化、需求层次不同，运营商在不同的区域内主推的业务不尽相同，各个区域的用户对于不同的3G种类也有不同的偏好：在欧洲，通信、资讯类的业务比较受人们的欢迎；在亚洲日韩地区，娱乐类的业务则更容易为用户所接受。对于3G业务来说，更应该注重的是区域用户的用户体验，除了现有的移动语音、短消息业务、WAP浏览之外，以下三项业务具有很好的发展前景。

网络游戏，包括角色扮演类和其他的竞技类游戏。

移动音乐、电视：用户通过 3G 手机收看电视节目和听音乐。

行业解决方案：3G 应用可围绕行业的应用需求，构造行业化解决方案，如移动公安系统查车系统、移动保险经纪人系统、移动邮政系统、汽车通讯系统、移动奥运等。

【3G 运营案例】

2012 年，山东东营联通与阿尔法电气公司合作，推出了智能化车辆管理系统，利用 3G 技术，为物流企业解决了上述难题。当前已有 5000 余辆车安装了联通车载 GPS 设备，真正实现了车辆的实时动态监管和数据互享，让物流链条的各方人员对货物行程状态了如指掌。

山东联通智能化车辆管理系统是集全球卫星定位系统（GPS）、地理信息系统（Geographic Information System，GIS）以及无线通信技术于一体的软硬件综合平台，主要由车载终端、无线数据链路和监控中心软件三部分组成，可实现车辆定位、监控、报警、地图、安防、统计、报表、消息等诸多管理功能，并将应用延伸至手机等移动终端，帮助交通物流行业破解了诸多车辆运营管理的难题。

在保障物流车辆通畅运营方面，系统实现了对车辆货物的及时掌握跟踪、及时调配、做出最优的路线规划，解决了空载率居高不下、货物信息不畅、管理混乱、人货安全、客户查询、服务监管等一直困扰物流业发展的瓶颈问题。系统还大大提升了工程车使用效率。通过定时方式监控车辆位置，合理调配车辆运营，提升车辆运营效率。

在加强长途客运车超速、超载和违规运营管理方面，利用该系统，管理者可随时查询车辆运行轨迹、线路、速度等实时数据，并能对不同车辆设定范围限制、线路限制、禁停路段，一旦超出设定，就会自动向驾驶员和中心发出警报，随时规范司机安全作业，防止发生安全事故。

任务三　3G 业务发展模式探讨

1. 3G 业务发展模式探讨

在发展 3G 商用业务的过程中，客户体验、电信运营和技术支撑应是重点考虑的问题。

（1）客户体验

客户体验是从用户的角度来看待一个电信业务，是电信业务的基础，是用户对业务的直观感受，许多划时代的重大电信业务都具备强烈、简单而又不可替代的业务感受，这时候，技术只是用来考虑能否满足客户需求的手段，并不是用户选择电信业务的理由。

（2）电信运营

电信运营是从运营商的角度来看待一个电信业务，是指电信业务的可运营性。运营商可将业务组合包装成市场所需要的产品，以一定的消费原则（如月租、计量）销售给用户，从而获取收益。如果一个业务再好，但它不能为运营商带来收益，从严格意义上来讲，也不能称为电信业务，也就是说，要保证运营商在业务运营、产品走向市场的过程中，能够实现盈利。

（3）技术支撑

技术支撑是指在技术上具有业务的可实现性，而且是在可接受的建设和运营成本之内的技术可实现性。换一句话说，技术支撑并不要求技术的先进性，而是要求技术在可接受的成本基础上稳定地实现业务。

那么，在 3G 的业务发展过程中，有没有可能出现"杀手级"的业务呢？

"杀手级业务"有两方面的含义：一方面，必须是只有 3G 才能够或者很好地提供、并能够很好地满足用户需求、带来崭新用户体验的业务和应用，比如具有大带宽、高速率特征的视频业务；另一方面，对于现有网络已能够提供的语音、短消息等业务而言，3G 则能够凭借带宽和技术方面的优势，更好地满足更多用户的需求，或者提供先进的语音、短消息的业务，但是无论如何，杀手级业务必然是大规模应用的业务。从这个意义出发，3G 的杀手级业务有可能出现在以下的两种业务中间：一是 2G 移动语音和短消息在 3G 平台上升级实现的业务；二是移动状态下的多媒体业务。

在多媒体业务方面，目前有很多种设计，从目前的发展趋势来看。未来电信业务向娱乐方向的发展是大家普遍认可的一个趋势，根据 HPI 公司的调查数据：消费者选择 3G 服务的领域主要有短信息/图片、娱乐和信息三大类。因此 3G 的多媒体业务可以考虑多设计一些娱乐性质的业务。

2. 3G 业务发展策略

3G 可以提供的业务有很多种。在业务发展方面，实际上是没有一个一成不变的策略的，需要根据运营商的情况、当地的市场情况等多方面的因素做出相应的业务策略，并且需要根据实际的市场状况及时调整。这里仅仅给出几点参考意见。

（1）重视语音业务

从目前的 3G 发展看，近几年语音业务仍是竞争的主要焦点，是目前的利润源泉，在业务推进的过程中建议以语音为主的业务结构下逐渐加大数据业务的比重，为 3G 的发展提供一个持续的推动力。

（2）关注移动多媒体业务推出的顺序

移动多媒体业务终究是 3G 业务中的亮点，根据在巴西、德国、意大利、新加坡、英国、美国这 6 个国家的调查显示移动 E – mail、影像信息传递、图片信息传递分别为消费者最感兴趣的业务，在开发和将 3G 业务推向市场的过程中，应当考虑业务推出的顺序，采用消费者能够普遍接受的模式逐渐将业务推向多元，避免一开始就大而全，造成资金上的压力。

（3）注重业务发展的灵活性

同一个运营商在不同时期，或者不同的运营商，采取的 3G 业务发展策略都会不同。在启动期，客户数是最关键因素，运营目的是客户获取，此时企业的 CAPEX&OPEX 都很高，收入的增长主要来自增加用户，差异化主要体现在价格上，业务种类较少。在成长期，ARPU 值是最关键因素，运营目的是客户保留，通过开展数据和内容业务来增加 ARPU，差异化体现在内容和吸引人的业务上，CAPEX 支出很少，有能力通过组合来更好地满足用户需求。

在成熟期，利润是最关键因素，运营目的是关注利润的增长，而不是 ARPU，优先减少 OPEX 费用，CAPEX 支出再次开始增加。业务更具有个性化的倾向。客户服务和客户体验重新成为企业关注的重点。总之，在 3G 业务的发展过程中，尽量做到能把握如下原则：

1）充分利用 3G 的"移动 + 宽带"优势来设计更为丰富的业务；

2）细分客户群体，提供企业和个人用户的定制业务；

3）3G 终端的多样化、对多种业务的支持。

扩展项目　移动互联网技术

移动互联网，就是将移动通信和互联网二者结合起来，成为一体。移动通信和互联网成为当今世界发展最快、市场潜力最大、前景最诱人的两大业务，它们的增长速度都是任何预测家未曾预料到的，所以移动互联网可以预见将会创造经济神话。移动互联网的优势决定其用户数量庞大。

【下面为 2013 移动互联网技术白皮书，来源：工业和信息化部电信研究院】

移动互联网作为一个新的技术产业周期充分表现出其巨大的影响力：与收音机、电视和 PC 相媲美的新型终端及其引发的媒体变革、发展速度远远超越摩尔定律的产业周期、纵向一体化的产业发展平台和生态体系、全产业链条——服务、终端、流量的爆炸性增长、不断向 ICT（Information Communication Technology，信息通信技术）其他领域延伸的技术和模式创新等，今天业界仍然看不到移动互联网延伸的边界、发展速度的极限以及未来发展的止境。在短短的 2 ~ 3 年中，所有没有主动适应移动互联网发展趋势的企业都被迅速淘汰或边缘化，新的市场格局和主导力量迅速形成并不断更迭。移动互联网的发展已经深刻影响了整个信息产业的发展图景与国际竞争格局，在此背景下，工业和信息化部电信研究院推出移动互联网白皮书（2013 版），探讨新形势下移动互联网发展状况、发展趋势，提出我国的方向与机遇、制约问题与挑战，以期与业界分享，共同推动我国移动互联网的技术创新与产业发展。

一、国内外移动互联网发展状况

首先从发展阶段和产业周期两个基本维度探讨移动互联网的整体发展，明确当前移动互联网所处的发展阶段与发展潜力，指出当前产业最显著的发展特征——以 6 个月为周期的快速迭代，导致从业务技术创新、产品研发和推广到供应链管理、知识产权保护等所有产业关键环节的差异性。此外，从整个移动互联网产业要素来看，移动智能终端操作系统、核心芯片及重要元器件、整机制造、应用服务是整个移动互联网产业当中参与度最高、竞争最激烈、技术革新最活跃的领域，本白皮书主要从这四个领域入手，阐述工业和信息化部电信研究院对整个移动互联网发展状况的理解。

（一）移动互联网仍处于早期发展阶段

从整个产业来看，移动互联网发展的大幕才刚刚拉开。在过去的一年当中移动数据流量、智能终端、用户、应用程序均高速发展，单看业务、终端、软件，移动互联网似乎已经逐步进入普及期，但整个产业的水平化趋势并未确立，垂直一体化趋势甚至在加强，产业处于发展早期的迹象其实更为显著——各大生态系统的垂直整合愈演愈烈、软件与硬件版本的短周期升级、用户需求的不断变化、移动智能终端边界的持续延伸都表明移动互联网尚处于发展初期。业界对移动互联网有诸多矛盾观点，移动互联网发展初期就具备的产业体系的相对完整性和跨界融合的空前复杂性是这些矛盾的根源。正因为如此，应用程序的开放式创新与应用商店掌控者对应用生态的独裁控制、核心芯片知识产权（大部分来自 ARM 授权）来源的同一性与芯片解决方案的巨大差异性、系统软件的开源开放性与知识产权的不断纷争等看似矛盾的特征交相辉映，移动互联网在冲突、竞争、替代和融合当中不断向前发展。

（二）移动互联网以 6 个月为周期快速迭代

移动互联网产业的发展速度快于计算机和桌面互联网，在短短五年之内，已实现了后者十余年才能达到的目标：全球移动互联网用户已超过固定互联网用户达到 15 亿，在起步的 5 年内用户扩散速度是桌面互联网同阶段的 2 倍；移动应用整体数量在三年内超过了 140 万，App Store 在 6 个月内新增 1 亿活跃用户（Facebook 耗时 4 年才实现这一目标）；全球移动互联网流量已经占到互联网流量的 13%，印度等部分区域甚至已经超过后者；典型互联网业务移动化趋势尤为突出，Facebook 近 30% 的流量来自移动设备，Twitter 移动流量占比超过 50%，移动互联网的发展速度超出想象。移动互联网把整个 ICT 产业拖入快速发展通道，产业迭代周期由 PC 时代的 18 个月（摩尔定律）缩减至 6 个月。过去二十年间，微软和 Intel 所组成的 Wintel 阵营作为产业轴心，依照摩尔和安迪比尔两大定律，共同推动计算机产业以 18 个月为周期升级演进。移动互联网产业发展则呈现自身独有特色：移动芯片设计和制造的分离、SOC 模式与 Turnkey 模式、多样化的传感器件和交互方式等推动移动智能终端硬件平台的迭代速度已由摩尔定律的 18 个月缩短到 6 ~ 12 个月甚至更短，软件平台尤其是操作系统近乎与其同步，iOS 和 Android 两大系统平台的版本升级也提速至每年一个大版本、数月一个小版本；同时，应用生态的跟进也在加快，不管是应用种类、数量、下载量、使用量等各个方面均加倍递增，而网络整体流量也在以每年 100% ~ 200% 的增速增长。总之，当前终端硬件、软件、应用、流量都以惊人一致的速度——6 个月的短周期升级或增长。在产业格局快速重塑的过程中，创新成为产业博弈的基石，速度成为产业博弈的关键。能否在众多的产业参与者中表现出差异性创新，并跟上移动互联网现有快速发展的节奏，成为移动互联网产业博弈的关键。不论企业规模大小、积累多少，只要具备了上述条件就有脱颖而出的可能，而墨守成规、动作缓慢的企业则难逃被边缘化的命运。众多企业为适应产业周期的快速迭代，移动互联网产品/服务生命周期的各个环节都相应缩短，由此引发业务技术创新、产品研发和推广、供应链管理、知识产权保护等所有关键环节的变化。用户需求仍在释放，近五年内仍将延续当前的发展速度。移动互联网产业发展的根本是用户需求在驱动：在功能机时代，手机无需承载操作系统和较多复杂功能的应用，核心芯片等硬件可以数年不升级，主频由 100MHz 升至 200MHz 花费十余年，移动终端市场的竞争更多集中在外观设计以及供应链和渠道的管理；而进入智能机时代，差异巨大的用户需求导致迥异的发展方向和速度，可自定义的智能化使用需求使得操作系统成为手机标配，进而对硬件能力提出了更高要求。第一款 Android 手机 G1 主频仅为 528MHz，而三星旗舰机型 Galaxy S3 主频已达 1.6GHz。智能手机在过去五年中重大功能、性能的变革性升级次数已经超过功能机整个生命周期的总和，却仍未达到市场和用户的预期，在可预见的 3 ~ 5 年内，随着智能手机普及率的继续提升，继操作界面流畅度之后，用户对 3D 游戏、高清视频等应用服务需求的释放，仍将继续推动手机软硬件的持续发展。

（三）移动智能终端操作系统格局彻底颠覆

移动智能终端操作系统格局以前所未见的速度演化，Android 初步占据主导地位（见图 2-4-20）。从市场层面上看，当前全球移动操作系统格局已全面翻盘。2008 年诺基亚主导的 Symbian 系统占全球市场移动操作系统全年销量的 52%，之后受到 iOS 与 Android 剧烈冲击，至 2012 年第 3 季度仅为 2.6%，基本上退出历史舞台。苹果 iOS 自 2007 年上市，2012 年第 3 季度市场占有率为 13.9%。Android 则由 2009 年的 3.9% 市场份额发展至 2012 年 3 季度的 72.4%，其规模化成功甚至超越 Symbian 最辉煌的时期。从国内市场看，我国移动操作系统格局翻盘更趋彻底，Android 显现绝对优势。2009 年，Symbian 系统仍占据中国移动操作系统市场全年出货量的 74.7%，而随着 Android 系统以开源、免费吸引中国企业大规模进入智能终端领域，迅速成长为市场主导力量。至 2012 年底，Android 已占到增量市场的 86.4%，其他系统中，Symbian 仅余 2%，苹果 iOS 占 8.6%，Windows 占 1.2%，而国内自主操作系统普遍未超过 1%（见图 2-4-21）。

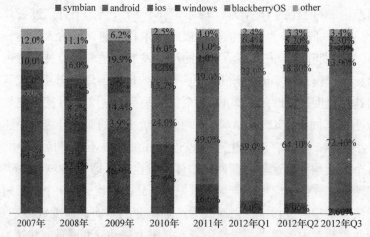

图 2-4-20　2007～2012 年 Q3 全球移动操作系统增量市场占比（来源：Gartner）

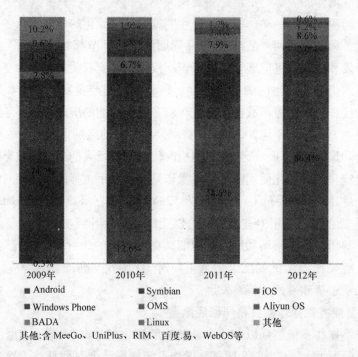

其他：含 MeeGo、UniPlus、RIM、百度.易、WebOS等

图 2-4-21　2009～2012 年中国移动操作系统增量市场占比（来源：工信部电信研究院）

我国已具备良好产业基础但形势依然严峻。我国目前已具备了发展移动操作系统的良好产业基础。

一是技术研发取得实质性进展。开源技术极大降低了操作系统研发壁垒，采取 Android 兼容路线的企业对 Android 进行多层次优化，在功耗、安全、图形显示、Web 引擎等方面在某些版本上达到甚至超越原生 Android 的水准；采取基于 Linux 原创路线的企业在系统功能优化、兼容更广的应用方面也不断进步。

二是产业生态雏形渐显。我国企业在"应用生态接口"方面进行了大量创新，基于自有操作系统的独立应用生态规模虽小，但也取得一定进展，初步形成了终端、应用和云服务一体化的生态系统。此外，利用全球的开源代码，我国企业大大缩短了学习时间，掌握全球最顶尖的知识成果以快速提升智能终端产业。2012 年上半年，以宇龙、华为、联想、中兴等为代表的国产品牌智能手机市场总份额首次超过国外品牌。

三是产业资源高度集聚。除了原有做手机操作系统的公司以外，华为、阿里巴巴、百度等都把手机操作系统作为公司重要的战略方向之一，人力物力投入巨大。

构建我国移动智能终端操作系统及生态体系的挑战仍然突出。

一是我国移动操作系统研发对 Android 存在严重路径依赖。我国企业普遍在 Android 基础上进行深度优化与开发，Android 系统当前虽保持开源，但其核心技术和技术路线受到严格控制，我国操作系统研发企业时刻面临 Android 系统的商业歧视，如延迟代码共享时间、通过商业协议制约终端企业等。

二是市场化深度和广度不高，我国移动操作系统起点低、起步晚、多呈现点状突破，移动操作系统产品成熟度仍待提高，移动操作系统产业生态体系均较弱小，自主操作系统的装机规模仍然有限。

三是自主操作系统发展难度加大。目前 Android、IOS 占据了明显优势，形成了庞大的生态系统，后进入者在应用与硬件生态方面将遇到巨大阻碍。

四是知识产权受制于人。目前智能手机主要核心技术及专利仍被欧美厂商控制，我国未形成有效的专利体系。

（四）大屏及多核彰显终端硬件能力新跨越

终端硬件主要由核心芯片和外围元器件两大部分构成，移动智能终端市场的竞争使得 2012 年终端硬件实现了快速发展，在处理能力、显示能力、交互能力等各方面均有重大飞跃，包括以高像素、高速连拍、照相感光为代表的相机技术，多样化及高集成化的传感元器件技术，大容量高密度的锂电池技术等均为终端硬件快速升级和创新提供了有力支持，其中核心芯片以及显示屏不仅是终端成本构成中的主要部分，也是 2012 年终端新品发布的重要升级指标，因此本白皮书将以这两者为重点，分析并推断近期终端关键硬件发展的新动向。

从全球的发展形势看，2012 年终端硬件的整体水平在移动智能终端市场的充分竞争中得到快速升级。移动智能终端市场已加强向中低端市场的快速渗透，性价比成为终端竞争的关键因素，终端制造商面临着低价市场和性能竞赛的发展需求，在提高硬件配置的同时压缩成本和价格，推动更多高配低价终端进入市场，带动了整体市场硬件水平的全面提升。智能终端市场的竞争及价格波动，推动各芯片厂商加快了芯片版本的迭代和升级，价格竞争日趋激烈，2012 年 ARM 架构应用处理器制程、性能发展速度均为历年之最。全球芯片市场格局伴随着 PC 和移动智能终端此消彼长的发展态势而持续洗牌，高通市值超过传统芯片巨头英特尔，依赖其强大的应用处理器设计及其与基带整合的高集成方案占据近半移动芯片市场，三星受益于独立应用处理器市场需求的不断放大位居第二，MTK 依赖其"Turn - Key"模式的成熟突破中低端市场快速跃居第三，Marvell、Nvidia、TI 等在竞争中艰难求生并积极谋求新的战略方向。四核芯片发布标志着终端计算能力迈上新台阶，但市场普及尚需时日。2012年三星、Nvidia、高通、MTK 等主流芯片厂商均推出了四核芯片，Intel 紧跟其后推出四核平台 Bay Trail，芯片制造工艺与之同步升级，28nm 甚至 22nm 的更新工艺被采用；移动芯片主频渐趋 2GHz，与普通 CPU 相当，促使其在桌面以及服务器领域的广泛应用成为可能，但由于目前四核芯片成本较高、功耗优化并不成熟、基于多核架构操作系统优化问题以及适用于四核驱动的精品应用数量有限，四核芯片并未得到终端厂商的大规模采用，根据工信部电信研究院的统计数据，在我国 2012 年移动智能终端出货量中，四核占比不足 8%。屏幕大小超四趋五，TFT 和 OLED 并驾齐驱。屏幕尺寸持续放大，主流大小已由 2011 年的 3.5~4.3寸发展至 2012 年的 4.7~5.0 寸。终端形态由此变化各异，智能手机和平板电脑间的区别在弱化，Galaxy note 和 iPad mini 等融合二者优势的中间产品开始涌现，满足了相应的市场需求。从 2012 年的发展情况看，日韩在屏幕方面的优势仍然领先，并且短期内难以撼动，TFT 和 OLED 两大显示屏供货均由日韩厂商把控，包括中国在内的其他国家和地区虽然积极攻坚希望扭转被动局面，但收效甚微，所出产品多配备于低端及超低端手机。

从我国的发展局面来看，2012 年本土企业在硬件领域取得实质性突破，特别是核心芯片在跟随中谋发展，与国外的差距已拉近。一是基于我国自主知识产权的 TD - SCDMA 制式的基带、射频、应用处理器等经过近十年发展，均取得了实质性突破，涌现出展讯、联芯等一批具备相当影响力的企业，并掌握部分本土市场的话语权，不仅在本土终端企业以及运营商集采中份额逐年攀升，也正成为国外终端厂商的重要选择，如三星旗舰 Galaxy 系列即部分采用了展讯的 TD 基带芯片。二是高端应用处理器芯片基本与全球发展同步，华为海思基于 40nm 的四核芯片 K3V2 已实现量产，并在数款终端上应用，多项性能指标表现颇佳。三是在面向下一代网络发展的 LTE 芯片领域，我国企业也已积极布局并取得一定进展，展讯采用 40nm 工艺的 LTE 芯片业已发布。

我国在硬件领域中的问题仍较显著。一是终端硬件整体布局不足仍存，除电池外，在关键的元器件，如屏幕、存储、传感器等，国内企业实力普遍偏弱，提供的元器件技术含量偏低，致使终端制造产业对国外器件供货商依赖度较高，产业受到明显制约；二是 TD 芯片整体技术发展水平仍然落后国际主流水平一代左右，国内芯片厂商普遍集中于 65nm 到 40nm工艺区间，而 Intel、高通、三星等主流厂商已全面升级到 32nm 到 20nm 工艺区间；三是部分核心技术仍需继续攻坚，包括工艺制程的换代升级、多功能集成芯片技术等。

（五）移动智能终端成为历史上渗透速度最快的终端产品

"安迪 - 比尔"定律重演，软件硬件循环升级，推动移动终端从功能手机时代的耐用品转换为智能手机时代的快速消费品。当前全球手机业已经进入了平稳发展阶段，此类耐用品更替速度基本以硬件损耗周期为参考，其增长空间取决于覆盖人群自然增长率和手机的更替速度，在市场成熟后总量趋于稳定。2012 年前两季度中全球手机业更因经济环境渐冷而呈现微弱下滑（同比下降 2.2%），下半年小幅复苏，全年出货量约 18 亿部。与此对应的是智能手机的持续高增长，智能手机作为移动互联网应用附着的基本载体，受业务发展驱动成为个人综合信息消费品，安迪 - 比尔定律左右产品更新速度，不断增长的软件消耗着硬件资源，推动硬件以超越摩尔定律速度向更高位升级。而更强大的系统软件与应用软件又迫不及待地将硬件升级带来的新好处蚕食掉，在这个过程中为用户带来一代代体验升级的终端产品，软硬件产业交替获利，产品更替速度大幅提升。据工信部电信研究院最新统计，目前我国用户手机更换周期约为 24 个月，远远领先功能机时代的 40 个月。在根本消费规则的转变下，智能手机长达数年的高增长尚未出现放缓迹象，全球智能手机继 2010 年和 2011 年连续两年超过 50% 的高速增长后，在 2012 年上半年又创下了 43.7% 的增速，半年累计出货已经达到 2.98 亿部（见图 2-4-22）。在这种态势下，移动终端智能化有了实质进步，增量市场中智能机比例已达 35.6%，产业空间十分可观。

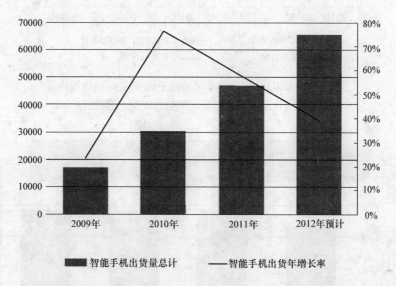

智能手机出货量总计　——智能手机出货年增长率

图 2-4-22　2009～2012 年全球智能手机出货规模及增长率情况（数据来源：Gartaner）

2012 年我国移动智能终端出货量超过 2012 年之前历史上出货量总和，继续了 2011 年的发展速度（2011 年也超过了 2011 年之前历史上的出货量总和），总出货量 2.58 亿部，增速达到 167%。我国手机行业整体上虽然已进入高速增长的尾声，但内需市场受智能机刺激进入第二轮深化发展阶段，智能化比例火速过半。中国手机普及进程因经济与幅员问题较全球更显漫长，目前市场处于高速增长的尾声，年增长率基本稳定在 10% 左右，2012 年同比增长 10.9%，再次印证了我国总体市场尚有余力。我国智能手机发展恰逢其时，总体市场受剩余红利、功能手机更替需求、全球智能化浪潮的共同作用，使得中国智能手机普及进程快于全球。我国智能手机自 2009 年起步以来持续加速，年增长率屡创新高，尤其是 2012 年第二季度中，智能手机出货规模首次超过功能手机（出货占比 53.0%），成为中国移动智能终端内需市场全面启动的重要信号（见图 2-4-23）。

国际移动智能终端格局历经多轮洗牌后出现短暂定格，三星、苹果以两强对峙的姿态共同盘踞产业利润制高点。国际移动智能终端格局自 2007 年以来翻盘，诺基亚和摩托罗拉等王牌企业固有优势不断被瓦解，而三星、苹果成为当前全球智能手机销量冠亚军，各自占总市场规模的二至三成，利润份额则更为可观，苹果以 46% 的利润率占据了全球终端产业利润份额的 73%，与三星两家利润之和可达产业总规模的九成（见图 2-4-24）。

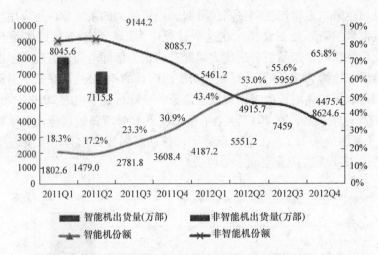

图 2-4-23　2011～2012 年中国功能手机/智能手机季度出货
规模及比重（数据来源：工信部终端入网数据）

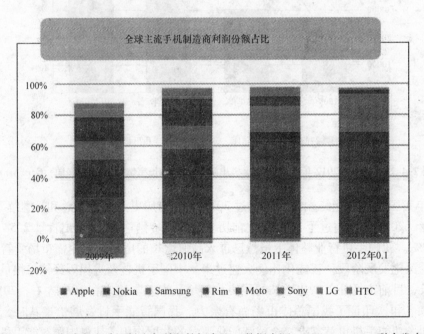

图 2-4-24　全球主流手机制造商利润份额占比（数据来源：DCCI－Gartner 联合发布）

　　我国内需市场既有垄断局面被打破，本土智能终端军团整体实力大幅提升。我国本土智能手机企业起步较晚，在 2009～2010 年间，诺基亚独占中国智能手机七成市场，摩托罗拉、苹果紧随其后，中国本土品牌总份额不足 10%。而随着 Android 开源操作系统的发展，我国进入该领域的企业迅速增加，削弱了领军企业的垄断优势。2012 年前三季度累计出货前十名的企业总份额为 46.5%，较去年同期回落 4.6 个百分点。这种局面给后进入者带来了学习模仿和差异化发展的空间，尤其是我国本土企业凭借制造领域的深厚积累、内需和产能的天然优势迅速起步，2012 年第四季度，国产智能手机企业出货量为 6721.2 万部，同比增长236.4%，占同期智能手机总出货量的 77.9%。

当前我国手机在产企业数目 529 家，再创历史新高，其中 73.0% 的企业在从事智能手机生产，较去年同期提高了 46.2 个百分点。

（六）移动互联网与桌面互联网应用组织与盈利模式的差异化仍在继续

移动互联网的应用生态体系——全球应用程序商店保持高速发展，规模持续扩张。与诸多业界专家预测的相反，本地应用程序仍然是满足用户需求的主要业务形态，在多个国家中用户使用应用程序的时间都超过了使用 Web（浏览器）的时间。用户对应用程序的需求不是在下降，而是在上升，全球应用程序的下载数量、创新的数量都在加速增长。在应用程序商店领域，呈现两家独大的格局。

截至 2012 年底，苹果应用商店 App Store 应用数达 77.5 万个，下载次数累计超过 400 亿次，Android 应用商店应用数也已超过 70 万个，下载量超过 250 亿次，而至 2011 年全球应用程序商店总下载规模累计仅为 360 亿次。此外 Getjar、Facebook、Amazon 等第三方应用程序商店均呈现加速增长态势。另一方面，Opera、Mozilla 等软件企业积极布局跨平台 Web 应用程序商店，此外苹果、微软等巨头均大力提升其终端或浏览器产品对 Web 应用的支持程度，但 Web 领域整体应用数量与下载规模仍与移动应用程序商店相距较远。

移动互联网蓬勃发展，但盈利规模远未与其匹配。产业巨头纷纷进军移动广告与移动电子商务两大重点领域，试图掌控移动互联网领域直接经济增长点。据统计，在广告方面，用户平均使用移动终端的时长占所有媒体的 10%，而广告收益仅为整体收入的 1%。目前看，限于屏幕尺寸，移动广告并不是移动互联网企业创造收益的首选，而移动电子商务更受巨头们青睐。在移动电子商务近场支付方面，操作系统厂商、互联网厂商、运营商以及金融机构在移动支付领域的竞争愈演愈烈。在移动电子商务远程支付方面，苹果结合其庞大规模的信用卡注册用户，通过搭建聚合类平台，建造自身移动电子商务应用生态，其中 Newsstand 应用为传统报纸杂志提供了统一的展示平台，并促进了传统报纸杂志进军移动电子商务领域，Passbook 为移动电子支付建立了基础平台，或将推动电子票据的发展。同时加大应用内购买的掌控力已成为巨头企业的共识。垂直整合进一步加剧，产业巨头探索全新盈利点。垂直整合仍然是当今移动操作系统产业运作的主导模式，与 PC 产业过去 20 年的高度水平化发展模式不同，移动互联网呈现深度垂直整合的特点，应用生态高度依附于系统发展。对移动互联网用户来说，搜索、地图/导航、邮件、应用商店甚至移动支付、即时消息、游戏中心几乎都成为智能手机的必备功能，以此为凭据，行业巨头进行了深度的垂直整合，特别是系统软件与移动互联网服务之间的叠加，极大影响了移动互联网服务产业。与此同时产业巨头纷纷通过开放关键能力，打造自身应用生态，并探索通过用户信息创造全新商业价值。在核心应用服务领域，后进入者及中小型新兴企业发展壮大更加困难。一方面产业巨头加紧操作系统与应用的垂直整合，另一方面部分发达国家的监管机构对移动互联网领域的反垄断选择性失盲，核心应用服务的后进入者及中小型新兴企业发展空间受限。行业巨头在移动互联网领域恣意徜徉，应用程序商店、移动智能终端操作系统、知识产权都成为其排斥其他竞争者、后进入者的武器，部分涉嫌滥用市场支配地位的行为并没有被遏止，中小型新兴企业发展空间受阻。我国移动互联网应用服务迅猛发展，业务量、主要应用程序/客户端、业务平台规模、互联网业务的移动化迁移速度都表现突出。2012 年，我国应用程序下载数量仅次于美国，位居全球第二。我国终端厂商、运营商、互联网厂商、软件厂商以及第三方厂商均把握住当前移动互联网发展要点，纷纷推出自身的应用程序商店，其中移动 MM 及 91 手机助手应用规模在初期较为领先，但互联网巨头有后来居上的趋势。百度、腾讯、奇虎等互联网企业均于 2011 年开始布局应用程序商店，并依托自身产品及渠道优势在 2012 年显著发力，影响力日益凸显。同时我国应用程序商店小而散的特点突出，仍难以匹敌国际巨头的生态系统，为此应用程序商店间的合作模式也在探索发展。直接盈利并非我国移动互联网应用的重点，应用程序的渠道作用显著。向互联网引流成为我国当前移动互联网应用运营的主要模式。

从目前我国移动互联网应用排名看，新浪微博、腾讯 QQ 等大型互联网应用以及大众点评、团购、位置、图像加工等后向盈利型产品占据主导。移动互联网成为互联网的另一入口，传承互联网模式，大部分移动互联网应用采取免费下载形式，以此吸引用户，建立数据资源和广告分发机制，实现互联网式获利。核心移动应用平台化成为我国移动互联网业务发展新模式。在移动互联网领域，传统 App 形式已被广大用户接受，通过 App 推送其他业务，带动移动领域全业务发展，已成为我国企业移动互联网业务发展的重要方向。以腾讯微信为例，截至 2012 年 9 月，微信用户数已突破 2 亿，随后微信推出公众账号、QQ 邮箱、朋友圈、二维码，并整合财付通等业务，原本定位为移动 IM 的微信业务可同时提供应用程序商店（应用下载）、移动 SNS（添加好友、内容分享），甚至移动电子商务等服务，其影响力及影响范围快速扩大。此外 UC 亦凭借浏览器优势，将 UC 打造成基础平台，并推出 UC 游戏、来电通等业务。随着核心应用成为重要移动入口，为应用添加更多的平台能力、带动移动互联网业务整体发展成为诸多企业的发展新战略。

二、全球移动互联网发展趋势

相比桌面互联网，移动互联网产业的规律显得更为复杂。因为桌面互联网是在 PC 发展到近乎成熟阶段才开始发展起来的，终端软件、硬件与服务相对水平化发展；而移动互联网的所有关联要素几乎同时起步并高度耦合式发展，技术要素、用户需求、影响范畴都有巨大差异，同时移动互联网的发展趋势也在不断变化，为此，本白皮书从四个方面（终端软件、终端硬件、整机制造、应用）阐述工业和信息化部电信研究院对全球移动互联网发展趋势的基本认识。

（一）智能终端操作系统仍是现阶段整个移动互联网产业的技术创新主线

移动智能终端操作系统仍是现阶段移动互联网产业发展的技术创新主线。全球科技巨头在移动智能终端操作系统领域激烈竞争，深刻影响着移动互联网产业的发展格局与演进规则。围绕着移动智能终端操作系统，第三方产业力量快速规模集聚，全球形成了苹果、谷歌、微软三大移动互联网产业阵营；与此同时，科技巨头纷纷基于自有操作系统向移动互联网产业上下游环节不断延伸，以实现对产业链的垂直一体化整合，意图在打造产品最佳用户体验的同时，凭借不断扩张的掌控力为自身谋取更大的利益。

移动智能终端操作系统的技术创新主线地位源于其与移动互联网产业整体发展控制权的紧密关联。一是移动智能终端操作系统已成为整个应用生态的基石，连同内嵌其中的应用程序商店，赋予所有者对构建其上的应用生态的强大支配权；二是移动智能终端操作系统已成为整个硬件产业的指挥棒，如开源免费的 Android 汇集全球众多硬件企业，基于 Android 代码进一步服务（如源代码提供时间等）的分级授权机制，使谷歌可凭借操作系统版本的演进，不断引导重塑全球硬件产业生态格局；三是移动智能终端操作系统已成为移动互联网服务产业发展的生命线，操作系统所有者在发展移动互联网服务时，不论是在技术层面还是在商务渠道层面都具有巨大的天然优势。最典型的案例莫过于苹果在 iOS6 中将广受好评、市场占有率第一的视频应用 Youtube 直接剔除。不仅如此，智能终端的外沿正在迅速扩展，移动智能终端操作系统已逐步演进成为整个 ICT 产业的通用基础设施，成为俯瞰整个 ICT 产业的最重要战略制高点。

移动智能终端操作系统概念范畴不断拓展。移动智能终端操作系统概念内涵已从传统狭义的基础平台发展成为面向应用服务的平台体系。传统狭义的操作系统主要由内核层及简单的操作界面两部分构成，这种操作系统只具有最初级的服务能力，面向上层应用软件提供最简单的支撑服务，大量重要的基础功能须由应用开发者自行完成，开发难度高工作量巨大，随着 UNIX 操作系统（特别是基于其衍生的开源 Linux 操作系统）技术的快速发展，狭义操作系统技术基本成熟，主流移动操作系统中除微软 Windows Phone 系列外，内核/系统库高度雷同，技术方案均为在 UNIX/Linux 基础上进行二次开发。由于传统系统无法适应互联网时代灵活快速自由创新的需求，移动智能终端操作系统自身的概念范畴开始演变、技术外延开始拓展，操作系统从最初聚焦于对硬件资源的管理调度，扩展到面向应用服务的延伸与整合，架构在内核系统上的中间件、应用平台等也成为操作系统的有机组成部分，从而形成了一个面向应用的操作系统平台体系。在此背景下，操作系统与应用服务之间的关系越发紧密，地图/导航、邮件、搜索、应用商店、即时消息、浏览、甚至支付等重要应用被作为操作系统提供的必备功能而广泛内置，移动智能终端操作系统的概念边界正在被进一步扩展。从整体上看，当前移动智能终端操作系统的内核已经趋于稳定，而中间件、应用平台、应用软件/后台基础服务及其打造出的综合用户体验成为了全球移动智能终端操作系统领域的竞争焦点。移动智能终端操作系统持续跨平台深度演进。随着移动智能终端操作系统快速发展，泛终端统一用户体验/应用生态的时代正在来临。移动智能终端操作系统应用范畴早已超越传统手机并延伸至平板电脑、游戏机、车载设备、电视甚至照相机等泛终端领域，成为跨整个 ICT 产业的通用基础设施，但长期以来，其在不同终端平台形态间仍存在着显著的技术鸿沟与体验差异。在此背景下，全球三大移动智能终端操作系统平台加速归一化演进，以打造完美统一的用户体验与应用生态：苹果借力其垂直一体化模式，以 iOS 为基础领先实现了智能手机与平板电脑的统一；微软借力 Windows 8 系列的发布，更一举实现了 PC、平板电脑、手机三大移动智能终端平台体验/生态的高度一致；Android 系统则快速演进，继在 4.0 版本中成功消除手机与平板电脑边界后，不断统一 UI 界面、扩充 CTS 测试集，试图逐步构建跨最广泛终端形态的统一平台体验与兼容应用生态。统一的用户体验/应用生态极大地降低了移动智能终端操作系统在不同移动终端形态间的进入壁垒，空前广泛的统一移动智能终端操作系统市场竞争空间正逐步生成。

以 HTML5 技术为代表的下一代 Web 运行环境将是今后一个时期内移动互联网产业发展的重要技术辅线。但从目前来看，以 HTML5 技术为代表的下一代 Web 运行环境距成熟仍较远，短期内难以对移动智能终端操作系统技术主线地位构成挑战。一是 HTML5 技术本身远未成熟。HTML5 仍处在标准完善发展阶段，运行效率、设备能力调用、安全性等方面远难匹敌原生应用；同时其标准组织（W3C 与 WHATWG）又发生分裂，统一 Web 运行环境构建遥遥无期，严重削弱其核心竞争力。二是运行支撑能力仍待升级。移动智能终端的基础硬件性能仍落后于 PC，而 Web 技术固有的低效导致移动端应用体验进一步下降，电源功耗的制约也对其用户体验构成严峻挑战。同时 HTML5 技术对时时在线和实时交互的需求更为突出，在当前产业发展已对移动通信网络造成巨大冲击的基础上，其又对网络支撑能力提出新的重大挑战。三是产业生态力量弱且分散。HTML5 背后的拥趸主要为互联网公司、浏览器厂商、电信运营商等，与原生应用主导者苹果、谷歌相比其实力相对弱小，产业界缺少能协调各方利益的主导企业，出于对第一入口的争抢，各方技术方向虽统一，但实现方式差异颇大，生态体系零散且规模较小，短期内难以形成合力共同构建统一的移动 Web 产业生态。四是商业模式仍未成型。商业模式是整个 Web 产业生态能否成功运行的关键，而传统的广告模式在移动互联网时代已遭遇危机，限于移动终端屏幕、投放能力等制约，移动广告价值与变现能力远未达到桌面互联网广告水平，基于下一代 Web 运行环境的整个产业生态如何赢利运转仍待产业界进一步探索。

（二）硬件发展重点将从单一硬件能力比拼转向多种能力

整合移动智能终端核心芯片对技术的凝聚力和对终端产业的牵制力将持续增强。一方面，核心芯片目前呈现分立和集成两维发展模式，前者要求单项功能技术的极致化，后者要求基带、射频、AP 等多方面技术的整体掌控。不管哪种模式，都是多项高精尖技术的集中凝练。

尽管可借助 ARM 等的知识产权授权实现快速进入，但真正打造一颗功能性能皆优的芯片仍需掌握大量核心技术。另一方面，移动智能终端核心芯片在发展过程中与软件平台，主要是操作系统的关联度已大幅提升，终端厂商在产品研发时对终端软件、硬件及软硬件匹配都需要较深的理解，不能仅依赖于芯片厂商提供的参考设计。Turnkey 模式的出现，极大简化了终端厂商对软、硬件平台的熟悉难度，降低了智能终端的技术门槛，但却使得终端厂商对产品的个性化创新多集中在外观等表层，无法实现对整体终端的核心掌控。芯片基础架构格局长期存变。Intel 进入移动芯片领域多年，但始终未取得实质性突破，2012 年基于双核平台 Medfield 的多款终端面世，代表着 Intel 的 X86 架构已取得进入移动互联网市场的实质性突破。Intel、摩托罗拉以及中国移动在 2012 年联合推出了摩托罗拉自被收购之后的第一款真正意义的终端产品 iMT788，更是 Intel 在移动智能终端市场的重要一步。从目前来看，Intel 在移动芯片领域市场份额依然较低，仅有 0.2%；但长期来看，随着 Intel 推出四核平台持续放大自身在计算性能的优势、顺应市场需求不断降低价格、工艺始终保持领先升级，并进一步优化能耗，有望进一步提升市场空间。

核心芯片扩充核数的趋势将放缓，功耗及优化成为下一轮发展重点。随着四核芯片的推出，智能手机实质上已出现性能过剩的迹象，四核芯片的性能并没有得到有效使用。一方面现有操作系统技术及应用服务与多核硬件平台并不匹配，另一方面是四核全开时功耗仍偏高，使得只在极少数应用场景下才能充分发挥四核性能。鉴于目前四核芯片的发展现状，未来演进中由四核向八核发展的趋势将放缓。芯片厂商的布局焦点主要有三个方面：一是将集中在现有四核平台的优化以及规模性降低成本，实现由高端向低端市场的扩散；二是将集中在通过基础架构的升级来满足更多的硬件能力需求；三是继续优化 GPU 能力实现图形和视频表现能力的提升。屏幕放大态势同样趋缓，OLED 渐由高端向中端渗透。智能手机屏幕近两年来始终保持着不断放大的趋势，但考虑到便携性以及移动性的本质需求，未来这种放大的趋势将放缓。OLED 技术被公认为未来显示屏的发展方向，但由于价格偏高，普及面始终有限，未来随着产能的进一步提升，有望向中端市场逐步渗透。GPU 成为移动芯片未来发展的又一重点方向。回溯 PC 发展轨迹，在用户对高清视频以及游戏的诉求下，显卡曾一度超过 CPU 成为硬件平台发展的关键，今天移动芯片正重蹈 PC 旧辙，视频类应用已经成为增速最快的移动互联网应用类型，带动 GPU 能力逐渐凸显成为衡量芯片能力的重要指标。

LTE 芯片多项核心技术瓶颈已实现突破，成熟商用指日可待。LTE 芯片的大规模发展需要解决多项核心技术：一是多模多频的实现，LTE 的到来将使网络形成 2G、3G、LTE 多种网络制式共存的局面，对此业界已经达成 LTE 芯片多模多频发展的共识；二是采用高工艺（至少 28nm）的单芯片解决方案，进而缩小芯片尺寸，为灵活设计终端提供更大可能，更好地实现高数据吞吐下的功耗优化。目前多家企业有效解决了这两方面的问题，LTE 进入成熟商用指日可待。

（三）移动智能终端的形态仍将不断演化、空间广阔

移动智能终端将保持持续快速增长，三星和苹果的优势短期内仍难撼动。除了两者完善的产业链短期难以超越外，更是在硬件领域形成雄厚积累，凭借高频多核、大内存、高清摄像头、IPS 超清屏幕、优异的工业设计与强大的整合能力等使其产品在激烈的竞争中脱颖而出，一系列高性能、高品质、高利润的精品智能机全球热卖，在近期仍将引领移动智能终端高端市场。此外，诺基亚既有工业优势依然存在，其与 W8 系统的结合为现有市场带来革新力量，也将成为 2013 年市场格局变化的主力军。

产品形态仍将不断突破，移动智能终端由苹果开创新纪元后，其产品形态出现了数年定格。与功能手机在产品外观上百花齐放极为不同，智能手机因触控技术的大量使用，削弱了硬键盘的存在基础，大屏成为必选，在物理空间上留给其他工业设计发挥余地很小。在 iPhone 问世后一段时期内，3.5in 屏 + home 键一度成为智能机公版，黑莓等机型逐步小众化，大量厂商仅在产品定位和外观工业设计上做文章。

随应用场景泛化和硬件技术的发展，移动智能终端形态将迎来突破。智能终端能力的不断增强，使其具有颠覆其他消费电子领域，缔造新产品分支的能力。同时智能手机和平板电脑之间将继续细化，针对不同应用场景分化，终端至少将包括便携尺寸的通信和信息设备（智能手机等）、便携尺寸的全能型信息设备（超大屏手机和 mini pad 等）、小屏娱乐终端（平板电脑等）、可移动大屏娱乐终端（家庭移动屏）四类。由不同场景中人体工学差异衍生出至少四种尺寸体系的移动智能终端门类，如在客厅场景中，语音识别和体感遥控比现有触摸输入更具可行性，更适用于移动大屏娱乐终端。语音、手势识别与交互都将逐步从应用体系渗透到系统软件层面，而跨尺寸（屏）易用性也将成为操作系统及上层应用生态竞争的新热点。除智能手机和平板电脑外，智能眼镜、智能手表、智能医疗盒、车载终端都广泛受到开源操作系统影响，但发展空间有所不同。一般来说便携式应用终端要与智能手机赛跑，部分便携应用终端特有的输入输出设备，如测速、血糖仪、小额支付等都将可以以插件的形式在移动智能终端上实现，而替代已有的传统物品特别是可穿戴物品（如手表），具有巨大的发展空间，通过移动互联网与物联网的深度融合，移动互联网将更深刻地改变人类社会生活。

近期智能终端新品卖点相对趋同。5in 屏将成为中高端新品主流，弯曲屏、透明屏、裸眼 3D 屏都将逐渐成为新品卖点；芯片多核化趋势将逐步放缓，2012 年产业芯片多以多核芯片为卖点，但多核芯片与操作系统和上层应用软件存在协同发展关系，过度追逐芯片多核化并无实效意义，未来 1~2 年内，双核与四核仍属产品主流，与芯片主频、系统软件和应用软件协同发展将可满足需求。

（四）应用程序仍为主导形态，操作系统与应用服务耦合加剧

应用程序商店在未来 2～3 年内仍将是业务应用组织的主导平台。目前来看，从用户体验到商业模式，应用程序并不是一个短期现象，其本身是满足移动（无线）环境下用户体验的最佳表现，未来极可能是常态化的形式。相应的，应用程序商店也促进了移动互联网业务的爆炸性增长，其改变了业务创新的组织模式、业务营销模式甚至产业的竞争格局（终端厂商的反向业务转型），影响极其深刻。相比 Web，应用程序也有一定的缺点或问题：一是可运营性弱，应用程序的更新相比 Web 更为困难，而且影响用户体验，因此应用程序本身存在内容、功能难以实时更新的问题。但这种特点利弊共存，在网络环境较差的地区恰恰需要这种离线使用的特性；二是相对封闭，应用程序像一个个孤岛，彼此之间不能访问及资源共享。但目前封闭式信息孤岛似乎演变为一种趋势，在互联网上的各个 SNS 正在向巨型信息孤岛发展，目前难以确定信息的封闭对业务创新的影响。三是操作系统拥有者对业务的深度掌控，引发的行业巨头滥用市场垄断地位问题，但随着行业监管的加强，此趋势会被遏止。因此总的来说，相比 Web，应用程序的缺点并不明显，而受终端、网络以及标准制定等条件制约，Web 应用程序商店在未来至少 2～3 年内仍无法超越现有应用程序商店成为主导。

应用生态竞争进一步细化，重点应用的聚合类平台成为产业巨头扩大影响力的焦点。随着应用程序商店进一步发展，统一的下载环境以及相同的基本功能，已无法满足移动应用数目众多、种类繁杂的特点，如苹果 Newsstand 不仅为报纸杂志类应用提供细分展示平台，同时支持此类应用后台下载，满足用户阅读习惯。此外产业巨头们纷纷针对移动电子商务、移动游戏甚至增强现实等重点应用领域搭建细化的聚合类平台，通过引领细分领域进一步加大应用生态的掌控力，细分领域应用聚合类平台与操作系统的耦合性进一步提升，并将成为操作系统基础的信息资源。

此外，部分互联网公司（如 Facebook）围绕自身的核心能力在现有应用生态之上所架构的全新生态体系逐渐成形，深刻影响现有的应用程序商店运营及生态构建模式。传统程序商店仅为应用分发的渠道，整个生态的构建和创新依赖于终端能力的开放，操作系统是控制生态的核心。但目前互联网公司借助已有的用户、业务和渠道基础，通过将互联网业务能力开放与应用商店深度融合，促使生态的控制核心由目前的端侧上移到云侧，不仅打造了比 Google play 和 App store 更为贴近用户的应用分发渠道，更实现了对包括传播、分发和使用在内的应用全生命周期的控制，实现了生态内多样化利益链条的打造，为后续可持续发展奠定更好的基础。以 Facebook 的 App Center 为例，其利用 Facebook 的庞大用户基数、累积数年的用户社交关系，目前导向苹果 App Store 的月访问次数已超过 8000 万次，并产生过亿下载量，扩散速度以及用户在使用应用时的活跃度都远超 App store/Google play，在极短时间就在现有移动生态体系内打造了一个强大、成熟的社交应用生态系统。

在核心应用服务领域，操作系统与应用服务之间的关系越发紧密，操作系统的边界极大扩展，对产业的影响力不断扩大。加强垂直整合仍然是当今移动操作系统产业运作的主导模式。移动互联网呈现深度垂直整合的特点，应用生态高度依附于系统发展，基础类应用与操作系统紧耦合态势更加明显，并被大多数用户认为是终端不可或缺的功能。自功能机时代，终端便自带基础类应用，但仅内置电话、通讯录等基础功能；到了智能终端发展初期，即时消息、浏览器、搜索、音乐、视频等线上数据服务被逐步内置；到了当前智能机技术成熟期，线上与线下业务进一步融合，应用程序商店、地图、移动支付、智能语音等业务亦被捆绑，此外视频、浏览器等应用亦成为平板电脑的最热门应用。为加大对关键应用生态的掌控力度，苹果不惜牺牲用户体验，在 iOS6 中将美国最主流视频服务 Youtube 应用和谷歌地图服务剔除，并替换为自己的服务。谷歌亦加大对 GMS 兼容性的重视，并对无法内置其 GMS 应用的其他系统（如阿里云）展开攻击。从竞争的角度看，操作系统内置业务的完善也成为智能操作系统成败的关键之一。

与应用服务与系统软件的封闭整合相对应，开放基础应用能力已成为移动互联网巨头的发展方向。当前各巨头都在通过开放基础的业务应用能力聚集自身生态，获取并掌握大量用户信息，从而进一步加大对应用服务领域的影响力与掌控力。其中苹果开放了地图 API 接口，使社交、生活、娱乐、健康以及行业应用等各领域应用均有可调用地图的能力，iOS6 更新了 Safari，并打通了与第三方应用的链接交换，此外 Siri 升级后亦可实现与第三方应用无缝衔接。

在移动通信和互联网融合的大背景下，两个重要的边界正逐步模糊。一是互联网业务与基础电信业务之间的边界逐步消失。米聊、微信、iMessage、盛大有你、飞豆等移动即时消息应用已经在替代电信运营商的彩、短信业务，而谷歌、苹果、微软在其操作系统上整合 VoIP，未来对电信运营商业务的影响将更为显著。二是移动智能终端系统软件与上层应用之间的边界在消失。在 PC 时代，操作系统、应用服务均由不同企业提供，但在移动互联网时代，移动智能终端操作系统巨头不断整合其系统软件与应用服务，不断扩大其系统软件的边界，也将极大影响应用服务的竞争。两个模糊甚至消失的边界对产业将有深远的影响。受移动互联网影响，互联网业务格局将发生颠覆性变化。由于业务模式、用户体验、交互方式、传感能力、应用场景等诸多要素的增加/变化，移动互联网业务与传统桌面互联网业务的差别仍将不断增大，对业务格局来说，以搜索为中心的桌面互联网模式将被颠覆——搜索不再是距离用户最近的入口，语音交互、浏览器、操作系统/应用商店都可以直接把应用传递到用户面前，类 SNS 业务（如微信）、搜索、浏览器、类 Siri 业务、应用商店都将成为互联网业务的虚拟基础平台，并驾齐驱，互联网的流量模型、盈利模式也将随之改变。

三、我国移动互联网发展方向与机遇

移动互联网作为 ICT 产业崭新的发展周期，正在完成着 IT 史上最快的普及进程，推动基础信息技术进入更快更新的发展阶段：系统软件以 beta 形式发布，在未来或依托云端实现线上更替，硬件平台因多核复用、SOC 模式践行着超越摩尔定律的发展速度。在产业高速旋转下，任何不能与之同步的环节都被推入破坏式创新通道，任何不能与之同速的企业都面临着被淘汰的风险，微软、英特尔、诺基亚、摩托罗拉，这些巨型企业从占尽先机到被动转身的速度令人难以想象。而风暴最稳固的部分往往在于核心，核心技术的持有者相对进行着较小步伐的改变，如 Android 中的 Java 虚拟机更替进度未必快于 OEM 的产线版本，ARM 对协议的更替力度显然少于芯片产品间的升级。

在产业加速中，快功必须是以内功为基础的，没有内功的快，只会带来盲目的消耗，今天终端制造和应用开发产业中不乏实例。在产业高速旋转和融合深化的背景下，我国具备四大基础：庞大的内需市场、强大适应能力的企业、广泛的开发者、中国特色的管理模式。

其一，在这个完全打开的市场中，中国内需市场无论从规模还是从增长动力而言都是最具价值的，为本土企业参与竞争营造了先天优势。

其二，中国在历次 ICT 周期深水期中模仿、跟随，最终发展的历练已经沉淀，我国产业链在新周期中对薄利竞合、产品频繁更迭有极强的适应能力，拥有一批从家电、PC 时代存留壮大的企业和企业家。

其三，中国互联网发展规模与活跃度仅次于美国，在各个领域都拥有本土规模服务企业与庞大的开发者，在各个平台中都有着庞大的开发力量。

其四，中国信息产业管理模式对当下产业组织有积极作用，目前我国缺乏如操作系统等技术核心，导致产业生态相对松散，理论上这种情况会使得弱势扩大，最终丧失国家产业竞争力，如日本在移动互联网和智能机的大幅回退，而我国信息管理部门可以通过通信运营企业、大型制造企业、大型互联网内容服务企业的产品链调控，撬动整个行业发展，在一些重要却薄弱的领域通过国家专项或惠政扶持，保障短板不会引发破裂。

以上述条件为基础，我国在移动互联网时代的产业发展，绝不会仅仅是在部分领域的点状突破，而是将攻占一些技术产业战略制高点，特别是移动智能终端操作系统平台、新型 Web 平台、终端整机、移动互联网核心应用等方面，本白皮书将逐一详述。

（一）垂直协同、体验创新与 Web 化演进是我国终端系统软件的三大方向

集聚产业合力，推进移动智能终端操作系统与上层应用服务/层核心芯片协同发展是我国系统软件发展的主要模式。一是以优势移动互联网应用服务为引领，深度定制优化操作系统，将其打造成为应用服务的最佳体验运行平台，以应用服务产业优势带动操作系统快速发展。当前我国以百度、腾讯、阿里为代表的互联网企业大举进军移动智能终端领域实际均践行此种发展路线，百度操作系统即全面聚焦自有应用服务展开优化。二是强化操作系统与以核心芯片为代表的硬件元器件的适配协同，通过软/硬的综合优化充分释放并发挥终端硬件基础效能，苹果 iPad 即是凭借其软硬制造一体化以最小的存储、最薄的电源实现了远超同类产品的性能、功耗指标表现，以华为为代表的我国终端企业也正积极整合软硬研发，借助芯片、硬件实力大力构建华为在操作系统领域的软/硬整体综合优势。

以用户体验为导向，深度聚焦本土需求持续快速创新，提升产品市场核心竞争力是我国系统软件发展的关键路径。互联网时代全球巨头在国内市场的屡屡碰壁，充分显示了我国本土用户需求相对全球市场的特殊性。而新兴企业如小米科技通过技术创新（用户交互层面和本地特色应用）、开发模式创新（开发者社区）、商业模式创新（电子商务）和营销模式创新（微博推广）等方式，仅用半年多的时间，便实现 300 万台终端销售。其在国外巨头主导的局面下取得突破的事实表明，国内操作系统企业紧密围绕国内用户的特色需求，通过深层次的定制优化持续创新，完全有可能在移动互联网时代的国内市场，重演本土产业对全球（移动智能终端操作系统）主导者的赶超历史。前瞻布局产业未来发展，深度融合原生系统组件构建 Web 生态设施是我国系统软件发展的重要方向。Web 是移动智能终端系统软件领域的重大发展趋向，未来的方向应是通过在原生操作系统组件中深度构建 Web 基础设施，打造一站式整合的 JAVA 与 Web 统一运行环境，通过探索新型运作模式，构建 Web/混合新型应用生态系统，最大化发挥二者综合优势，从而实现原生体系与 Web 体系的融合繁荣演进，布局未来产业发展制高点。我国阿里云操作系统即通过深入原生系统虚拟机组件构建 Web/原生统一运行平台，实现了超过传统纯 Web 模式的性能体验。

（二）HTML5 推动移动互联网水平化演进，产业轴心和发展模式转变带来新机遇

移动终端操作系统历经五年发展，平台碎片化依然显著，应用服务开发商和第三方开发

者在进行原生应用的开发时需要进行多个平台的适配和移植，加大开发难度和成本。随着应用的不断创新和加速繁荣，跨平台的需求愈发凸显，以 HTML5 为代表的新型 Web 技术不仅能够解决现有移动智能终端操作系统平台分裂的问题，满足应用跨平台和"一次开发，多处运行"的需求，而且将推动 Web 应用环境替代移动智能终端操作系统成为移动应用的承载平台，打破移动智能终端操作系统和应用之间紧耦合的绑定关系，促进其由垂直一体化向水平化演进，颠覆现有移动互联网的产业格局和发展模式，"Web 平台（浏览器和 Web OS 等）和互联网渠道"将取代"移动智能终端操作系统和应用程序商店"成为产业新的核心，产业轴心和模式的转换带来新的发展机遇。现阶段 HTML5 标准、技术、Web 应用环境和相关应用已成为产业重要的努力方向，参与者囊括了互联网厂商、浏览器厂商、软件公司、运营商、应用服务提供商、终端制造商等产业各个环节。

我国在面向 HTML5 的移动互联网产业演进方向已具备良好基础。一是对核心技术的掌握取得较大进步。我国自主研发的基础软件在 HTML5 标准支持、Java Script 引擎执行效率、硬件加速等方面均有显著提升，并有多项自主创新技术。包括百度、腾讯、UC、海豚等浏览器平台在 HTML5 兼容性测试中表现不俗，阿里巴巴自主研发的阿里云操作系统将承载基于 HTML5 的云应用作为重要目标，并从底层 runtime 层面对 HTML5 等相关 Web 技术进行了相应优化，表明我国自主操作系统平台在推进 Web 化进程方面已有突破。二是本土互联网应用服务为移动 Web 应用的大规模发展提供良好支撑，包括即时消息、微博、搜索、电子商务、SNS、网络游戏、网络视频等七大互联网应用均实现本土企业引领发展，为移动 Web 应用生态的构建奠定了开发者、用户和市场基础。三是国际标准领域的参与度与影响力日增。目前，国内多家企业已经或者正在积极加入到万维网联盟（W3C），并积极参与 HTML5 等国际标准的制定工作。除此外，中国移动等电信运营商在 WAC 电信网络能力 API 标准方面走在国际前列。如前所述，以 HTML5 为代表的新一代 Web 技术仍处于初期。HTML5 目前仍存在诸多不成熟的因素，如对终端能力支持不足、网络环境尚不支持 Web 应用大规模发展、产业各主体博弈增强导致平台分裂和碎片化加剧影响跨平台表现等，因而目前基于 HTML5 技术架构终端应用平台替代移动智能终端操作系统谋求彻底水平化的可能性不高，我国移动互联网的发展仍需立足于原生，逐步向 Web 模式演进。可考虑从终端平台和 Web 应用两个方面同步推进。

（三）我国智能终端企业将经历从产能化、品牌化到技术引领的艰难历程

我国智能终端自 2009 年起步就持续加速，2012 年已突破 2.58 亿，实现翻番。

1. 中国智能终端企业仍需经历从产能化、品牌化到技术引领的艰难历程

我国涌现出数家本土代表企业，占据内需市场，三分天下。随国内市场整体实力的提升，宇龙、联想、华为、中兴、金立等本土企业发展相对理想，逐步拉开与其他企业的竞争差距，2012 年这五家企业出货总和占国内内需市场总量的 35%。除本土市场外，这些品牌企业也纷纷依托在功能机时代积累的国际渠道资源，在亚太、非洲、拉丁美的既有市场中开启智能化进程，并积极拓展欧洲和北美市场，其海外市场规模通常不低于内需市场的三成，部分企业实现海内外市场的等量发展。

当前我国本土智能终端整体实力提升迅速，但在国产品牌平均附加值以及领军企业品牌价值方面还存在客观差距。2012 年第三季度我国内需市场中，国际终端企业单品牌平均出货规模是国产品牌的 3.9 倍，96% 的国产企业出货份额不足行业总出货量的 1%。部分规模企业较为依赖本土运营商定制市场，在公开市场中品牌建设还不充分，部分企业在国际市场中高度依赖国际运营商和当地渠道商，缺乏以独立品牌运作的经验和能量，未来还将遇到来自国际同行在产品价格、技术、品牌、渠道以及知识产权领域的严峻挑战。

本土智能机重度依赖 Android 阵营，自研操作系统产业化进程艰巨。当前我国有超过300 家本土企业生产 Android 智能手机，Android 手机在国产智能机中已经占到了 97.7%，与此相对应，自研操作系统终端厂商支持范围小、产量低，尚未出现代表性产品。近期由于谷歌不断通过反分裂协议进行产业博弈，自研系统产业化进程将更为艰巨。

2. 未来 1~2 年内，本土厂商凭借整机成本与本土化设计优势向高端机进军，薄利态势全面扩散

2012 年国内产业参与者陡增，除传统手机企业智能化转型和其他消费电子企业跨界发展外，来自互联网的新生力量也十分抢眼。互联网企业参与终端定制、设计、研发的趋势越来越明显，阿里巴巴、百度、360 均发布了品牌机或深度定制机。既有竞争者和新的竞争主体拉开智能终端低价普及序幕：网络口水战不断、智能终端重现 PC 装机时代的景象——以固件价格评估产品价值、千元以下智能机往往以零利润铺货等，产业利润度大幅下降。国产品牌智能机纷纷加强了主流及中高端产品线的研发，而 HTC、摩托罗拉、三星等国际企业也开始积极抢滩主流及中低端迅速扩张的大市场，传统上交集不多的海内外军团将正式交手，薄利态势向中高端机型扩散，中高端产品线将成为 2013 年我国智能终端品牌建设的热点领域，但全行业竞争过热带来的产能浪费也不可低估。

3. 移动智能终端作为移动互联网的发展载体，从产品的功能形态到经营形态都将不断吸纳互联网元素

智能终端的研发和销售将越发迅速，对仓储、物流、产业链上下游的信息化水平提出挑战，最终带动传统消费电子进入真正的互联网时代。

2012 年互联网对移动智能终端的影响较为突出的表现在经营模式方面，品牌宣传、产品销售、产品生命周期管理、售后服务等方面都渗入了微博客、电子商务、新型即时通信和传统 BBS 等新形式，其中一些创新具有代表意义，带动了一批企业思考和仿效。

（1）互联网方式传播——微博。

2012 年手机业经营者普遍意识到微博等互联网社会媒体的商业价值，利用微博发布新品信息、搜集客户意见、与同行正面交锋共博眼球已颇为常见。新媒体宣传成本极低，运营得当短期内可迅速提升品牌知名度，如 2011 年仅发售一款终端的小米被消费市场广泛知晓，在摩根斯坦利全球手机知名度调查中被列入第九位，为扩大销售与融资奠定基础，其互联网营销功不可没。

（2）互联网上销售——电商。

销售渠道是手机产业中重要又独立的环节，由专业的手机卖场、运营商营业厅、大型家电商城和百货业渠道代理商组成，提供专业服务的同时也使得手机成本居高不下。当下智能机进入成本竞赛期，终端企业加速渠道电子化建设，已经从简单依托淘宝、京东等发展到自营平台。电子渠道比重增加可使得厂商对市售情况反应更为迅速，有利于备料、生产和库存环节的调整。

（3）互联网模式研发——快速迭代的在线产品研发与生命周期管理。

系统软件和内嵌基础应用已经是智能终端的基本组成和产品竞争力的体现，其软件研发与软件版本周期速度随整个产业周期加速而加速。业界已经有以月甚至是周更新的案例，极其迅速地将用户需要的新功能放置到新版本软件中，用户通过刷机享受到购买硬件后移动互联网终端与应用的一体化服务，也增强了用户忠诚度。

4. 顺应快速产业周期的新组织模式在我国发展相对突出，产业链上游整合趋势明显

手机行业是典型的考究产业配备完整、规模、效率的制造行业。在全球范围内，韩国的手机产业组织模式最为领先，首尔地区聚集了三星、LG、Hynix、Magnachip 等集成电路厂商、大量设计与整机外包服务公司，极具整体效率，美国也未能企及。除韩国外，日本手机制造业在电子元器件中还具备较强实力，这些基础原件在日本东北部、中部、九州地区成型后，迅速发往全球各手机产区。我国移动智能终端装配产业链完整精致，具有强大的产能和成本优势。我国在功能手机时代就是全球手机最大代工地，国际品牌终端制造企业和知名移动设备硬件企业均在华建厂，手机装备链条极为完整，为从低端竞价市场中起步的民族工业奠定了基础，这些产业链与产能优势在智能机时代依然发挥着巨大作用。顺应快速产业周期的新组织模式在我国发展相对突出，产业链上游整合趋势明显。高速旋转的产业周期推动产业组织模式进化，上游产业链产业影响力增强。移动终端产品生命周期已经从 1 年递减到 6 个月甚至 3 个月。在这种终端定制模式和产品更新速度下，ICT 产业传统的流水线分工与组织模式难以匹配，Turkey 模式逐步成为芯片产业通用的组织方式，Design House 成为不可或缺的产业单元。联发科凭借 Turkey 的首创优势，突破智能芯片技术瓶颈，一举打开 2012 年中国智能终端市场。至 2012 年第三季度，芯片出货比例跃升至 32.6%，超过高通公司成为智能芯片内需市场中第一品牌，其技术集成的领先度、商业模式、供货规模对广大中小终端企业有重要影响。

5. 我国智能终端产地发展出现变化，新产地酝酿仍需条件

我国手机制造主要集中在广东、北京、天津、福建、山东、浙江等地（按出货量顺次排名），近年来各产地均进入了智能机替代功能机的时期。广东转型最为迅速，2012 全年出货量达到 1.57 亿部，同比增幅 4 倍；北京受 Symbian 智能机下滑影响，全年仅出货 0.18 亿部；天津、福建、浙江、上海智能机市场则开始发力，其中浙江省 2012 年智能机出货量达531 万部，超过历史上出货量总和。此外以西安、成都、重庆为代表的西部地区正加快终端制造布局，以郑州为代表的中原地区已引进富士康代工厂，终端制造产业规模正不断扩大。

但我国手机业"南北呼应、西部崛起、中原跟进"的城市分布格局主要是手机制造产业本身特点决定的，新产地酝酿还需条件。当前手机厂商之间的竞争日趋激烈，北京、天津在核心技术研发、高技术人才方面具有先天性优势，汇聚了大量国际知名品牌手机研发中心和移动互联网产业链上下游领军企业，成熟的技术和产业配套环境有利于手机的迅速量产。深圳、广州继续保有其在终端制造和国际贸易等方面的优势，无论在非智能机还是智能机市场，都能迅速响应跟进。西部、中原城市作为经济欠发达地区，可以最大程度降低手机制造的人力成本，在当前手机市场竞争激烈的情况下，部分成熟产品线将转移，但以产业速度制胜的主流智能机产业还需积累。

（四）业务发展和提升掌控力并行，核心业务及垂直细分领域同样潜力巨大

深入智能终端操作系统研发是我国企业加大产业影响力，占领应用制高点的必然路径。我国互联网龙头企业百度、阿里以及终端制造商联想、华为等均力图通过自主智能终端操作系统打造自身应用生态，由于目前尚没有形成自己独立应用生态系统的能力，为获取现阶段的市场竞争能力，兼容 Android 生态系统几乎成为必然选择。但随着自主操作系统生态系统的逐步完善，我国在移动互联网应用领域话语权将逐步加大。

我国移动互联网应用在诸多核心领域格局尚未确定，发展空间仍然巨大。移动互联网应用服务发展的序幕才刚刚拉开，几乎所有领域，包括搜索、移动电子商务、导航、游戏等都在洗牌当中。以搜索为例，百度占据我国互联网网页搜索市场的 80% 以上，而在移动领域，其移动搜索及地图份额不到 50%。而在最引人瞩目的电子商务领域，阿里巴巴 2011 年交易总额已超过 7800 亿元，其中移动领域交易额仅为 100 亿元，发展空间仍然广阔。

垂直领域的移动互联网应用，将成为我国企业发展的蓝海。由于移动互联网应用空间的急剧扩张，应用场景极其广泛，各个细分领域的需求差异巨大，特定软件与应用服务，甚至特定形态终端才能更好满足用户需求，这给我国企业带来新的机遇。我国企业在终端和互联网服务方面都有良好基础，能够充分挖掘本土用户需求，快速响应，有针对性的构建硬件、软件、应用服务的一体化特色服务，有望在垂直领域开拓移动互联网应用服务的蓝海。人机交互、终端、网络及传感器等技术进一步升级，新兴应用具有巨大潜力。智能语音的正式启用，使人们可以通过自然语言获取信息，亦使人工智能第一次进入普通百姓的生活，也标志着继触摸屏之后，人机交互技术的又一次质的跨越。Siri 发布不久后，谷歌推出的 Google Now 可更加智能地为用户提供所需信息，此外我国部分企业推出的中文智能语音应用服务亦受到广泛关注。另一方面，随着地磁传感、心率传感、眼肌传感等眼花缭乱的新型传感器的出现，移动应用将进一步融入到人们生活、学习、娱乐、健康等各个领域，将有一大批新型应用服务发展起来，甚至可能带来颠覆性的应用创新，形成新一批有影响力的互联网企业。

四、移动互联网发展面临的问题与挑战

移动互联网作为移动通信业、电子信息制造业和互联网业三业交融的前沿与载体，其技术进步、产业竞合有很多关联要素，这些要素对移动互联网的发展路线和方式既有制约亦有促进。当下最为聚焦的是流量、知识产权、安全三大问题，本白皮书着重对此三大问题进行探讨。

（一）移动数据流量激增，但终端侧流量控制为行业所忽视

1. 移动数据流量增势迅猛导致频谱资源稀缺性加剧

我国 3G 网络更新换代几乎与移动互联网/移动智能终端爆发发展同步发生，推动移动互联网与互联网、传统媒体业务加速融合，移动网络流量呈现爆炸式增长态势。智能终端的迅速普及与丰富的多元化应用是移动数据流量增长最主要的驱动力。移动数据流量的迅猛增长导致频谱资源稀缺与需求快速膨胀之间的矛盾日益突出，国际上有关网络中立的产业博弈愈演愈烈。

网络中立涉及用户利益、市场竞争、技术引入和产业生态四方面平衡发展的需求。国际上以谷歌为代表的"网络中立"阵营认为应当平等地对待所有用户流量，区别对待可能会使大公司限制消费者自由、抑制竞争。以 Verizon 为代表的"网络非中立"阵营则认为分级别不会封杀任何服务提供商和用户，只是确保付费用户获得更高质量的服务。考虑到移动互联网在技术和运营上都与固定互联网存在较大差别，2010 年 8 月，Verizon 和谷歌达成共识，同意在固定互联网上推行网络中立原则，但反对将该原则应用于移动互联网。就我国而言，网络资源始终是移动网络提供商的第一责任和收入来源，实现客户资源消耗与消费支出之间的公正合理，实现流量、时长、质量、时段等因素的综合计费，建立所谓智能管道，是移动

互联网产业持续健康发展的较好选择。

2. 流量优化控制存在巨大提升空间【此小节部分参考了中国联通研究院的研究成果】

移动互联网应用与网络资源的紧密程度远超桌面互联网应用，终端侧流量优化控制存在巨大的提升空间，目前普遍不为行业所重视。3G 网络并非为今天的移动互联网应用所设计，无线网络与应用之间难以有效匹配，如永远在线类应用会产生超过 10 倍于普通业务的信令量，加剧了信令拥塞，需要通过多层面调整应对信令负荷和数据流量冲击。移动网络、操作系统平台、应用开发三个层面都可以引入系列技术优化方案。在移动网络层面比较成熟的有网络控制的快速休眠技术（NCFDR8）和连续分组连接技术（CPC），有助于节电、减少网络信令流量、缩短状态转换时延、增加网络控制力、提高容量和吞吐量。

在操作系统平台层面，涉及的技术点较多，比如通过设置 PUSH 中心进行统一信息推送减少心跳信息、采用休眠机制避免应用后台消耗流量、设定大流量数据上传下载提示、通过自动识别与平滑切换实现对多种数据连接方式的支持、支持断点数据下载等。

在应用开发层面，改进空间广阔，比如通过代理服务器技术，减少网络数据负载；通过内容压缩技术，对视频文件进行压缩以实现传输数据量的最小化；通过分步下载技术，避免缓冲过多造成的流量浪费；通过自适应终端类型，自动识别屏幕尺寸与分辨率以平衡视听感受和流量控制之间的矛盾等。

（二）知识产权的体系性增强，成为新时期的竞争利器

1. 移动互联网知识产权理念不同于桌面互联网时代

移动互联网专利涉及多个领域，成为商业竞争的必要手段。与传统互联网开放、共享的主流思路不同，移动互联网时代，专利诉讼被视为企业谋求利益、遏制对手的常规武器。同时移动互联网所带来的融合开启了知识产权的大聚合时代，涉及操作系统、芯片、通信技术、IP 技术、终端技术等诸多领域，专利规模总量巨大。截至 2011 年 12 月，移动互联网专利总量达到 4.5 ~ 6 万件之间。一套相对完整的产权体系储备需耗时十余年之久，没有任何一家企业能够进行全面的专利布局。移动互联网知识产权已成为企业无法回避的基本问题。

2. 目前初步形成了以操作系统为核心的专利阵营体系

由于专利规模和领域已经很难被独立企业全面掌握，移动互联网专利发展是以操作系统阵营为核心，掺杂竞合关系联合布局。当前全球移动互联网已形成苹果、谷歌和微软三大专利阵营体系，以苹果、谷歌和微软为轴心的专利诉讼波及产业链所有企业，三星、HTC、高通、诺基亚、英特尔等企业均处局中。美国公司或者公司联盟掌握了专利诉讼的主动权，使得全球的市场竞争环境更加恶劣，专利战还会继续升级。2012 年 8 月 24 日，美国的法院裁定三星公司侵犯苹果公司产品一系列专利，要求三星支付超过 10 亿美元赔款，令三星及同类企业美国市场销售受到巨大冲击。

3. 我国移动互联网专利规模有限未成体系

我国企业专利规模有限、尚未形成体系。尽管我国移动互联网企业的专利数量日益增多，但在手机外观设计方面的专利数量占据了其申请专利的大多数；在智能手机核心技术——基带芯片、射频方面，我国企业的专利申请数量远少于国外厂商；由于匮乏操作系统轴心，软硬企业隔离问题突出，无法形成利益共享机制。目前已有诺基亚、爱立信等厂商针对我国手机厂商提起诉讼，例如爱立信在英国、意大利和德国对中兴提起了专利侵权诉讼，而苹果、三星与我国制造业有一定依存关系，暂时还没有提起诉讼。随中国智能终端快速成长，逐步进入国际知识产权风暴中心，我国产业面临国际专利阵营打压和谋利的风险将进一步突出。

此外我国终端企业重度依赖 Android 系统生态，在 Android 开源软件方面仍面临专利收费或诉讼风险。开源软件本身仍存在一些固有的法律风险，例如可能侵犯第三方的版权或专利权风险及许可证失效性风险，国外因开源软件涉诉纠纷主要集中于侵权代码流入开源软件，从而侵犯他人软件专利和版权。根据开放源代码风险管理机构调查显示，包括 Linux 操作系统在内的很多开源软件都存在侵犯他人软件专利的可能。开源不等于免费，Oracle 诉 Google Android 侵权案、微软向 HTC、三星等收取 Android 专利授权许可费就是例证，我国利用 Android 开发手机程序，也无法完全避免上述固有法律风险。知识产权将是我国企业发展面临的长期问题。我国移动互联网知识产权问题根深蒂固，即使全力发展其功效也在十年之后。从产业生态出发，优化总体布局，做好共性服务，大力支持建立企业间基于市场机制的知识产权池，是解决知识产权问题的现实路径。

（三）基础软件平台差异性与安全问题的复杂性相互交织

1. 移动互联网信息安全体系面临新型安全问题

随着移动互联网业务开展的不断深入及接入方式的多样化，移动互联网不仅引入所有桌面互联网的安全威胁，而且面临新型安全问题。移动互联网安全体系涉及"云、管、端"，主要存在三方面问题。

一是业务提供平台主要面临 SQL 注入、DDoS 攻击、不良信息、业务盗用、隐私泄漏等安全威胁；由于进行安全防护将会给应用平台带来附加的检测支出，且不会带来额外收入，提供商通常缺乏为用户提供安全防护的意愿。

二是传输通道受限于现有技术能力，缺乏对传输信息中的恶意攻击进行识别与限制的能力；据测算，如果对传输信息进行深度检测和安全过滤，会导致网络信息传输效率下降85%。

三是终端侧面临许多全新的安全威胁，主要涉及远程控制、恶意吸费、隐私泄露等。从网络和业务平台侧看，除了接入技术不同，移动互联网与固定互联网在架构上并无本质区别，终端侧由于基础平台标准化程度低、体系林立且封闭性强，缺乏共同标准，安全问题相对复杂，加之我国缺乏对操作系统核心技术的掌控，面临的安全威胁更加突出。

2. 终端基础软件平台面临安全问题尤为复杂

移动智能操作系统作为最核心的终端基础软件平台，存在诸多安全风险。一是智能操作系统存在的各种系统漏洞有可能会被恶意代码利用进行恶意"吸费"、终端系统破坏、用户隐私窃取等破坏活动，这种由于设计原因存在的安全漏洞难以被全部检测和修补，需要对其进行不间断的动态安全评估和检测。二是操作系统向开发者提供的 API 接口和开发工具包为各种恶意代码滥用操作系统 API 进行违法操作提供了条件；针对操作系统 API 滥用问题，主流的操作系统厂商都提供了 API 调用的安全机制，如应用程序签名、沙盒、证书、权限控制等。三是智能终端操作系统"后门"是厂家出于某种目的故意留存的未公开的控制通道，虽然所有终端厂商或操作系统厂商都宣称是出于用户安全的角度考虑，不会通过"后门"进行损害用户安全的行为，但其仍存在不确定的潜在安全威胁。

操作系统的技术策略和框架决定了不同操作系统的安全机制存在较大差异。iOS 相对完善的审核认证机制和高难度的反汇编较为有力的抵御了恶意软件的攻击。关键的安全机制包括：一是硬件启动须加载经过签名的官方引导程序、操作系统内核、固件。二是操作系统升级须使用公钥验证升级包，且不允许系统降级，避免黑客利用旧版已公布的漏洞获取超级管理员权限。三是第三方应用程序需要先通过厂家或者运营商的测试、审核、认证，然后再用自己的私钥对程序签名，当发现存在恶意行为时立即下架。四是每个应用都是一个孤岛，iOS 的应用被限制在沙箱中，应用只看到沙箱容器目录，不可见系统的其他目录和整个文件系统；应用间不允许私下传递数据；后台处理进程必须是有限的几种类型，且要经过审核。Android 系统基于开源的 Linux 内核，缺乏严格的审核认证程序，安全方面主要依赖于生产厂商。主要的问题包括：一是系统缺乏集中的软件发布、审核、管理中心，多种软件发布渠道缺乏监管。二是要求用户对安全负主要责任，应用安装时须用户对其使用系统资源进行授权。三是应用间组件设计以可重用为主要目标，跨应用组件间勾结的恶意行为难以根除。目前，国内智能终端操作系统大多是基于开源代码（包括 Android 开源代码）开发，部分只是进行了上层应用系统的综合集成，缺乏对核心层面的信息解析，对于各种已知的操作系统后门和恶意软件的攻击无法做到有效防护。

3. 智能终端给国家信息安全带来全新挑战

移动终端智能化给国家信息安全带来新的挑战，针对移动互联网业务的监管面临前所未有的难度。一是移动智能终端主流产品为国外企业所掌控，数据同步上传及位置定位等功能使得国外厂商能够收集、挖掘国内用户的各类信息。二是移动智能终端加密技术给国家信息安全监管带来极大挑战，非公开加密算法有可能为恐怖分子所利用，此外也会为淫秽色情等违法有害信息的传播提供隐蔽安全的渠道，使其逃避监管。三是移动互联网时代信息传播的无中心化和交互性特点更加突出，现有传统互联网的监管技术手段难以覆盖移动互联网，管理的难度和复杂性前所未有。

【以上内容来源：工业和信息化部电信研究院】

【模块总结】

本模块主要介绍以下内容：

1. 3G 的四个标准关键参数；

2. 3G 标准的演进过程；

3. 移动互联网技术及 2012 年的发展状况。

附　　录

附录 A　英文缩写表

英文简称	英文全称	中文全称
2G	The 2nd Generation	第二代
3G	The 3rd Generation	第三代
3GPP	The 3rd Generation Partnership Project	第三代合作伙伴计划
A – GPS	Assisted GPS	辅助 GPS 技术
AAS	Adaptive Antenna System	自适应天线系统
AB	Access Burst	接入突发（脉冲序列）
ACK	Acknowledgement	确认
ADM	Adaptive Delta Modulation	自适应增量调制
ADPCM	Adaptive Differential Pulse Code Modulation	自适应差值脉冲编码调制
AGCH	Access Grant Channel	允许接入信道
AMC	Adaptive Modulation and Coding	自适应调制编码
AMPS	Advanced Mobile Phone System	先进移动电话系统
AMR	Adaptive Multiple Rate	自适应多速率
APC	Automatic Power Control	自动功率控制
APD	Average Power Decrease	平均功率降低
ARIB	Association of Radio Industries and Businesses	日本无线工业及商贸联合会
ARPU	Average Revenue Per User	每用户平均收入
ARQ	Automatic Repeat Request	自动重发请求
ASC	Access Service Class	接入业务级别
ASIC	Application Specific Integrated Circuit	专用集成电路
ATM	Asynchronous Transfer Mode	异步模式
AUC	Authentication Center	鉴权中心
BCC	Base – station Color Code	基站色码
BCH	Broadcast Channel	广播信道
BCCH	Broadcast Control Channel	广播控制信道
BDS	BeiDou Navigation Satellite System	北斗卫星导航系统
BE	Best Effort	尽力而为业务
BER	Bit Error Ratio	比特误码率
BG	Boarder Gateway	边界网关

（续）

英文简称	英文全称	中文全称
BP	Burst Period	突发脉冲序列周期
BPF	Band Pass Filter	带通滤波器
BPSK	Binary Phase Shift Keying	二进制相移键控
BS	Base Station	基站
BSC	Base Station Controller	基站控制器
BSIC	Base Station Identity Code	基站识别码
BSS	Base Station Sub – system	基站子系统
BSSAP	Base Station System Application	BSS 应用规程
BSSOMAP	Base Station Subsystem Operation and Maintenance Application Part	基站子系统操作与维护应用
BTS	Base Transceiver Station	基站收发信台
C/I	Carrier Interference Ratio	载波干扰比
CAI	Common Air Interface	通用空中接口
CAMEL	Customized Application for Mobile Enhanced Logic	移动增强逻辑的特定用户应用
CBCH	Cell Broadcast Channel	小区广播信道
CBR	Constant Bit Rate	固定带宽
CC	Country Code	国家码
CC	Convolution Code	卷积码
CCH	Control Channel	控制信道
CCCH	Common Control Channel	公共控制信道
CCIR	International Radio Consultative Committee	国际无线电咨询委员会
CCITT	International Consultative Committee on Telecommunication and Telegraph	国际电报电话咨询委员会
CCPCH	Common Control Physical Channel	公共控制物理信道
CDMA	Code Division Multiple Access	码分多址接入
CELP	Code Excited Linear Prediction （Coding）	码激励线性预测（编码）
CEPT	Confederation of European Posts and Telecommunications	欧洲邮电管理协会
CG	Charge Gateway	计费网管
CGF	Charge Gateway Function	计费网管功能
CGI	Cell Global Identification	全球小区识别码
CI	Cell Identity	小区识别码
CIA	Common Air Interface	公共空中接口
CIR	Committed Information Rate	承诺带宽
CLNS	Connectionless Network Service	面向无连接的网络服务
CLP	Cell Loss Priority	信元丢失优先级
CDM	Code – Division Multiplex	码分复用

（续）

英文简称	英文全称	中文全称
CDMA	Code Division Multiplex Access	码分多址接入
CM	Cable Modem	电缆调制解调器
CN	Core Network	核心网
CP	Cordless Phone	无绳电话
CRC	Cyclic Redundancy Check	循环冗余校验
CPE	Customer Premise Equipment	客户终端设备
CS	Coding Scheme	编码方案
CS	Circuit Switching	电路交换
CSCF	Call Session Control Function	呼叫会话控制功能
CSD	Circuit Switch Data	电路交换数据
CT2	Cordless Telephone – Second Generation	无绳电话二代
CTC	Convolution Turbo Code	卷积 Turbo 码
CTIA	Cellular Telecommunication Industries Association	蜂窝电信工业协会
CWTS	China Wireless Telecommunications Standards group	中国无线电讯标准组
DAMPS	Digital AMPS	数字式 AMPS
D – A	Data to Analog	数字到模拟
DCA	Dynamic Channel Allocation	动态信道分配
DCH	Dedicated Channel	专用信道
DCCH	Dedicated Control Channel	专用控制信道
DCS1800	Digital Cellular System at 1800MHz	1800MHz 数字蜂窝系统
DDN	Digital Data Network	数字数据网
DECT	Digital Enhanced Cordless Telecommunication	数字增强无绳电话
DL	Downlink	下行链路
DNS	Domain Name System	域名系统
DSL		
DSSS	Direct Sequence Spread Spectrum	直接序列扩频
DTX	Discontinuous Transmission	间断传输
DOA	Direction of Arrival	到达角
DPCH	Dedicated Physical Channel	专用物理信道
DPSK	Differential Phase Shift Keying	差分移相键控
DS	Direct Sequence	直接序列
DSI	Digital Speech Interpolation	数字语音插空
DSP	Digital Signal Processor	数字信号处理器
DSSS	Direct Sequence Spread Spectrum	直接序列频谱扩展
DTX	Discontinuous Transmission	间断传输

（续）

英文简称	英文全称	中文全称
DwPTS	Downlink Pilot Time Slot	下行导频时隙
EC	European Communities	欧洲共同体
ECSD	Enhanced Circuit Switch Data	增强电路交换数据
EDGE	Enhanced Data Rates for the GSM Evolution	增强型数据速率 GSM 演进技术
EIA	Electronic Industries Association	电子工业协会
EIR	Equipment Identity Register	设备识别寄存器
ETSI	European Telecommunications Standards Institute	欧洲电信标准化协会
FAC	Final Assembly Code	最后装配码
FACCH	Fast Associated Control Channel	快速随路控制信道
FACH	Forward Access Channel	前向接入信道
FB	Frequency – correction Burst	频率（校正）突发（脉冲序列）
FBSS	Fast BS switching	快速基站切换
FCCH	Frequency Correction Channel	频率校正信道
FCH	Forward Channel	前向信道
FDD	Frequency Division Duplex	频分双工
FDD – LTE	FDD – Long Term Evolution	FDD 长时期演进
FDM	Frequency Division Multiplexed	频分复用
FDMA	Frequency Division Multiple Access	频分多址
FEC	Forward Error Correction	前向纠错
FER	Frame Error Ratio	误帧率
FFH	Fast Frequency Hopping	快速跳频
FH	Frequency Hopping	跳频
FHSS	Frequency – Hopping Spread Spectrum	跳频扩频
FM	Frequency Modulation	调频
FPACH	Fast Physical Access Channel	快速物理接入信道
FPLMTS	Future Public Land Mobile Telecommunication System	未来公共陆地移动通信系统
FR	Frame Relay	帧中继
FN	Frame Number	帧号
FSK	Frequency Shift Keying	移频键控
FTP	File Transfer Protocol	文件传输协议
GCI	Global Cell Identity	全球小区识别码
GEO	Geostationary Earth Orbit	静止轨道
GERAN	GSM EDGE Radio Access Network	GSM/EDGE 无线接入网
GFC	General Flow Control	一般流量控制
GFSK	Gauss Frequency Shift Keying	高斯滤波频移键控
GGSN	Gateway GPRS Supporting Node	网关 GSN

（续）

英文简称	英文全称	中文全称
GIS	Geographic Information System	地理信息系统
GMSC	Gateway MSC	网关 MSC
GMSK	Gauss – Minimum Shift Keying	高斯最小移频键控
GP	Guard Period	保护周期
GPRS	General Packet Radio Service	通用分组无线业务
GPS	Global Position System	全球定位系统
GSM	Group Special Mobile	移动通信特别小组
GSM	Global System for Mobile Communication	全球移动通信系统
GSN	GPRS Supporting Node	GPRS 支持节点
GTP	GPRS Tunnel Protocol	GPRS 隧道协议
GW	Gateway	网关
HARQ	Hybrid Automatic Repeat Request	混合自动重传请求
HDLC	High – Level Data Link Control	高级数据链路控制
HEC	Header Error Control	信头差错控制
HLR	Home Location Register	归属位置寄存器
HON	Handover Number	切换号码
HO	HandOver	切换
HPSK	Hybrid Phase Shift Keying	混合移相键控
HSCSD	High Speed Circuit Switched Data	高速电路交换数据
HSDPA	High Speed Downlink Packet Access	高速下行分组接入
HSS	Home Subscriber Server	归属用户服务器
HSN	Hopping Sequence Number	跳频序列号
HSTP	High Signalling Transfer Point	高级信令转接点
HSUPA	High Speed Uplink Packet Access	高速上行分组接入
IC	Intelligent Card	智能卡
ICT	Information Communication Technology	信息通信技术
ID	Identification/Identity/Identifier	识别/识别码/标识符
IDC	Instant（Frequency）Departure Circuit	瞬时频偏控制电路
IEEE	Institute of Electrical and Electronics Engineers	电气和电子工程师协会
IETF	Internet Engineering Task Force	Internet 工程任务组
IF	Intermediate Frequency	中频
IFRB	International Frequency Registration Board	国际频率登记委员会
IM	Instant Messaging	即时通讯
IMEI	International Mobile Equipment Identity	国际移动设备识别码
IMPS	Instant Messaging Presence Services	即时通信和状态信息业务
IMS	IP Multimedia Subsystem	IP 多媒体子系统

英文简称	英文全称	中文全称
IMSI	International Mobile Subscriber Identity	国际移动用户识别码
IMT2000	International Mobile Telecommunications 2000	国际移动电信 2000
IP	Internet Network	互联网协议
Ipv4	IP version 4	IP 版本 4
Ipv6	IP version 6	IP 版本 6
ISDN	Integrated Service Digital Network	综合业务数字网
ISPC	International Signaling Point Code	国际信令点编码
ISUP	ISDN User Part	综合业务数字用户部分
ITT	International Telephone and Telegraph corporation	国际电话电报公司
ITU	International Telecommunication Union	国际电信联盟
ITU – R	International Telecommunication Union – Radio communications sector	国际电信联盟无线电通信组
ITU – T	ITU – Telecommunication – Telecommunication standardization sector	国际电信联盟远程通信标准化组织
LA	Location Area	位置区
LAC	Location Area Code	位置区代码
LAC	Link Access Control	链路接入控制
LAI	Location Area Identifier	位置区标识
LAN	Local Area Network	局域网
LAPD	Link Access Procedure of D – Channel	D 通路上链路接入规程
LDPC	Low Density Parity Check Code	低密度奇偶校验码
LEO	Low Earth Orbit	近轨道
LMS	Least Mean Square	最小均方误差
LOS	Line Of Sight	视距
LPC	Linear Prediction Coding	线性预测编码
LPF	Low Pass Filter	低通滤波器
LSTP	Low Signalling Transfer Point	低级信令转接点
LTP	Long Term Predication	长期预测码
MAC	Medium Access Control	媒体接入控制
MAIO	Mobile Allocation Index Offset	移动分配指数偏移
MAP	Mobile Application Part	移动应用部分
MBMS	Multimedia Broadcast Multicast Service	多媒体广播多播业务
MC	Multi Carrier – wave	多载波
MCC	Mobile Country Code	移动国家代码
MDHO	Macro Diversity Handover	宏分集切换
ME	Mobile Equipment	移动设备
MEO	Medium Earth Orbit	中轨道

（续）

英文简称	英文全称	中文全称
MGCF	Media Gateway Control Function	媒体网关控制功能
MGW	Media Gateway	媒体网关
MIMO	Multiple Input Multiple Output	多输入输出
MM	Mobile Management	移动性管理器
MMS	Multimedia Messaging Service	多媒体信息服务
MNC	Mobile Network Code	移动网号
MPLPC	Multiple Pulse Linear Prediction Code	多脉冲激励线性预测编码
MRF	Media Resource Function	媒体资源功能
MRP	Multiple frequency Reuse Pattern	频率多重复用
MS	Mobile Station	移动台
MSC	Mobile Service Switching Center	移动业务交换中心
MSIN	Mobile Subscriber Identification Number	移动用户识别码
MSISDN	Mobile Subscriber ISDN Number	移动用户 ISDN 号
MSK	Minimum Shift Keying	最小相位频移键控
MSRN	Mobile Subscriber Roaming Number	移动用户漫游号码
MT	Mobile Terminal	移动终端
MTP	Message Transfer Protocol	消息传输协议
NACK	Negative Acknowledgement	否认
NB	Normal Burst	普通突发（脉冲序列）
NCC	Network Color Code	网络色码
N – CDMA	Narrowband Code Division Multiple Access	窄带码分多址接入
NDC	National Destination Code	国内目的地码
NGN	Next Generation Network	下一代网络
NLOS	Non Line of Sight	非视距
NMT	Nordic Mobile Telephone	北欧移动电话
NMSI	National Mobile Subscriber Identification	国内移动用户识别码
NNI	Network Network Interface	网络节点接口
NRTPS	Non Real Time Polling Service	非实时轮询业务
NSS	Network Subsystem	网络子系统
OAM	Operation And Maintenance	操作和维护
OFDM	Orthogonal Frequency Division Multiplexing	正交频分复用技术
OFDMA	Orthogonal Frequency Division Multiplexing Access	正交频分多址接入
OMA	Open Mobile Alliance	开放移动联盟
OMC	Operation and Maintenance Center	操作维护中心
OML	Operation and Maintenance Link	操作维护功能
OQPSK	Off – set Quaternary Phase Shift Keying	交错四相键控

（续）

英文简称	英文全称	中文全称
OSA	Open Service Architecture	开放业务平台
OSI	Open Systems Interconnected	开放系统互联
OSS	Operation Subsystem	操作子系统
PAPR	Peak to Average Power Ratio	峰均功率比
PAR	Peak – to – Average Ratio	峰均比
PC	Personal Computer	个人电脑
PC	Power Control	功率控制
P – CCPCH	Primary Common Control Physical Channel	主公共控制物理信道
PCH	Paging Channel	寻呼信道
PCM	Pulse Code Modulation	脉冲编码调制
PCU	Packet Control Unit	分组控制单元
PD	Path Delay	路径时延
PDA	Personal Digital Assistant	个人数字助理
PDC	Personal Digital Cellular	个人数字蜂窝系统
PDCH	Packet Data Channel	分组数据信道
PDN	Public Data Network	公共数据网络
PDP	Packet Data Protocol	分组数据协议
PIN	Personal Identification Number	个人识别码
PLMN	Public Lands Mobile Network	分组陆地移动网络
PTT	Push To Talk	即按即说
PN	Pseudo – Noise	伪噪声
PRACH	Packet RACH	分组 RACH
PoC	Push to talk Over Cellular	基于蜂窝通信的半双工语音
PS	Packet Switching	分组交换
PSK	Phase Shift Keying	移相键控
PSPDN	Packet Switched Public Data Network	公众分组交换数据网
PSTN	Public Switching Telephone Network	公众电话交换网
PTI	Payload Type Identity	净荷类型指示
PTM	Point – to – Multipoint	点到多点
PTM – G	PTM Group Call	PTM 组播
PTM – M	PTM Multicast	PTM 多信道广播
PTP	Point – to – Point	点到点
PTP – CLNS	Point – to – Point Connect less Network Service	点到点无连接的网络服务
PTP – CONS	Point – to – Point Connect Orientation Service	点到点面向连接的网络服务
PUK	Personal Unlock	个人（SIM 卡）解锁（码）
PVC	Permanent Virtual Circuit	永久虚电路

（续）

英文简称	英文全称	中文全称
QAM	Quadrature Amplitude Modulation	正交振幅调制
QCELP	Qualcomm Code Excited Linear Prediction	Qualcomm 码激励线性预测（编码）
QoS	Quality of Service	服务质量
QPSK	Quaternary Phase Shift Keying	四相移相键控
RAB	Radio Access Bearer	无线接入承载
R – SG	Roaming – Signaling Gateway	漫游信令网关
RACH	Random Access Channel	随机接入信道
RAN	Radio Access Network	无线接入网
RAND	Random	随机数
RC	Radio Code	无线电码
RF	Radio Frequency	射频
RLC	Radio Link Control	无线链路控制
rms	root mean square	方均根值
RLM	Radio Link Management	无线链路管理
RNC	Radio Network Controller	无线网络控制器
RNS	Radio Network Subsystem	无线网络子系统
RLS	Recursive Least Square	递推最小二乘算法
RPE	Regular Pulse Excited	规则脉冲激励
RPE – LTP	Regular Pulse Excited – Long Term Prediction	规则脉冲激励长期线性预测
RTD	Round Trip Delay	环回时延
RTPS	Real Time Polling Service	实时轮询业务
RTT	Radio Transmission Technology	无线传输技术
RX	Receiver	接收机
S/N	Signal Noise Ratio	信噪比
SACCH	Slow Associated Control Channel	慢速随路控制信道
SANC	Signalling Area Network Code	信号区域网编码
SAPI	Service Access Point Identity	业务接入点标识
SB	Sync Burst	同步突发（脉冲序列）
SC	Short message Center	短信中心
SCCP	Signalling Connect Control Part	信令连接控制部分
SCH	Sync Channel	同步信道
SDCCH	Stand – alone Dedicated Control Channel	独立专用控制信道
SCDMA	Sync CDMA	同步 CDMA
SDMA	Space Division Multiple Access	空分多址
SF	Sign Flag	符号标志

（续）

英文简称	英文全称	中文全称
SFH	Slowly Frequency Hopping	慢速跳频
SGSN	Service GPRS Supporting Node	业务 GSN
SID	Silence Description	静寂描述
SIM	Subscriber Identity Module	用户识别模块
SIP	Session Initiation Protocol	会话初始协议
SIR	Signal Interfere Ratio	信噪比
SMS	Short Message Service	短消息业务
SMSCB	Short Message Service Cell Broadcast	短信息业务小区广播
SMTP	Simple Mail Transfer Protocol	简单邮件传输协议
SN	Subscriber Number	用户号码
SNR	Signal Noise Ratio	信噪比
SNR	Serial Number	序列号
SP	Signalling Point	信令点
SRES	Signed Response（authentication）	符号响应
SS	Supplementary Service	补充业务
SS	Switching Subsystem	交换子系统
SS	Sync – control Symbol	同步控制符号
STP	Signalling Transfer Point	信令转换点
SVC	Switched Virtual Circuit	交换虚电路
T – SG	Transmission – Signaling Gateway	传输信令网关
TA	Terminal Adapter	终端适配器
TA	Time Advance	时间提前
TAC	Type Approval Code	型号批准号
TACS	Total Access Communication System	全接入通信系统
TB	Transport Block	传输块
TCH	Traffic Channel	业务信道
TCP	Transmission Control Protocol	传输控制协议
TDD	Time Division Duplex	时分双工
TDD – LTE	TDD – Long Term Evolution	TDD 长时期演进
TDM	Time Division Multiplex	时分复用
TDMA	Time Division Multiple Access	时分多址接入
TD – SCDMA	Time Division – Sync Code Division Multiple Access	时分—同步码分多址接入
TD – LTE	Time Division Long Term Evolution	时分长期演进
TE	Terminal Equipment	终端设备
TEI	Terminal Equipment Identity	终端设备识别号
TFCI	Transport Format Combination Indicator	传输格式组合指示

（续）

英文简称	英文全称	中文全称
TH	Time Hopping	跳时
TIA	Telecommunications Industries Association	电信工业协会
TMSC	Tandem MSC	汇接 MSC
TMSI	Temporary Mobile Subscriber Identity	临时移动用户识别码
TN	Time Slot Number	时隙号码
TPC	Transmit Power Control	发射功率控制
TRX	Transceiver	收发信机
TS	Time – Slot	时隙
TTA	Telecommunications Technology Association	电信技术协会
TTC	Telecommunication Technology Committee	电信技术委员会
TUP	Telephone User Part	电话用户部分
TRX	Transceiver	收发信机
TX	Transmit	发信
UDP	User Datagram Protocol	用户数据报协议
UE	User Equipment	用户设备
UGS	Unsolicited Grant Service	非请求的带宽分配业务
UHF	Ultra High Frequency	特高频
UIM	User Identity Module	用户识别模块
UL	Uplink	上行链路
UMTS	Universal Mobile Communication System	全球移动通信系统
UNI	User and Network Interface	用户 – 网络接口
UpPTS	Uplink Pilot Time Slot	上行导频时隙
UTRAN	UMTS Terrestrial Radio Access Network	UMTS 陆地无线接入网
VAD	Voice Activity Detection	话音激活检测
VC	Virtual Channel	虚通道
VCI	Virtual Channel Identity	虚通道标识
VHF	Very High Frequency	甚高频
VLR	Visited Location Register	访问位置寄存器
VOD	Video On Demand	交互式电视点播
VoIP	Voice over Internet Protocol	IP 电话
VPI	Virtual Path	虚通路
VPI	Virtual Path Identity	虚通路标识
VPMN	Virtual Private Mobile Network	虚拟专用移动网
VPN	Virtual Private Network	虚拟专用网
VMSC	Visited MSC	访问 MSC
WAP	Wireless Application Protocol	无线应用协议

（续）

英文简称	英文全称	中文全称
WARC	World Administrative Radio Conference	世界无线电行政大会
WCDMA	Wideband Code Division Multiple Access	宽带码分多址接入
WI–FI	Wireless Fidelity	无线宽带
WLAN	Wireless Local Area Network	无线局域网
WMAN	Wireless Metropolitan Area Network	无线城域网
WRC	World Radio communication Conference	世界无线电通信大会
xDSL	X Digital Subscriber Line	x 数字用户线路
ZF	Zero Forcing	迫零算法

附录 B　爱尔兰呼损表

爱尔兰损失概率表

A\nB n	1%	2%	3%	5%	7%	10%	20%
1	0.010	0.020	0.031	0.053	0.075	0.111	0.250
2	0.153	0.223	0.282	0.381	0.470	0.595	1.000
3	0.455	0.602	0.715	0.899	1.057	1.271	1.930
4	0.869	1.092	1.259	1.525	1.748	2.045	2.945
5	1.361	1.657	1.875	2.218	2.504	2.881	4.010
6	1.909	2.276	2.543	2.960	3.305	3.758	5.109
7	2.501	2.935	3.250	3.738	4.139	4.666	6.230
8	3.128	3.627	3.987	4.543	4.999	5.597	7.369
9	3.783	4.345	4.748	5.370	5.879	6.546	8.522
10	4.461	5.084	5.529	6.216	6.776	7.511	9.685
11	5.160	5.842	6.328	7.076	7.768	8.437	10.857
12	5.876	6.615	7.141	7.950	8.610	9.474	12.036
13	6.607	7.402	7.967	8.835	9.543	10.470	13.222
14	7.352	8.200	8.803	9.730	10.485	11.473	14.413
15	8.108	9.010	9.650	10.633	11.434	12.484	15.608
16	8.875	9.828	10.505	11.544	12.390	13.500	16.807
17	9.652	10.656	11.368	12.461	13.353	14.522	18.010
18	10.437	11.491	12.238	13.335	14.321	15.548	19.216
19	11.230	12.333	13.115	14.315	15.294	16.579	20.424
20	12.031	13.182	13.997	15.249	16.271	17.613	21.635
21	12.838	14.036	14.884	16.189	17.253	18.651	22.848
22	13.651	14.896	15.778	17.132	18.238	19.692	24.064

（续）

A n	B	1%	2%	3%	5%	7%	10%	20%
23		14.470	15.761	16.675	18.080	19.227	20.737	25.281
24		15.295	16.631	17.577	19.030	20.219	21.784	26.499
25		16.125	17.505	18.483	19.985	21.215	22.838	27.720
26		16.959	18.383	19.392	20.943	22.212	23.885	28.941
27		17.797	19.265	20.305	21.904	23.213	24.939	30.164
28		18.640	20.150	21.221	22.867	24.216	25.995	31.388
29		19.487	21.039	22.140	23.833	25.221	27.053	32.614
30		20.337	21.932	23.062	24.802	26.228	28.113	33.840
31		21.191	22.827	23.987	25.773	27.238	29.174	35.067
32		22.048	23.725	24.914	26.746	28.249	30.237	36.295
33		22.909	24.626	25.844	27.721	29.262	31.301	37.524
34		23.772	25.529	26.776	28.698	30.277	32.367	38.754
35		24.638	26.435	27.711	29.677	31.293	33.434	39.985
36		25.507	27.343	28.647	30.657	32.311	34.503	41.216
37		26.378	28.254	29.585	31.640	33.330	35.572	42.448
38		27.252	29.166	30.526	32.624	34.351	36.654	43.680
39		28.129	30.081	31.468	33.609	35.373	37.715	44.913
40		29.007	30.997	32.412	34.596	36.396	38.787	46.147
41		29.888	31.916	33.357	35.584	37.421	39.861	47.381
42		30.771	32.836	34.305	36.574	38.446	40.936	48.616
43		31.656	33.758	35.253	37.565	39.473	42.011	49.851
44		32.543	34.682	36.203	38.557	40.501	43.088	51.086
45		33.432	35.607	37.155	39.550	41.529	44.165	52.322
46		34.322	36.534	38.108	40.545	42.559	45.243	53.559
47		35.215	37.462	39.062	41.540	43.590	46.322	54.796
48		36.109	38.392	40.108	42.537	44.621	47.401	56.033
49		37.004	39.323	40.975	43.535	45.654	48.481	57.270
50		37.901	40.255	41.933	44.533	46.687	49.562	58.508

参 考 文 献

[1] 段丽. 移动通信技术 [M]. 北京：人民邮电出版社，2009.

[2] 工业和信息化部电信研究院. 移动互联网白皮书，2013.

[3] 邵世祥，林纲，戴美泰，等. GSM 移动通信网络优化 [M]. 北京：人民邮电出版社，2003.

[4] 吴保奎. 移动通信原理与技术简明教程 [M]. 北京：北京大学出版社，2005.

[5] 陈德荣，林家儒. 数字移动通信系统 [M]. 北京：北京邮电大学出版社，1996.

[6] 吕捷. GPRS 技术 [M]. 北京：北京邮电大学出版社，2001.

[7] 徐福新. 小灵通（PAS）个人通信接入系统 [M]. 北京：电子工业出版社，2002.

[8] 孙立新，尤肖虎，张萍. 第三代移动通信技术 [M]. 北京：人民邮电出版社，2000.

[9] 啜钢，王文博，常永宇. 移动通信原理与应用. 北京：北京邮电大学出版社，2002.

[10] 魏红. 移动通信技术 [M]. 北京：人民邮电出版社，2005.

[11] 宋燕辉. 第三代移动通信技术 [M]. 北京：人民邮电出版社，2009.

[12] 郭梯云，邬国扬，李建东. 移动通信 [M]. 西安：西安电子科技大学出版社，1999.

[13] 胡智娟. 移动通信技术实用教程 [M]. 北京：国防工业出版社，2005.

[14] 高鹏，赵培，陈庆寿. 3G 知识问答 [M]. 北京：人民邮电出版社，2009.

[15] 杨丰瑞，文凯，李校林. TD – SCDMA 移动通信系统工程与应用 [M]. 北京：人民邮电出版社，2008.